国家出版基金项目
NATIONAL PUBLICATION FOUNDATION

“十四五”时期国家重点出版物出版专项规划项目

密码理论与技术丛书

属性基加密

陈　洁　巩俊卿　张　凯　著

密码科学技术全国重点实验室资助

科学出版社
北　京

内 容 简 介

本书结合作者在属性基加密领域的科研实践，介绍属性基加密的理论技术体系框架，并对属性基加密的基础概念和模型、基本构建技术、高级构建技术、扩展面临的主要问题进行系统性阐述. 本书重点介绍属性基加密的基础概念和安全模型、(模糊) 身份基加密、谓词编码和双系统技术、基于格的构建技术、通用转换和组合技术，以及各类安全性扩展、功能性扩展、应用性扩展，从不同角度对属性基加密的构造方法和证明技术进行阐述，有助于感兴趣的读者较为全面地理解和把握这些技术.

本书可供从事密码学、信息安全和网络空间安全领域的科学研究人员、工程技术人员、研究生使用，也可作为密码学、信息安全等计算机类相关专业高年级本科生的教材或参考资料.

图书在版编目(CIP)数据

属性基加密 / 陈洁，巩俊卿，张凯著. — 北京 ：科学出版社，2025. 6.
(密码理论与技术丛书). — ISBN 978-7-03-082695-4

Ⅰ. TN918.4

中国国家版本馆 CIP 数据核字第 2025MK5825 号

责任编辑：李静科　李香叶 / 责任校对：樊雅琼
责任印制：张　伟 / 封面设计：无极书装

科学出版社出版
北京东黄城根北街 16 号
邮政编码：100717
http://www.sciencep.com
北京中石油彩色印刷有限责任公司印刷
科学出版社发行　各地新华书店经销
*
2025 年 6 月第　一　版　开本：720×1000　1/16
2025 年 6 月第一次印刷　印张：15 1/2
字数：314 000

定价：118.00 元

(如有印装质量问题，我社负责调换)

“密码理论与技术丛书” 编委会

(以姓氏笔画为序)

丛书顾问： 王小云　沈昌祥　周仲义　郑建华

蔡吉人　魏正耀

丛书主编： 冯登国

副 主 编： 来学嘉　戚文峰

编　　委： 伍前红　张卫国　张方国　张立廷

陈　宇　陈　洁　陈克非　陈晓峰

范淑琴　郁　昱　荆继武　徐秋亮

唐　明　程朝辉

“密码理论与技术丛书”序

随着全球进入信息化时代, 信息技术的飞速发展与广泛应用, 物理世界和信息世界越来越紧密地交织在一起, 不断引发新的网络与信息安全问题, 这些安全问题直接关乎国家安全、经济发展、社会稳定和个人隐私. 密码技术寻找到了前所未有的用武之地, 成为解决网络与信息安全问题最成熟、最可靠、最有效的核心技术手段, 可提供机密性、完整性、不可否认性、可用性和可控性等一系列重要安全服务, 实现数据加密、身份鉴别、访问控制、授权管理和责任认定等一系列重要安全机制.

与此同时, 随着数字经济、信息化的深入推进, 网络空间对抗日趋激烈, 新兴信息技术的快速发展和应用也促进了密码技术的不断创新. 一方面, 量子计算等新型计算技术的快速发展给传统密码技术带来了严重的安全挑战, 促进了抗量子密码技术等前沿密码技术的创新发展. 另一方面, 大数据、云计算、移动通信、区块链、物联网、人工智能等新应用层出不穷、方兴未艾, 提出了更多更新的密码应用需求, 催生了大量的新型密码技术.

为了进一步推动我国密码理论与技术创新发展和进步, 促进密码理论与技术高水平创新人才培养, 展现密码理论与技术最新创新研究成果, 科学出版社推出了“密码理论与技术丛书”, 本丛书覆盖密码学科基础、密码理论、密码技术和密码应用等四个层面的内容.

“密码理论与技术丛书”坚持“成熟一本, 出版一本”的基本原则, 希望每一本都能成为经典范本. 近五年拟出版的内容既包括同态密码、属性密码、格密码、区块链密码、可搜索密码等前沿密码技术, 也包括密钥管理、安全认证、侧信道攻击与防御等实用密码技术, 同时还包括安全多方计算、密码函数、非线性序列等经典密码理论. 本丛书既注重密码基础理论研究, 又强调密码前沿技术应用; 既对已有密码理论与技术进行系统论述, 又紧密跟踪世界前沿密码理论与技术, 并科学设想未来发展前景.

“密码理论与技术丛书”以学术著作为主, 具有体系完备、论证科学、特色鲜明、学术价值高等特点, 可作为从事网络空间安全、信息安全、密码学、计算机、通信以及数学等专业的科技人员、博士研究生和硕士研究生的参考书, 也可供高等院校相关专业的师生参考.

冯登国

2022 年 11 月 8 日于北京

前　言

属性基加密是现代密码学中一种重要的公钥加密技术, 在发展过程中与身份基加密、模糊身份基加密、内积加密、函数加密等多种加密体制紧密联系. 它能够在保护数据安全的同时, 实现数据共享、细粒度访问控制、抗合谋攻击等一系列重要功能, 在云计算、云存储、大数据、电子医疗等领域有着广泛的应用.

我们在国家自然科学基金和中国科协青年人才托举工程等项目支持下, 重点开展属性基加密领域的理论和应用研究. 经过 10 余年的持续攻关, 在身份基加密紧归约、属性基加密构建和安全模型、函数加密构建等若干核心、公开、难点问题上取得系列成果, 提出了 "创新的双系统证明策略""素数阶群模拟合数阶群""属性基加密统一设计框架""双线性熵膨胀引理""半适应性安全模型" 等理论和技术, 为构建可证明安全的属性基加密方案和广泛应用提供了重要理论和方法支撑.

本书充分总结属性基加密的发展沿革和国内外相关成果, 以属性基加密的构建技术作为主线, 结合作者在属性基加密等相关领域的原创性成果, 经过系统组织完成. 全书共 13 章, 主要分为 4 个部分. 第一部分包括第 1 章和第 2 章, 介绍属性基加密的背景和基础概念; 第二部分包括第 3~6 章, 介绍属性基加密的基本构建技术; 第三部分包括第 7~9 章, 介绍属性基加密的高级构建技术; 第四部分包括第 10~12 章, 介绍属性基加密的扩展; 第 13 章进行全书总结和展望. 本书由陈洁、巩俊卿、张凯统一策划和完成.

本书在编写过程中, 得到了众多专家学者的悉心指导和宝贵支持、科学出版社的大力支持和帮助, 在此深表感谢. 特别提及的是, 王陆平、楚乔涵、凌云浩、张益坚、李宇、林申、冯盛源、林澄、史子豪、陈昂、陆海棠、万震宇、丁香予、牛嘉旭、陈美欣等博士、硕士研究生参与了部分章节的编写和校对工作, 感谢他们为此付出的大量努力.

限于时间和能力, 本书难免有疏漏之处, 尚需读者海涵, 并恳请不吝赐教.

陈　洁　巩俊卿　张　凯

2025 年春于上海

目　　录

第三部分 属性基加密的高级构建技术

第四部分 属性基加密的扩展

符 号 表

PPT	概率多项式时间	$\overset{c}{\approx}$	计算不可区分
Setup	准备算法	Pr	概率
KeyGen	密钥生成算法	Adv	优势函数
Enc	加密算法	$\mathcal{A}$	敌手
Dec	解密算法	Game_i	安全游戏 i
mpk	主公钥	mod	模运算
pp	公开参数	$\mathsf{negl}(\lambda)$	关于 λ 的可忽略函数
pk	公钥	$\mathcal{G}$	双线性群生成算法
msk	主私钥	$\deg(\cdot)$	多项式次数
sk	私钥	$\mathsf{poly}(\cdot)$	多项式
ct	密文	x	变量
$\leftarrow$	随机选取/采样	$\boldsymbol{x}$	向量
$\overset{\Psi}{\leftarrow}$	根据分布 Ψ 进行采样	$\boldsymbol{X}$	矩阵
$[N]$	集合 $\{1, \cdots, N\}$	$\boldsymbol{X}^{\mathrm{T}}$	矩阵的转置
$\overset{s}{\approx}$	统计不可区分	$\|\cdot\|_l$	l-范数

第一部分

绪　论

第 1 章 引　　言

属性基加密是本书的核心内容, 本书引言部分主要介绍属性基加密的发端、发展沿革、应用建议及标准草稿. 最后, 我们将提供本书概览.

1.1 属性基加密的发端

属性基加密 (Attribute-Based Encryption, ABE), 也称为基于属性的加密[1,2], 是传统公钥加密体制和身份基加密 (Identity-Based Encryption, IBE) 体制的一种拓展, 也是属性密码学的起源[3]. Sahai 和 Waters[1] 在 2005 年首次提出了 ABE 的雏形, 即模糊身份基加密 (Fuzzy Identity-Based Encryption, FIBE) 方案, 该方案中的数据加密是基于用户的生物特征来完成的. 2006 年, Goyal 等[2] 在 Sahai 和 Waters 的研究基础上, 首次提出了可用于细粒度访问控制的 ABE 方案, 其中用户的特征被扩展为和用户特征有关的一系列属性.

通俗来说, 一个 ABE 系统主要涉及三个参与者: 权威中心、数据所有者和数据用户. 权威生成公钥并将其发送给数据所有者, 它还生成主密钥. 数据所有者利用公钥和访问策略 (或属性) 加密数据. 此外, 权威中心根据用户的属性 (或访问策略) 使用主密钥为用户生成解密密钥. 用户接收到解密密钥后对密文进行解密. 根据访问策略的不同, ABE 主要分为密钥策略属性基加密 (Key-Policy ABE, KP-ABE) 和密文策略属性基加密 (Ciphertext-Policy ABE, CP-ABE). 基于属性集合和访问策略之间的关系, ABE 可以有效地实现非交互式访问控制, 并衍生和发展了相关加密体制. Pirretti 等[4] 建立的基于 ABE 原语的新型信息管理系统, 展示了 ABE 在隐私保护和分布式信息管理中的应用前景, 目前 ABE 已经被广泛应用在云存储、云计算、电子医疗、数据发布等实际应用中.

1.2 属性基加密的发展沿革

在属性基加密体制发展的过程中, 产生了众多与之相关的加密原语.

- **身份基加密 (Identity-Based Encryption, IBE)**. Shamir 于 1984 年正式提出关于 IBE 的构想, 并由 Boneh 和 Franklin 在 2001 年正式给出第一个基于双线性配对的构造. 在 IBE 中, 用户的身份可以用任意字符串表示, 发送方可以直接用接收方的身份作为公钥加密消息, 私钥则由一个可

信的私钥生成器 (Private Key Generator, PKG) 为用户派生, 消除了公钥基础设施 (Public Key Infrastructure, PKI) 系统从认证中心获取公钥证书带来的证书管理问题.

- **模糊身份基加密 (Fuzzy Identity-Based Encryption, FIBE)**. Sahai 和 Waters 于 2005 年首次提出 FIBE 的概念, 在 FIBE 系统中, 用户的身份信息由一个属性集合表示, 加密公钥也是一个属性集合, 当且仅当这两个集合足够 "相近" 时, 解密才能正常执行. FIBE 能够容忍部分错误公钥信息, 其容错程度由度量集合近似度的方法决定, 适用于某些用户的身份信息不能被完全正确提取的场合, 如生物特征的识别等.
- **密钥策略属性基加密 (Key-Policy Attribute-Based Encryption, KP-ABE)**. Goyal 等在 2006 年引入了 KP-ABE 的概念, 密文对应于一个属性集合, 密钥对应于一个访问控制结构, 当密文中的属性能够满足用户所持有的密钥中的访问控制结构时, 用户才可以解密消息. 虽然经过多年的发展, 但 KP-ABE 方案中的数据拥有者并没有控制谁可以解密的权限, 这限制了 KP-ABE 的实际应用.
- **密文策略属性基加密 (Ciphertext-Policy Attribute-Based Encryption, CP-ABE)**. Bethencourt 等在 2007 年提出了 CP-ABE 的概念, 密文对应于一个访问控制结构, 密钥对应于一个属性集合, 当密钥中的属性能够满足密文中的访问控制结构时, 用户才可以解密消息. 与 KP-ABE 最大的不同是, CP-ABE 中的数据拥有者拥有控制解密者身份的权限, 这使得 CP-ABE 在访问权限控制的实际应用中更加得心应手.
- **布尔表达式加密 (Boolean Expression Encryption)**. 布尔表达式可以由一系列真或假的布尔常量、布尔型变量、布尔运算符和布尔值函数组成. 一个布尔表达式的秘密共享方案支持用户在生成陷门时根据需求以合取、析取或任意布尔表达式制定关键字搜索策略, 云服务器可以通过陷门搜索到满足秘密共享方案搜索策略的关键字密文, 以此实现更加高效的细粒度多关键字搜索功能.
- **内积加密 (Inner Product Encryption, IPE)**. 相比于传统的公钥密码体制, 内积加密能为用户提供细粒度和更复杂的访问策略, 在云计算等新兴领域中有着广泛的应用. 内积加密可以看作是身份基加密的一般化, 它可以作为一种工具来构造谓词加密、属性基加密和公钥可搜索加密等密码方案.
- **广播加密 (Broadcast Encryption, BE)**. 广播加密被广泛用在云计算、物联网等应用中, 实现多用户数据共享和秘密共享. 数据发送者首先选择一组接收者, 然后利用这一组接收者的公钥集合对数据进行加密, 并通过公开信道传输密文, 只有公钥属于集合里的用户才能正确解密并获得明文数据, 非授权用户即使合谋也不能得到加密数据的内容.

- **基于确定性有限自动机加密 (Deterministic Finite Automata Based Encryption)**. Waters 于 2012 年提出了支持正则语言的 ABE, 使用确定性有限自动机 (Deterministic Finite Automata, DFA) 作为访问结构生成解密密钥, 以此识别任意长度的属性字符串. 基于 DFA 访问结构的属性基加密方案能够对任意长度的属性字符串进行运算, 相比传统的 ABE 能得到更加灵活的访问策略.

除此之外, 属性基加密体制在发展过程中还有如下功能性扩展:

- **可撤销属性基加密 (Revocable Attribute-Based Encryption)**. 当用户关联的属性发生变化或用户密钥被泄露时, ABE 中的密钥组件需要进行相应的更新和撤销操作, 这催生了可撤销 ABE 的发展. 已有的撤销方案根据撤销执行方, 可以分为直接撤销和间接撤销两类.
- **可追踪属性基加密 (Traceable Attribute-Based Encryption)**. 为了应对可能的密钥泄露风险, 可追踪安全的 ABE 也得到了深入的研究, 根据密钥追责时是否需要知晓被泄露的密钥和解密算法, 可将可追踪安全的 ABE 方案分为白盒和黑盒追踪 ABE.
- **多权威属性基加密 (Multi-Authority Attribute-Based Encryption)**. 随着大规模云服务应用中用户数量的不断增加, 单权威管理分发密钥以及管理用户属性所需的开销急剧增加, 容易造成系统崩溃. 2007 年 Chase 等通过引入多权威 ABE 方案, 降低了单权威机构的计算负担.
- **访问策略隐藏属性基加密 (Hidden Access Policy Attribute-Based Encryption)**. CP-ABE 方案中的访问策略与密文相关且绑定, 但很多时候, 访问策略本身就是敏感信息, 若以明文形式存放在云端会造成用户数据的泄露. 如果 CP-ABE 方案不能隐藏访问策略, 那么用户的隐私信息可能被泄露.
- **抗泄露的属性基加密 (Attribute-Based Encryption Against Leakage) 方案**. 针对 ABE 机制中侧信道攻击下的密钥泄露问题, 现有的解决方案仅允许密钥的有界泄露. 将连续辅助输入泄露模型和双系统加密相结合, 通过合理设计主密钥和用户私钥的生成过程, 可构造抗泄露的 ABE 方案, 实现主密钥和用户私钥的连续无界泄露.
- **属性基签名 (Attribute-Based Signature, ABS)**. 为了解决数据完整性、认证性以及用户细粒度访问控制问题, Maji 等于 2011 年首次提出 ABS 方案. 在 ABS 中, 签名者密钥由不同的属性生成, 只有当所拥有的属性满足给定的签名策略时才能产生有效签名, 验证者不需要知道签名者的真实身份就能验证签名是否有效, ABS 因其匿名性而受到广泛关注.

1.3 属性基加密应用建议及标准草稿

欧洲电信标准组织 (European Telecommunications Standards Institute, ETSI) 网络安全技术委员会在 2018 年发布了两个有关属性基加密的规范, 这些规范描述了如何使用细粒度的访问控制来安全地保护个人数据.

目前, ETSI 已将属性基加密确定为用于高度分布式系统 (如 5G 和 IoT) 中访问控制的关键支持技术. 这两个规范分别是

- ETSI TS 103 458: 它描述了属性基加密的高级要求, 目的是提供给用户身份保护, 防止泄露给未授权实体. 它同时定义了物联网设备、WLAN、云和移动服务上的个人数据保护, 其中基于用户身份进行数据共享.
- ETSI TS 103 532: 它使用属性基加密来指定信任模型、功能和协议, 以控制对数据的访问, 从而提高了数据安全性和隐私性. 它提供了一个加密层, 可以在各种级别的安全保证中支持 ABE 的两种变体——密文策略和密钥策略. 这种性能上的灵活性适合各种形式的部署, 无论是在云中、移动网络中还是在 IoT 环境中. 加密层是可扩展的, 新的方案可以集成到标准中, 以支持未来的行业需求并应对后量子时代的数据保护挑战.

使用 ABE 的标准在行业中具有多个优势. 它提供了一种有效的默认安全访问控制机制来进行数据保护, 不再依赖传统身份标识进行访问控制, 而是基于匿名身份或匿名属性进行绑定. ABE 为工业场景提供了一种可互操作的、高度可扩展的机制, 在工业场景中, 必须进行快速、离线的访问控制, 并且操作员需要以同步方式从设备以及从云中的更大数据池中访问数据. 因此, “ETSI TS 103 532” 规范特别适合工业物联网和公共部门. 由于它可以在保护数据之后引入访问控制策略, 因此可以与未来的业务和法律要求保持前向兼容性, 例如引入新的利益相关者以及对社会福利计划的支持.

并且, 国际互联网工程任务组 (Internet Engineering Task Force, IETF) 在 2007 年发布了一个身份基密码技术标准草案. 该草案规范了实现 Boneh-Franklin (BF) 和 Boneh-Boyen (BB1) 的 IBE 方案. IETF 在 2020 年也相继发布了三个标准草案, 分别是 BLS 签名草案、哈希到椭圆曲线草案, 以及配对友好曲线草案.

- **BLS 签名**. 这是一种具有聚合属性的数字签名方案, 给定一组签名 ($\mathrm{Sign}_1, \cdots, \mathrm{Sign}_n$), 任何人都可以生成聚合签名, 聚合也可以在私钥和公钥上完成. 此外, BLS 签名方案是确定的、不可延展的以及高效的. 它的简单性和加密性质使其可以在各种场景中使用, 特别是在需要最小存储空间或者带宽的情况下.

- **哈希到椭圆曲线**. 草案描述了多种用于将任意字符串编码或哈希到椭圆曲线上的某个点的算法. 许多密码协议需要一种将任意输入 (例如口令) 编码到椭圆曲线上的点的过程, 此过程称为哈希到椭圆曲线. 哈希到椭圆曲线的密码系统的典型示例包括经过密码验证的密钥交换、身份基加密、Boneh-Lynn-Shacham 签名、可验证的随机函数和不经意伪随机函数. 不幸的是, 对于实现者来说, 如果给定协议并给定椭圆曲线, 适用于此协议的具体的哈希函数并不是很明确. 而且, 错误选择哈希函数可能对安全性造成灾难性的后果. 而这一草案旨在通过为一系列类型曲线提供一套全面的推荐算法来填补这一空白. 每种算法都对接一个公共接口: 它将任意长度的字符串作为输入, 并在椭圆曲线上产生一个点作为输出. 这一草案提供了每种算法的实现细节, 描述了每种推荐算法背后的安全原理, 并为没有被明确涵盖的椭圆曲线提供了指导. 除此之外, 草案中还介绍了这些算法使用时的优化实现.
- **配对友好曲线**. 基于配对的加密技术是椭圆曲线加密技术的一个子领域, 由于其灵活实用的功能而备受关注. 配对是使用椭圆曲线定义的一类特殊映射, 可以将其应用于构建多种密码协议, 例如身份基加密、属性基加密等等. 在 CRYPTO 2016 上, Kim 和 Barbulescu 针对有限域中的离散对数问题提出了一种名为 exTNFS 的高效数域筛选算法, 有几种类型的配对友好曲线 (例如 Barreto-Naehrig 曲线) 会受到攻击的影响. 特别是, 许多密码库都采用具有 254 比特特征的 Barreto-Naehrig 曲线作为具有 128 位安全性的参数, 但是, 由于受到指数攻击 (exTNFS) 的影响, 它实际提供不超过 100 位的安全级别. 这一草案列出了一些配对友好曲线的安全级别, 从而让人们对曲线进行选择. 该草案总结了标准、库和应用程序中配对友好曲线的使用情况, 并将其分为 128 位、192 位和 256 位安全级别. 在考虑 exTNFS 攻击的影响后, 从安全性和广泛使用的角度选择推荐的配对友好曲线.

1.4 全书概览

本书由以下 4 个部分组成:

第一部分绪论. 该部分主要包括: 第 1 章主要介绍属性基加密的发端和发展沿革; 第 2 章主要介绍属性基加密相关的基础概念和属性基加密的形式化定义.

第二部分属性基加密的基本构建技术. 该部分主要包括: 第 3 章主要介绍双线性群和身份基加密构建技术; 第 4 章主要介绍秘密共享和模糊身份基加密; 第 5 章主要介绍属性基加密的构建技术; 第 6 章主要介绍谓词编码和双系统技术.

第三部分属性基加密的高级构建技术. 该部分主要包括: 第 7 章主要介绍基于格的构建技术; 第 8 章主要介绍通用转换和组合技术; 第 9 章主要介绍其他构建方法.

第四部分属性基加密的扩展. 该部分主要包括: 第 10 章主要介绍关于安全性扩展: 属性隐藏和函数隐藏; 第 11 章主要介绍关于属性基加密的功能性扩展: 函数加密; 第 12 章主要介绍关于属性基加密的应用性扩展研究内容.

最后在第 13 章主要对本书工作进行总结, 并对属性基加密进行相关工作展望.

第 2 章　基础概念和模型

在介绍具体的密码方案构建技术之前, 我们首先引入一些常见的密码学基础知识, 包含概念和符号、归约和困难问题. 我们将在后面的章节中反复使用这些知识. 之后我们将正式给出属性基加密算法、正确性以及安全性的形式化定义.

2.1　密码学基础知识

在本节, 我们主要介绍一些常见的密码学概念和符号及归约的具体定义, 以及一些困难问题.

2.1.1　概念和符号

令 Alg 为一个随机算法, 我们使用 $y \leftarrow \mathsf{Alg}(x;r)$ 表示该算法以 x 为输入, r 为随机变量, 输出结果为 y. 当讨论不涉及随机量时, 我们将使用简易符号 $y \leftarrow \mathsf{Alg}(x)$. 我们使用 $\Pr[X]$ 表示事件 X 的概率.

2.1.2　归约

下面我们来介绍归约证明的概念[5]. 证明一个密码构造是安全的, 一般来讲需要给出一个显式的归约, 这个归约需要表明如何将任意高效的能成功 “打破” 这一构造的敌手 $\mathcal{A}$, 转化成一个高效的能解决某一底层困难问题的敌手 $\mathcal{A}'$. 下面, 我们将给出一个此类证明细节的高度概括. 我们从一个假设开始: 某个困难问题 X 不能以不可忽略的概率, 被任何多项式时间算法解决. 我们想要证明某个密码构造 Π 是安全的. 证明过程如下:

(1) 固定某个高效的 (即概率多项式时间 (Probability Polynomial Time, PPT)) 敌手 $\mathcal{A}$ 来攻击 Π. 该敌手成功的概率为 $\epsilon(n)$.

(2) 构造一个高效的算法归约 $\mathcal{A}'$ 通过将敌手 $\mathcal{A}$ 作为一个子程序来尝试解决困难问题 $\boldsymbol{X}$, 此过程称为归约. 值得指出的是, $\mathcal{A}'$ 不知道 $\mathcal{A}$ 是如何工作的; $\mathcal{A}'$ 唯一知道的是 $\mathcal{A}$ 想要攻击 Π. 所以, 给定某个困难问题 $\boldsymbol{X}$ 的输入实例 x, 算法 $\mathcal{A}'$ 将会为 $\mathcal{A}$ 模拟一个 Π 的实例, 使得

(a) 只要 $\mathcal{A}$ 可以交互, 他就是在与 Π 交互. 就是说, 当被 $\mathcal{A}'$ 作为子程序时, $\mathcal{A}$ 的视图分布和 $\mathcal{A}$ 直接与 Π 交互时的视图分布是相同的 (或者说至少是相近的).

(b) 如果 $\mathcal{A}$ 成功 “打破”$\mathcal{A}'$ 模拟 Π 的实例, 那么 $\mathcal{A}'$ 就应该能以至少 $1/p(n)$ 的概率解决实例 x.

综合来看, (2) 中 (a) 和 (b) 可以推出 $\mathcal{A}'$ 能够以 $\epsilon(n)/p(n)$ 的概率解决问题 $\boldsymbol{X}$. 如果 $\epsilon(n)$ 不是可忽略的, 那么 $\epsilon(n)/p(n)$ 也不是可忽略的. 而且, 如果 $\mathcal{A}$ 是高效的, 那么我们得到一个高效的以不可忽略的概率解决 $\boldsymbol{X}$ 的算法 $\mathcal{A}'$, 这与最初的困难假设矛盾.

给定假设 $\boldsymbol{X}$, 我们得出结论: 没有高效的敌手 $\mathcal{A}$ 可以以不可忽略的概率成功打破 Π. 换句话说, Π 在计算意义下是安全的.

2.1.3　困难问题

下面给出一些本章通用符号说明.

令 g 为一个已知的阶为素数 r 的群元素 (群元素运算写为乘法形式). 令 $G = \langle g \rangle$ 为以 g 为生成元的生成群. 此外, 对于非对称双线性映射 $e: G_1 \times G_2 \to G_T$, 令群 G_1 和 G_2 的生成元分别为 g_1 和 g_2. 对于一个矩阵 $\boldsymbol{A} = (a_{i,j}) \in \mathbb{Z}_p^{m\times n}$ 和任意 $s \in \{1, 2, T\}$, 定义 $[\boldsymbol{A}]_s = g_s^{\boldsymbol{A}} = (g_s^{a_{i,j}}) \in G_s^{m\times n}$. 给定 $[\boldsymbol{A}]_1, [\boldsymbol{B}]_2$, 令 $e([\boldsymbol{A}]_1, [\boldsymbol{B}]_2) = [\boldsymbol{AB}]_T$.

本书主要用到的困难问题假设如下[6]:

1. 离散对数问题

给定 $h \in G$, 计算 x, 满足 $h = g^x$. 这里 x 称为 h 的以 g 为底的离散对数. 该离散对数问题常用于 Schnorr 签名、DSA 签名.

1) **计算 Diffie-Hellman (Computational Diffie-Hellman, CDH) 问题**

(1) 定义: 给定 $g^a, g^b \in G$, 计算 g^{ab}.

(2) 密码应用: Diffie-Hellman 密钥交换及其变体、ElGamal 加密及其变体、BLS 签名及其变体.

2) **决策 Diffie-Hellman (Decisional Diffie-Hellman, DDH) 问题**

(1) 定义: 给定 $g^a, g^b, h \in G$, 计算是否有 $h = g^{ab}$.

(2) 归约: DDH$\leqslant_P$CDH.

(3) 密码应用: Diffie-Hellman 密钥交换及其变体、ElGamal 加密及其变体.

3) **计算双线性 Diffie-Hellman (Computational Bilinear Diffie-Hellman, CBDH) 问题**

(1) 定义: 给定双线性映射 $e: G \to G_T$, $g^a, g^b, g^c \in G$, 计算 $e(g,g)^{abc}$.

(2) 密码应用: Boneh-Franklin 身份基加密方案.

4) **决策双线性 Diffie-Hellman (Decisional Bilinear Diffie-Hellman, DBDH) 问题**

(1) 定义: 给定双线性映射 $e: G \to G_T$, $g^a, g^b, g^c \in G$, $h \in G_T$ 判断是否有 $h = e(g,g)^{abc}$ 成立.

(2) 归约: DBDH $\leqslant_P$ CBDH.

(3) 密码应用: Boneh-Franklin 身份基加密方案.

5) 矩阵决策 Diffie-Hellman (Matrix Decisional Diffie-Hellman, MDDH) 问题

定义: 给定双线性映射 $e: G_1 \times G_2 \to G_T$, $[\boldsymbol{M}]_1 \in G_1^{l\times k}, h \in G_1^{l\times d}$, 其中 $\boldsymbol{M} \leftarrow \mathbb{Z}_p^{l\times k}, \boldsymbol{S} \leftarrow \mathbb{Z}_p^{k\times d}$, 判断是否有 $h = [\boldsymbol{MS}]_1$ 成立.

上述 MDDH 问题 (也可以写作 $\mathrm{MDDH}_{k,l}^d$) 是建立在群 G_1 上的, 类似地, 在群 G_2 上 MDDH 假设同样成立. 同时, 当 $k = 1$ 时, 我们称该问题为对称外部 Diffie-Hellman (Symmetric eXternal Diffie-Hellman, SXDH) 问题; 当 $k = 2$ 时, 我们称该问题为决策线性 (Decisional Linear, DLIN) 问题.

6) 双边矩阵决策 Diffie-Hellman (Bilateral Matrix Decisional Diffie-Hellman, Bi-MDDH) 问题

(1) 定义: 给定双线性映射 $e: G_1 \times G_2 \to G_T$, $[\boldsymbol{M}]_1 \in G_1^{l\times k}, [\boldsymbol{M}]_2 \in G_2^{l\times k}$, $h_1 \in G_1^{l\times d}, h_2 \in G_2^{l\times d}$, 其中 $\boldsymbol{M} \leftarrow \mathbb{Z}_p^{l\times k}, \boldsymbol{S} \leftarrow \mathbb{Z}_p^{k\times d}$, 判断是否有 $h_1 = [\boldsymbol{MS}]_1, h_2 = [\boldsymbol{MS}]_2$ 成立.

(2) 归约: $\text{Bi-MDDH}_{k,l}^d \leqslant_P \mathrm{MDDH}_{k,l}^d$.

注意到当参数 $k = 1$ 时上述问题并不成立. 当 $k = 2$ 时, 我们称之为双边决策线性 (Bilateral Decisional Linear, Bi-DLIN) 假设. 此外, 该问题也可以写作 $\mathrm{MDDH}_{k,l}^d$.

7) 决策三方 Diffie-Hellman (Decisional 3-Party Diffie-Hellman, D3DH) 问题

定义: 给定双线性映射 $e: G \to G_T$ (其中双线性群的阶为合数 $N = pq$, p, q 均为素数, 令 G_p, G_q 分别表示群 G 中阶为 p, q 的子群), $g_p, g_p^a, g_p^b, g_p^c, h \in G_p, g_q \in G_q$, 判断是否有 $h = g_p^{abc}$.

注意, D3DH 问题也可以扩展到其他合数阶双线性群中, 比如当 N 为 3 个素数 p, q, r 之积时, 只需多给出一个子群元素 $g_r \in G_r$ 即可.

2. 整数分解问题

定义: 给定一个正整数 $n \in \mathbb{N}$, 找到它的素数分解 $n = p_1^{e_1} p_2^{e_2} \cdots p_k^{e_k}$, 其中 p_i 两两不同, 且 $e_i > 0$ $(i = 1, 2, \cdots, k)$.

3. 二次剩余问题

(1) 定义: 给定一个合数 $N = pq$ (p, q 均为奇素数), 寻找模 N 的二次剩余 a, 即存在整数 x, 满足 $x^2 = a \bmod N$.

(2) 归约: 二次剩余问题 $\leqslant_P$ 整数分解问题.

2.2　属性基加密的形式化定义

定义 2.1 (属性基加密: 算法)　对于

$$\mathfrak{F} = \{\mathsf{func}_\lambda : \mathfrak{A}_\lambda \times \mathfrak{P}_\lambda \to \{0,1\}\}.$$

属性基加密方案 ABE 由如下四个概率多项式时间算法构成:

- $\mathsf{Setup}(1^\lambda, \mathsf{func}) \to (\mathsf{mpk}, \mathsf{msk})$: 系统建立算法 Setup 以安全参数 1^λ 和功能描述 func 为输入, 输出主公钥 mpk 和主私钥 msk. 主公钥 mpk 和主私钥 msk 包含属性空间 $\mathfrak{A}$、策略空间 $\mathfrak{P}$ 和消息空间 $\mathfrak{M}$ 的描述.
- $\mathsf{Enc}(\mathsf{mpk}, \mathsf{att}, \mathsf{msg}) \to \mathsf{ct}_{\mathsf{att}}$: 加密算法 Enc 以主公钥 mpk、属性 $\mathsf{att} \in \mathfrak{A}$ 和消息 $\mathsf{msg} \in \mathfrak{M}$ 为输入, 输出密文 $\mathsf{ct}_{\mathsf{att}}$.
- $\mathsf{KeyGen}(\mathsf{msk}, \mathsf{plc}) \to \mathsf{sk}_{\mathsf{plc}}$: 私钥生成算法 KeyGen 以主私钥 msk 和访问策略 $\mathsf{plc} \in \mathfrak{P}$ 为输入, 输出私钥 $\mathsf{sk}_{\mathsf{plc}}$.
- $\mathsf{Dec}(\mathsf{sk}, \mathsf{ct}) \to \mathsf{msg}'/\perp$: 解密算法 Dec 以私钥 sk 和密文 ct 为输入, 输出消息 msg' 或者终止符 $\perp$.

定义 2.2 (属性基加密: 正确性)　属性基加密的正确性 (Correctness) 是指, 对所有 $\lambda \in \mathbb{N}, \mathsf{att} \in \mathfrak{A}, \mathsf{plc} \in \mathfrak{P}, \mathsf{msg} \in \mathfrak{M}$, 我们有

$$\Pr\left[\mathsf{msg}' = \mathsf{msg} \;\middle|\; \begin{array}{l} (\mathsf{mpk}, \mathsf{msk}) \leftarrow \mathsf{Setup}(1^\lambda, \mathsf{func}) \\ \mathsf{ct}_{\mathsf{att}} \leftarrow \mathsf{Enc}(\mathsf{mpk}, \mathsf{att}, \mathsf{msg}) \\ \mathsf{sk}_{\mathsf{plc}} \leftarrow \mathsf{KeyGen}(\mathsf{msk}, \mathsf{plc}) \\ \mathsf{msg}' \leftarrow \mathsf{Dec}(\mathsf{sk}_{\mathsf{plc}}, \mathsf{ct}_{\mathsf{att}}) \end{array}\right] \geqslant 1 - \mathsf{negl}(\lambda).$$

定义 2.3 (属性基加密: 适应性安全性)　对所有的有状态攻击者 $\mathcal{A}$, 我们定义其对方案 ABE = (Setup, Enc, KeyGen, Dec) 的优势函数为

$$\mathsf{Adv}_{\mathcal{A}}^{\mathsf{ABE}}(\lambda) = \Pr\left[\beta' = \beta \;\middle|\; \begin{array}{l} \beta \leftarrow \{0,1\} \\ (\mathsf{mpk}, \mathsf{msk}) \leftarrow \mathsf{Setup}(1^\lambda, \mathsf{func}) \\ (\mathsf{att}^*, \mathsf{msg}_0, \mathsf{msg}_1) \leftarrow \mathcal{A}^{\mathsf{KeyGen}(\mathsf{msk},\cdot)}(\mathsf{mpk}) \\ \mathsf{ct}^* \leftarrow \mathsf{Enc}(\mathsf{mpk}, \mathsf{att}^*, \mathsf{msg}_\beta) \\ \beta' \leftarrow \mathcal{A}^{\mathsf{KeyGen}(\mathsf{msk},\cdot)}(\mathsf{ct}^*) \end{array}\right] - \frac{1}{2},$$

其中攻击者向预言机 $\mathsf{KeyGen}(\mathsf{msk}, \cdot)$ 提交的询问 plc 必须满足如下的约束:

$$\mathsf{func}(\mathsf{att}^*, \mathsf{plc}) = 0.$$

当 $\mathsf{Adv}_{\mathcal{A}}^{\mathsf{ABE}}(\lambda) = \mathsf{negl}(\lambda)$ 对所有多项式时间攻击者 $\mathcal{A}$ 成立时, 我们称属性基加密 ABE 是安全的.

定义 2.4 (属性基加密: 选择性安全性) 对所有的有状态攻击者 $\mathcal{A}$, 我们定义其对方案 $\mathsf{ABE} = (\mathsf{Setup}, \mathsf{Enc}, \mathsf{KeyGen}, \mathsf{Dec})$ 的优势函数为

$$\mathsf{selAdv}_{\mathcal{A}}^{\mathsf{ABE}}(\lambda) = \Pr\left[\beta' = \beta \left| \begin{array}{l} \mathsf{att}^* \leftarrow \mathcal{A}(1^\lambda, \mathsf{func}); \beta \leftarrow \{0,1\} \\ (\mathsf{mpk}, \mathsf{msk}) \leftarrow \mathsf{Setup}(1^\lambda, \mathsf{func}) \\ (\mathsf{msg}_0, \mathsf{msg}_1) \leftarrow \mathcal{A}^{\mathsf{KeyGen}(\mathsf{msk}, \cdot)}(\mathsf{mpk}) \\ \mathsf{ct}^* \leftarrow \mathsf{Enc}(\mathsf{mpk}, \mathsf{att}^*, \mathsf{msg}_\beta) \\ \beta' \leftarrow \mathcal{A}^{\mathsf{KeyGen}(\mathsf{msk}, \cdot)}(\mathsf{ct}^*) \end{array} \right.\right] - \frac{1}{2},$$

其中攻击者向预言机 $\mathsf{KeyGen}(\mathsf{msk}, \cdot)$ 提交的询问 plc 必须满足如下的约束:

$$\mathsf{func}(\mathsf{att}^*, \mathsf{plc}) = 0.$$

当 $\mathsf{selAdv}_{\mathcal{A}}^{\mathsf{ABE}}(\lambda) = \mathsf{negl}(\lambda)$ 对所有多项式时间攻击者 $\mathcal{A}$ 成立时, 我们称属性基加密 ABE 是选择性安全的 (Selectively Secure).

第二部分
属性基加密的基本构建技术

第 3 章　双线性群和身份基加密

本章介绍了密码学中的几种重要构建技术. 首先, 我们介绍了双线性群的定义及其在椭圆曲线和 Weil 配对中的应用. 其次, 探讨了全域哈希构建技术, 包括单向安全身份基加密方案和选择密文安全身份基加密方案. 再次, 介绍了交换盲化构建技术, 其中包括基于双线性 Diffie-Hellman (Bilinear Diffie-Hellman, BDH) 假设的高效分层身份基加密 (Hierarchical Identity-Based Encryption, HIBE) 方案、基于双线性 Diffie-Hellman 逆 (Bilinear Diffie-Hellman Inversion, BDHI) 假设的身份基加密方案, 以及一个高效的 CCA2-安全公钥系统. 最后, 介绍了两种使用指数逆构建技术的方案, 分别是选择明文安全和选择密文安全的方案.

3.1　双 线 性 群

本节我们将给出双线性群 (Bilinear Group) 的详细定义, 以及用于构建双线性群的椭圆曲线和 Weil 配对的概念.

3.1.1　双线性群的定义

下面我们给出双线性群的抽象定义[7].

定义 3.1 (双线性群)　假设 G_1, G_2 为两个阶为素数 p 的乘法循环群, g 为群 G_1 的生成元. 我们称 $\hat{e}: G_1 \times G_1 \to G_2$ 为一个双线性映射, 如果其满足下列性质:

(1) 双线性: 对于任意 $a, b \in \mathbb{Z}_p$, 有 $\hat{e}\left(g^a, g^b\right) = \hat{e}\left(g, g\right)^{ab}$;

(2) 非退化性: $\hat{e}\left(g, g\right) \neq 1_{G_2}$;

(3) 可计算性: 对于任意 $a, b \in \mathbb{Z}_p$, $\hat{e}\left(g^a, g^b\right)$ 可以在多项式时间内被有效计算.

我们称群 G_1 为一个双线性群, 如果 $(G_1, G_2, p, g, \hat{e}) \leftarrow \mathrm{BGen}(1^k)$ 为一个满足上述性质的概率多项式时间的算法, 其中 k 是安全参数.

3.1.2　椭圆曲线和 Weil 配对

椭圆曲线可以被用来构建大素数阶群, 使得在这个群中, CDH 问题是困难的, 但是 DDH 问题是容易的. 下面我们首先来回顾一下在子群 E 上描述 CDH 问题困难的必要条件[8].

定义 3.2 (安全乘数)　设 p 为素数, l 为正指数, E 是域 $\mathbb{F}_{p^l}$ 上的椭圆曲线, 且 E 上有 m 个点. 设点 $P \in E$, P 有素数阶 q, 其中 $q^2 \nmid m$. 对于整数 $\alpha > 0$, 称

由点 P 生成的子群 G_P 有安全乘数 α, 如果 p^l 在 $\mathbb{F}_{p^l}$ 中的阶是 α. 也就是说, 对于 $k \in \{1, \cdots, \alpha - 1\}$, 有

$$q \mid (p^{l\alpha} - 1) \quad 以及 \quad q \nmid (p^{lk} - 1),$$

在子群 G_P 中, 如果 CDH 问题是困难的, 那么子群 G_P 的安全乘数 α 不会太小; 否则在子群 G_P 中, 为了得到一个有效的 DDH 算法, 则要求 α 不能太大.

椭圆曲线上的离散对数. 假设 G_P 为 $E/\mathbb{F}_{p^l}$ 的子群, 其阶为 q, 安全乘数为 α. 这里简单地讨论计算群 G_P 中离散对数的两种标准方法.

(1) MOV 方法: 使用有效可计算的同态映射, 将群 G_P 中的离散对数问题映射到域 $\mathbb{F}_{p^l}$ 的某个扩域中的离散对数问题上, 比如 $\mathbb{F}_{p^{li}}$. 我们要求在这一同态映射下, G_P 像的集合是 $\mathbb{F}^*_{p^{li}}$ 的一个阶为 q 的子群. 从而有 $q \mid (p^{li} - 1)$, 根据安全乘数 α 的定义, 可知 $i \geqslant \alpha$. 因此, 在最好的情况下, MOV 方法可以将 G_P 中的离散对数问题归约到 $\mathbb{F}^*_{p^{l\alpha}}$ 的一个子群中的离散对数问题上. 所以, 为了确保 G_P 中的离散对数问题是困难的, 希望曲线有较大的安全乘数 α.

(2) 通用方法: 在通用的离散对数算法中, 例如 Baby-Step-Giant-Step 和 Pollard's Rho 算法, 有着与 $\sqrt{q}$ 成比例的运行时间. 因此, 必须确保 q 足够大.

椭圆曲线上的 DDH 问题. 假设点 $P \in E/\mathbb{F}_{p^l}$ 有素数阶 q, 子群 G_P 有安全乘数 α, 且 $q \nmid (p^l - 1)$, 现有结果表明 $E/\mathbb{F}_{p^{l\alpha}}$ 包含一个与点 P 线性无关的点 Q, 而这样的一个点 $Q \in E/\mathbb{F}_{p^{l\alpha}}$ 可以被高效地找到. 值得注意的是, P 和 Q 的线性无关性可以通过 Weil 配对来验证.

定义 3.3 (Weil 配对)　假设 $E[q]$ 表示 $E/\mathbb{F}_{p^{l\alpha}}$ 中由 P 和 Q 生成的子群. 我们称映射 $e: E[q] \times E[q] \to \mathbb{F}^*_{p^{l\alpha}}$ 是 Weil 配对, 如果它满足下列性质:

(1) 恒等性: 对于任意 $R \in E[q]$, 有 $e(R, R) = 1$;

(2) 双线性: 对于任意 $R_1, R_2 \in E[q]$, 以及 $a, b \in \mathbb{Z}$, 有 $e(aR_1, bR_2) = e(R_1, R_2)^{ab}$;

(3) 非退化性: 若存在 $R \in E[q]$, 使得对于任意 $R' \in E[q]$ 有 $e(R, R') = 1$, 则有 $R = R'$;

(4) 可计算性: 对于任意 $R_1, R_2 \in E[q]$, 配对 $e(R_1, R_2)$ 可以在多项式时间内被有效计算. 注意到 $e(R_1, R_2) = 1$, 当且仅当 R_1 和 R_2 是线性相关的.

对于阶均为 q 的线性无关的两个点 P 和 Q, Weil 配对可以让我们判断出对于给定的四元组 (P, aP, Q, bQ), 是否存在 $a \equiv b \pmod{q}$ 成立, 而事实上,

$$a \equiv b \pmod{q} \iff e(P, bQ) = e(aP, Q).$$

假设 $\varPhi$ 是一个可计算的由 G_P 到 G_Q 的同构, 则对于任意的 a, 有 $\varPhi(aP) = axQ$, 其中 $xQ = \varPhi(P)$. 在这种情况下, Weil 配对可以让我们判断出对于给定的四元组 (P, aP, bP, cP), 是否存在 $ab \equiv c \pmod{q}$ 成立, 而事实上,

$$ab \equiv c \pmod q \iff e(P, \Phi(cP)) = e(aP, \Phi(bP)).$$

如果同构 Φ 存在, 则 Weil 配对提供了一种成功破解 DDH 困难问题的算法. 需要注意的是, 这一针对 DDH 的算法需要计算出 Weil 配对中域 $\mathbb{F}_{p^{l\alpha}}$ 上的两个点.

3.2 全域哈希构建技术

接下来, 我们介绍如何使用全域哈希技术构建身份基加密方案.

3.2.1 单向安全身份基加密

下面我们将逐步描述 Boneh-Franklin 身份基加密方案[8] (即 BF01 方案), 为了便于理解 BF01 方案, 首先给出一个基本身份基加密方案, 但是这一方案对于适应性选择密文攻击是不安全的, 因此接下来所描述的基本的身份基加密方案, 仅在随机预言机模型下能够达到在身份和选择明文攻击下的不可区分性 (Indistinguishability under Identity and Chosen Plaintext Attack, IND-ID-CPA) 安全.

映射到点. 假设 p 为素数, 且满足 $p \equiv 2 \pmod 3$; 对于某个大于 3 的素数 q, 要求满足 $p = 6q - 1$, 令 E 为在 $\mathbb{F}_p$ 上的椭圆曲线 $y^2 = x^3 + 1$. 接下来我们所描述的身份基加密方案使用了一个简单的算法将任意字符串 $\mathsf{ID} \in \{0,1\}^*$ 映射到阶为 q 的 $Q_{\mathsf{ID}} \in E/\mathbb{F}_p$ 上一点, 称之为映射到点 (Map To Point) 算法. 不同于之前使用的符号表示, 这里我们假设 G 为一个哈希函数 $G: \{0,1\}^* \to \mathbb{F}_p$ (安全性分析中也将 G 视为一个随机预言机), $\mathsf{MapToPoint}_G$ 算法描述如下:

(1) 计算 $y_0 = G(\mathsf{ID})$ 以及 $x_0 \equiv (y_0^2 - 1)^{1/3} \equiv (y_0^2 - 1)^{(2p-1)/3} \pmod p$;

(2) 令 $Q = (x_0, y_0) \in E/\mathbb{F}_p$, 设 $Q_{\mathsf{ID}} = 6Q$, 则 Q_{ID} 有阶数 q.

注意到, 当 $6Q = (x_0, y_0) = O$ 时, 其中 $y_0 \in \mathbb{F}_p$ 有 5 个值, 而当 $G(\mathsf{ID})$ 是这 5 个值之一时, Q_{ID} 将不会有阶 q. 这是因为对于 $G(\mathsf{ID})$ 来说很难取到这 5 个值, 所以为了简单起见, 我们认为这种 ID 是无效的, 并且可以通过进一步扩展 MapTo Point 算法来解这些 y_0.

方案 3.1 (BasicIdent 基本方案) 一个称为 BasicIdent 的基本身份基加密方案由以下四个算法 (Setup, Extract, Enc, Dec) 组成, 其中 k 为 Setup 算法中的安全参数.

$\mathsf{Setup}(k, n)$: 初始化算法中先随机选择一个长为 k 比特且满足 $p \equiv 2 \pmod 3$ 的大素数 p, 一个大于 3 且满足 $p = 6q - 1$ 的素数 q, 之后随机选择一个阶为 q 的 $P \in E/\mathbb{F}_p$, 一个 $s \in \mathbb{Z}_q^*$, 并设 $P_{\text{pub}} = sP$. 对于某个 n, 随机选择两个哈希函数 $H: \mathbb{F}_{p^2} \to \{0,1\}^n$ 和 $G: \{0,1\}^* \to \mathbb{F}_p$, 安全性分析中会把 H 和 G 视为随机预言机. 消息空间为 $\mathcal{M} = \{0,1\}^n$, 密文空间为 $\mathcal{C} = E/\mathbb{F}_p \times \{0,1\}^n$. 最后输出系统中的公开参数 $\mathsf{pp} = \langle p, n, P, P_{\text{pub}}, G, H \rangle$ 和主私钥 $\mathsf{msk} = s \in \mathbb{Z}_q$.

Extract(ID, msk): 密钥生成算法为一个给定的身份 ID $\in \{0,1\}^*$ 创建私钥 sk, 先使用 MapTo Point$_G$ 算法将 ID 映射到阶为 q 的点 $Q_{\mathsf{ID}} \in E/\mathbb{F}_p$ 上, 之后计算并输出私钥 $\mathsf{sk}_{\mathsf{ID}} = sQ_{\mathsf{ID}}$.

Enc(M, ID, pp): 加密算法使用公钥为一个给定的身份 ID 加密消息 $M \in \mathcal{M}$, 先使用 MapTo Point$_G$ 算法将 ID 映射到阶为 q 的点 $Q_{\mathsf{ID}} \in E/\mathbb{F}_p$ 上, 随机选择一个 $r \in \mathbb{Z}_q$, 计算并输出密文 ct 为

$$\mathsf{ct} = (rP, M \oplus H(g_{\mathsf{ID}}^r)), \quad 其中 \quad g_{\mathsf{ID}} = \hat{e}(Q_{\mathsf{ID}}, P_{\text{pub}}) \in \mathbb{F}_{p^2}.$$

Dec($\mathsf{sk}_{\mathsf{ID}}$, ct): 解密算法中首先将密文解析为 $\mathsf{ct} = \langle U, V\rangle \in \mathcal{C}$, 如果 $U \in E/\mathbb{F}_p$ 不是阶为 q 的点, 则拒绝这一密文. 否则, 使用私钥 $\mathsf{sk}_{\mathsf{ID}}$ 解密 ct 并得到消息:

$$V \oplus H(\hat{e}(\mathsf{sk}_{\mathsf{ID}}, U)) = M.$$

正确性. 下面我们证明该算法的正确性, 当上述四个具体算法均运行完成后, 我们有

(1) 在加密过程中 M 与 g_{ID}^r 的哈希值异或;

(2) 在解密过程中 V 与 $\hat{e}(\mathsf{sk}_{\mathsf{ID}}, U)$ 的哈希值异或.

然而这些用在加密和解密过程中的掩码数值都是相同的:

$$\hat{e}(\mathsf{sk}_{\mathsf{ID}}, U) = \hat{e}(sQ_{\mathsf{ID}}, rP) = \hat{e}(Q_{\mathsf{ID}}, P)^{sr} = \hat{e}(Q_{\mathsf{ID}}, P_{\text{pub}})^r = g_{\mathsf{ID}}^r.$$

因此, 在加密算法之后运行对应的解密算法确实可以得到原始的明文消息 M. 注意到, 没有必要针对这种基本方案设计攻击, 因为它只是为了简化说明而提出的, 3.2.2 节将介绍完整方案.

性能分析. 算法 Setup 和 Extract 是非常简单的算法, 两个算法的核心为曲线 $E/\mathbb{F}_p$ 上的标准乘法. 算法 Enc 要求解密者计算出 Q_{ID} 的 Weil 配对以及 P_{pub}, 注意到这一计算与消息是独立的, 因此只需计算一次即可. 一旦计算 g_{ID}, 系统的性能就几乎与标准 ElGamal 加密一样. 我们也注意到密文长度与 $\mathbb{F}_p$ 中常规的 ElGamal 加密是一样的. 而算法 Dec 的解密过程是一个简单的 Weil 配对计算.

安全性. 接下来我们将论述该基本方案的安全性, 下面的定理表明在 BDH 困难假设下, 该 BasicIdent 基本方案是单向身份基加密 (ID-OWE) 方案[8].

定理 3.1 在 BDH 困难假设下, 上述 BasicIdent 基本方案是单向安全的.

为了证明这一定理, 我们需要提前定义一个相关的公钥加密方案, 一个称为 PubKeyEnc 的公钥加密方案由以下三个算法 (Setup, Enc, Dec) 组成.

- Setup(k, n): 首先随机选择一个长为 k 比特且满足 $p \equiv 2 \pmod 3$ 的大素数 p, 一个大于 3 且满足 $p = 6q - 1$ 的素数 p 和一个阶为 q 的 $P \in E/\mathbb{F}_p$. 之后随机选择一个 $s \in \mathbb{Z}_q^*$, 并设 $P_{\text{pub}} = sP$, 再随机选择一个阶为 q 的点

$Q_{\mathsf{ID}} \in E/\mathbb{F}_p$, 则 Q_{ID} 在由 P 生成的群中. 对于某个 n, 随机选择一个哈希函数 $H : \mathbb{F}_{p^2} \to \{0,1\}^n$. 最后输出公钥 $\mathsf{pk} = \langle p, n, P, P_{\mathrm{pub}}, Q_{\mathsf{ID}}, H\rangle$ 和私钥 $\mathsf{sk}_{\mathsf{ID}} = sQ_{\mathsf{ID}}$.

- $\mathsf{Enc}(M, \mathsf{pk})$: 加密算法用于加密消息 $M \in \{0,1\}^n$, 随机选择一个 $r \in \mathbb{Z}_q$, 并输出密文:

$$\mathsf{ct} = (rP, M \oplus H(g^r)),$$

其中 $g = \hat{e}(Q_{\mathsf{ID}}, P_{\mathrm{pub}}) \in \mathbb{F}_{p^2}$.

- $\mathsf{Dec}(\mathsf{ct}, \mathsf{sk}_{\mathsf{ID}})$: 解密算法首先解析一个使用公钥 $\mathsf{pk} = \langle p, n, P, P_{\mathrm{pub}}, Q_{\mathsf{ID}}, H\rangle$ 加密的密文 $\mathsf{ct} = \langle U, V\rangle \in \mathcal{C}$, 之后使用私钥 $\mathsf{sk}_{\mathsf{ID}}$ 进行解密计算:

$$V \oplus H(\hat{e}(\mathsf{sk}_{\mathsf{ID}}, U)) = M.$$

以上就是对 PubKeyEnc 公钥加密方案的描述, 同时我们分两步证明定理 3.1. 首先说明一个对于 BasicIdent 基本方案的 ID-OWE 攻击, 可以被转换成一个对 PubKeyEnc 公钥加密方案的 OWE 攻击, 这一步说明私钥询问并没有帮助到敌手. 接下来说明如果 BDH 困难假设成立, 则 PubKeyEnc 是 OWE 安全的.

引理 3.1 如果上述定义的 PubKeyEnc 方案是 OWE 安全的, 那么 BasicIdent 基本方案是 ID-OWE 安全的.

引理 3.2 在 BDH 困难假设下, 上述 PubKeyEnc 方案是 OWE 安全的.

证明 定理 3.1 可以由引理 3.1 和引理 3.2 直接得到, 结合这两个归约能够说明, 如果存在一个可以凭借不可忽略的 ϵ 概率打破 BasicIdent 基本方案 ID-OWE 安全的敌手, 那么其同时可以给出一个凭借不可忽略的 $(\epsilon/e(1+q_E) - 1/2^n)/q_H$ 概率打破 BDH 困难假设的算法.

3.2.2 选择密文安全身份基加密

接下来我们介绍如何使用一个 Fujisaki-Okamoto 工作中的技巧将 BasicIdent 基本方案转换成一个在随机预言机模型下的选择密文安全的 IBE 系统[10]. 令 ε 为一个公钥加密方案, 而用 $\varepsilon_{\mathsf{pk}}(M; r)$ 表示一个在公钥 pk 下用随机比特值 r 加密消息 M 的算法. Fujisaki-Okamoto 定义混合方案 ε^{hy} 为

$$\varepsilon^{hy}_{\mathsf{pk}}(M) = \varepsilon_{\mathsf{pk}}(\sigma; H_1(\sigma, M)) \parallel G_1(\sigma) \oplus M,$$

其中 σ 是随机生成的, H_1, G_1 是哈希函数. Fujisaki-Okamoto 转换说明, 如果 ε 是一个单向加密方案, 那么 ε^{hy} 是一个在随机预言机模型下的选择密文攻击下的不可区分性 (Indistinguishability under Chosen Ciphertext Attack, IND-CCA) 安全的系统.

我们对 BasicIdent 基本方案应用这一转换, 并说明得到的 IBE 系统是 IND-ID-CCA 安全的. 我们将得到的 IBE 方案称为 FullIdent 方案, 其中 n 是明文消息的长度.

方案 3.2 (FullIdent 方案) 一个 FullIdent 身份基加密方案由以下四个算法组成.

- Setup(k, n): 初始化算法与 BasicIdent 基本方案中的一样, 除了我们需要选择两个哈希函数 $H_1: \{0,1\}^n \times \{0,1\}^n \to \mathbb{F}_q$ 和 $G_1: \{0,1\}^n \to \{0,1\}^n$.
- Extract(ID, msk): 密钥生成算法与 BasicIdent 基本方案中的一样.
- Enc$(M, \text{ID}, \text{pp})$: 加密算法使用公钥为一个给定的身份 ID 加密消息 $M \in \{0,1\}^n$, 先使用 MapTo Point$_G$ 算法将 ID 转换成阶为 q 的点 $Q_{\text{ID}} \in E/\mathbb{F}_p$, 之后随机选择一个 $\sigma \in \{0,1\}^n$. 计算 $r = H_1(\sigma, M)$, 并输出密文 ct 为

$$\text{ct} = (rP, \sigma \oplus H(g_{\text{ID}}^r), M \oplus G_1(\sigma)),$$

  其中 $g_{\text{ID}} = \hat{e}(Q_{\text{ID}}, P_{\text{pub}}) \in \mathbb{F}_{p^2}$.
- Dec$(\text{sk}_{\text{ID}}, \text{ct})$: 解密算法中首先将身份 ID 加密的密文解析为 $\text{ct} = \langle U, V, W\rangle \in \mathcal{C}$, 如果 $U \in E/\mathbb{F}_p$ 不是阶为 q 的点, 那么拒绝这一密文. 否则, 使用私钥 sk_{ID} 解密 ct 得到消息, 先计算 $V \oplus H(\hat{e}(\text{sk}_{\text{ID}}, U)) = \sigma$ 和 $W \oplus G_1(\sigma) = M$. 设 $r = H_1(\sigma, M)$, 测试是否有 $U = rP$, 若没有, 则拒绝这一密文; 否则输出密文 ct 解密后的消息 M.

以上就是对 FullIdent 身份基加密方案的描述, 注意到 M 被加密为 $W = M \oplus G_1(\sigma)$, 这里可以被替换成 $W = E_{G_1(\sigma)}(M)$, 其中 E 是一个语义安全的对称加密方案.

安全性. 接下来我们将论述该方案的安全性, 下面的定理表明在 BDH 困难假设下, 该 FullIdent 方案是一个满足在身份和选择密文攻击下的不可区分性 (Indistinguishability under Identity and Chosen Ciphertext Attack, IND-ID-CCA) 安全方案.

定理 3.2 在 BDH 困难假设下, 上述 FullIdent 方案是选择密文攻击下不可区分性安全的.

根据前面已陈述的 Fujisaki-Okamoto 工作中的定理, 这个关于 FullIdent 方案安全性的定理证明是基于以下定理 3.3 进行的, 其中 PubKeyEnc^{hy} 为在 PubKeyEnc 方案中应用 Fujisaki-Okamoto (FO) 转换的结果.

定理 3.3 (FO 转换定理) 假设存在一个选择密文攻击下可以凭借不可忽略的 ϵ 概率成功打破 PubKeyEnc^{hy} 方案中关于 $(t, q_{G_1}, q_{H_1}, q_D)$ 的敌手, 那么就存在一个可以成功打破 PubKeyEnc 方案 OWE 安全的 (t_1, ϵ_1) 时间敌手, 其中

$$t_1 = \text{FO}_{\text{time}}(t, q_{G_1}, q_{H_1}) = t + O((q_{G_1} + q_{H_1}) \cdot n),$$

$$\epsilon_1 = \text{FO}_{\text{adv}}(\epsilon, q_{G_1}, q_{H_1}, q_D) = \frac{1}{2(q_{G_1} + q_{H_1})}[(\epsilon + 1)(1 - 2/q)^{q_D} - 1].$$

我们同样需要如下引理来实现对于 FullIdent 方案的 IND-ID-CCA 安全和对于 $\mathsf{PubKeyEnc}^{hy}$ 方案的 IND-CCA 安全之间的转换.

引理 3.3 如果 $\mathsf{PubKeyEnc}^{hy}$ 方案是 IND-CCA 安全的, 那么上述 FullIdent 方案是 IND-ID-CCA 安全的.

定理 3.2 的证明 根据引理 3.3, 一个对于 FullIdent 方案 IND-ID-CCA 安全的敌手可以得出一个针对 $\mathsf{PubKeyEnc}^{hy}$ 方案 IND-CCA 安全的敌手, 而根据定理 3.3, 一个对于 $\mathsf{PubKeyEnc}^{hy}$ 方案 IND-CCA 安全的敌手又可以得出一个对于 PubKeyEnc 方案 OWE 安全的敌手, 并且根据引理 3.2, 一个对于 PubKeyEnc 方案 OWE 安全的敌手又可以得出一个关于 BDH 困难假设的算法. 将上述归约组合起来即为定理中所求的结论.

3.3 交换盲化构建技术

接下来, 我们介绍第二种用于构建身份基加密方案的技术, 称为交换盲化构建技术.

3.3.1 基于 BDH 假设的可选择身份安全的分层身份基加密

接下来介绍如何构建一个基于 BDH 假设的无随机预言机的高效可选择身份安全的 HIBE 系统[11], 特别地, 由此我们可以得到一个基于 BDH 假设的无随机预言机的高效可选择身份安全且选择明文安全的 IBE 系统.

方案 3.3 假设 G 是一个阶为素数 p 的双线性群, g 为 G 的生成元, 安全参数 ℓ 决定了群 G 的基数, $e: G \times G \to G_1$ 为一个双线性映射. 现在, 我们假设深度为 ℓ 的身份为 $\mathsf{ID} = (I_1, \cdots, I_\ell)$ 的向量, 其中 $I_j \in \mathbb{Z}_p, j \in \{1, \cdots, \ell\}$, 且 ID 中的第 j 个分量在第 j 层. 接下来会将每个分量 I_j 通过一个抗碰撞哈希函数 $H: \{0,1\}^* \to \mathbb{Z}_p$ 进行哈希变换来构建扩展到 $\{0,1\}^*$ 上的公钥. 我们假设被加密的消息是 G_1 中的元素, 则一个 HIBE 系统由如下四个算法组成.

- $\mathsf{Setup}(\ell)$: 初始化算法生成最大深度为 ℓ 的 HIBE 系统中的参数, 选择一个随机数 $\alpha \in \mathbb{Z}_p^*$, 并令 $g_1 = g^\alpha$. 接下来, 抽取随机数 $h_1, \cdots, h_\ell \in G$, $g_2 \in G^*$ 是一个生成元. 该算法输出公开参数 pp 和主私钥 msk,

$$\mathsf{pp} = (g, g_1, g_2, h_1, \cdots, h_\ell), \quad \mathsf{msk} = g_2^\alpha,$$

  对于 $j = \{1, \cdots, \ell\}$, 设映射 $F_j: \mathbb{Z}_p \to G$ 为 $F_j(x) = g_1^x h_j$.

- $\mathsf{KeyGen}(d_{\mathsf{ID}|j-1}, \mathsf{ID})$: 密钥生成算法为身份 $\mathsf{ID} = (I_1, \cdots, I_j) \in \mathbb{Z}_p^j, j \leqslant \ell$ 生成对应的私钥 $\mathsf{sk}_{\mathsf{ID}}$, 抽取随机数 $r_1, \cdots, r_k \in \mathbb{Z}_p$, 然后输出私钥为

$$\mathsf{sk}_{\mathsf{ID}} = \left(g_2^\alpha \cdot \prod_{k=1}^{j} F_k\left(I_k\right)^{r_k}, g^{r_1}, \cdots, g^{r_j}\right),$$

注意到要想生成 ID 的私钥, 只需要通过给出 $\mathsf{ID}_{|j-1} = (I_1,\cdots,I_{j-1}) \in \mathbb{Z}_p^{j-1}$ 的私钥即可. 事实上, 如果 $\mathsf{sk}_{\mathsf{ID}_{|j-1}} = (d_0,\cdots,d_{j-1})$ 为 $\mathsf{ID}_{|j-1}$ 的私钥, 那么要想生成私钥 $\mathsf{sk}_{\mathsf{ID}} = (d_0 \cdot F_j(I_j)^{r_j}, d_1, \cdots, d_j - 1, g^{r_j})$, 只需要随机抽取 $r_j \in \mathbb{Z}_p$ 即可.

- $\mathsf{Enc}(M, \mathsf{ID}, \mathsf{pp})$: 加密算法为身份 $\mathsf{ID} = (I_1,\cdots,I_j) \in \mathbb{Z}_p^j$ 生成消息 $M \in G_1$ 的密文, 需要抽取随机数 $s \in \mathbb{Z}_p$, 然后输出密文 ct 为

$$\mathsf{ct} = \left(e(g_1, g_2)^s \cdot M, g^s, F_1(I_1)^s, \cdots, F_j(I_j)^s\right).$$

注意到 $e(g_1, g_2)$ 可以提前计算, 这样加密过程中就不再需要双线性配对计算, 或者可以将 $e(g_1, g_2)$ 加入系统参数中.

- $\mathsf{Dec}(\mathsf{sk}_{\mathsf{ID}}, \mathsf{ct})$: 解密算法使用私钥 $\mathsf{sk}_{\mathsf{ID}} = (d_0, d_1, \cdots, d_j)$ 来解密密文 $\mathsf{ct} = (A, B, C_1, \cdots, C_j)$, 并可以得到

$$A \cdot \frac{\prod_{k=1}^{j} e(C_k, d_k)}{e(B, d_0)} = M.$$

事实上, 对于一个有效的密文和相同的身份 $\mathsf{ID} = (I_1,\cdots,I_j)$, 我们有

$$\frac{\prod_{k=1}^{j} e(C_k, d_k)}{e(B, d_0)} = \frac{\prod_{k=1}^{j} e\left(F_k(I_k), g\right)^{sr_k}}{e(g_1, g_2)^{s\alpha} \prod_{k=1}^{j} e\left(gF_k(I_k)\right)^{sr_k}} = \frac{1}{e(g_1, g_2)^s}.$$

安全性. 上述 HIBE 系统会让我们想起 Gentry-Silverberg HIBE 方案, 但是 Gentry-Silverberg HIBE 只在随机预言机模型下是安全的, 而上述 HIBE 系统中关于函数 $F_1, \cdots, F_\ell$ 的选择使得我们可以在没有随机预言机的情况下证明该系统是安全的. 接下来我们将证明上述 HIBE 系统对于群 G 在 BDH 假设下是安全的.

定理 3.4　在 (t, ϵ)-BDH 困难假设下, 那么对于任意的 ℓ 和 q_S, 以及任意的 $t' < t - o(t)$, 上述定义的 ℓ-HIBE 系统是 (t', q_S, ϵ)-可选择身份、选择明文安全的.

证明　如果 $\mathcal{A}$ 为一个可以凭借不可忽略的 ϵ 概率成功打破上述 HIBE 系统的敌手, 那么可以借此创建一个算法 $\mathcal{B}$ 来通过 $\mathcal{A}$ 成功打破群 G 中的 DBDH 困难假设. 输入参数 (g, g^a, g^b, g^c, T), 算法 $\mathcal{B}$ 的目标是当 $T = e(g,g)^{abc}$ 时输出 1, 否则算法 $\mathcal{B}$ 输出 0. 令 $g_1 = g^a, g_2 = g^b, g_3 = g^c$, 算法 $\mathcal{B}$ 与 $\mathcal{A}$ 在一个可选择身份的博弈游戏中进行以下交互.

初始化阶段: 本阶段中由 $\mathcal{A}$ 输出一个身份 $\mathsf{ID}^* = (I_1^*, \cdots, I_k^*) \in \mathbb{Z}_p^k$, 其中深度 $k \leqslant \ell$, 开始可选择身份游戏中的攻击. 如果有需要, $\mathcal{B}$ 会从 $\mathbb{Z}_p$ 中随机选择元素附加给 ID^* 使得 ID^* 为一个维数为 ℓ 的向量.

准备阶段: 本阶段中算法 $\mathcal{B}$ 为了生成系统参数, 随机抽取元素 $\alpha_1, \cdots, \alpha_\ell \in \mathbb{Z}_p$, 并定义 $h_j = g_1^{-I_j^*} g^{\alpha_j} \in G, j = 1, \cdots, \ell$. 算法 $\mathcal{B}$ 将系统公开参数 $\mathsf{pp} = (g, g_1, g_2, h_1, \cdots, h_\ell)$ 发送给 $\mathcal{A}$, 注意到对于 $\mathcal{B}$ 来说未知的主密钥是 $g_2^a = g^{ab} \in G^*$. 像之前一样, 对于 $j = 1, \cdots, \ell$, 我们定义函数 $F_j : \mathbb{Z}_p \to G$ 为

$$F_j(x) = g_1^x h_j = g_1^{I_j - I_j^*} g^{\alpha_j}.$$

问询阶段 1: 本阶段中 $\mathcal{A}$ 进行 q_S 次私钥询问, 考虑关于身份 $\mathsf{ID}=(I_1, \cdots, I_u) \in \mathbb{Z}_p^u$ (其中 $u \leqslant \ell$) 的私钥询问中, 唯一的限制是 ID 不能是 ID^* 的前缀. 令 $j = \min\{t | I_t \neq I_t^*, 1 \leqslant t \leqslant u\}$, 为了回应这一私钥询问, 算法 $\mathcal{B}$ 先从身份 $(I_1, \cdots, I_j)$ 中派生出一个私钥, 然后 $\mathcal{B}$ 从这个私钥中为所询问的身份 $\mathsf{ID}=(I_1, \cdots, I_j, \cdots, I_u)$ 构建出一个私钥. 算法 $\mathcal{B}$ 随机抽取 $r_1, \cdots, r_j \in \mathbb{Z}_p$, 并计算

$$d_0 = g_2^{\frac{-\alpha_j}{I_j - I_j^*}} \prod_{v=1}^{j} F_v(I_v)^{r_v},\ d_1 = g^{r_1}, \cdots, d_{j-1} = g^{r_{j-1}}, d_j = g_2^{\frac{-1}{I_j - I_j^*}} g^{r_j},$$

我们称 $(d_0, d_1, \cdots, d_j)$ 是身份 $(I_1, \cdots, I_j)$ 的一个有效随机私钥. 为了证明这一点, 令 $\tilde{r}_j = r_j - b/(I_j - I_j^*)$, 则我们有

$$g_2^{\frac{-\alpha_j}{I_j - I_j^*}} F_j(I_j^{r_j}) = g_2^{\frac{-\alpha_j}{I_j - I_j^*}} (g_1^{I_j - I_j^*} g^{\alpha_j})^{r_j} = g_2^a (g_1^{I_j - I_j^*} g^{\alpha_j})^{r_j - \frac{b}{I_j - I_j^*}} = g_2^a F_j(I_j)^{\tilde{r}_j},$$

从而得到上述已定义的私钥 $(d_0, d_1, \cdots, d_j)$ 满足

$$d_0 = g_2^a \cdot \left(\prod_{v=1}^{j-1} F_v(I_v)^{r_v} \right) \cdot F_j(I_j)^{\tilde{r}_j}, d_1 = g^{r_1}, \cdots, d_{j-1} = g^{r_j - 1}, d_j = g^{\tilde{r}_j},$$

其中 $r_1, \cdots, r_{j-1}, \tilde{r}_j$ 在 $\mathbb{Z}_p$ 中均匀分布, 这一点与私钥 $(I_1, \cdots, I_j)$ 的定义相符. 因此, $(d_0, d_1, \cdots, d_j)$ 是 $(I_1, \cdots, I_j)$ 的一个有效随机私钥. 算法 $\mathcal{B}$ 从私钥 $(d_0, d_1, \cdots, d_j)$ 中得到所需 ID 的私钥, 并且将这一结果发送给 $\mathcal{A}$.

挑战阶段: 本阶段中 $\mathcal{A}$ 将输出用于挑战的两个消息 $M_0, M_1 \in G_1$, 算法 $\mathcal{B}$ 随机抽取比特值 $b \in \{0, 1\}$, 并将密文 $\mathsf{ct} = (M_b \cdot T, g_3, g_3^{\alpha_1}, \cdots, g_3^{\alpha_k})$ 返回给敌手 $\mathcal{A}$. 因为对于任意的 i, 有 $F_i(I_i^*) = g^{\alpha_i}$, 所以我们有

$$\mathsf{ct} = (M_b \cdot T, g_3, g^c, F_1(I_1^*)^c, \cdots, F_k(I_k^*)^c),$$

因此, 如果 $T = e(g,g)^{abc} = e(g_1,g_2)^c$, 则密文 ct 是 M_b 在身份 $\mathsf{ID}^* = (I_1^*,\cdots,I_k^*)$ 下的一个有效密文. 否则, 在敌手的视角中密文 ct 与 b 是无关的.

问询阶段 2: 本阶段中 $\mathcal{A}$ 与问询阶段 1 中的行为一样, 再次进行私钥询问, 算法 $\mathcal{B}$ 的行为也相同.

猜测阶段: 本阶段中敌手 $\mathcal{A}$ 最后输出猜测 $b' \in \{0,1\}$, 而算法 $\mathcal{B}$ 通过输出如下猜测来结束自己的博弈游戏: 如果 $b = b'$, 则 $\mathcal{B}$ 输出 1, 代表 $T = e(g,g)^{abc}$; 否则, $\mathcal{B}$ 将输出 0, 代表 $T \neq e(g,g)^{abc}$.

当 $T = e(g,g)^{abc}$ 时, $\mathcal{A}$ 必须满足 $|\Pr[b=b'] - 1/2| > \epsilon$; 而当 T 在 G_1^* 中均匀分布时, 有 $\Pr[b=b'] = 1/2$. 因此, 当 a,b,c 在 $\mathbb{Z}_p^*$ 中均匀分布, 且 T 在 G_1^* 中均匀分布时, 我们有

$$\begin{aligned}&\left|\Pr\left[\mathcal{B}\left(g,g^a,g^b,g^c,e(g,g)^{abc}\right)=0\right]-\Pr\left[\mathcal{B}\left(g,g^a,g^b,g^c,T\right)=0\right]\right|\\ \geqslant&\left|\left(\frac{1}{2}\pm\epsilon\right)-\frac{1}{2}\right|=\epsilon.\end{aligned}$$

由此完成了对定理 3.4 的证明.

选择密文安全. Boneh 等[12] 的研究结果给出了一种有效的方式: 从一个可选择身份、选择明文安全的 $(\ell+1)$-HIBE 系统中, 构建出一个可选择身份、选择密文安全的 ℓ-HIBE 系统. 在与上述构建方案结合之后, 我们可以对任意的 ℓ 得到一个可选择身份、选择明文安全的 (ℓ)-HIBE 系统. 特别地, 我们可以从 2-HIBE 系统中得到一个高效的可选择身份、选择密文安全的 IBE 方案.

任意身份. 我们可以扩展上述 HIBE 系统, 在密钥生成和加密之前通过使用抗碰撞哈希函数 $H:\{0,1\}^* \to \mathbb{Z}_p$ 来哈希变换每个 I_j, 从而处理身份 $\mathsf{ID} = (I_1,\cdots,I_\ell)$, 其中 $I_j \in \{0,1\}^*$(与 $I_j \in \mathbb{Z}_p$ 相反). 如果上述方案是可选择身份、选择密文安全的, 那么附加带有哈希函数的方案也是如此. 我们并不需要将定义域中的所有元素都哈希到 $\mathbb{Z}_p$ 上, 比如, 一个抗碰撞哈希函数 $H:\{0,1\}^* \to \{1,\cdots,2^b\}$, 其中 $2^b < p$, 对于安全证明来说就已经足够.

3.3.2 基于 BDHI 假设的高效可选择身份安全身份基加密

接下来我们介绍如何构建一个基于决策 q-BDHI (Decisional q-Bilinear Diffie-Hellman Inversion) 假设的、无随机预言机的高效可选择身份、选择明文安全的 IBE 系统, 这一 IBE 系统比之前所构建的 IBE 更高效.

方案 3.4　假设 G 是一个阶为素数 p 的双线性群, g 为 G 的生成元, 同时假设身份 (ID) 中的元素在 $\mathbb{Z}_p^*$ 中. 接下来, 我们将说明 $\{0,1\}^*$ 中的任意身份 ID 通过抗碰撞哈希函数 $H:\{0,1\}^* \to \mathbb{Z}_p^*$ 后均可以使用, 被加密的消息是 G_1 中的元素. 则这样一个高效的 IBE 系统由以下四个算法组成:

- $\mathsf{Setup}(1^\lambda)$: 初始化算法生成 IBE 系统中的参数, 随机抽取元素 $x, y \in \mathbb{Z}_p^*$, 并定义 $X = g^x$ 及 $Y = g^y$. 该算法输出公开参数 pp 和主私钥 msk 如下:

$$\mathsf{pp} = (g, g^x, g^y), \quad \mathsf{msk} = (x, y).$$

- $\mathsf{KeyGen}(\mathsf{msk}, \mathsf{ID})$: 密钥生成算法为身份 $\mathsf{ID} \in \mathbb{Z}_p^*$ 生成对应的私钥 $\mathsf{sk}_{\mathsf{ID}}$. 该算法随机抽取 $r \in \mathbb{Z}_p$, 并计算 $K = g^{1/(\mathsf{ID}+x+ry)} \in G$, 最后输出私钥 $\mathsf{sk}_{\mathsf{ID}} = (r, K)$. 只有在极少数情况下 $\mathsf{ID} + x + ry \equiv 0 \pmod p$, 需要重新选取随机数 r, 并进行再次尝试.
- $\mathsf{Enc}(M, \mathsf{ID}, \mathsf{pp})$: 加密算法为身份 $\mathsf{ID} \in \mathbb{Z}_p^*$ 生成 $M \in G_1$ 的密文, 需要抽取随机数 $s \in \mathbb{Z}_p^*$, 然后输出密文为

$$\mathsf{ct} = \left(g^{s \cdot \mathsf{ID}} X^s, Y^s, e\left(g, g\right)^s \cdot M\right),$$

注意到 $e(g, g)$ 可以提前计算, 这样在加密过程中就不再需要双线性配对计算.

- $\mathsf{Dec}(\mathsf{sk}_{\mathsf{ID}}, \mathsf{ct})$: 解密算法使用私钥 $\mathsf{sk}_{\mathsf{ID}} = (r, K)$ 来解密密文 $\mathsf{ct} = (A, B, C)$, 并可以得到 $\mathsf{ct}/e(AB^r, K)$. 事实上, 对于一个有效的密文, 我们有

$$\frac{\mathsf{ct}}{e(AB^r, K)} = \frac{\mathsf{ct}}{e\left(g^{s(\mathsf{ID}+x+ry)}, g^{1/(\mathsf{ID}+x+ry)}\right)} = \frac{\mathsf{ct}}{e(g, g)^s} = M.$$

性能分析. 考虑此 IBE 系统的效率, 我们注意到, 密文大小和加密时间与之前的 IBE 系统相似. 但是, 解密算法中该系统只需要进行一次双线性配对计算, 而之前的系统需要两次.

安全性. 上述的 IBE 系统与 Sakai 和 Kasahara 的工作[13] 相似, 但是在他们的系统中, 生成用户私钥的算法是确定性的, 而在上述 IBE 系统中密钥生成是随机的, 并且这一随机性对于安全性证明至关重要. 我们接下来证明上述 IBE 方案的安全性.

定理 3.5 在 (t, q, ϵ)-BDHI 困难假设下, 对于任意的 $q_S < q, t' < t - o(t)$, 上述定义的 IBE 系统是 (t', q_S, ϵ)-可选择身份、选择明文安全的.

证明 如果 $\mathcal{A}$ 为一个可以凭借不可忽略的 ϵ 概率成功打破上述 IBE 系统的敌手, 那么可以借此创建一个算法 $\mathcal{B}$ 来通过 $\mathcal{A}$ 成功打破群 G 中的 q-BDHI 困难假设. 输入参数 $(g, g^\alpha, g^{\alpha^2}, \cdots, g^{\alpha^q}, T) \in (G^*)^{q+1} \times G_1^*$, 其中 $\alpha \in \mathbb{Z}_p^*$ 是一个未知数. 算法 $\mathcal{B}$ 的目标是当 $T = e(g, g)^{1/\alpha}$ 时, 输出 1, 否则输出 0. 算法 $\mathcal{B}$ 与 $\mathcal{A}$ 在一个可选择身份的博弈游戏中进行以下交互.

准备阶段 1: 本阶段中算法 $\mathcal{B}$ 创建一个生成元 $h \in G^*$, 通过它可以得到 $q-1$ 对形如 $(w_i, h^{1/(\alpha+w_i)})$ 的配对, 其中 $w_1, \cdots, w_{q-1} \in \mathbb{Z}_p^*$ 是随机抽取的, 计算过程如下:

(1) $\mathcal{B}$ 首先随机抽取 $w_1, \cdots, w_{q-1} \in \mathbb{Z}_p^*$, 使用 $f(z)$ 表示多项式, 即 $f(z) = \prod_{i=1}^{q-1}(z+w_i)$, 同时可以将 f 展开得到 $f(z) = \sum_{i=0}^{q-1} c_i x^i$, 其中常数项 c_0 是非零的.

(2) 然后计算 $h = \prod_{i=0}^{q-1}\left(g^{(\alpha^i)}\right)_i^c = g^{f(\alpha)}$, 以及 $u = \prod_{i=1}^{q}\left(g^{(\alpha^i)}\right)_{i-1}^c = g^{\alpha f(\alpha)}$, 注意到其中 $u = h^\alpha$.

(3) 接着检查是否有 $h \subset G^*$, 事实上, 如果有 $h = 1 \subset G$, 则对于某个容易识别的 w_j 有 $w_j = -\alpha$, 但是 $\mathcal{B}$ 可以直接处理这一特例, 因此假设对于任意的 w_j, 有 $w_j \neq -\alpha$.

(4) 观察到对于任意的 $i = 1, \cdots, q-1$, 对于 $\mathcal{B}$ 来说构建 $(w_i, h^{1/(\alpha+w_i)})$ 配对是容易的. 为了证明这一点, 可以令 $f_i(z) = f(z)/(z+w_i) = \sum_{i=0}^{q-2} d_i z^i$, 则有 $h^{1/(\alpha+w_i)} = g^{f_i(\alpha)} = \prod_{i=0}^{q-2}(g^{(\alpha^i)})^{d_i}$.

(5) 最后 $\mathcal{B}$ 计算

$$T_h = T^{(c_0^2)} \cdot T_0,$$

其中 $T_0 = \prod_{i=0}^{q-1}\prod_{j=0}^{q-2} e\left(g^{(\alpha^i)}, g^{(\alpha^j)}\right)^{c_i c_{j+1}}$.

注意到, 如果 $T = e(g,g)^{1/\alpha}$, 则有 $T_h = e(g^{f(\alpha)/\alpha}, g^{f(\alpha)}) = e(h,h)^{1/\alpha}$. 相反地, 如果 T 在 G_1 中均匀分布, 则 T_h 也在 G_1 中均匀分布.

在模拟时, 我们将会用到 h, u, T_h 以及 $(w_i, h^{1/(\alpha+w_i)})$ 配对, 其中 $i=1, \cdots, q-1$.

初始化阶段: 本阶段中由 $\mathcal{A}$ 输出它想要攻击的身份 $\mathsf{ID}^* \in \mathbb{Z}_{p^*}$, 开始可选择身份博弈游戏中的攻击.

准备阶段 2: 本阶段中算法 $\mathcal{B}$ 为了生成公开参数 $\mathsf{pp} = (g, X, Y)$, 计算过程如下:

(1) 在限制条件 $ab = \mathsf{ID}^*$ 下, 随机抽取 $a, b \in \mathbb{Z}_p^*$.

(2) 计算 $X = u^{-a}h^{-ab} = h^{-a(\alpha+b)}$, 以及 $Y = u = h^\alpha$.

(3) 公开参数 $\mathsf{pp} = (h, X, Y)$, 注意到 X, Y 在敌手视角中与 ID^* 是独立的.

(4) 隐式定义 $x = -a(\alpha+b)$ 以及 $y = \alpha$, 使得 $X = h^x$ 与 $Y = h^y$. 其中算法 $\mathcal{B}$ 不知道 x 和 y 的具体值, 但是知道 $x + ay = -ab = -\mathsf{ID}^*$ 的值.

问询阶段 1: 本阶段中 $\mathcal{A}$ 进行 $q_S < q$ 次私钥询问, 考虑关于身份 $\mathsf{ID}_i \neq \mathsf{ID}^*$ 的第 i 个私钥询问中, 算法 $\mathcal{B}$ 需要以一个私钥 $(r, h^{1/(\mathsf{ID}_i+x+ry)})$ 来回应该询问, 其中, $r \in \mathbb{Z}_p$ 是均匀分布的.

(1) 令 $(w_i, h^{1/(\alpha+w_i)})$ 为准备阶段 1 中第 i 个被构建的配对, 定义 $h_i = h^{1/(\alpha+w_i)}$.

(2) $\mathcal{B}$ 首先构建满足 $(r-a)(\alpha+w_i)=\mathsf{ID}_i+x+ry$ 的 $r\in\mathbb{Z}_p$, 将 x 和 y 的值代入后, 有

$$(r-a)(\alpha+w_i)=\mathsf{ID}_i-a(\alpha+b)+r\alpha,$$

通过消去 α, 我们得到 $r=a+\dfrac{\mathsf{ID}_i-ab}{w_i}\in\mathbb{Z}_p$.

(3) 现在, $(r,h_i^{1/(r-a)})$ 对于 ID_i 来说是一个有效的私钥, 因为

$$h_i^{1/(r-a)}=\left(h^{1/(\alpha+w_i)}\right)^{1/(r-a)}=h^{1/(r-a)(\alpha+w_i)}=h^{1/(\mathsf{ID}_i+x+ry)},$$

并且 r 在 $\mathbb{Z}_p$ 中是均匀分布的, 其中 $\mathsf{ID}_i+x+ry\neq 0, r\neq a$. 这是成立的, 因为 w_i 在 $\mathbb{Z}_p\backslash\{0,-\alpha\}$ 中是均匀分布的, 并且一直与 $\mathcal{A}$ 的视角无关. 算法 $\mathcal{B}$ 将私钥 $(r,h_i^{1/(r-a)})$ 发送给 $\mathcal{A}$. 当 $r=a$ 时, $\mathcal{B}$ 可以构建 ID_i 的私钥 $(r,h_i^{1/(\mathsf{ID}_i-\mathsf{ID}^*)})$. 因此, 被传递给 $\mathcal{A}$ 的密钥中的 $r\in\mathbb{Z}_p$ 是均匀分布的, 并满足 $\mathsf{ID}_i+x+ry\neq 0$.

我们需要指出当 $r-a=0$ 时, 上述过程将无法生成 ID^* 的私钥, 因为该情况下有 $r=a,\mathsf{ID}_i+x+ry=0$. 因此 $\mathcal{B}$ 可以生成除了 ID^* 以外的所有公钥的私钥.

挑战阶段: 本阶段中 $\mathcal{A}$ 将输出用于挑战的两个消息 $M_0,M_1\in G_1$, 算法 $\mathcal{B}$ 随机抽取比特值 $b\in\{0,1\}$ 以及 $\ell\in\mathbb{Z}_p^*$, 然后将密文 $\mathsf{ct}=(h^{-a\ell},h^{\ell},T_h^{\ell}\cdot M_b)$ 返回给敌手 $\mathcal{A}$. 定义 $s=\ell/\alpha$, 另一方面, 如果 $T_h=e(h,h)^{1/\alpha}$, 我们有

$$\begin{gathered}h^{-a\ell}=h^{-a\alpha(\ell/\alpha)}=h^{(x+ab)(\ell/\alpha)}=h(x+\mathsf{ID}^*)(\ell/\alpha)=h^{s\mathsf{ID}^*}\cdot X^s,\\ h^{\ell}=Y^{\ell/\alpha}=Y^s,\\ T_h^{\ell}=e(h,h)^{\ell/\alpha}=e(h,h)^s,\end{gathered}$$

这样就说明了 ct 是 M_b 在身份 ID^* 下的一个有效密文, 其中 $s=\ell/\alpha\in\mathbb{Z}_p^*$ 是均匀随机分布的. 另一方面, 当 T_h 在 G_1 中均匀分布时, 在敌手的视角中密文 ct 是与 b 无关的.

问询阶段 2: 本阶段中 $\mathcal{A}$ 与问询阶段 1 中的行为一样, 进行了更多次的私钥询问, 但是询问总数 $q_S<q$, 算法 $\mathcal{B}$ 的行为也相同, 像之前一样回应.

猜测阶段: 本阶段中敌手 $\mathcal{A}$ 最后输出猜测 $b'\in\{0,1\}$. 如果 $b=b'$, 则 $\mathcal{B}$ 输出 1, 代表 $T=e(g,g)^{1/\alpha}$. 否则, $\mathcal{B}$ 将输出 0, 代表 $T\neq e(g,g)^{1/\alpha}$.

当 $T=e(g,g)^{1/\alpha}$ 时, 有 $T_h=e(h,h)^{1/\alpha}$, 这时 $\mathcal{A}$ 必须满足 $|\Pr[b=b']-1/2|>\epsilon$. 另一方面, 当 T 在 G_1^* 中均匀分布且独立时, T_h 在 G_1 中也是均匀分布且独立的, 这时有 $\Pr[b=b']=1/2$. 因此, 当 x 在 $\mathbb{Z}_p^*$ 中均匀分布, 且 P 在 G_1^* 中均匀分布时, 我们有

$$\left|\Pr\left[\mathcal{B}\left(g,g^x,\cdots,g^{(x^q)},e\left(g,g\right)^{1/x}\right)=0\right]-\Pr\left[\mathcal{B}\left(g,g^x,\cdots,g^{(x^q)},P\right)=0\right]\right|$$

$$\geqslant \left|\left(\frac{1}{2} \pm \epsilon\right) - \frac{1}{2}\right| = \epsilon,$$

由此完成了对定理 3.5 的证明.

选择密文安全. Canetti 等[14] 的研究工作给出了一种将可选择身份、选择明文安全 IBE 转换为可选择身份、选择密文安全 IBE 的一般方法, 这一方法是基于文献 [15, 16] 实现完成的, 由于它的通用性, 可以将其应用到我们的系统中. 具体来说, 这一方法可以使上述系统在选择密文攻击下是安全的. 由此, 我们得到了没有随机预言机的 IND-sID-CCA 安全的 IBE. 但是这一系统并不是高效的, 因为它依赖于通用的非交互式零知识 (Non-interactive Zero Knowledge, NIZK) 证明系统.

任意身份. 像前文一样, 一个标准的观点认为我们可以将上述 IBE 方案进行扩展, 在密钥生成和加密之前将身份 ID 通过抗碰撞哈希函数 $H : \{0,1\}^* \to \mathbb{Z}_p^*$ 后, 可以转换为任意的身份 $\mathsf{ID} \in \{0,1\}^*$. 如果底层方案是可选择身份、选择明文 (或密文) 安全的, 那么附加带有了哈希函数的方案也具有同样的安全性.

3.3.3 高效的 CCA2-安全公钥系统扩展

Boneh 等[12] 的研究工作同样给出了一种由任意可选择身份、选择明文安全的 IBE 转换为 CCA2 安全公钥系统的通用方法. 在 3.3.1 节中使用同样的方法, 可以将我们的第一个 HIBE 方案转换为低层级的选择密文安全的 HIBE 系统. [12] 中的构造是通过为每个密文填充一个一次签名和一个一次签名公钥得到的, 并且 Boneh 和 Katz 在文献 [17] 中描述了一个更高效的转换, 只需要为每个密文添加一个消息认证码 MAC 和一个承诺值即可.

文献 [17] 中提到的转换方法可以应用到上述两个 IBE 系统中, 这么做之后, 我们可以得到两个全新的在标准模型下可证明的 CCA2 安全公钥加密方案. 下面我们总结在应用文献 [17] 转换之后得到的两种公钥加密系统的性能分析.

(1) 加密时间: 均由群 G 中的三次指数运算决定;

(2) 解密时间: 前者由计算两个双线性配对的乘积决定, 后者仅由一次双线性配对计算决定;

(3) 密文大小: 均由 G 中的三个元素和一个 MAC 以及一个承诺值组成.

从性能上来说, 该系统与 Cramer 和 Shoup[18, 19] 工作中的在标准模型中可证明的 CCA2 安全公钥系统相比较, 并没有那么高效, 但是密文大小可以用由 Boneh 等[20] 提出的短签名方案代替 Canetti 等提出的一次签名方案来进一步减小. 从安全性的角度而言, Boneh 等的短签名方案在没有随机预言机的条件下本质上是不可伪造的, 因此它满足 CCA2 安全的构建要求. 这里, 强不可伪造性意味着即使敌手已经知道一个或多个有效的签名, 也无法伪造一个新的签名.

3.4 指数逆构建技术

本章最后，我们以两种不同安全的身份基加密方案为例介绍指数逆构建技术.

3.4.1 方案 1: 选择明文安全

接下来我们给出一个在截断 $(q_{\mathsf{ID}}+1)$-决策增强双线性 Diffie-Hellman 指数假设下，没有随机预言机的、针对在身份和选择明文攻击下匿名和不可区分性 (Anonymity and Indistinguishability under Identity and Chosen Plaintext Attack, 简称 ANON-IND-ID-CPA) 安全的高效 IBE 系统[21]. 尽管这一构建与将在 3.4.2 节介绍的针对在身份和选择密文攻击下匿名和不可区分性 (Anonymity and Indistinguishability under Identity and Chosen Ciphertext Attack, 简称 ANON-IND-ID-CCA) 安全的 IBE 系统很相似，这里我们还是将二者分开来介绍，因为有些应用 (比如可搜索公钥加密) 只要求选择明文安全，而且我们相信读者可以从 (相对) 简单的安全性证明中受益，而不必为证明选择密文安全中需要的其他机制分散注意力.

方案 3.5 假设 G 和 G_T 是阶为素数 p 的双线性群，并且 $e: G\times G\to G_T$ 为一个双线性映射，则我们的 IBE 系统由以下四个算法组成.

$\mathsf{Setup}(1^\lambda)$: 初始化算法生成 IBE 系统中的参数，随机抽取生成元 $g,h\in G$，选取随机元素 $\alpha\in\mathbb{Z}_p$，并设 $g_1=g^\alpha\in G$. 该算法输出公开参数 pp 和主私钥 msk 如下:

$$\mathsf{pp}=(g,g_1,h),\quad \mathsf{msk}=\alpha.$$

$\mathsf{KeyGen}(\mathsf{ID},\mathsf{msk})$: 密钥生成算法为身份 $\mathsf{ID}\in\mathbb{Z}_p$ 生成对应的私钥 $\mathsf{sk}_{\mathsf{ID}}$，该算法随机抽取 $r_{\mathsf{ID}}\in\mathbb{Z}_p$，并输出私钥

$$\mathsf{sk}_{\mathsf{ID}}=(r_{\mathsf{ID}},h_{\mathsf{ID}}),\quad \text{其中}\quad h_{\mathsf{ID}}=(hg^{-r_{\mathsf{ID}}})^{1/(\alpha-\mathsf{ID})}.$$

如果 $\mathsf{ID}=\alpha$，则中止该算法，我们要求对于 ID 一直使用相同的随机值 r_{ID}.

$\mathsf{Enc}(m,\mathsf{ID},\mathsf{pp})$: 加密算法为身份 $\mathsf{ID}\in\mathbb{Z}_p$ 生成消息 $m\in G_T$ 的密文，需要抽取随机数 $s\in\mathbb{Z}_p$，然后输出密文为

$$\mathsf{ct}=\left(g_1^s g^{-s\cdot\mathsf{ID}}, e\left(g,g\right)^s, m\cdot e\left(g,h\right)^{-s}\right).$$

注意到只要 $e(g,g)$ 和 $e(g,h)$ 提前计算好，加密过程中就不再需要任何的双线性配对计算，或者可以将 $e(g,g)$ 和 $e(g,h)$ 加入系统参数中，此时 h 可以被省略掉.

$\mathsf{Dec}(\mathsf{sk}_{\mathsf{ID}},\mathsf{ct})$: 解密算法用于解密基于 ID 生成的密文 $\mathsf{ct}=(u,v,w)$，接收方输出

$$m=w\cdot e(u,h_{\mathsf{ID}})v^{r_{\mathsf{ID}}}.$$

正确性. 假设基于 ID 的私钥和密文均正确, 则有

$$e(u,h_{\mathsf{ID}})v^{r_{\mathsf{ID}}}=e\left(g^{s(\alpha-\mathsf{ID})},h^{1/(\alpha-\mathsf{ID})}g^{-r_{\mathsf{ID}}/(\alpha-\mathsf{ID})}\right)e(g,g)^{sr_{\mathsf{ID}}}=e(g,h)^s.$$

可以注意到接收方可以解密, 因为他 (在 h 被 $g^{-r_{\mathsf{ID}}}$ 随机化之后) 有 h 的 $\alpha-\mathsf{ID}$ 次根, 当其与 u, g^s 的 $(\alpha-\mathsf{ID})$ 次幂进行双线性配对时, 接收方消元后可以得到 $e(g,h)^s$.

安全性. 接下来我们证明上述 IBE 系统在截断 $(q_{\mathsf{ID}}+1)$-ABDHE 假设下是 ANON-IND-ID-CPA 安全的.

定理 3.6　在截断 (t,ϵ,q)-ABDHE 困难假设下, 其中 $q=q_{\mathsf{ID}}+1$, 那么上述定义的 IBE 系统是 $(t',\epsilon',q_{\mathsf{ID}})$-ANON-IND-ID-CPA 安全的, 其中 $t'=t-\mathcal{O}(t_{\exp}\cdot q^2)$, $\epsilon'=\epsilon+2/p$, 而 $t_{\exp}$ 是 G 中求幂所需时间.

证明　如果 $\mathcal{A}$ 为一个可以凭借 $(t',\epsilon',q_{\mathsf{ID}},q_C)$ 优势成功打破上述具有 ANON-IND-ID-CCA 安全的 IBE 系统的敌手, 那么可以借此构建一个算法 $\mathcal{B}$ 按照如下方式打破截断 q-ABDHE 困难假设. $\mathcal{B}$ 输入一个随机的截断 q-ABDHE 挑战 $(g',g'_{q+2},g,g_1,\cdots,g_q,Z)$, 其中 Z 要么等于 $e(g_{q+1},g')$, 要么是 G_T 中的一个随机元素 (即 $g_i=g^{(\alpha^i)}$). 接着, 算法 $\mathcal{B}$ 与敌手 $\mathcal{A}$ 进行如下交互.

准备阶段: 本阶段中算法 $\mathcal{B}$ 随机生成 q 次多项式 $f(x)\in\mathbb{Z}_p[x]$, 同时 $\mathcal{B}$ 从 $(g,g_1,\cdots,g_q)$ 中计算出 $h=g^{f(\alpha)}$, 并将公钥 (g,g_1,h) 发送给 $\mathcal{A}$. 因 g,α 和 $f(x)$ 是均匀随机的, 故 h 也是均匀随机的, 所以这一公钥与实际构建过程中的有着相同的分布.

问询阶段 1: 本阶段中 $\mathcal{A}$ 针对身份 $\mathsf{ID}\in\mathbb{Z}_p$ 进行密钥查询, $\mathcal{B}$ 对关于 ID 密钥的询问应答如下: 如果 $\mathsf{ID}=\alpha$, 那么 $\mathcal{B}$ 可以使用 α 来打破截断 q-ABDHE 困难假设. 否则, 令 $F_{\mathsf{ID}}(x)$ 表示 $(q-1)$ 次多项式 $(f(x)-f(\mathsf{ID}))/(x-\mathsf{ID})$, 同时 $\mathcal{B}$ 设置私钥 $(r_{\mathsf{ID}},h_{\mathsf{ID}})$ 为 $(f(\mathsf{ID}),g^{F_{\mathsf{ID}}(\alpha)})$, 这是关于 ID 的一个有效私钥, 因为 $g^{F_{\mathsf{ID}}(\alpha)}=g^{(f(\alpha)-f(\mathsf{ID}))/(\alpha-\mathsf{ID})}=(hg^{f(\mathsf{ID})})^{1/(\alpha-\mathsf{ID})}$. 我们将在下面说明为什么这一私钥在 $\mathcal{A}$ 的视角中是合适的分布.

挑战阶段: 本阶段中 $\mathcal{A}$ 将输出两组用于挑战的身份 $(\mathsf{ID}_0,\mathsf{ID}_1)$ 以及消息 (M_0, M_1). 如果 $\alpha\in\{\mathrm{ID}_0,\mathrm{ID}_1\}$, 那么 $\mathcal{B}$ 可以使用 α 来打破截断 q-ABDHE 困难假设. 否则, $\mathcal{B}$ 随机生成 $b,c\in\{0,1\}$, 并如同问询阶段 1 中那样计算 ID_b 的私钥 $(r_{\mathsf{ID}_b},h_{\mathsf{ID}_b})$. 令 $f_2(x)=x^{q+2}$, 并且 $q+1$ 次多项式 $F_{2,\mathsf{ID}_b}(x)=(f_2(x)-f_2(\mathsf{ID}_b))/(x-\mathsf{ID}_b)$, 此时 $\mathcal{B}$ 设置

$$u=g'^{f_2(\alpha)-f_2(\mathsf{ID}_b)},\quad v=Z\cdot e\left(g',\prod_{i=0}^{q}g^{F_{2,\mathsf{ID}_b,i}\alpha^i}\right),\quad w=M_c/e(u,h_{\mathsf{ID}_b})v^{r_{\mathsf{ID}_b}},$$

其中 $F_{2,\mathsf{ID}_b,i}$ 是 x^i 在 $F_{2,\mathsf{ID}_b}(x)$ 中的系数. $\mathcal{B}$ 将挑战密文 (u,v,w) 发送给 $\mathcal{A}$. 令 $s=$

$(\log_g g')F_{2,\mathsf{ID}_b}(\alpha)$, 如果 $Z = e(g_{q+1}, g')$, 那么有 $u = g^{s(\alpha-\mathsf{ID}_b)}$, $v = e(g,g)^s$, $M_c/w = e(u, h_{\mathsf{ID}_b})v^{r_{\mathsf{ID}_b}} = e(g,h)^s$, 因此 (u,v,w) 是 (ID_b, M_c) 在随机数 s 下的一个有效密文. 同时因为 $\log_g g'$ 是均匀随机的, s 也是均匀随机的, 所以 (u,v,w) 在 $\mathcal{A}$ 的视角中是分布合适的挑战.

问询阶段 2: 本阶段中 $\mathcal{A}$ 与问询阶段 1 中的行为一样, 继续进行密钥生成和解密询问, $\mathcal{B}$ 的行为也相同, 对询问进行对应的问答.

猜测阶段: 本阶段中 $\mathcal{A}$ 最后输出猜测 $b', c' \in \{0,1\}$, 如果 $b = b', c = c'$, 则 $\mathcal{B}$ 输出 0, 代表 $Z = e(g_{q+1}, g')$; 否则, $\mathcal{B}$ 将输出 1.

完美模拟. 当 $Z = e(g_{q+1}, g')$ 时, $\mathcal{B}$ 模拟生成的公钥和挑战密文与实际方案构建中具有相同的分布; 但是, 我们仍需说明 $\mathcal{B}$ 生成的私钥具有合适的分布. 令 $\mathcal{I}$ 表示包含 α, ID_b 以及由 $\mathcal{A}$ 询问的身份的集合, 有 $\mathcal{I} \leqslant q+1$. 为了说明 $\mathcal{B}$ 生成的私钥是分布合适的, 我们需要说明从 $\mathcal{A}$ 的视角来看, $\{f(a) : a \in \mathcal{I}\}$ 的值是均匀分布且相互独立的, 但是这一点可以从 $f(x)$ 是均匀随机的 q 次多项式得出.

概率分析. 如果 $Z = e(g_{q+1}, g')$, 那么上述模拟是完美的, 并且 $\mathcal{A}$ 将会以 $1/4 + \epsilon'$ 的概率猜对比特值 (b,c). 否则, Z 是均匀随机的, 从而 (u,v) 也是均匀随机并且是 $G \times G_T$ 中的独立元素. 在这种情况下, 不等式 $v \neq e(u,g)^{1/(\alpha-\mathsf{ID}_0)}$ 和 $v \neq e(u,g)^{1/(\alpha-\mathsf{ID}_1)}$ 都以 $1-2/p$ 的概率成立. 当以上不等式成立时, $e(u, h_{\mathsf{ID}_b})v^{r_{\mathsf{ID}_b}} = e(u, (hg^{-r_{\mathsf{ID}_b}})^{1/(\alpha-\mathsf{ID}_b)})v^{r_{\mathsf{ID}_b}} = e(u,h)^{\alpha-\mathsf{ID}_b}(v/e(u,g)^{1/(\alpha-\mathsf{ID}_b)})^{r_{\mathsf{ID}_b}}$ 在 $\mathcal{A}$ 的视角中是均匀随机且独立的 (除了其中 w 的值), 因为其中的 r_{ID_b} 在 $\mathcal{A}$ 的视角中是均匀随机且独立的. 因此, w 是均匀随机且独立的, 并且 (u,v,w) 不会传递任何有关比特值 (b,c) 的信息.

假设不存在针对身份为 α 的密钥询问 (如果存在的话只会提高 $\mathcal{B}$ 的成功概率), 我们有 $|\Pr[\mathcal{B}(g', g'_{q+2}, g, g_1, \cdots, g_q, Z) = 0] - 1/4| \leqslant 2/p$, 当 $(g', g'_{q+2}, g, g_1, \cdots, g_q, Z)$ 是从 $\mathcal{P}_{\mathrm{ABDHE}}$ 中随机抽取出的时. 因此, 对于均匀随机的 g, g', α 和 Z, 我们有

$$\begin{aligned}&|\Pr[\mathcal{B}\left(g', g'_{q+2}, g, g_1, \cdots, g_q, e\left(g_{q+1}, g'\right)\right) = 0]\\&-\Pr[\mathcal{B}\left(g', g'_{q+2}, g, g_1, \cdots, g_q, Z\right) = 0]|\\ \geqslant\ & \epsilon' - 2/p.\end{aligned}$$

时间复杂度. 在上述模拟过程中, $\mathcal{B}$ 的开销主要在为了回答敌手 $\mathcal{A}$ 对于 ID 的密钥询问而计算 $g^{\mathsf{sk}_{\mathsf{ID}}(\alpha)}$ 上, 其中 $F_{\mathsf{ID}}(x)$ 是 $q-1$ 次多项式. 每次这样的计算需要 $\mathcal{O}(q)$ 次群 G 中的求幂运算, 因为 $\mathcal{A}$ 最多进行 $q-1$ 次这样的询问, 所以 $t = t' + \mathcal{O}(t_{\exp} \cdot q^2)$.

3.4.2　方案 2: 选择密文安全

接下来, 我们给出一个在截断 $(q_{\mathsf{ID}}+2)$-ABDHE 假设中没有随机预言机条件下的 ANON-IND-ID-CCA 安全的高效 IBE 系统.

方案 3.6　假设 G 和 G_T 是阶为素数 p 的双线性群, 并且 $e: G\times G\to G_T$ 为一个双线性映射, 则我们的 IBE 系统由以下四个算法组成.

$\mathsf{Setup}(1^\lambda)$: 初始化算法生成 IBE 系统的参数, 随机抽取生成元 $g,h_1,h_2,h_3\in G$, 选取随机元素 $\alpha\mathbb{Z}_p$, 并设 $g_1=g^\alpha\in G$, 同时从通用单向哈希函数族中随机选择一个哈希函数 H. 该算法输出公开参数 pp 和主私钥 msk 如下:

$$\mathsf{pp}=(g,g_1,h_1,h_2,h_3,H),\quad \mathsf{msk}=\alpha.$$

$\mathsf{KeyGen}(\mathsf{ID},\mathsf{msk})$: 密钥生成算法为身份 $\mathsf{ID}\in\mathbb{Z}_p$ 生成对应的私钥, 该算法随机抽取 $r_{\mathsf{ID},i}\in\mathbb{Z}_p, i\in\{1,2,3\}$, 并输出私钥

$$\mathsf{sk}_{\mathsf{ID}}=\{(r_{\mathsf{ID},i},h_{\mathsf{ID},i}):i\in\{1,2,3\}\},$$

其中 $h_{\mathsf{ID},i}=(h_ig^{-r_{\mathsf{ID},i}})^{1/(\alpha-\mathsf{ID})}$.

如果 $\mathsf{ID}=\alpha$, 则中止该算法. 如同方案 3.5 中一样, 我们要求对于 ID 一直使用相同的随机值 $\{r_{\mathsf{ID},i}\}$.

$\mathsf{Enc}(m,\mathsf{ID},\mathsf{pp})$: 加密算法为身份 $\mathsf{ID}\in\mathbb{Z}_p$ 生成消息 $m\in G_T$ 的密文, 需要抽取随机数 $s\in\mathbb{Z}_p$, 然后输出密文为

$$\mathsf{ct}=\left(g_1^sg^{-s\cdot\mathsf{ID}},e\left(g,g\right)^s,m\cdot e\left(g,h\right)^{-s},e(g,h_2)^se(g,h_3)^{s\beta}\right),$$

对于上述的密文 $\mathsf{ct}=(u,v,w,y)$, 我们设 $\beta=H(u,v,w)$. 如同方案 3.5 中一样, 只要 $e(g,g)$ 和 $e(g,h_i)$ 提前计算好, 加密过程中就不再需要任何的双线性配对计算, 或者可以将其加入到系统参数中.

$\mathsf{Dec}(\mathsf{sk}_{\mathsf{ID}},\mathsf{ct})$: 解密算法用于解密基于 ID 对应的密文 $\mathsf{ct}=(u,v,w,y)$, 接收方设置 $\beta=H(u,v,w)$, 并测试是否有

$$y=e(u,h_{\mathsf{ID},2}h_{\mathsf{ID},3}^{\beta})v^{r_{\mathsf{ID},2}+r_{\mathsf{ID},3}\beta},$$

如果不存在这样的 y, 那么输出 $\perp$. 否则输出消息

$$m=w\cdot e(u,h_{\mathsf{ID},1})v^{r_{\mathsf{ID},1}}.$$

正确性. 假设基于 ID 的私钥和密文均正确, 则有

$$e(u,h_{\mathsf{ID},2}h_{\mathsf{ID},3}^{\beta})v^{r_{\mathsf{ID},2}+r_{\mathsf{ID},3}\beta}$$

$$= e\left(g^{s(\alpha-\mathsf{ID})}, \left(h_2 h_3^{\beta}\right)^{1/(\alpha-\mathsf{ID})} g^{r_{\mathsf{ID},2}+r_{\mathsf{ID},3}\beta/(\alpha-\mathsf{ID})}\right) \cdot e(g,g)^{s(r_{\mathsf{ID},2}+r_{\mathsf{ID},3}\beta)}$$

$$= e\left(g^{s(\alpha-\mathsf{ID})}, \left(h_2 h_3^{\beta}\right)^{1/(\alpha-\mathsf{ID})}\right)$$

$$= e(g,h_2)^s e(g,h_3)^{s\beta}.$$

因此检验通过, 而且正如上述 ANON-IND-ID-CPA 方案所要求的, 有

$$e(u, h_{\mathsf{ID},1}) v^{r_{\mathsf{ID},1}} = e\left(g^{s(\alpha-\mathsf{ID})}, h^{1/(\alpha-\mathsf{ID})} g^{-r_{\mathsf{ID},1}(\alpha-\mathsf{ID})}\right) e(g,g)^{s r_{\mathsf{ID},1}}$$

$$= e(g,h)^s.$$

安全性. 接下来我们证明上述 IBE 系统在截断 $(q_{\mathsf{ID}}+2)$-ABDHE 假设下是 ANON-IND-ID-CCA 安全的.

定理 3.7 *在截断 (t,ϵ,q)-ABDHE 困难假设下, 其中 $q = q_{\mathsf{ID}}+2$, 那么上述定义的 IBE 系统是 $(t',\epsilon',q_{\mathsf{ID}},q_C)$ANON-IND-ID-CCA 安全的, 其中 $t' = t - \mathcal{O}(t_{\exp}\cdot q^2), \epsilon' = \epsilon + 4q_C/p$, $t_{\exp}$ 是 G 中求幂所需时间.*

证明 如果敌手 $\mathcal{A}$ 为一个可以凭借 $(t',\epsilon',q_{\mathsf{ID}},q_C)$ 优势成功打破上述具有 ANON-IND-ID-CCA 安全的 IBE 系统的敌手, 那么可以借此构建一个算法 $\mathcal{B}$ 按照如下方式打破截断 q-ABDHE 困难假设. $\mathcal{B}$ 输入一个随机的截断 q-ABDHE 挑战 $(g', g'_{q+2}, g, g_1, \cdots, g_q, Z)$, 其中 Z 要么等于 $e(g_{q+1}, g')$, 要么是 G_T 中的一个随机元素. 接着, 算法 $\mathcal{B}$ 与敌手 $\mathcal{A}$ 进行如下交互.

准备阶段: 本阶段中算法 $\mathcal{B}$ 随机生成 q 次多项式 $f_i(x) \in \mathbb{Z}_p[x]$, 其中 $i \in \{1,2,3\}$, 同时计算 $h_i = g^{f_i(\alpha)}$, $\mathcal{B}$ 将公钥 (g, g_1, h_1, h_2, h_3) 发送给 $\mathcal{A}$. 因 g, α 和 $f_i(x), i\in\{1,2,3\}$ 是均匀随机的, 故 h_1, h_2, h_3 也是均匀随机的, 并且公钥的分布与实际构建过程中的分布完全相同.

问询阶段 1: 本阶段中 $\mathcal{A}$ 针对身份 $\mathsf{ID} \in \mathbb{Z}_p$ 进行密钥询问, $\mathcal{B}$ 对关于 ID 密钥的询问应答如下: 如果 $\mathsf{ID} = \alpha$, 那么 $\mathcal{B}$ 可以使用 α 来打破截断 q-ABDHE 困难假设. 否则, 生成满足 $h_{\mathsf{ID},1} = (h_1 g^{-r_{\mathsf{ID},1}})^{1/(\alpha+\mathsf{ID})}$ 的密钥对 $(r_{\mathsf{ID},1}, h_{\mathsf{ID},1})$. 如同前文, 按照相同的方法, $\mathcal{B}$ 设置 $r_{\mathsf{ID},1} = f_1(\mathsf{ID})$ 并计算 $h_{\mathsf{ID},1}$, 并且计算私钥中的剩余部分, 同时这样生成的关于 ID 的私钥是有效的.

$\mathcal{A}$ 也进行解密询问, 为了回答对于 $(\mathsf{ID},\mathsf{ct})$ 的解密询问, $\mathcal{B}$ 像上述一样生成 ID 的私钥, 然后利用该私钥通过 Dec 算法解密 ct, 并回答 $\mathcal{A}$ 的询问.

挑战阶段: 本阶段如同前文, $\mathcal{A}$ 将输出两组用于挑战的身份 $\mathsf{ID}_0, \mathsf{ID}_1$ 以及消息 M_0, M_1. 如果 $\alpha \in \{\mathsf{ID}_0, \mathsf{ID}_1\}$, 那么 $\mathcal{B}$ 可以使用 α 来打破截断 q-ABDHE 困难假设. 否则, $\mathcal{B}$ 随机生成 $b, c \in \{0,1\}$, 计算出 ID_b 的私钥 $\{(r_{\mathsf{ID},i}, h_{\mathsf{ID},i}) : i \in \{1,2,3\}\}$ 后, $\mathcal{B}$ 通过使用 $(r_{\mathsf{ID}_b,1}, h_{\mathsf{ID}_b,1})$ 作为密钥 w 的一部分来计算 (u,v,w). 设

置 $\beta = H(u,v,w)$, $\mathcal{B}$ 计算 $y = e(u, h_{\mathsf{ID},2}h_{\mathsf{ID},3}, 3^{\beta})v^{r_{\mathsf{ID},2}+r_{\mathsf{ID},3}\beta}$. 如果 $Z = e(g_{q+1}, g')$, 那么 (u,v,w,y) 是一个有效的密文.

问询阶段 2: 本阶段中 $\mathcal{A}$ 与问询阶段 1 中的行为一样, 继续进行密钥生成和解密询问, $\mathcal{B}$ 的行为也相同, 对询问进行对应的问答.

猜测阶段: 该阶段同方案 3.5 证明中的一致.

其中时间复杂度的分析如定理 3.6 的证明所示, 而定理 3.7 由以下两个引理得出.

引理 3.4 如果 $\mathcal{B}$ 的输入是根据 $\mathcal{P}_{\text{ABDHE}}$ 抽取的, 那么 $\mathcal{A}$ 的视角与比特值 (b,c) 的联合分布是与实际方案构建不可区分的, 除了可能有 $2q_C/p$ 的概率会出现误差.

引理 3.5 如果 $\mathcal{B}$ 的输入是根据 $\mathcal{R}_{\text{ABDHE}}$ 抽取的, 那么比特值 (b,c) 的分布与敌手的视角是相互独立的, 除了可能有 $2q_C/p$ 的概率会出现误差.

我们证明这些引理的方法是从 Cramer-Shoup 加密方案的安全性证明中得到的, 因为这两个证明都严重依赖于线性独立性的概念. 更具体地说, 当将敌手的知识 (来自公钥、询问等) 表示为模拟器的私钥变量中的方程式时, 人们可能会问敌手正在试图解决的目标方程式是否与其知识库中的方程式线性独立; 如果是的话, 那么在这些情况下, 可以认为敌手找到目标方程解的概率是可以忽略的. 这将在下面的证明中清楚地描述出.

引理 3.4 的证明 当 $\mathcal{B}$ 的输入是根据 $\mathcal{P}_{\text{ABDHE}}$ 抽取的时, 如果 $\mathcal{A}$ 只进行了密钥生成询问, 像定理 3.6 的证明中一样, 则 $\mathcal{B}$ 的模拟对于 $\mathcal{A}$ 来说是完美的. 如果 $\mathcal{A}$ 只进行了针对私钥身份的解密询问, 则 $\mathcal{B}$ 的模拟也是完美的, 因为 $\mathcal{B}$ 的回答没有给 $\mathcal{A}$ 额外的信息. 而且, 向解密预言机询问格式正确的密文并不能帮助 $\mathcal{A}$ 区分模拟的和实际的构建, 因为根据 Dec 算法体现的正确性, 无论哪种情况都可以接受格式正确的密文. 最后, 针对 ID 问询格式不正确的密文 (u',v',w',y'), $v' = e(u',g)^{1/(\alpha-\mathsf{ID})}$ 也不能帮助 $\mathcal{A}$ 区分具体的构建, 因为此密文将无法通过 ID 的每个有效私钥下的 Dec 检测. 因此, 这一引理的证明可以由以下推论得到.

推论 3.1 在模拟的和实际的构建中的解密预言机, 会拒绝所有不是在 $\mathcal{A}$ 询问的身份下生成的所有无效密文, 除了可能有 q_C/p 的概率出现误差.

我们认为一个基于 ID 的密文 (u',v',w',y') 是“无效的”, 如果 $v' \neq e(u',g)^{1/(\alpha-\mathsf{ID})}$. 现在假设 (u',v',w',y') 为一个 $\mathcal{A}$ 基于 ID 询问的无效密文, 但是身份 ID 之前并未被 $\mathcal{A}$ 询问过. 令 $\{(r_{\mathsf{ID},i}, h_{\mathsf{ID},i}) : i \in \{1,2,3\}\}$ 为 $\mathcal{B}$ 的基于 ID 生成的私钥, 且 $a_{u'} = \log_g u'$, $a_{v'} = \log_{e(g,g)} v'$, $a_{y'} = \log_{e(g,g)} y'$. 如果 (u',v',w',y') 被接受了, 我们一定有 $y' = e(u', h_{\mathsf{ID},2}h_{\mathsf{ID},3}^{\beta'}){v'}^{r_{\mathsf{ID},2}+r_{\mathsf{ID},3}\beta'}$, 即

$$a_{y'} = a_{u'}(\log_g h_{\mathsf{ID},2} + \beta' \log_g h_{\mathsf{ID},3}) + a_{v'}(r_{\mathsf{ID},2} + \beta' r_{\mathsf{ID},3}), \tag{3.1}$$

其中 $\beta' = H(u',v',w')$. 为了计算 $\mathcal{A}$ 可能生成这样的 y' 的概率, 我们必须从 $\mathcal{A}$

的视角考虑 $\{(r_{\mathsf{ID},i}, h_{\mathsf{ID},i}) : i \in \{2,3\}\}$ 的分布.

首先, $\mathcal{A}$ 根据私钥的构建得到

$$\log_g h_1 = (\alpha - \mathsf{ID}) \log_g h_{\mathsf{ID},1} + r_{\mathsf{ID},1}, \tag{3.2}$$

$$\log_g h_2 = (\alpha - \mathsf{ID}) \log_g h_{\mathsf{ID},2} + r_{\mathsf{ID},2}, \tag{3.3}$$

$$\log_g h_3 = (\alpha - \mathsf{ID}) \log_g h_{\mathsf{ID},3} + r_{\mathsf{ID},3}. \tag{3.4}$$

根据方程 (3.3) 和方程 (3.4), $\mathcal{A}$ 的任务可能会变成寻找一个 y' 使得

$$a_{y'} = (a_{u'}/(\alpha - \mathsf{ID}))(\log_g h_2 + \beta' \log_g h_3) + (a_{v'} - a_{u'}/(\alpha - \mathsf{ID}))(r_{\mathsf{ID},2} + \beta' r_{\mathsf{ID},3}). \tag{3.5}$$

由于这一密文是无效的, 因此 $a_{v'} - a_{u'}/(\alpha - \mathsf{ID}) \neq 0$. 令 $z' = a_{v'} - a_{u'}/(\alpha - \mathsf{ID})$.

在实际构建中, 对于 $i \in \{2,3\}$, $r_{\mathsf{ID},i}$ 值的选取独立于不同的身份, 然而这一点在模拟中并不一定成立. 因为有 $f_i(\mathsf{ID}) = r_{\mathsf{ID},i}$, 所以可以想象 $\mathcal{A}$ 可能从其有关 $(f_2(x), f_3(x))$ 的信息中获得有关 $(r_{\mathsf{ID},2}, r_{\mathsf{ID},3})$ 的信息, 其中包括对 $(f_2(x), f_3(x))$ 在 α (来自公钥中的分量 (h_2, h_3)) 和在 $q-2$ 个身份 (来自其密钥生成询问) 中的计算值. 我们可以将从这些计算值中获得的信息表示为矩阵乘积.

令 $\boldsymbol{f}$ 表示向量

$$\boldsymbol{f} = (f_{2,0}, f_{2,1}, \cdots, f_{2,q}, f_{3,0}, f_{3,1}, \cdots, f_{3,q}),$$

其中 $f_{i,j}$ 是 x^j 在 $f_i(x)$ 中的系数. 令 $\boldsymbol{V}$ 表示矩阵

$$\boldsymbol{V} = \begin{bmatrix} 1 & 1 & \cdots & 1 & 0 & 0 & \cdots & 0 \\ x_1 & x_2 & \cdots & x_{q-1} & 0 & 0 & \cdots & 0 \\ \vdots & \vdots & & \vdots & \vdots & \vdots & & \vdots \\ x_1^q & x_2^q & \cdots & x_{q-1}^q & 0 & 0 & \cdots & 0 \\ 0 & 0 & \cdots & 0 & 1 & 1 & \cdots & 1 \\ 0 & 0 & \cdots & 0 & x_1 & x_2 & \cdots & x_{q-1} \\ \vdots & \vdots & & \vdots & \vdots & \vdots & & \vdots \\ 0 & 0 & \cdots & 0 & x_1^q & x_2^q & \cdots & x_{q-1}^q \end{bmatrix},$$

其中 $x_k \in \mathbb{Z}_p$ 是由 $\mathcal{A}$ 向密钥生成预言机询问的第 k 个身份, 并且有 $x_{q-1} = \alpha$.

我们得到矩阵乘积

$$\boldsymbol{f} \cdot \boldsymbol{V}.$$

注意到 $\boldsymbol{V}$ 包含两个 $(q+1) \times (q-1)$ 的范德蒙德矩阵, 它的列向量是线性无关的. 从 $\mathcal{A}$ 的视角来看, 因为 $\boldsymbol{V}$ 的行数比列数多了四行, 所以 $\boldsymbol{f}$ 的解空间是四维的.

令 γ_{ID} 表示向量 $(1, \mathsf{ID}, \cdots, \mathsf{ID}^q)$. 当我们用模拟器的私钥向量 $\boldsymbol{f}$ 重新写方程 (3.5) 时, 有

$$a_{y'} = \text{“公共” 项} + z'(\boldsymbol{f} \cdot \gamma_{\mathsf{ID}} \parallel \beta'\gamma_{\mathsf{ID}}), \tag{3.6}$$

其中 · 表示点积, $\gamma_{\mathsf{ID}} \parallel \beta'\gamma_{\mathsf{ID}}$ 表示通过级联 γ_{ID} 和 $\beta'\gamma_{\mathsf{ID}}$ 的系数得到的 $2(q+1)$ 维向量. 如果 $\gamma_{\mathsf{ID}} \parallel \beta'\gamma_{\mathsf{ID}}$ 在 $\boldsymbol{V}$ 的线性扩张空间中, 那么 $\mathcal{A}$ 可以使用从密钥生成询问中获得的信息来计算方程 (3.6) 的解 y'. 然而, 显然 $\gamma_{\mathsf{ID}} \parallel \beta'\gamma_{\mathsf{ID}}$ 是线性无关的. 因此, 正如 Cramer-Shoup 的安全证明所述, 解密预言机将会以 $1-1/p$ 的概率拒绝基于 ID 的密文 (u', v', w', y'), 如果它是第一个由 $\mathcal{A}$ 询问的无效密文, 因为只有 $1/p$ 的概率使得 $\boldsymbol{f}$ 被包含在由方程 (3.6) 和 $\boldsymbol{V}$ 的列定义的三维解空间 (有 p^3 个点) 中, 鉴于 $\boldsymbol{f}$ 是在由 $\boldsymbol{V}$ 的列定义的四维解空间 (有 p^4 个点) 中的.

每次解密预言机在模拟中拒绝一个无效的密文时, $\boldsymbol{f}$ 的解空间会在一个三维空间中被 “刺穿”, $\mathcal{A}$ 将得到该三维空间不包含 $\boldsymbol{f}$ 的结论. 因此, $\mathcal{A}$ 的第 i 个无效密文被接受的概率至多为 $1/(p-i+1)$, 而 q_C 个无效密文 (对应没有向密钥生成预言机询问的身份) 都被拒绝的概率至少为 $1-q_C/p$. 这一界限在实际构建中 ($\mathcal{A}$ 的攻击在其中影响更小) 也同样成立. 这就完成了引理 3.4 的证明.

引理 3.5 证明 这一引理的证明可以由以下两个推论得到.

推论 3.2 如果解密预言机拒绝所有的无效密文, 那么 $\mathcal{A}$ 有最高 q_C/p 的概率猜中比特值 (b, c).

推论 3.3 解密预言机拒绝所有的无效密文, 除了可能有 q_C/p 的概率出现误差.

令 $(a_u = \log_g u, a_v = \log_{e(g,g)} v, a_y = \log_{e(g,g)} y)$ 为 (ID_b, M_c) 的挑战密文. 因为 (u, v, w, y) 是从 $\mathcal{R}_{\text{ABDHE}}$ 中抽取生成的, 在这种情况下, 在 $\mathcal{A}$ 的视角中, (a_u, a_v) 是 $\mathbb{Z}_p \times \mathbb{Z}_p$ 中一个均匀随机的元素. 从这一挑战密文以及方程 (3.2)—(3.4) 中, $\mathcal{A}$ 可以得到方程

$$\log(M_c/w) = (a_u/(\alpha - \mathsf{ID}_b)) \log h_1 + (a_v - a_u/(\alpha - \mathsf{ID}_b)) r_{\mathsf{ID}_b,1}, \tag{3.7}$$

进一步, 令 $a_1 = (a_u/(\alpha - \mathsf{ID}_b))(\log_g h_2 + \beta \log_g h_3)$, $a_2 = (a_v - a_u/(\alpha - \mathsf{ID}_b))(r_{\mathsf{ID}_b,2} + \beta r_{\mathsf{ID}_b,3})$, 有

$$a_y = a_1 + a_2, \tag{3.8}$$

其中, $\beta = H(u, v, w)$.

我们再来看推论 3.2, 如果没有无效的密文被接受, 那么 $\mathcal{B}$ 对于解密询问的应答没有泄露关于 $r_{\mathsf{ID}_b,1}$ 的信息. 而且, $\mathcal{A}$ 的密钥生成询问也不限制 $r_{\mathsf{ID}_b,1} = f_1(\mathsf{ID}_b)$, 因为 f_1 是 q 次多项式. 因此 M_c/w 的分布 (基于 (b, c) 和 $\mathcal{A}$ 视角中除了 w 的一

切) 是均匀的. 正如 Cramer 和 Shoup 的工作所述, M_c/w 是一个完美的一次一密; w 是均匀随机且独立的, 并且 c 在 $\mathcal{A}$ 的视角中是独立的.

密文中唯一能泄露有关 b 的信息的只有 y, 因为 $\mathcal{A}$ 将 (u, v, w) 视为 $G \times G_T \times G_T$ 中的一个均匀随机且独立的元素. 与 $\boldsymbol{V}$ 相对应的 $2q-2$ 个方程与方程 (3.8) 相交在 $\mathbb{Z}_p^{2(q+1)}$ 中至少有一个三维空间. $\mathcal{A}$ 将 $\boldsymbol{f}$ 视为被包含在两个三维空间之一中, 因为 b 有两个可能值. 同理, 每个 $\mathcal{A}$ 的无效密文询问将刺穿每个三维空间的一个平面, 移除认为包含 $\boldsymbol{f}$ 的两个平面. 因为没有无效的密文被接受, 每个三维空间留下了至少 $p^3 - q_C p^2$(从 p^3 中) 个候选点. 因此, $\mathcal{A}$ 不能区分 b, 除了可能有最多 q_C/p 的概率出现误差.

再来看推论 3.3, 假设 $\mathcal{A}$ 对一个未询问过的身份 ID 提交一个无效密文 (u', v', w', y'), 其中 $(u', v', w', y', \mathsf{ID}) \neq (u, v, w, y, \mathsf{ID}_b)$. 令 $\beta' = H(u', v', w')$, 则有以下三种情况需要考虑.

情况 1 $(u', v', w') = (u, v, w)$: 在这种情况下, 哈希值也相等. 如果 $\mathsf{ID} = \mathsf{ID}_b$, 但是 $y' \neq y$, 那么该密文肯定会被拒绝. 如果 $\mathsf{ID} \neq \mathsf{ID}_b$, $\mathcal{A}$ 一定会生成一个满足方程 (3.6) 的 y'. 但是, 我们认为向量 $\gamma_{\mathsf{ID}} \parallel \beta'\gamma_{\mathsf{ID}}$(对应于方程 (3.6)) 在 $\mathbb{Z}_p^{2(q+1)}$ 中分别与 $\gamma_{\mathsf{ID}_b} \parallel \beta'\gamma_{\mathsf{ID}_b}$(对应于挑战密文) 和 $\boldsymbol{V}$ 的列向量是线性无关的, 这意味着 $\mathcal{A}$ 不能生成这样的 y', 除了可能会有 $1/(p-i+1)$ 的概率出现误差, 其中 (u', v', w', y') 是第 i 个无效密文. 令 $V_1, \cdots, V_{2q-2}$ 为 $\boldsymbol{V}$ 的列向量. 假设存在不全为零的整数 $(a_1, \cdots, a_{2q})$, 使得 $a_1V_1 + \cdots + a_{2q-2}V_{2q-2} + a_{2q-1}(\gamma_{\mathsf{ID}} \parallel \beta'\gamma_{\mathsf{ID}}) + a_{2q}(\gamma_{\mathsf{ID}_b} \parallel \beta'\gamma_{\mathsf{ID}_b})$ 是 $\mathbb{Z}_p^{2(q+1)}$ 中的零向量, 那么有 $(a_1, \cdots, a_{q-1}, a_{2q-1}, a_{2a})$ 或者 $(a_q, \cdots, a_{2q-2}, a_{2q-1}, a_{2q})$ 不全为零. 不失一般性地假设前者成立. 向量 $(V_1, \cdots, V_{q-1}, \gamma_{\mathsf{ID}}, \gamma_{\mathsf{ID}_b})$ 中的前 $q+1$ 个分量形成了一个范德蒙德矩阵 (具有非零行列式), 但是 $a_1V_1 + \cdots + a_{2q-2}V_{2q-2} + a_{2q-1}(\gamma_{\mathsf{ID}} \parallel \beta'\gamma_{\mathsf{ID}}) + a_{2q}(\gamma_{\mathsf{ID}_b} \parallel \beta'\gamma_{\mathsf{ID}_b})$ 的前 $q+1$ 个分量是 $\mathbb{Z}_p^{q+1}$ 中的零向量, 因此这里存在矛盾.

情况 2 $(u', v', w') \neq (u, v, w)$ 并且 $\beta' = \beta$: 根据一个类似 Cramer 和 Shoup 工作中的结论, 这违背了通用的单向哈希函数 H.

情况 3 $(u', v', w') \neq (u, v, w)$ 并且 $\beta' \neq \beta$: 在这种情况下, $\mathcal{A}$ 一定会生成某个 ID 的一个满足方程 (3.6) 的 y'. 本质上与情况 1 有同样的原因, 当 $\mathsf{ID} \neq \mathsf{ID}_b$ 时, $\mathcal{A}$ 不能以可忽略的概率做到这一点. 如果 $\mathsf{ID} = \mathsf{ID}_b$, 那么 $\gamma_{\mathsf{ID}} \parallel \beta'\gamma_{\mathsf{ID}}$ 和 $\gamma_{\mathsf{ID}_b} \parallel \beta'\gamma_{\mathsf{ID}_b}$ 生成 $\gamma_{\mathsf{ID}_b} \parallel 0^{q+1}$ 和 $0^{q+1} \parallel \gamma_{\mathsf{ID}_b}$, 因为 $\beta \neq \beta'$. 这些向量显然互相线性无关, 并且与 $\boldsymbol{V}$ 的列向量线性无关, 因此可以应用标准分析.

第 4 章　秘密共享和模糊身份基加密

基于双线性群, 本章主要介绍两种加密技术: 秘密共享和模糊身份基加密. 在秘密共享方面, 讨论了秘密共享的概念和 Shamir 秘密共享方案, 以及秘密共享与安全多方计算之间的关系. 在模糊身份基加密方面, 介绍了 Sahai-Waters 模糊身份基加密方案和大属性空间中模糊身份基加密方案的构建技术. 这些技术对于加密保护数据和隐私具有重要意义.

4.1　秘 密 共 享

接下来, 我们将详细介绍秘密共享的概念, 以及 Shamir 秘密共享方案, 同时说明其与安全多方计算之间的联系.

4.1.1　秘密共享的概念

秘密共享[188] (Secret Sharing) 是指在一组参与者之间分享秘密的方法, 每个参与者被分配一个份额 (Share). 只有当充分多、足够多的份额组合在一起时, 才能还原出秘密, 每个份额各自则没有用途.

定义 4.1(门限秘密共享方案 (Threshold Secret Sharing Scheme, TSSS)) 设 t, w 是正整数, 且 $t \leqslant w$, 一个 (t,n)-门限秘密共享方案由以下两个算法组成.

- Share: 共享算法为随机算法, 输入一个消息 $m \in M$, 输出一个共享序列 $s=(s_1,\cdots,s_n)$.
- Reconstruct: 重构算法为确定性算法, 输入 t 个或更多的份额, 输出一个消息.

我们称 M 为方案的消息空间, t 为方案的阈值.

在秘密共享中, 我们将用户编号为 $\{1,2,\cdots,n\}$, 用户 i 接收共享 s_i, 设用户的集合为 U, $U \subseteq \{1,2,\cdots,n\}$. 那么集合 $\{s_i \mid i \in U\}$ 表示属于用户 U 的共享集合. 如果 $|U| \geqslant t$, 则称 U 是已授权的, 否则, 称 U 是未授权的. 秘密共享的目标是让所有授权的用户或份额能够重构秘密, 而所有未授权的用户无法获得任何信息.

定义 4.2 (门限秘密共享: 正确性) 一个 (t,n)-门限秘密共享方案是正确的, 如果对于所有已授权的集合 $U \subseteq \{1,2,\cdots,n\}$ (i.e., $|U| \geqslant t$) 和所有 $s \leftarrow \mathsf{Share}(m)$, 都有 $\mathsf{Reconstruct}(\{s_i \mid i \in U\}) = m$.

定义 4.3 (门限秘密共享: 安全性) 一个 (t,n)-门限秘密共享方案是安全的, 如果对于所有的 $m, m' \in M$, 对于所有的 $S \subseteq \{1,2,\cdots,n\}$, 且 $|S| < t$, 对于所有的 $\mathcal{A}$, 有

$$\Pr_{\mathsf{Share}(m)\to(s_1,\dots s_n)}[\mathcal{A}((s_i|i\in S))=1]=\Pr_{\mathsf{Share}(m')\to(s'_1,\dots s'_n)}[\mathcal{A}((s'_i|i\in S))=1].$$

4.1.2 Shamir 秘密共享方案

设计秘密共享方案的主要挑战之一是确保所有已授权的用户能重构秘密, 我们知道, d 次多项式上的任意 $d+1$ 个点都足以重构这个多项式. 因此, 秘密共享的一个自然方法就是让每个用户的份额都是多项式上的一点.

在 Shamir 秘密共享中, 为了共享一个阈值为 t 的秘密 $m \in \mathbb{Z}_p$, 首先选择一个次数为 $t-1$ 的多项式 f, 且 $f(0)=m$, 其他系数均在 $\mathbb{Z}_p$ 中随机选择. 第 i 个用户在多项式上得到点 $(i, f(i))$. 根据插值定理, 任意 t 个共享都能唯一地确定多项式 f, 从而恢复秘密 $f(0)$. 接下来, 我们给出 Shamir 秘密共享的具体构造方案.

方案 4.1 (Shamir 秘密共享) 该方案主要由 $\mathsf{Share}_{\mathsf{Shamir}}$ 和 $\mathsf{Reconstruct}_{\mathsf{Shamir}}$ 算法组成.

(1) $\mathsf{Share}_{\mathsf{Shamir}}$: 输入 $m \in \mathbb{Z}_p$,
- 从 $\mathbb{Z}_p$ 中随机选择 $f_1,\cdots,f_{t-1}$;
- 定义 $f(x)=m+\sum_{i=1}^{t-1} f(i)x^i$;
- 对于 i 从 1 到 n, 创建共享 $s_i=(i,f(i))$;
- 输出共享序列 $(s_1,\cdots,s_n)$.

(2) $\mathsf{Reconstruct}_{\mathsf{Shamir}}$: 输入 s_i, 其中 $i \in S$,
- 对 s_i 中的 t 个点进行插值, 得到唯一的 $t-1$ 次多项式 f;
- 输出 $f(0)$.

4.1.3 秘密共享与安全多方计算

秘密共享方案是许多加密协议的基本构建工具, 下面我们将介绍使用秘密共享方案来进行一般函数的安全多方计算的构建. 为了简单起见, 我们考虑半诚实模型下的情况, 也就是说双方会严格遵循协议, 但是在协议结束后他们中的一些参与者可能会串通, 并试图从他们得到的消息中推断出额外信息.

定义 4.4 (半诚实模型下的安全多方计算) 设 $\mathbb{F}$ 是一个有限域, 假设有 n 个实体 $p_1,\cdots,p_n$, 最多 t 个损坏, 其中 $t<n$. 每个实体 p_j 拥有一个私有输入 $x_j \in \mathbb{F}$. 各方希望通过某些协议在私有通道上交换消息来计算一些函数 $f(x_1,\cdots,x_n)$. 但需要满足两个要求:

正确性: 在协议结束时各方会输出 $f(x_1,\cdots,x_n)$.

隐私性: 最多 t 方的共谋 T 不能从输入 $\{x_j\}_{p_j\in T}$ 和函数的输出学习到更多信息.

我们将首先介绍并证明 Shamir 的秘密共享方案的一个同态性质, 利用这个属性, 将展示如何使用秘密共享来构造一个安全计算秘密输入之和的协议. 其次我们将展示如何构造一个安全计算秘密输入乘积的协议. 结合这些, 我们得到了一个有效的协议来计算任何函数, 可以计算出任何小的算术电路.

定义 4.5 (秘密共享的同态性质) 设 $k_1,k_2\in\mathbb{F}$ 是两个秘密, 对于 $i\in\{1,2\}$, 设 $s_{i,1},\cdots,s_{i,n}$ 是 k_1+k_2 的使用 Shamir$(t+1)$ 方案的份额, 则有 $s_{1,1}+s_{2,1},\cdots,s_{1,n}+s_{2,n}$ 是秘密 k_1+k_2 的份额. 类似地, 有 $s_{1,1}\cdot s_{2,1},\cdots,s_{1,n}\cdot s_{2,n}$ 也是秘密 $k_1\cdot k_2$ 的份额.

证明 设 Q_1 和 Q_2 是最多 t 阶的多项式, 分别生成份额 $s_{1,1},\cdots,s_{1,n}$ 和 $s_{2,1},\cdots,s_{2,n}$, 即对于 $i\in\{1,2\}$ 有 $Q_i(0)=k_i$ 和 $Q_i(\alpha_j)=s_{i,j}$, 另外, 对于 $1\leqslant j\leqslant n$, 定义 $Q(x)=Q_1(x)+Q_2(x)$, 这是一个最多 t 阶的多项式, 从而有 $Q(0)=Q_1(0)+Q_2(0)=k_1+k_2$ 且 $Q(\alpha_j)=s_{1,j}+s_{2,j}$, 也就是说, 这是一个根据秘密 k_1+k_2 生成的份额 $s_{1,1}+s_{2,1},\cdots,s_{1,n}+s_{2,n}$.

类似地, 设 $R(x)=Q_1(x)\cdot Q_2(x)$, 这是最多 $2t$ 阶的多项式, 是根据秘密 $k_1\cdot k_2$ 生成的份额 $s_{1,1}\cdot s_{2,1},\cdots,s_{1,n}\cdot s_{2,n}$.

之后我们分别介绍基于这个性质构建的安全计算秘密输入之和与乘积的协议, 同时介绍基于 Shamir 门限秘密共享方案构建的计算算术电路协议.

计算两个共享秘密的和: 假设 x_1 和 x_2 是使用 Shamir $(t+1,n)$-门限秘密共享方案共享的两个秘密, 每一方都可以在不进行任何通信的情况下计算出秘密总数的一部分.

(1) 每一方的输入: x_1 和 x_2 相应的份额 $s_{1,j}$ 和 $s_{2,j}$.

(2) 计算步骤: 每个参与方 p_j 计算 $s_j=s_{1,j}+s_{2,j}$.

计算两个共享秘密的乘积: 假设 x_1 和 x_2 是使用 Shamir $(t+1,n)$-门限秘密共享方案共享的两个秘密, 双方可以在一个 $(2t+1,n)$ 的秘密共享方案中计算 $x_1\cdot x_2$ 的乘积, 通过双方的交互可以计算出 $(t+1,n)$ 秘密共享方案中乘积 $x_1\cdot x_2$ 的份额. 在这种情况下, 我们假设有 t 个被腐化的实体, 其中 $n=2t+1$(也即更多的实体是诚实可信的). 在 Shamir 的 $(t+1,n)$ 秘密共享方案中, 每个实体分别输入共享秘密 x_1 和 x_2 的份额 $s_{1,j}$ 和 $s_{2,j}$.

步骤一: 各个参与方 p_j 使用 Shamir $(t+1,n)$-秘密共享方案计算 $s_j=s_{1,j}\cdot s_{2,j}$, 使用 $q_{j,1},\cdots,q_{j,n}$ 表示各自所得的份额, 同时参与方 p_j 发送 $q_{j,\ell}$ 到 p_ℓ.

步骤二: 设 $\beta_1,\cdots,\beta_\ell$ 是用于重构 Shamir $(2t+1,n)$-秘密共享方案中秘密的常量, 每个参与方 p_ℓ 计算 $u_\ell=\sum_{j=1}^{n}\beta_j q_{j,\ell}$.

因为 $s_1,\cdots,s_n$ 是 Shamir $(2t+1,n)$ 方案中 $x_1\cdot x_2$ 的份额, 所以有 $x_1\cdot x_2=\sum_{j=1}^{n}\beta_j s_j$. 同时由于 $q_{j,1},\cdots,q_{j,n}$ 是 Shamir $(t+1,n)$ 方案中的份额, 所以 $u_1,\cdots,u_\ell$ 是 $x_1\cdot x_2$ 的份额, 这也就解释了为什么这个协议是正确的.

计算算术电路: 假设 $n=2t+1$, 一个有 n 个输入的 $\mathbb{F}$ 上的算术电路是一个无环图, 其中:

(1) 有一个度大于 0 的唯一节点, 此节点被称为输出节点.

(2) 有 n 个入度为 0 的节点, 这些节点被称为输入门. 对于每个 $i\in\{1,\cdots,n\}$, 均存在一个由变量 x_i 标记的节点.

(3) 每个内部节点要么被符号“×”标记, 称为乘法门; 要么被符号“+”标记, 称为加法门, 并且每个内部节点的入度都为 2.

由算术电路在域 $\mathbb{F}$ 上的计算函数可以得知, 其中的运算是在域 $\mathbb{F}$ 上完成的, 计算函数的复杂性与电路中的门数成正比. 接下来, 我们将展示一个安全协议来计算算术电路中的计算函数, 其中各方 p_j 持有 x_j, 协议中的轮数与门的数量之间呈线性关系. 假设 $G_1,G_2,\cdots,G_\ell$ 是根据某种拓扑顺序排序的电路的门, 即如果存在一条从 G_j 到 G_i 的边, 那么有 $i>j$. 另外对于 $1\leqslant i\leqslant n$, G_i 用 x_i 标记.

用于计算算术电路的协议将中间值作为一个 $(t+1,n)$-秘密共享方案的份额, 在协议时, 双方共享自己的输入. 在协议进行阶段过程中, 在阶段 i 的开始双方持有 G_i 输入的 $(t+1,n)$-秘密共享方案的份额, 且在阶段 i 的最后各方持有门 G_i 输出的 $(t+1,n)$-秘密共享方案的份额. 而在协议结束时, 每个参与方可以从共享中重建输出原秘密.

方案 4.2 一个计算算术电路的协议由三种算法组成, 其中每个参与方 p_j 输入一个元素 $x_j\in\mathbb{F}$.

初始化算法: 本阶段中每个参与方 p_i 使用 Shamir $(t+1,n)$-秘密共享方案分享 x_i, 使用 $q_{i,1},\cdots,q_{i,n}$ 表示各自的份额, 每个参与方 p_i 发送 $q_{i,j}$ 到 p_j.

计算算法: 本阶段中假设 G_i 的入边来自门 G_j 和 G_k, 其中 $j,k<i$, 且每个参与方持有这些门的输出份额 $q_{j,1},\cdots,q_{j,n}$ 和 $q_{k,1},\cdots,q_{k,n}$. 对于每一个 i, 计算门的输出份额如下.

如果 G_i 是一个加法门, 则每个参与方 p_m 在本地计算 $q_{i,m}=q_{j,m}+q_{k,m}$ 后, 将结果作为门 G_i 输出的份额;

如果 G_i 是一个乘法门, 则每个参与方计算门 G_j 和 G_k 输出乘积的份额.

重建算法: 本阶段中 p_m 向 p_1 发送其份额 $q_{\ell,m}$, p_1 使用 Shamir $(t+1,n)$-秘密共享方案从份额 $q_{\ell,1},\cdots,q_{\ell,t+1}$ 中重构一个秘密 s, 并将 s 发送给各参与方, 各参与方输出该值.

通过计算共享数据的加法和乘法协议的正确性可知, 在第一阶段结束时, 双方持有门 G_i 输出的份额, 因此在协议结束时, 它们持有电路输出的份额, 并且 s

是协议输出的正确值. 另一方面, 在每个阶段中, 最多 t 方的联盟看到 t 个份额.

我们上面描述的协议都是假设各个参与方均是半诚实的模型, 然而一个更现实的问题是, 双方可以不遵守协议, 并发送任何可能帮助双方自身的消息, 这样的参与方被称为是恶意的模型. 例如, 在乘法协议中, 应该共享 s_j 的一方可以发送与任何秘密不一致的份额. 此外, 在算术电路协议的重建算法中, 一方可以发送一个"错误"份额. 为了应对恶意的参与方, Chor 等引入了可验证的秘密共享的概念, 并且这样的方案可以在各种困难假设下构建.

在安全计算的定义中, 我们假设存在一个参数 t, 并且一个敌手最多可以控制大小为 t 的联盟, 这是基于假设各个参与方都有可能被破坏. Hirt 和 Maurer 考虑了一个更普遍的场景, 其中存在一个访问结构, 并且敌手可以控制非访问结构中的任何各方的集合. 类似于我们上面描述的协议中 $2t < n$ 的要求, 如果不在访问结构中的每两个集合的并集不能覆盖整个参与集合, 则防止半诚实的参与方的安全计算是可以进行的. 对于每个这样的访问结构 $\mathcal{A}$, Cramer 等表明利用实现 $\mathcal{A}$ 的线性秘密共享方案, 可以构造一个计算任何算术电路的协议, 使得任何不在访问结构中的集合都不能得知任何信息, 并且协议的复杂性与电路的大小呈线性关系. 他们的协议类似于我们上面描述的协议, 其中对于加法门, 各参与方都进行本地计算, 对于乘法门的计算也是相似的, 但是, 常数 $\beta_1, \cdots, \beta_n$ 的选择则更多.

4.2 模糊身份基加密

身份基加密允许发送者在无需访问公钥证书的情况下使用身份对消息进行加密, 其中的一些系统将身份视为一个字符串, 而模糊身份加密将身份视为一组描述性的属性. 在基于模糊身份的加密方案中, 当且仅当身份 ω 和 ω' 在集合重叠距离度量下是接近的时, 才允许为身份 ω 生成的私钥解密使用身份 ω' 加密的密文. 因此, 模糊身份基加密系统允许进行一定数量的容错操作. 接下来, 我们分别介绍两种模糊身份基加密方案的具体构造[1].

4.2.1 Sahai-Waters 模糊身份基加密方案

方案 4.3 设 G_1 是阶为素数 p 的双线性群, g 为 G_1 的生成元, $e\colon G_1 \times G_2 \to G_2$ 表示双线性映射, 决定群大小的安全参数为 k. 对于每个 $i \in \mathbb{Z}_p$ 和一个元素均在 $\mathbb{Z}_p$ 中的集合 S, 我们定义拉格朗日系数 $\Delta_{i,S}$ 为

$$\Delta_{i,S}(x) = \prod_{j \in S, j \neq i} \frac{x - j}{i - j},$$

其中身份就是域 U 中某些大小为 $|U|$ 的元素子集, 并且将每个元素与 $\mathbb{Z}_p^*$ 中的唯一整数相关联, 则 Sahai-Waters 模糊身份基加密方案的具体结构如下.

$\mathsf{Setup}(1^\lambda)$: 在初始化算法中, 为了简单起见, 首先我们可以把 $\mathbb{Z}_p^*$ 中的前 $|U|$ 个元素, 即整数 $1,\cdots,|U|$ 定义为元素的域 U. 接着, 从 $\mathbb{Z}_p^*$ 中随机均匀选择 $t_1,\cdots,t_{|U|}$. 最后, 在 $\mathbb{Z}_p$ 中随机均匀选择 y. 那么用于发布的公开参数为

$$\mathsf{pp}=(T_1=g^{t_1},\cdots,T_{|U|}=g^{t_{|U|}},Y=e(g,g)^y),$$

主私钥为

$$\mathsf{msk}=(t_1,\cdots,t_{|U|},y).$$

$\mathsf{KeyGen}(\omega,\mathsf{msk})$: 在密钥生成算法中要为身份 $\omega\subseteq U$ 生成私钥, 首先随机选择满足 $q(0)=y$ 的 $d-1$ 次多项式 q. 私钥 $\mathsf{sk}=(D_i)_{i\in\omega}$, 其中对于每个 $i\in\omega$, 有 $D_i=g^{\frac{q(i)}{t_i}}$.

$\mathsf{Enc}(M,\omega',\mathsf{pp})$: 在加密算法中加密消息 $M\in G_2$ 的操作需要使用身份 ω', 选择一个随机值 $s\in\mathbb{Z}_p$ 后, 按照如下输出密文值:

$$\mathsf{ct}=(\omega',E'=MY^s,\{E_i=T_i^s\}_{i\in\omega'}).$$

需要注意的是, 身份 ω' 包含在密文中.

$\mathsf{Dec}(\mathsf{ct},\mathsf{sk},\mathsf{pp})$: 在解密算法中输入一个用身份 ω' 加密的密文 ct 和为身份 ω 生成的私钥 sk, 且满足 $|\omega\cap\omega'|\geqslant d$. 选择任意一个有 d 个元素的 $\omega\cap\omega'$ 的子集 S, 则密文就可以被解密为

$$\begin{aligned}&E'\Big/\prod_{i\in S}(e(D_i,E_i))^{\Delta_{i,S}(0)}\\&=M\cdot e(g,g)^{sy}\Big/\prod_{i\in S}\left(e\left(g^{\frac{q(i)}{t_i}},g^{st_i}\right)\right)^{\Delta_{i,S}(0)}\\&=M\cdot e(g,g)^{sy}\Big/\prod_{i\in S}\left(e(g,g)^{sq(i)}\right)^{\Delta_{i,S}(0)}\\&=M,\end{aligned}$$

其中最后一个等式是通过在指数中使用多项式插值得到的, 这是因为多项式 $sq(x)$ 的次数为 $d-1$, 可以使用 d 个点进行插值.

安全性. 我们将 Sahai-Waters 模糊身份基加密方案在选择性身份模型中的安全性归约到修改的双线性 Diffie-Hellman (Modified Bilinear Diffie-Hellman, MBDH) 假设上.

定理 4.1 在 MBDH 困难假设下, Sahai-Waters 模糊身份基加密方案满足选择性身份模型中的安全性.

证明 假设存在一个多项式时间的敌手 $\mathcal{A}$, 其可以在选择性身份模型中以 ϵ 的优势打破 Sahai-Waters 的方案, 则我们可以构建一个以 $\dfrac{\epsilon}{2}$ 的优势赢得 MBDH 游戏的模拟者 $\mathcal{B}$. 模拟者的构建过程如下:

首先, 我们让挑战者随机选择带有高效双线性映射 e 的群 G_1, G_2 和生成元 g. 挑战者在 $\mathcal{B}$ 的视角外投掷一枚均匀的硬币以获得 $\mu \in \{0,1\}$, 并选取随机数 a,b,c,z. 如果 $\mu=0$, 则挑战者设置 $(A,B,C,Z)=\left(g^a,g^b,g^c,e(g,g)^{\frac{ab}{c}}\right)$; 否则, 挑战者设置 $(A,B,C,Z)=\left(g^a,g^b,g^c,e(g,g)^z\right)$, 同时假设域 U 已经被定义.

初始化阶段: 模拟者 $\mathcal{B}$ 运行并从 $\mathcal{A}$ 那里接受挑战身份 α.

准备阶段: 模拟者 $\mathcal{B}$ 进行参数分配, 令参数 $Y=e(g,A)=e(g,g)^a$. 对于所有的 $i\in\alpha$, 选择随机数 $\beta_i\in\mathbb{Z}_p$, 并令 $T_i=C^{\beta_i}=g^{c\beta_i}$. 对于所有的 $i\in U-\alpha$, 选择随机数 $w_i\in\mathbb{Z}_p$, 并令 $T_i=g^{w_i}$. 然后, 将公开参数发送给 $\mathcal{A}$. 需要注意的是, 在 $\mathcal{A}$ 的视角中, 所有的参数都是在构造中随机选择的.

问询阶段 1: 敌手 $\mathcal{A}$ 请求私钥, 其中每个被请求的密钥身份之间都存在身份集重叠且 $\alpha<d$. 假设 $\mathcal{A}$ 请求一个私钥 γ, 其中 $|\gamma\cap\alpha|<d$. 首先, 我们定义下列三个集合: Γ,Γ',S.

- $\Gamma=\gamma\cap\alpha$;
- Γ' 是使得 $\Gamma\subseteq\Gamma'\subseteq\gamma$ 成立的任意集合, 并且 $|\Gamma'|=d-1$;
- $S=\Gamma'\cup\{0\}$.

接下来定义解密密钥组件 D_i, 对于每个 $i\in\Gamma'$, 有

如果 $i\in\Gamma$, 则 $D_i=g^{s_i}$, 其中 s_i 是在 $\mathbb{Z}_p$ 中随机选择的;

如果 $i\in\Gamma'-\Gamma$, 则 $D_i=g^{\frac{\lambda_i}{w_i}}$, 其中 λ_i 是在 $\mathbb{Z}_p$ 中随机选择的.

这些赋值背后的直觉是: 除了 $q(0)=a$ 之外, 我们还通过随机选择 $d-1$ 个值来隐式随机选择 $d-1$ 次多项式 $q(x)$. 对于每个 $i\in\Gamma$, 我们有 $q(i)=c\beta_i s_i$, 并且对于 $i\in\Gamma'-\Gamma$, 有 $q(i)=\lambda_i$. 同时模拟者可以计算其他 $i\notin\Gamma'$ 的 D_i 值, 这是因为对于任意的 $i\notin\alpha$, 模拟者知道 T_i 的离散对数. 模拟者可以进行如下赋值:

$$\text{如果 } i\notin\Gamma', \text{则 } D_i=\left(\prod_{j\in\Gamma}C^{\frac{\beta_j s_j\Delta_{j,S}(i)}{w_i}}\right)\left(\prod_{j\in\Gamma'-\Gamma}g^{\frac{\lambda_j\Delta_{j,S}(i)}{w_i}}\right)Y^{\frac{\Delta_{0,S}(i)}{w_i}}.$$

通过使用插值, 对于任意的 $i\notin\Gamma'$, 模拟者可以计算出 $D_i=g^{\frac{q(i)}{t_i}}$, 其中 $q(x)$ 是由其他 $d-1$ 个变量 $D_i\in\Gamma'$ 和变量 Y 随机赋值来完成隐式定义的. 因此, 模拟者能够为身份 γ 构造私钥, 并且 γ 的私钥分布与原始方案相同.

挑战阶段: 敌手 $\mathcal{A}$ 向模拟者提交两条挑战消息 M_0 和 M_1. 模拟者投掷一枚均匀的硬币以获得 $v \in \{0,1\}$, 同时返回 M_v 的加密密文:

$$\mathsf{ct} = \left(\alpha, E' = M_v Z, \{E_i = B^{\beta_i}\}_{i\in\alpha}\right).$$

如果 $\mu = 0$, 那么 $Z = e(g,g)^{\frac{ab}{c}}$. 如果我们令 $\gamma' = \dfrac{b}{c}$, 那么有 $E_0 = M_v Z = M_v e(g,g)^{\frac{ab}{c}} = M_v e(g,g)^{a\gamma'} = M_v Y^{\gamma'}$, $E_i = B^{\beta_i} = g^{b\beta_i} = g^{\frac{b}{c}c\beta_i} = g^{\gamma' c\beta_i} = (T_i)^{\gamma'}$. 因此, 密文是消息 m_v 在公钥 α 下的随机加密.

另一方面, 如果 $\mu = 1$, 那么 $Z = g^z$, 则有 $E' = M_v e(g,g)^z$, 由于 z 是随机的, 因此从敌手的角度来看, E' 是 G_2 中的随机元素, 并且该消息不包含任何关于 M_v 的信息.

问询阶段 2: 模拟者 $\mathcal{B}$ 的行为和问询阶段 1 中的行为完全一样.

猜测阶段: 敌手 $\mathcal{A}$ 提交一个关于 v 的猜测 v'. 如果 $v = v'$, 那么模拟者输出 $\mu' = 0$ 来表示它被赋予了一个 MBDH 元组. 否则输出 $\mu' = 1$ 表示它被赋予了一个随机的四元组.

正如 Sahai-Waters 方案的构造所示, 模拟者生成的公开参数和私钥与实际方案相同.

在 $\mu = 1$ 的情况下, 敌手得不到任何关于 v 的信息, 因此有 $\Pr[v \neq v' | \mu = 1] = \dfrac{1}{2}$. 由于当 $v \neq v'$ 时, 模拟者猜测 $\mu' = 1$, 因此有 $\Pr[\mu' = \mu | \mu = 1] = \dfrac{1}{2}$.

但是在 $\mu = 0$ 的情况下, 敌手就已经知道了 M_v 的密文, 在这种情况下敌手的优势为 ϵ, 因此有 $\Pr[v = v' | \mu = 0] = \dfrac{1}{2} + \epsilon$. 由于当 $v = v'$ 时, 模拟者猜测 $\mu' = 0$, 因此有 $\Pr[\mu' = \mu | \mu = 0] = \dfrac{1}{2} + \epsilon$.

因此模拟者在 MBDH 游戏中的总优势为 $\dfrac{1}{2}\Pr[\mu' = \mu|\mu = 0] + \dfrac{1}{2}\Pr[\mu' = \mu|\mu = 1] - \dfrac{1}{2} = \dfrac{1}{2}\left(\dfrac{1}{2} + \epsilon\right) + \dfrac{1}{2} \times \dfrac{1}{2} - \dfrac{1}{2} = \dfrac{1}{2}\epsilon$.

至此, 本节中关于 Sahai-Waters 模糊身份基加密方案的安全定义和证明描述完毕.

4.2.2 大属性空间中模糊身份基加密方案

在之前的构造中, 公开参数的大小会随着域中属性的数量增加呈现线性增长, 下面将描述第二种方案[1], 其使用 $\mathbb{Z}_p^*$ 的所有元素定义为域, 但公开参数列表中只有一个参数 n 呈现线性增长, 并将其固定为可以加密的最大身份尺寸. 除了减少公开参数的大小, 拥有一个大的域允许用户应用一个抗碰撞哈希函数 $H: \{0,1\}^* \to \mathbb{Z}_p^*$, 并使用任意字符串作为属性.

方案4.4 设 G_1 是阶为素数 p 的双线性群, g 为 G_1 的生成元, $e: G_1 \times G_1 \to G_2$ 表示双线性映射. 对于某些固定的 n, 我们限制加密恒等式的长度为 n. 同时定义了 $i \in \mathbb{Z}_p$ 的拉格朗日系数 $\Delta_{i,S}$ 和 $\mathbb{Z}_p$ 中元素的集合 S:

$$\Delta_{i,S}(x) = \prod_{j \in S, j \neq i} \frac{x-j}{i-j}.$$

身份将是 $\mathbb{Z}_p^*$ 中的 n 个元素的集合, 或者可以将身份描述为任意长度的 n 个字符串的集合, 并使用抗碰撞哈希函数 H 将字符串映射到 $\mathbb{Z}_p^*$ 中的元素上. 则大属性空间版本的模糊身份基加密方案的具体构造如下:

$\mathsf{Setup}(n, d)$: 在初始化算法中首先选择 $g_1 = g^y$, $g_2 \in G_1$, 接着从 G_1 中选择 $t_1, \cdots, t_{n+1}$. 设 N 是集合 $\{1, \cdots, n+1\}$, 定义一个函数 T:

$$T(x) = g_2^{x^n} \prod_{i=1}^{n+1} t_i^{\Delta_{i,N}(x)}.$$

我们可以把 T 看作某些 n 次多项式 h 的函数 $g_2^{x^n} g^{h(x)}$. 那么用于发布的公开参数为 $\mathsf{pp} = (g_1, g_2, t_1, \cdots, t_{n+1})$; 主私钥为 $\mathsf{msk} = y$.

$\mathsf{KeyGen}(w, \mathsf{msk})$: 在密钥生成算法中要为身份 ω 生成私钥, 首先随机选择一个 $d-1$ 次多项式 q, 使得满足 $q(0) = y$. 私钥将由两部分组成, 第一部分是 $\{D_i\}_{i \in w}$, 其中的元素为

$$D_i = g_2^{q(i)} T(i)^{r_i},$$

其中 r_i 为所有 $i \in w$ 定义的 $\mathbb{Z}_p$ 中的一个随机元素. 私钥中另一部分是 $\{d_i\}_{i \in w}$, 其中的元素为

$$d_i = g^{r_i}.$$

因此, 生成的私钥 $\mathsf{sk} = (\{D_i\}_{i \in w}, \{d_i\}_{i \in w})$.

$\mathsf{Enc}(M, \omega', \mathsf{pp})$: 在加密算法中加密消息 $M \in G_2$ 的操作需要使用公钥 ω', 选择一个随机值 $s \in \mathbb{Z}_p$ 后, 按照如下输出密文值:

$$\mathsf{ct} = (\omega', E' = Me(g_1, g_2)^s, E'' = g^s, \{E_i = T(i)^s\}_{i \in w'}).$$

$\mathsf{Dec}(\mathsf{ct}, \mathsf{sk}, \mathsf{pp})$: 在解密算法中输入一个用身份 ω' 加密的密文 ct 和为身份 ω 生成的私钥 sk, 且满足 $|\omega \cup \omega'| \geqslant d$. 选择任意一个有 d 个元素的 $\omega \cup \omega'$ 的子集 S, 则密文可以被解密为

$$M = E' \prod_{i \in S} \left(\frac{e(d_i, E_i)}{e(E_i, E'')} \right)^{\Delta_{i,S}(0)}$$

$$
\begin{aligned}
&= M \cdot e(g_1, g_2)^s \prod_{i \in S} \left(\frac{e(g^{r_i}, T(i)^s)}{e(g_2^{q(i)} T(i)^{r_i}, g^s)} \right)^{\Delta_{i,S}(0)} \\
&= M \cdot e(g_1, g_2)^s \prod_{i \in S} \left(\frac{e(g^{r_i}, T(i)^s)}{e(g_2^{q(i)}, g^s) e(T(i)^{r_i}, g^s)} \right)^{\Delta_{i,S}(0)} \\
&= M \cdot e(g, g_2)^{ys} \prod_{i \in S} \frac{1}{e(g, g_2)^{q(i) s \Delta_{i,S}(0)}} \\
&= M,
\end{aligned}
$$

其中最后一个等式是通过在指数中使用多项式插值得到的, 这是因为多项式 $q(x)$ 的次数为 $d-1$, 可以使用 d 个点进行插值.

安全性. 我们将大属性空间版本的构造方案在选择性身份模型中的安全性归约到 BDH 困难假设上.

定理 4.2 在 BDH 困难假设下, 上述大属性空间版本的模糊身份基加密方案满足选择性身份模型中的安全性.

证明 假设存在一个多项式时间的敌手 $\mathcal{A}$, 其可以在选择性身份模型中以 ϵ 的优势打破大属性空间版本的方案, 则我们可以构建一个以 $\frac{\epsilon}{2}$ 的优势赢得 BDH 游戏的模拟者 $\mathcal{B}$. 模拟者的构建过程如下:

首先, 我们让挑战者随机选择带有高效双线性映射 e 的群 G_1, G_2 和生成元 g. 挑战者在 $\mathcal{B}$ 的视角外投掷一枚均匀的硬币以获得 $\mu \in \{0,1\}$, 并选取随机数 a, b, c, z, 如果 $\mu = 0$, 则挑战者设置 $(A, B, C, Z) = \left(g^a, g^b, g^c, e(g,g)^{abc}\right)$; 否则, 挑战者设置 $(A, B, C, Z) = \left(g^a, g^b, g^c, e(g,g)^z\right)$.

初始化阶段: 模拟者 $\mathcal{B}$ 运行并从 $\mathcal{A}$ 那里接受挑战身份 α, α 是由 $\mathbb{Z}_p$ 中的 n 个元素集合组成的.

准备阶段: 模拟者 $\mathcal{B}$ 进行参数分配, 令 $g_1 = A$, $g_2 = B$. 然后选择一个随机 n 次多项式 $f(x)$, 并且计算一个 n 次多项式 $u(x)$, 使得对于所有的 $x \in \alpha$, 均有 $u(x) = -x^n$, 且对于其他的 x 均有 $u(x) \neq -x^n$. 由于 $-x^n$ 和 $u(x)$ 是两个 n 次多项式, 所以它们要么在最多 n 个点上达成一致, 要么是同一个多项式. 我们的构造保证了当且仅当 $x \in \alpha$ 时, 对于所有的 x 有 $u(x) = -x^n$.

问询阶段 1: 敌手 $\mathcal{A}$ 请求私钥, 其中每个被请求的密钥身份之间都存在身份重叠且 $\alpha < d$. 假设 $\mathcal{A}$ 请求一个私钥 γ, 首先我们定义下列三个集合 Γ, Γ', S:

- $\Gamma = \gamma \cap \alpha$;
- Γ' 是使得 $\Gamma \subseteq \Gamma' \subseteq \gamma$ 成立的任意集合, 并且 $|\Gamma'| = d-1$;
- $S = \Gamma' \cup \{0\}$.

接下来定义解密密钥组件 D_i 和 d_i, 对于每个 $i \in \Gamma'$, 有 $D_i = g_2^{\lambda_i} T(i)^{r_i}$, 其中 r_i, λ_i 是在 $\mathbb{Z}_p$ 中随机选择的, 并且 $d_i = g^{r_i}$. 同时模拟者还需要计算所有 $i \in \gamma - \Gamma'$ 的解密密钥组件, 计算与对 $q(x)$ 的隐含选择相一致的点, 密钥组件 D_i 和 d_i 分别如下:

$$D_i = \left(\prod_{j\in\Gamma'} g_2^{\lambda_j \Delta_{j,S}(i)}\right)\left(g_1^{\frac{-f(i)}{i^n+u(i)}}\left(g_2^{i^n+u(i)} g^{f(i)}\right)^{r'_i}\right)^{\Delta_{0,S}(i)}$$

以及

$$d_i = \left(g_1^{\frac{-1}{i^n+u(i)}} g^{r'_i}\right)^{\Delta_{0,S}(i)},$$

其中对于所有 $i \notin \alpha$, 包括所有的 $i \in \gamma - \Gamma'$, $i^n + u(i)$ 的值均为非零, 这是根据对 $u(x)$ 的构造得出的. 接着令 $r_i = \left(r'_i - \dfrac{a}{i^n + u(i)}\right)\Delta_{0,S}(i)$, 并使多项式 $q(x)$ 如上所述定义, 我们有

$$\begin{aligned}
D_i &= \left(\prod_{j\in\Gamma'} g_2^{\lambda_j \Delta_{j,S}(i)}\right)\left(\left(g_1^{\frac{-f(i)}{i^n+u(i)}}\right)\left(g_2^{i^n+u(i)} g^{f(i)}\right)^{r'_i}\right)^{\Delta_{0,S}(i)} \\
&= \left(\prod_{j\in\Gamma'} g_2^{\lambda_j \Delta_{j,S}(i)}\right)\left(\left(g^{\frac{-af(i)}{i^n+u(i)}}\right)\left(g_2^{i^n+u(i)} g^{f(i)}\right)^{r'_i}\right)^{\Delta_{0,S}(i)} \\
&= \left(\prod_{j\in\Gamma'} g_2^{\lambda_j \Delta_{j,S}(i)}\right)\left(\left(g_2^a\left(g_2^{i^n+u(i)} g^{f(i)}\right)^{\frac{-a}{i^n+u(i)}}\right)\left(g_2^{i^n+u(i)} g^{f(i)}\right)^{r'_i}\right)^{\Delta_{0,S}(i)} \\
&= \left(\prod_{j\in\Gamma'} g_2^{\lambda_j \Delta_{j,S}(i)}\right)\left(g_2^a\left(g_2^{i^n+u(i)} g^{f(i)}\right)^{r'_i - \frac{a}{i^n+u(i)}}\right)^{\Delta_{0,S}(i)} \\
&= \left(\prod_{j\in\Gamma'} g_2^{\lambda_j \Delta_{j,S}(i)}\right) g_2^{a\Delta_{0,S}(i)} (T(i))^{r_i} \\
&= g_2^{q(i)} T(i)^{r_i}.
\end{aligned}$$

此外, 我们还有

$$d_i = \left(g_1^{\frac{-1}{i^n+u(i)}} g^{r'_i}\right)^{\Delta_{0,S}(i)} = \left(g^{r'_i - \frac{a}{i^n+u(i)}}\right)^{\Delta_{0,S}(i)} = g^{r_i}.$$

因此, 模拟者能够为身份 γ 构造出一个私钥, 并且 γ 的私钥分布与原方案中的分布相同, 因为我们选择的 λ_i 可以计算出一个随机的 $d-1$ 次多项式, 同时构造了私钥组件 d_i 和 D_i.

挑战阶段: 敌手 $\mathcal{A}$ 将向模拟者提交两条挑战消息 M_1 和 M_0. 模拟者投掷一枚均匀的硬币以获得 $\nu \in \{0,1\}$, 同时返回 M_ν 的加密密文:

$$\mathsf{ct} = \left(\alpha, E' = M_\nu Z, E'' = C, \left\{E_i = C^{f(i)}\right\}_{i\in\alpha}\right).$$

如果 $\mu = 0$, 那么 $Z = e(g,g)^{abc}$, 则密文为

$$\mathsf{ct} = \left(\alpha, E' = M_\nu e(g,g)^{abc}, E'' = g^c, \left\{E_i = (g^c)^{f(i)} = T(i)^c\right\}_{i\in\alpha}\right),$$

这是 α 下的消息 M_ν 的有效密文.

另一方面, 如果 $\mu = 1$, 那么 $Z = e(g,g)^z$, 则有 $E' = M_\nu e(g,g)^z$. 由于 z 是随机的, 因此从敌手的角度来看, E' 是 G_2 中的随机元素, 并且消息不包含任何关于 M_ν 的信息.

问询阶段 2: 模拟者 $\mathcal{B}$ 的行为和问询阶段 1 中的行为完全一样.

猜测阶段: 敌手 $\mathcal{A}$ 提交一个关于 ν 的猜测 ν'. 如果 $\nu = \nu'$, 那么模拟者输出 $\mu' = 0$ 来表示它被赋予了一个 BDH 元组. 否则输出 $\mu' = 1$, 表示它被赋予了一个随机的四元组.

如大属性空间版本方案的构造所示, 模拟者生成的公开参数和私钥与实际方案相同.

在 $\mu = 1$ 的情况下, 敌手得不到任何关于 ν 的信息, 因此有 $\Pr[\nu \neq \nu' \mid \mu = 1] = \frac{1}{2}$. 由于当 $\nu \neq \nu'$ 时, 模拟者猜测 $\mu' = 1$, 因此有 $\Pr\left[\mu' = \mu \mid \mu = 1\right] = \frac{1}{2}$.

但是在 $\mu = 0$ 的情况下, 敌手就已经知道了 M_ν 的密文, 在这种情况下敌手的优势为 ϵ, 因此有 $\Pr\left[\nu = \nu' \mid \mu = 0\right] = \frac{1}{2} + \epsilon$. 由于当 $\nu = \nu'$ 时, 模拟者猜测 $\mu' = 0$, 因此有 $\Pr\left[\mu' = \mu \mid \mu = 0\right] = \frac{1}{2} + \epsilon$.

因此模拟者在 BDH 游戏中的总优势为 $\frac{1}{2}\Pr\left[\mu' = \mu \mid \mu = 0\right] + \frac{1}{2}\Pr[\mu' = \mu \mid \mu = 1] - \frac{1}{2} = \frac{1}{2}\left(\frac{1}{2} + \epsilon\right) + \frac{1}{2} \times \frac{1}{2} - \frac{1}{2} = \frac{1}{2}\epsilon$.

至此, 本节中关于大属性空间中模糊身份基加密方案的安全定义和证明描述完毕.

第 5 章　属性基加密的构建技术

本章主要介绍了一些常见的加密方案, 包括布尔表达式加密、内积加密和广播加密及自动机加密. 其中, 布尔表达式加密主要是针对具有特定结构的访问结构, 采用秘密共享的方式进行加密; 内积加密和广播加密则是针对不同的加密应用场景进行设计, 可以在保证加密安全性的前提下提高计算效率; 自动机加密则是利用确定性有限自动机的性质, 在实现加密的同时还能实现自动机加密的运算.

5.1　布尔表达式加密

本节我们将基于访问树构造一个安全的布尔表达式加密方案.

5.1.1　访问结构

定义 5.1 (访问树)　一个树形访问结构中, 每一个非叶子节点代表一个阈值门, 由其孩子节点和一个阈值表示, 其中 num_x 代表节点 x 的孩子节点数量, k_x 是节点 x 的阈值, 并且 $0<k_x\leqslant \mathrm{num}_x$. 当 $k_x=1$ 时, 阈值门是 OR 门; 当 $k_x=\mathrm{num}_x$ 时, 阈值门是 AND 门. 每一个叶子节点 x 由一个属性和一个阈值 $k_x=1$ 描述.

为了方便理解访问树的构造, 额外定义一些函数: $\mathrm{parent}(x)$ 代表节点 x 的父母, $\mathrm{att}(x)$ 代表叶子节点 x 的属性, 且叶子节点按照某种顺序进行构造, 从 1 到 num 进行编号, 则有 $\mathrm{index}(x)$ 代表叶子节点的编号, 而 index 值以任意方式唯一地分配到给定密钥的访问结构中的节点.

我们将 $\mathcal{T}$ 定义为根节点为 r 的访问树, $\mathcal{T}_x$ 为根节点是 x 的子树, 即 $\mathcal{T}=\mathcal{T}_r$. 如果一个属性集合 $\mathcal{Y}$ 满足访问树 $\mathcal{T}_x$, 则定义为 $\mathcal{T}_x(\mathcal{Y})=1$. 若节点 x 不是叶子节点, 通过计算它的所有孩子节点 x' 的 $\mathcal{T}_{x'}(\mathcal{Y})$ 递归地得到 $\mathcal{T}_x(\mathcal{Y})$, 当且仅当至少 k_x 个孩子返回 1, 则 $\mathcal{T}_x(\mathcal{Y})$ 返回 1; 若节点 x 是叶子节点, 当且仅当 $\mathrm{att}(x)\in\mathcal{Y}$, 则 $\mathcal{T}_x(\mathcal{Y})$ 返回 1.

5.1.2　布尔表达式的秘密共享方案

方案 5.1 (布尔表达式的秘密共享方案)　设 G_1 是阶为素数 p 的双线性群, g 为 G_1 的生成元, $e: G_1\times G_1\leftarrow G_2$ 表示双线性映射, 其中安全参数 λ 确定群的大小. 对于 $i\in\mathbb{Z}_p$ 和元素属于 $\mathbb{Z}_p$ 的集合 S, 定义其拉格朗日系数为 $\Delta_{i,S}(x)=\prod\limits_{j\in S,j\neq i}\dfrac{x-j}{i-j}$. 一个布尔表达式的秘密共享方案[2] 由以下四个算法组成:

$\mathsf{Setup}(1^\lambda)$: 在初始化算法中定义属性 $\mathcal{U}=\{1,2,\cdots,n\}$, 对于 $\mathcal{U}$ 中的每一个属性 i, 选择一个随机数 t_i, 同时额外选择一个随机数 y. 则公钥为 $\mathsf{pk}=\{T_1=g^{t_1},\cdots,T_{|\mathcal{U}|}=g^{t_u},Y=e(g,g)^y\}$, 主私钥为 $\mathsf{msk}=\{t_1,\cdots,t_{|\mathcal{U}|},y\}$.

$\mathsf{Enc}(M,\mathcal{Y},\mathsf{pk})$: 在加密算法中加密一个满足属性集合 $\mathcal{Y}$ 的消息 $M\in G_2$, 选择一个随机值 s, 并输出密文为 $\mathsf{ct}=(\mathcal{Y},E'=MY^s,\{E_i=T_i^s\}_{i\in\mathcal{Y}})$.

$\mathsf{KeyGen}(\mathcal{T},\mathsf{msk})$: 在密钥生成算法中当且仅当 $\mathcal{T}(\mathcal{Y})=1$ 时, 会输出一个可以解密在属性集合 $\mathcal{Y}$ 下加密形成的密文的密钥. 算法首先为访问树中的每个节点选择一个多项式 q_x, 对于每一个叶子节点 x 会输出秘密值 $D_x=g^{\frac{q_x(0)}{t_i}},i=\mathrm{att}(x)$, 秘密值的集合为私钥.

$\mathsf{Dec}(\mathsf{ct},\mathsf{sk})$: 在解密算法中定义了一个递归算法 $\mathsf{DecNode}(\mathsf{ct},\mathsf{sk},x)$, 并且输入密文 $\mathsf{ct}=(\mathcal{Y},E',\{E_i\}_{i\in\mathcal{Y}})$、私钥 sk 和一个在树中的节点 x, 输出一个 G_2 群中的元素或者 $\perp$.

安全性. 我们将布尔表达式的秘密共享方案在属性基可选集合模型中的安全性归约到 BDH 困难假设.

定理 5.1 基于 BDH 困难假设, 布尔表达式的秘密共享方案满足基于属性基可选集合模型中的安全性.

证明 假设存在一个多项式时间敌手 $\mathcal{A}$, 其可以在选择集模型中以 ϵ 的优势打破方案, 则我们可以构建一个以 $\epsilon/2$ 的优势赢得 BDH 游戏的模拟者 $\mathcal{B}$. 模拟者的构建过程如下.

首先, 我们让挑战者随机选择带有高效双线性映射 e 的群 G_1, G_2 和生成元 g, 挑战者在 $\mathcal{B}$ 的视角之外投掷一枚均匀的硬币以获得 $\mu\in\{0,1\}$, 并选取随机数 a,b,c,z. 如果 $\mu=0$, 则挑战者设置 $(A,B,C,Z)=\big(g^a,g^b,g^c,e(g,g)^{abc}\big)$; 否则挑战者设置 $(A,B,C,Z)=\big(g^a,g^b,g^c,e(g,g)^z\big)$, 同时假设域 $\mathcal{U}$ 已经被定义.

初始化阶段: 模拟者 $\mathcal{B}$ 运行并从 $\mathcal{A}$ 那里接受挑战集合 γ.

准备阶段: 模拟者 $\mathcal{B}$ 进行参数分配, 令参数 $Y=e(A,B)=e(g,g)^{ab}$. 对于所有的 $i\in\mathcal{U}$, 模拟者按照如下设置 T_i. 如果 $i\in\gamma$, 模拟者随机选择 $r_i\in\mathbb{Z}_p$, 并设置 $T_i=g^{r_i}$(因此有 $t_i=r_i$); 否则模拟者随机选择 $\beta_i\in\mathbb{Z}_p$, 并设置 $T_i=g^{b\beta_i}=B^{\beta_i}$ (因此有 $t_i=b\beta_i$). 然后, 模拟者将公开参数发送给 $\mathcal{A}$.

问询阶段 1: 敌手 $\mathcal{A}$ 请求询问并获取与访问结构 $\mathcal{T}$ 对应的密钥, 且存在限制挑战集合 γ 不满足 $\mathcal{T}$. 假设 $\mathcal{A}$ 请求一个访问结构 $\mathcal{T}$ 的密钥, 其中 $\mathcal{T}(\gamma)=0$. 要想生成对应的密钥, $\mathcal{B}$ 需要对访问树 $\mathcal{T}$ 中的每个节点分配一个 d_x 次多项式 Q_x. 下面我们首先定义两个函数: PolySat 和 PolyUnSat:

(1) $\mathsf{PolySat}(\mathcal{T}_x,\gamma,\lambda_x)$ 用于设置为满足根节点的访问子树中节点的多项式, 即 $\mathcal{T}_x(\gamma)=1$ 的情况. 函数将输入具有根节点 x 的访问树 $\mathcal{T}_x$、一组属性 γ 和一个整数 $\lambda_x\in\mathbb{Z}_p$.

该函数首先为根节点 x 定义一个 d_x 次多项式 q_x, 使得 $q_x(0)=\lambda_x$, 然后设置其余的节点来完全修复多项式 q_x. 通过递归调用 PolySat$(\mathcal{T}_{x'},\gamma,q_x(\text{index}(x')))$ 为 x 的每个子节点 x' 设置多项式. 注意到, 通过这种方式, 对于每个 x 的子节点 x', 有 $q_{x'}(0)=q_x(\text{index}(x'))$.

(2) PolyUnSat$(\mathcal{T}_x,\gamma,g^{\lambda_x})$ 用于设置为不满足根节点的访问子树中节点的多项式, 即 $\mathcal{T}_x(\gamma)=0$ 的情况. 函数将输入具有根节点 x 的访问树 $\mathcal{T}_x$、一组属性 γ 和一个群元素 $g^{\lambda_x}\in G_1$, 其中 $\lambda_x\in\mathbb{Z}_p$.

该函数首先为根节点 x 定义一个 d_x 次多项式 q_x, 使得 $q_x(0)=\lambda_x$, 因为 $\mathcal{T}_x(\gamma)=0$, 所以最多有 d_x 个孩子节点满足. 设 $h_x\leqslant d_x$ 为 x 的满足孩子节点数量, 对于 x 的每个满足的孩子节点 x', 该过程随机选择一个点 $\lambda_{x'}\in\mathbb{Z}_p$, 并设置 $q_x(\text{index}(x'))=\lambda_{x'}$, 然后随机修复 q_x 中剩余的 d_x-h_x 个点来完成定义 q_x.

现在, 该算法递归地为树中的其他节点定义多项式, 对于 x 中的每个子节点 x', 模拟者调用已定义的函数:

- PolySat$(\mathcal{T}_{x'},\gamma,q_x(\text{index}(x')))$, 如果 x' 是一个被满足的节点, 注意到, 此时已经知道 $q_x(\text{index}(x'))$.
- PolyUnsat$\left(\mathcal{T}_{x'},\gamma,g^{q_x\left(\text{index}\left(x'\right)\right)}\right)$, 如果 x' 是一个没有被满足的节点, 注意到, 此时可以通过插值获得 $g^{q_x\left(\text{index}\left(x'\right)\right)}$, 因为在这种情况下只有 $g^{q_x(0)}$ 是已经知道的.

为了给出访问结构 $\mathcal{T}$ 对应的密钥, 模拟者首先运行 PolyUnsat$(\mathcal{T},\gamma,A)$ 为 $\mathcal{T}$ 的每个节点 x 定义一个多项式 q_x. 对于 $\mathcal{T}$ 的每个叶节点 x, 如果 x 被满足, 我们就完全知道 q_x; 如果 x 不被满足, 那么至少 $g^{q_x(0)}$ 是已知的 (在某些情况下, q_x 可能是完全已知的). 除此之外, $q_r(0)=a$.

模拟者现在为 $\mathcal{T}$ 的每个节点 x 定义最终的多项式 $Q_x(\cdot)=bq_x(\cdot)$, 此时 $y=Q_r(0)=ab$. 对于 $i=\text{att}(x)$, 每个叶节点对应的密钥用如下多项式表示

$$D_x=\begin{cases} g^{\frac{Q_x(0)}{t_i}}=g^{\frac{bq_x(0)}{r_i}}=B^{\frac{q_x(0)}{r_i}}, & \text{att}(x)\in\gamma,\\ g^{\frac{Q_x(0)}{t_i}}=g^{\frac{bq_x(0)}{b\beta_i}}=g^{\frac{q_x(0)}{\beta_i}}, & \text{其他}.\end{cases}$$

因此, 模拟者能够为访问结构 $\mathcal{T}$ 构造出一个私钥, 并且 $\mathcal{T}$ 的私钥分布与原方案中的分布相同.

挑战阶段: 敌手 $\mathcal{A}$ 将向模拟者提交两条挑战消息 M_0 和 M_1. 模拟者投掷一枚均匀的硬币以获得 $\nu\in\{0,1\}$, 同时返回 M_ν 的加密密文:

$$\mathsf{ct}=\left(\gamma,E'=M_\nu Z,\{E_i=C^{r_i}\}_{i\in\gamma}\right).$$

如果 $\mu = 0$, 那么 $Z = e(g,g)^{abc}$; 如果令 $s = c$, 那么会有 $Y^s = \left(e(g,g)^{ab}\right)^c = e(g,g)^{abc}$, $E_i = (g^{r_i})^c = C^{r_i}$. 因此, 密文是消息 M_ν 下的有效随机加密.

另一方面, 如果 $\mu = 1$, 那么 $Z = e(g,g)^z$, 则有 $E' = M_\nu e(g,g)^z$. 由于 z 是随机的, 因此从敌手的角度来看, E' 是 G_2 中的随机元素, 并且消息不包含任何关于 M_ν 的信息.

问询阶段 2: 模拟者 $\mathcal{B}$ 的行为和问询阶段 1 中的行为完全一样.

猜测阶段: 敌手 $\mathcal{A}$ 提交一个关于 ν 的猜测 ν'. 如果 $\nu' = \nu$, 那么模拟者输出 $\mu' = 0$ 来表示它被赋予了一个 BDH 元组. 否则输出 $\mu' = 1$ 表示它被赋予了一个随机的四元组.

如布尔表达式的秘密共享方案的构造所示, 模拟者生成的公开参数和私钥与实际方案相同.

在 $\mu = 1$ 的情况下, 敌手得不到任何关于 ν 的信息, 因此有 $\Pr[\nu \neq \nu' \mid \mu = 1] = \dfrac{1}{2}$. 由于当 $\nu \neq \nu'$ 时, 模拟者猜测 $\mu' = 1$, 因此有 $\Pr[\mu' = \mu \mid \mu = 1] = \dfrac{1}{2}$.

但是在 $\mu = 0$ 的情况下, 敌手就已经知道了 m_ν 的密文, 在这种情况下敌手的优势为 ϵ, 因此有 $\Pr[\nu = \nu' \mid \mu = 0] = \dfrac{1}{2} + \epsilon$. 由于当 $\nu = \nu'$ 时, 模拟者猜测 $\mu' = 0$, 因此有 $\Pr[\mu' = \mu \mid \mu = 0] = \dfrac{1}{2} + \epsilon$.

因此模拟者在 BDH 游戏中的总优势为 $\dfrac{1}{2}\Pr[\mu' = \mu \mid \mu = 0] + \dfrac{1}{2}\Pr[\mu' = \mu \mid \mu = 1] - \dfrac{1}{2} = \dfrac{1}{2}\left(\dfrac{1}{2} + \epsilon\right) + \dfrac{1}{2} \cdot \dfrac{1}{2} - \dfrac{1}{2} = \dfrac{1}{2}\epsilon$.

5.2 内积加密和广播加密

内积加密和广播加密都是比较特殊且应用广泛的加密体制, 下面我们将分别给出这两种加密体制的形式化定义、安全构造以及实际应用.

5.2.1 内积加密

内积加密[22,23] 是一种特殊的函数加密, 在这样一个加密体制里, 密文和密钥都和向量相关联, 而用密钥解密密文会得到两个向量的内积. 接下来我们分别给出内积加密的语法定义、正确性和安全性定义.

定义 5.2 (内积加密) 通过定义一个 n 维的向量空间 V 和消息空间 M, 一个内积加密方案由以下四个概率算法组成:

- $\mathsf{Setup}(\lambda, n)$: 初始化算法输入一个安全参数 λ、维数 n 和向量空间 V, 输出公开参数 pp 和主私钥 msk.

- KeyGen(msk, $\boldsymbol{y}$): 密钥生成算法输入主私钥 msk 和向量空间 V 中的一个向量 $\boldsymbol{y}$, 输出向量 $\boldsymbol{y}$ 的私钥 $\mathsf{sk}_{\boldsymbol{y}}$.
- Enc(pp, m, $\boldsymbol{x}$): 加密算法输入公开参数 pp、一个消息 m 和向量空间 V 中的一个向量 $\boldsymbol{x}$, 输出向量 $\boldsymbol{x}$ 的一个密文 ct.
- Dec(pp, $\mathsf{sk}_{\boldsymbol{y}}$, ct): 解密算法输入公开参数 pp、私钥 $\mathsf{sk}_{\boldsymbol{y}}$ 和密文 ct, 若 $\langle \boldsymbol{x}, \boldsymbol{y} \rangle = 0$, 则输出消息 m, 否则输出 $\perp$.

定义 5.3 (内积加密: 正确性) 一个内积加密方案的正确性要求对于向量空间 V 中任何满足 $\langle \boldsymbol{x}, \boldsymbol{y} \rangle = 0$ 的 $(\boldsymbol{x}, \boldsymbol{y})$ 向量对、任何的消息 m, 若 $(\mathsf{pp}, \mathsf{msk}) \leftarrow \mathsf{Setup}(\lambda, n), \mathsf{sk}_{\boldsymbol{y}} \leftarrow \mathsf{KeyGen}(\mathsf{msk}, \boldsymbol{y}), \mathsf{ct} \leftarrow \mathsf{Enc}(\mathsf{pp}, m, \boldsymbol{x})$, 则我们均有

$$\Pr[m = \mathsf{Dec}(\mathsf{pp}, \mathsf{sk}_{\boldsymbol{y}}, \mathsf{ct})] = 1.$$

定义 5.4 (内积加密: 安全性) 一个内积加密方案是具有不可区分安全性的, 如果对于任何概率多项式时间的敌手 $\mathcal{A}$, 其赢得如下定义的博弈游戏的优势是可忽略的.

准备阶段: 挑战者运行 Setup 算法生成 pp 和 msk, 并将 pp 发送给 $\mathcal{A}$, 同时随机选择一个比特值 $b \in \{0, 1\}$.

挑战阶段: 挑战者分别对敌手 $\mathcal{A}$ 进行两种类型的询问并作出以下回答:

– 密钥询问: 敌手 $\mathcal{A}$ 提交一个向量对 $(\boldsymbol{y}_0, \boldsymbol{y}_1)$, 挑战者通过计算 $\mathsf{sk}_{\boldsymbol{y}} \leftarrow \mathsf{KeyGen}(\mathsf{msk}, \boldsymbol{y}_b)$ 并返回 $\mathsf{sk}_{\boldsymbol{y}}$;

– 密文询问: 敌手 $\mathcal{A}$ 提交一个向量对 $(\boldsymbol{x}_0, \boldsymbol{x}_1)$, 挑战者通过计算 $\mathsf{ct} \leftarrow \mathsf{Enc}(\mathsf{pp}, m, \boldsymbol{x}_b)$ 并返回 ct.

猜测阶段: 敌手 $\mathcal{A}$ 输出一个比特值 b', 如果 $b' = b$, 则敌手赢得该博弈游戏.

一个内积加密方案是具有不可区分性安全的, 则对于任何概率多项式时间的敌手 $\mathcal{A}$, 其赢得上述游戏的优势是可忽略的:

$$\mathsf{Adv}(\lambda) = |\Pr[\mathrm{Exp}_0(1^\lambda) = 1] - \Pr[\mathrm{Exp}_1(1^\lambda) = 1]| < \mathsf{negl}(\lambda).$$

方案 5.2 (选择安全的零内积方案) 一个选择安全的零内积加密方案由以下四个算法组成:

Setup(1^λ, n): 选择阶为素数 $p > 2^\lambda$ 的双线性群 (G, G_T), 生成元 $g \leftarrow G$, 随机选取 $\alpha, \alpha_0, \cdots, \alpha_n \leftarrow \mathbb{Z}_p$, 并令 $\boldsymbol{\alpha} = (\alpha, \alpha_0, \cdots, \alpha_n)$. 输出公钥为 $\mathsf{pk} = (g, g^{\alpha_0}, \boldsymbol{h} = g^{\boldsymbol{\alpha}}, Z = e(g, g)^{\alpha})$, 主私钥为 $\mathsf{msk} = g^{\alpha}$.

KeyGen(msk, $\boldsymbol{x}$): 随机选择 $t \leftarrow \mathbb{Z}_p$, 并将 $\boldsymbol{x}$ 解析为 $(x_1, \cdots, x_n)$, 如果 $x_1 = 0$, 则返回 $\perp$, 否则输出私钥为 $\mathsf{sk}_{\boldsymbol{x}} = (D_0, D_1, K_2, \cdots, K_n)$, 其中

$$D_0 = g^t, \quad D_1 = g^{\alpha + \alpha_0 t}, \quad \{K_i = (g^{-\alpha \frac{x_i}{x_1}} g^{\alpha_i})^t\}_{i=2,\cdots,n}.$$

$\mathsf{Enc}(\mathsf{pp}, m, \boldsymbol{y})$: 加密算法随机选择 $s \leftarrow \mathbb{Z}_p$, 接着将 $\boldsymbol{y}$ 解析为 $(y_1, \cdots, y_n)$, 并计算密文 $\mathsf{ct} = \{E_0, E_1, E_2\}$, 其中

$$E_0 = m \cdot e(g, g)^{\alpha s}, \quad E_1 = (g^{\alpha_0} g^{\langle \boldsymbol{\alpha}, \boldsymbol{y} \rangle})^s, \quad E_2 = g^s.$$

$\mathsf{Dec}(\mathsf{pp}, \mathsf{sk}_{\boldsymbol{y}}, \mathsf{ct})$: 解密算法为了正确解密消息, 计算

$$\frac{e(D_1 K_2^{y_2} \cdots K_n^{y_n}, E_2)}{e(E_1, D_0)} = e(g, g)^{\alpha s}.$$

内积加密的应用 内积加密在保护隐私的前提下, 为生物特征识别和认证提供了一种行之有效的方法. 假设某机构想要部署一个基于生物特征 (例如指纹读取器) 的身份验证系统来限制用户对某个区域的访问. 此时, 该机构需要将生物识别扫描仪连接到外部认证服务器, 将身份认证信息加载到中央服务器, 由中央服务器执行授权策略. 但是, 将员工的生物特征以明文形式存储在服务器上会带来非常高的安全风险, 就如同在基于密码的认证系统中, 服务器通常不会以明文形式存储密码, 而是通过加盐哈希后存储用户的密码, 并通过哈希值判断用户输入的密码是否正确. 与密码不同的是, 生物特征提取本身具有一定的噪声. 根据生物特征设置, 当提交的生物特征接近已存储的用户凭据时, 用户则会通过身份验证. 因此, 基于哈希函数的方法不适用于生物特征认证, 一种可行的方法是计算读取器提取的生物特征与数据库中存储的用户生物特征信息之间的汉明距离, 如果汉明距离小于某个阈值, 则认证通过.

事实上, 我们可以借助内积加密算法计算两个隐私向量之间的汉明距离. 具体来说, 对于给定的向量 $\boldsymbol{x}, \boldsymbol{y} \in \{0,1\}^n$ (其中 $\boldsymbol{x} = (x_1, \cdots, x_n), \boldsymbol{y} = (y_1, \cdots, y_n)$), 计算新的向量 $\boldsymbol{x} = (X_1, \cdots, X_n), \boldsymbol{y} = (Y_1, \cdots, Y_n)$ 分别为

$$X_i = \begin{cases} x_i - 1, & x_i = 0, \\ x_i, & x_i = 1, \end{cases} \quad Y_i = \begin{cases} y_i - 1, & y_i = 0, \\ y_i, & y_i = 1, \end{cases} \quad i = 1, \cdots, n.$$

我们设 $d(\boldsymbol{x}, \boldsymbol{y})$ 为向量 $\boldsymbol{x}$ 和 $\boldsymbol{y}$ 之间的汉明距离, 然后通过向量变换, 得到 $d(\boldsymbol{x}, \boldsymbol{y}) = (n - \langle \boldsymbol{x}, \boldsymbol{y} \rangle)/2$. 因此, 只需要得到关于向量 $\boldsymbol{x}$ 和 $\boldsymbol{y}$ 的密文, 解密者就可以计算 $\langle \boldsymbol{x}, \boldsymbol{y} \rangle$, 进而得到向量之间的汉明距离 $d(\boldsymbol{x}, \boldsymbol{y})$, 整个过程不会泄露关于 $\boldsymbol{x}$ 和 $\boldsymbol{y}$ 的任何其他信息.

当基于对称密钥的内积加密算法应用于生物认证系统时, 每个生物特征读取器将获得认证服务器分发的主密钥. 认证服务器将员工生物特征信息转化为向量后, 使用主密钥基于内积加密算法加密向量, 并存储相应的密文信息, 但不存储主密钥本身. 当用户尝试使用生物特征读取器进行身份验证时, 读取器将提取的用

户生物特征进行转换, 使用主密钥对其进行加密, 并将其发送到远程身份验证服务器进行身份验证. 服务器计算两者之间的汉明距离, 如果计算结果小于某个阈值, 则认证成功. 由于认证服务器端只存储加密的生物特征, 即使服务器数据泄露, 员工的真实生物特征信息也不会泄露.

此外, 内积加密提供了一种有效计算两个密文向量之间的欧几里得距离的方法. 实际上, 给定两个向量 $\boldsymbol{x}, \boldsymbol{y} \in \mathbb{Z}_q^n$, 对应的欧氏距离可以定义为 $d(\boldsymbol{x}, \boldsymbol{y}) = \sqrt{\|\boldsymbol{x}\|_2^2 - 2 \cdot \langle \boldsymbol{x}, \boldsymbol{y} \rangle + \|\boldsymbol{y}\|_2^2}$. 例如, 我们使用二进制向量 $\boldsymbol{x} = (x_1, x_2)$ 来表示用户 A 的位置, 并使用二进制向量 $\boldsymbol{y} = (y_1, y_2)$ 来表示用户 B 的位置. 如果第三方服务器需要计算 A 和 B 之间的欧氏距离, 但是 A 和 B 不想将真实的位置信息暴露给服务器, 那么 A 和 B 先分别计算转换向量为 $\boldsymbol{x} = (\|\boldsymbol{x}\|_2^2, x_1, x_2, 1), \boldsymbol{y} = (1, -2y_1, -2y_2, \|\boldsymbol{y}\|_2^2)$. 然后, 基于内积加密算法, 分别计算出 $\boldsymbol{x}$ 和 $\boldsymbol{y}$ 的密文, 再发送给服务器. 服务器收到内积加密密文后, 可以根据系统公钥等公开信息计算两者的欧氏距离, 这个过程中不会获取 $\boldsymbol{x}$ 和 $\boldsymbol{y}$ 的任何附加信息. 此外, 通过欧氏距离的计算方法, 内积加密还可以应用于计算加密数据的最近邻搜索等问题.

5.2.2　广播加密

广播加密是一种通过广播频道传送加密内容的加密算法, 只有授权用户 (例如已支付费用的订阅用户) 才能解密内容. 授权用户集可以在每次发送广播时发生变化, 因此可以实现撤销单个用户或用户组, 且不影响任何剩余用户.

广播加密方案不是直接为合格用户加密内容, 而是通过分发密钥信息, 允许合格用户重新生成内容加密密钥, 而被撤销的用户则不能恢复密钥. 广播加密的典型方案是单向广播和无状态用户的方案, 即用户不保留先前广播者消息的标签. 相比之下, 多播加密允许用户与广播者双向通信, 用户不仅可以被动态撤销, 而且还能被动态添加, 这样可以更容易地维护用户的状态.

在广播加密方案[24] 中, 一个广播者为正在广播频道上收听的某些授权用户加密一个消息, 而任何授权用户都可以使用自己的私钥来解密广播消息.

定义 5.5 (广播加密)　一个广播加密方案是由以下三种概率多项式时间的算法组成的.

$\mathsf{Setup}(1^\lambda, n)$: 初始化算法生成公私钥对, 输入一个安全参数 1^λ 和接收者的数量 n, 则会输出 n 个私钥 $\{\mathsf{sk}_1, \cdots, \mathsf{sk}_n\}$ 和一个公钥 pk.

$\mathsf{Enc}(\mathsf{pk}, S)$: 加密算法由广播者运行, 并为用户子集加密一个消息、输入公钥 pk 和用户子集 $S \subseteq \{1, \cdots, n\}$, 则会输出一个密文 (Hdr, K), 其中 Hdr 称为头部 (Header) 或广播密文, 而 K 是一个被封装在 Header 中的消息加密密钥. 对于某个具体的消息, 它将被 K 加密, 然后广播给所有在集合 S 中的用户.

$\mathsf{Dec}(\mathsf{pk}, S, i, \mathsf{sk}_i, \mathrm{Hdr})$: 解密算法由用户运行并解密接收到的消息, 输入公钥

pk、用户子集 $S \subseteq \{1, \cdots, n\}$、用户身份序列 $i \subseteq \{1, \cdots, n\}$、用户 i 的私钥 sk_i 和头节点 Hdr, 会输出消息的加密密钥 K, 或者失败标签 $\perp$, 其中 K 将用来解密接收到的消息.

定义 5.6 (广播加密: 正确性) 一个广播加密方案的正确性要求对于任何 $S \subseteq \{1, \cdots, n\}$ 和任何 $i \in S$, 如果

$$(\mathsf{pk}, \{\mathsf{sk}_1, \cdots, \mathsf{sk}_n\}) \longleftarrow \mathsf{Setup}(1^\lambda, n), \quad (\mathrm{Hdr}, K) \longleftarrow \mathsf{Enc}(\mathsf{pk}, S),$$

我们有

$$\Pr[K = \mathsf{Dec}(\mathsf{pk}, S, i, \mathsf{sk}_i, \mathrm{Hdr})] = 1.$$

定义 5.7 (广播加密: 安全性) 一个广播加密方案中用户子集 S 使用的加密算法是安全的, 如果敌手在不知道会话密钥的情况下, 不能从用户子集中得到相应的明文信息.

因此, 在此定义下的广播加密的安全性主要是防止所有非授权用户不能得到会话密钥.

广播加密的应用: 广播加密有着广泛的实际应用, 主要应用于缺乏双向通信信道的场所, 不仅可以应用于数字电视、卫星通信、音视频数据传输、图像数据传输等在线场所, 还可以应用于 CD/DVD 等存储媒介的离线发布场所. 然而, 尽管广播加密有很多应用场所, 它也面临一个潜在的威胁: 某些被授权的用户为了自身的某种利益, 通过合谋构造一个盗版解密器, 并将其卖给非授权的用户, 非授权的用户则可以从广播密文中恢复出明文.

因此针对这个安全隐患, 提出了叛逆者追踪的概念. 叛逆者追踪是利用密码技术将用户的一些敏感指纹信息嵌入到其密钥中, 来阻止授权用户非法使用其密钥. 在广播加密的过程中, 数据发行商在广播消息的每一个数据包中都嵌入一些特定的指纹信息来检测对信息的非法使用. 当发生盗版泄露时, 数据发行商能利用所捕获的盗版解密器至少追踪到一名叛逆者.

5.3 自动机加密

最后我们将介绍自动机加密的相关定义及其方案构造.

5.3.1 确定性有限自动机

在计算理论中, 确定性有限自动机[25] 是指一个能实现状态转移的自动机.

定义 5.8 (确定性有限自动机) 一个确定性有限自动机 M 是由以下五元组 $(Q, \Sigma, \delta, q_0, F)$ 组成的:

Q 是一个非空有限状态集合;

Σ 是一个非空有限字符集合的字母表;

δ 是一个转移函数: $Q \times \Sigma \to Q$;

q_0 是一个开始状态, $q_0 \subseteq Q$;

F 是一个接受状态的集合, $F \subseteq Q$.

对于一个确定性有限自动机 $M = (Q, \Sigma, \delta, q_0, F)$, 如果 $\delta(q_0, w) \in F$, 那么 M 接受字符串 w, 反之 M 拒绝字符串 w. 其中被识别的语言 $\mathcal{L}$ 定义为 $\mathcal{L}(\mathcal{M}) = \{w \in \Sigma | M$ 接受字符串 $w\}$, 即所有被接受的字符串组成的集合.

5.3.2 自动机加密方案

接下来我们将分别介绍基于确定性有限自动机的具体方案构造[25]、正确性概念、安全性定义及其证明.

方案 5.3 一个基于密钥策略的 DFA 加密方案是由以下四个算法组成的:

$\mathsf{Setup}(\lambda, \Sigma)$: 初始化算法输入安全参数 λ 和字母表 Σ, 该算法首先选择一个素数 $p > 2^\lambda$, 并创建一个阶为素数 p 的双线性群 G, 接着随机选择一组元素 $g, z, h_{\text{start}}, h_{\text{end}} \in G$. 对于每个 $\sigma \in \Sigma$, 随机选择 $h_\sigma \in G$, 最后额外随机选择一个指数 $\alpha \in \mathbb{Z}_p$. 该算法输出主私钥 $\mathsf{msk} = g^{-\alpha}$, 而公开参数 pp 是关于 G 的描述、字母表 Σ, 以及

$$e(g,g)^\alpha, g, z, h_{\text{start}}, h_{\text{end}}, h_\sigma, \quad \forall \sigma \in \Sigma.$$

$\mathsf{Enc}(\mathsf{pp}, w = (w_1, \cdots, w_\ell), m)$: 加密算法输入公开参数 pp、任意长度的字符串 w 和消息 $m \in G_T$, 其中 w_i 表示字符串 w 的第 i 个符号、ℓ 表示 w 的长度. 该算法随机选择 $s_0, \cdots, s_\ell \in \mathbb{Z}_p$, 并按照如下流程计算密文 ct.

首先计算

$$C_m = m \cdot e(g,g)^{\alpha \cdot s_\ell},$$

$$C_{\text{start1}} = C_{0,1} = g^{s_0}, \quad C_{\text{start2}} = (h_{\text{start}})^{s_0},$$

然后, 对于每个 $i \in \{1, \cdots, \ell\}$ 计算

$$C_{i,1} = g^{s_i}, \quad C_{i,2} = (h_{w_i})^{s_i} z^{s_{i-1}},$$

接着计算

$$C_{\text{end1}} = C_{\ell,1} = g^{s_\ell}, \quad C_{\text{end2}} = (h_{\text{end}})^{s_\ell}.$$

最后输出密文为

$$\mathsf{ct} = (w, C_m, C_{\text{start1}}, C_{\text{start2}}, (C_{1,1}, C_{1,2}), \cdots, (C_{\ell,1}, C_{\ell,2}), C_{\text{end1}}, C_{\text{end2}}).$$

KeyGen(msk, $M=(Q,\mathcal{T},q_0,F)$): 密钥生成算法输入主私钥 msk 和确定性有限自动机 M, M 的描述包括状态 $(q_0,\cdots,q_{|Q|-1})$ 的集合 Q 和一组转换 $\mathcal{T}$, 其中每个转换 $t\in\mathcal{T}$ 是一个三元组 $(x,y,\sigma)\in Q\times Q\times\Sigma$. 另外, q_0 被指定为唯一的起始状态, $F\subseteq Q$ 是接受状态的集合. 该算法首先选择 $|Q|$ 个随机群元素 $D_0,D_1,\cdots,D_{|Q|-1}\in G$, 其中将 D_i 与状态 q_i 联系起来. 然后对于每个 $t\in\mathcal{T}$, 随机选择 $r_t\in\mathbb{Z}_p$, 并且还随机选择 $r_{\text{start}}\in\mathbb{Z}_p$, 对于全部的 $q_x\in F$ 选择随机的 $r_{\text{end }x}\in\mathbb{Z}_p$. 接下来创建密钥

$$K_{\text{start1}}=D_0\left(h_{\text{start}}\right)^{r_{\text{start}}},\quad K_{\text{start2}}=g^{r_{\text{start}}},$$

然后, 对于任意的 $t=(x,y,\sigma)\in\mathcal{T}$, 创建密钥组件为

$$K_{t,1}=D_x^{-1}z^{r_t},\quad K_{t,2}=g^{r_t},\quad K_{t,3}=D_y\left(h_\sigma\right)^{r_t},$$

接着, 对于任意的 $q_x\in F$, 计算

$$K_{\text{end }x,1}=g^{-\alpha}\cdot D_x\left(h_{\text{end}}\right)^{r_{\text{end }x}},\quad K_{\text{end }x,2}=g^{r_{\text{end }x}},$$

最后, 输出私钥为

$$\mathsf{sk}=\left(M,K_{\text{start1}},K_{\text{start2}},\forall t\in\mathcal{T}\left(K_{t,1},K_{t,2},K_{t,3}\right),\forall q_x\in F\left(K_{\text{end }x,1},K_{\text{end }x,2}\right)\right).$$

Dec(sk, ct): 解密算法输入一个字符串 $w=w_1,\cdots,w_\ell$ 的密文 ct 和一个确定状态自动机 $M=(Q,\mathcal{T},q_0,F)$ 的私钥 sk, 其中 ACCEPT(M,w). 同时存在 $\ell+1$ 个状态 $u_0,u_1,\cdots,u_\ell$, 且对于每个 $i\in\{1,\cdots,\ell\}$, 均有 $t_i=(u_{i-1},u_i,w_i)\in\mathcal{T}$.

解密算法开始计算

$$B_0=e\left(C_{\text{start1}},K_{\text{start1}}\right)\cdot e\left(C_{\text{start2}},K_{\text{start2}}\right)^{-1}=e\left(g,D_0\right)^{s_0},$$

然后, 对于每个 $i\in\{1,\cdots,\ell\}$, 依次计算

$$B_i=B_{i-1}\cdot e\left(C_{i-1,1},K_{t_i,1}\right)e\left(C_{i,2},K_{t_i,2}\right)^{-1}e\left(C_{i,1},K_{t_i,3}\right)=e\left(g,D_{u_i}\right)^{s_i},$$

接着对于 $q_x\in F$ 和 $B_\ell=e\left(g,D_x\right)^{s_\ell}$, 有 $u_\ell=q_x$. 最后计算出

$$B_{\text{end}}=B_\ell\cdot e\left(C_{\text{end }x,1},K_{\text{end }x,1}\right)^{-1}\cdot e\left(C_{\text{end }x,2},K_{\text{end }x,2}\right)=e(g,g)^{\alpha s_\ell},$$

则可以从 C_m 中恢复得到消息 m.

正确性. 基于 DFA 的函数加密方案是正确的, 如果对于任何消息 m 和字符串 w, 并且确定有限性自动机 M 都能接受字符串 w, 并且 Enc(pp, w,m) $\to$ ct,

$\mathsf{KeyGen}(\mathsf{msk}, M = (Q, \Sigma, \delta, q_0, F)) \to \mathsf{sk}$, 其中主私钥 msk 和公开参数 pp 由初始化算法生成, 均有 $\mathsf{Dec}(\mathsf{sk}, \mathsf{ct}) = m$.

安全性. 我们将基于 DFA 的函数加密方案在选择模型下的安全性归约到 ℓ^*-扩展双线性 Diffie-Hellman 指数 (Bilinear Diffie-Hellman Exponent, BDHE) 困难假设, 其中 ℓ^* 是用于创建挑战密文的字符串 w^* 的长度.

定理 5.2　*在 ℓ^*-扩展 BDHE 困难假设下, 基于 DFA 的函数加密方案在选择模型下是安全的, 其中 ℓ^* 是挑战密文的字符串 w^* 的长度.*

证明　假设存在一个敌手 $\mathcal{A}$ 在选择性安全游戏中具有不可忽视的优势, 并且其选择了一个长度为 ℓ^* 的挑战字符串 w^*, 然后 $\mathcal{B}$ 在模拟安全游戏中按照如下流程和 $\mathcal{A}$ 交互.

- **初始化阶段**: $\mathcal{B}$ 接收一个关于 ℓ^*-扩展 BDHE 假设的挑战 $\boldsymbol{x}, T$, 敌手 $\mathcal{A}$ 声明一个长度为 ℓ^* 的挑战字符串 w^*, 设 w_j^* 表示 w^* 的第 j 个符号, 并且为特殊符号 $\perp \notin \Sigma$ 定义 $w_{l^*+1}^* = w_0^* = \perp$.
- **准备阶段**: 首先, 随机选择元素 $v_z, v_{\text{start}}, v_{\text{end}} \in \mathbb{Z}_p$ 和 $\forall \sigma \in \Sigma v_\sigma$, 同时设置以下具体参数值:

$$e(g,g)^\alpha = e\left(g^a, g^b\right), \quad g = g, \quad z = g^{v_z} g^{ab/d}.$$

　这里隐式地设置了 $\alpha = ab$, 接下来设置

$$h_{\text{start}} = g^{v_{\text{start}}} \prod_{j \in [1,\ell^*]} g^{-a^j b/c_j}, \quad h_{\text{end}} = g^{v_{\text{end}}} \prod_{j \in [2,\ell^*+1]} g^{-a^j b/c_j}.$$

　其次, 对于每个 $\sigma \in \Sigma$ 计算

$$h_\sigma = g^{v_\sigma} g^{-b/d} \cdot \prod_{\substack{j \in [0,\ell^*+1] \text{s.t.} \\ w_j^* \neq \sigma}} g^{-a^{\ell^*+1-j} b/c_{\ell^*+1-j}},$$

　该阶段中, 算法将其对 w^* 的知识嵌入到公开参数中, 当且仅当 w^* 的第 j 个符号不是 σ 时, 参数 h_σ 为 $g^{-a^{\ell^*+1-j} b/c_{\ell^*+1-j}}$. 这种嵌入对于生成模拟挑战密文是至关重要的, 同时可以保持生成密钥的能力. 由于 $\perp \notin \Sigma$, 因此对于所有的 σ, 参数 h_σ 总包含 $g^{-ba^{\ell^*+1}/c_{\ell^*+1}}$ 和 g^{-ba^0/c_0}.
- **挑战阶段**: 该阶段描述了 $\mathcal{B}$ 如何模拟生成一个挑战密文, 其首先设置 $s_i = sa^i \in \mathbb{Z}_p$, 接着投掷一枚均匀的硬币以获得 $\beta \in \{0,1\}$, 并开始生成密文 ct. 首先根据初始阶段, 令 $w = w^*$, 并设置 $C_m = m_\beta \cdot T$. 接下来, 计算

$$C_{\text{start1}} = g^s, \quad C_{\text{start2}} = (h_{\text{start}})^s = (g^s)^{v_{\text{start}}} \prod_{j \in [1,\ell^*]} g^{-a^j bs/c_j}.$$

然后, 对于每个 $i \in \{1, \cdots, \ell^*\}$, 计算

$$C_{i,1} = g^{a^i s}, \quad C_{i,2} = \left(g^{a^i s}\right)^{v_{w^*i}} \left(g^{a^{i-1} s}\right)^{v_z} \cdot \prod_{\substack{j \in [0, \ell^*+1] \\ \omega_j^* \neq \omega_i^*}} g^{(-a^{\ell^*+1-j+i}) bs / c_j}.$$

最后, 创建密文

$$C_{\text{end } 1} = g^{a^{e^*} s}, \quad C_{\text{end } 2} = (h_{\text{end}})^{a^{e^*} s} = \left(g^{a^{e^*} s}\right)^{v_{\text{end}}} \prod_{j \in [2, \ell^*+1]} g^{-a^{\ell^*+j} bs / c_j},$$

同时 $\mathcal{B}$ 必须运行密文再随机化算法, 才能得到一个分布良好的挑战密文 ct^*, 接着将 ct^* 返回给 $\mathcal{A}$. 如果 $T = g^{a^{\ell^*+1} bs}$ 是一个有效的扩展 BDHE 元组, 那么 ct^* 是 m_β 的加密密文. 否则, 密文不会透露任何关于 β 的信息.

- **密钥生成阶段**: 该阶段描述了 $\mathcal{B}$ 如何回答确定性有限自动机 $M = (Q, \mathcal{T}, q_0, F)$ 的私钥请求. 在详细展示 $\mathcal{B}$ 如何创建关键组件之前, 需要做一些准备工作以便于分配 D_x 值. 首先, 令 $w^{*(i)}$ 表示 w^* 的最后 i 个符号, 则有 $w^{*(\ell^*)} = w^*$ 和 $w^{*(0)}$ 是空字符串. 此外, 对于每个 $k \in \{0, \cdots, |Q|-1\}$, 我们令 $M_k = (Q, \mathcal{T}, q_k, F)$. 也就是说, 除了开始状态被更改为 q_k, M_k 和 M 是相同的 DFA(注意已有 $M_0 = M$).

  现在对于任意的 $q_k \in Q$, 创建一个在 0 到 ℓ^* 之间的集合 S_k. 同时对于 $i = 0, 1, \cdots, \ell^*$, 当且仅当 $\text{ACCEPT}(M_k, w^{*(i)})$ 时, 我们令 $i \in S_k$. 之后进行如下的赋值:

$$D_k = \prod_{i \in S_k} g^{a^{i+1} b},$$

  这里 D_k 的赋值是为了 “标记” 在挑战字符串 w^* 上进行的 M 的计算. 如果可以使用从状态 q_k 开始的 w^* 的最后一个 i 符号达到一个接受的最终状态, 那么 $g^{a^{i+1} b}$ 将出现在 D_k 中.

$\mathcal{B}$ 首先设置

$$r_{\text{start}} = \sum_{i \in S_0} c_{i+1},$$

$$K_{\text{start2}} = g^{r_{\text{start}}} = \prod_{i \in S_0} g^{c_{i+1}},$$

$$K_{\text{start1}} = D_0 \left(h_{\text{start}}\right)^{r_{\text{start}}} = \left(K_{\text{start2}}\right)^{v_{\text{start}}} \cdot \prod_{\substack{j \in [1, \ell^*], i \in S_0 \\ j \neq i}} g^{-a^j b c_{i+1} / c_j},$$

接下来, 对于所有的 $q_x \in F$, 设置

$$r_{\text{end }x} = \Sigma_{i\in S_x, i\neq 0} c_{i+1}, \quad K_{\text{end }2,x} = g^{r_{\text{end}x}} = \prod_{\substack{i\in S_x\\ i\neq 0}} g^{c_{i+1}},$$

$$K_{\text{end }1,x} = g^{-\alpha} D_x \left(h_{\text{end}}\right)^{r_{\text{end }x}} = \left(K_{\text{end }2,x}\right)^{v_{\text{end}}} \cdot \prod_{\substack{j\in[2,\ell^*+1], i\in S_x\\ i\neq 0, j\neq i+1}} g^{-a^j b c_{i+1}/c_j},$$

最后需要为每个 $t=(x,y,\sigma)\in\mathcal{T}$ 创建密钥组件, 对于 $i\in\{0,\cdots,\ell^*+1\}$, 我们将定义 $(K_{t,1,i}, K_{t,2,i}, K_{t,3,i})$, 令 $K_{t,1}=\prod_{i\in[0,\ell^*+1]} K_{t,1,i}, K_{t,2}=\prod_{i\in[0,\ell^*+1]} K_{t,2,i}$, $K_{t,3}=\prod_{i\in[0,\ell^*+1]} K_{t,2,i}$. 对于每个转换 $t=(x,y,\sigma)$, 它会将每个 i 从 0 过渡到 ℓ^*. 对于每个 i, 我们也将描述如何为其设置 $K_{t,2,i}$. 下面介绍四种可能的情况.

情况 1 在 $i\notin S_x \wedge (i-1)\notin S_y$ 的情况下, 我们设置 $K_{t,1,i}=K_{t,2,i}=K_{t,3,i}=1$;

情况 2 在 $i\in S_x \wedge (i-1)\in S_y$ 的情况下, 我们设置

$$K_{t,2,i} = g^{a^i d}, \quad K_{t,1,i} = \left(K_{t,2,i}\right)^{v_z},$$

$$K_{t,3,i} = \left(K_{t,2,i}\right)^{v_\sigma} \cdot \prod_{\substack{j\in[0,\ell^*+1]\\ \text{s.t.}\, w_j^*\neq\sigma}} g^{-a^{\ell^*+1-j+i} bd/c_{\ell^*+1-j}},$$

这也是在 D_x 中有 $g^{a^{i+1}b}$ 且在 D_y 中有 $g^{a^i b}$ 的情况.

情况 3 在 $i\notin S_x \wedge (i-1)\in S_y \wedge w^*_{\ell^*+1-i}\neq\sigma$ 的情况下, 我们设置

$$K_{t,2,i} = g^{c_i}, \quad K_{t,1,i} = \left(K_{t,2,i}\right)^{v_z} g^{abc_i/d},$$

$$K_{t,3,i} = \left(K_{t,2,i}\right)^{v_\sigma} \cdot g^{-bc_i/d} \cdot \prod_{\substack{j\in[0,\ell^*+1]\\ \text{s.t.}\, j\neq\ell^*+1-i\wedge w_j^*\neq\sigma}} g^{-a^{\ell^*+1-j} bc_i/c_{\ell+1-j}},$$

这也是在 D_x 中没有 $g^{a^{i+1}b}$, 但是 D_y 中有 $g^{a^i b}$ 的情况.

情况 4 在 $i\in S_x \wedge (i-1)\notin S_y \wedge w^*_{\ell^*+1-i}\neq\sigma$ 的情况下, 我们设置

$$K_{t,2,i} = g^{a^i d} g^{-c_i}, \quad K_{t,1,i} = \left(K_{t,2,i}\right)^{v_z} g^{-abc_i/d},$$

$$K_{t,3,i} = \left(K_{t,2,i}\right)^{v_\sigma} \cdot g^{bc_i/d} \cdot \prod_{\substack{j\in[0,\ell^*+1]\\ \text{s.t.}\, w_j^*\neq\sigma}} g^{-a^{(\ell^*+1-j+i)} bd/c_{(\ell^*+1-j)}}$$

$$\cdot \prod_{\substack{j\in[0,\ell^*+1]\\ \text{s.t.}\, j\neq\ell^*+1-i\wedge w_j^*\neq\sigma}} g^{a^{\ell^*+1-j} bc_i/c_{\ell^*+1-j}}.$$

以上四种情况涵盖了所有的可能性. 根据 DFA 的定义, 当且仅当 $w^*_{\ell^*+1-i} = \sigma$, 我们有 $i \in S_x$.

猜测阶段: 在该阶段, 敌手最终会输出一个关于 β 的猜测 β'. 如果 $\beta = \beta'$, 那么 $\mathcal{B}$ 输出 0, 表示其猜测 $T = e(g,g)^{a^{e^*+1}bs}$; 否则, 敌手输出 1, 表示其认为 T 是 G_T 中的一个随机群元素.

当 T 是一个元组时, 模拟者 $\mathcal{B}$ 给出了完美的模拟, 因此有

$$\Pr\left[\mathcal{B}\left(\boldsymbol{y}, T = e(g,g)^{a^{\ell^*+1}bs}\right) = 0\right] = \frac{1}{2} + \mathsf{Adv}_{\mathcal{A}}.$$

当 T 是一个随机群元素时, 消息 $\mathcal{M}_\beta$ 完全隐藏在敌手面前, 因此有 $\Pr[\mathcal{B}(\boldsymbol{x}, T = R) = 0] = \frac{1}{2}$, 此时 $\mathcal{B}$ 可以凭借不可忽略的优势赢得 ℓ^*-扩展 BDHE 游戏.

第 6 章　谓词编码和双系统技术

本章主要介绍了关于双系统加密和谓词编码的概念和实现. 首先, 介绍了合数阶双线性群和双系统身份基加密的方案构造与安全分析. 其次, 详细讲解了谓词编码和通用框架, 包括谓词编码的定义和双线性、双线性编码谓词加密的实现. 再次, 介绍了双系统群的定义和性质, 并给出了合数阶双线性群上的双系统群实例. 最后, 讲解了如何通过谓词编码实现素数阶群中的双系统 ABE, 包括 $\mathbb{Z}_p$-双线性谓词编码、编码示例、来自双系统群和谓词编码的 ABE, 以及 ABE 谓词编码示例.

6.1　合数阶双线性群

定义 6.1 (合数阶双线性群)　一个群生成器 $\mathcal{G}$ 输入安全参数 λ, 输出一个描述 $\mathbb{G}=(N,G,G_T,e)$, 其中 N 是 $\Theta(\lambda)$ 比特长的不同素数之积; G 和 G_T 是阶为 N 的循环群, $e:G\times G\to G_T$ 是一个非退化双线性映射. 本章要求在 G 和 G_T 以及双线性映射 e 上的群运算是确定性多项式时间内可计算的, 同时本章考虑这样的双线性群 G, 其阶 N 为三个不同素数 p_1, p_2, p_3 之积 (即 $N=p_1p_2p_3$). 于是可以写为 $G=G_{p_1}G_{p_2}G_{p_3}$, 其中 G_{p_1}, G_{p_2}, G_{p_3} 是 G 的子群, 阶分别是 p_1, p_2, p_3 的 G 的子群. 此外, 本章使用 $G^*_{p_i}$ 定义 $G_{p_i}\backslash\{1\}$ $(i=1,2,3)$, 以 g_1, g_2, g_3 分别定义阶为 p_1, p_2, p_3 的 G_{p_1}, G_{p_2}, G_{p_3} 子群的生成元.

接下来, 介绍后文方案安全性证明过程中会使用到的两组密码学假设. 首先给出第一组密码学假设, 定义下面两个优势函数:

$$\mathsf{Adv}^{\mathrm{SD1}}_{\mathcal{G},\mathcal{A}}(\lambda)=|\Pr[\mathcal{A}(\mathbb{G},D,T_0)=1]-\Pr[\mathcal{A}(\mathbb{G},D,T_1)=1]|,$$

这里, $\mathbb{G}\leftarrow\mathcal{G}, T_0\leftarrow_R \boxed{G_{p_1}}, T_1\leftarrow\boxed{G_{p_1}G_{p_2}}$, 且 $D=(g_1,g_3,g_{\{1,2\}}), g_1\leftarrow G^*_{p_1}, g_3\leftarrow G^*_{p_3}, g_{\{1,2\}}\leftarrow G_{p_1}G_{p_2}$;

$$\mathsf{Adv}^{\mathrm{SD2}}_{\mathcal{G},\mathcal{A}}(\lambda)=|\Pr[\mathcal{A}(\mathbb{G},D,T_0)=1]-\Pr[\mathcal{A}(\mathbb{G},D,T_1)=1]|,$$

这里, $\mathbb{G}\leftarrow\mathcal{G}, T_0\leftarrow_R \boxed{G^*_{p_1}G_{p_3}}, T_1\leftarrow\boxed{G^*_{p_1}G^*_{p_2}G_{p_3}}$, 且 $D=(g_1,g_3,g_{\{1,2\}},g_{\{2,3\}})$, $g_1\leftarrow G^*_{p_1}$, $g_3\leftarrow G^*_{p_3}$, $g_{\{1,2\}}\leftarrow G_{p_1}G_{p_2}$, $g_{\{2,3\}}\leftarrow G_{p_2}G_{p_3}$.

假设 1 (SD1 假设)　对于所有 PPT 敌手 $\mathcal{A}$, 优势 $\mathsf{Adv}^{\mathrm{SD1}}_{\mathcal{G},\mathcal{A}}(\lambda)$ 是关于 λ 的可忽略函数.

假设 2 (SD2 假设) 对于所有 PPT 敌手 $\mathcal{A}$, 优势 $\mathsf{Adv}_{\mathcal{G},\mathcal{A}}^{\mathrm{SD2}}(\lambda)$ 是关于 λ 的可忽略函数.

其次是给出第二组密码学假设, 与刚才介绍的假设 1 和假设 2 极为相似.

假设 3 (DS1 假设) 对于任意敌手 $\mathcal{A}$, 定义如下优势函数:

$$\mathsf{Adv}_{\mathcal{A}}^{\mathrm{DS1}}(\lambda) = |\Pr[\mathcal{A}(D,T_0)=1] - \Pr[\mathcal{A}(D,T_1)=1]|,$$

这里

$$\begin{aligned}
&(N,G_N,G_T,g_1,g_2,g_3,e) \leftarrow \mathcal{G}(1^\lambda),\\
&h_{123} \leftarrow G_N,\\
&D = ((N,G_N,G_T,e);g_1,g_3,h_{123}),\\
&T_0 \leftarrow G_{p_1}, \quad T_1 \leftarrow G_{p_1p_2}.
\end{aligned}$$

假设 4 (DS2 假设) 对于任意敌手 $\mathcal{A}$, 定义如下优势函数:

$$\mathsf{Adv}_{\mathcal{A}}^{\mathrm{DS2}}(\lambda) = |\Pr[\mathcal{A}(D,T_0)=1] - \Pr[\mathcal{A}(D,T_1)=1]|,$$

这里

$$\begin{aligned}
&(N,G_N,G_T,g_1,g_2,g_3,e) \leftarrow \mathcal{G}(1^\lambda),\\
&h_{123} \leftarrow G_N, \quad h_{23} \leftarrow G_{p_2p_3}, \quad g_{12} \leftarrow G_{p_1p_2},\\
&D = ((N,G_N,G_T,e);g_1,g_3,h_{123},h_{23},g_{12}),\\
&T_0 \leftarrow G_{p_1p_3}, \quad T_1 \leftarrow G_N.
\end{aligned}$$

6.2 双系统身份基加密

基于双系统构造的身份基加密最先由 Waters[26] 等提出, 其使用的是素数阶群. 随后, Lewko 等[27] 提出了基于合数阶群的双系统身份基加密. 本节将以基于合数阶群的双系统身份基加密作为演示.

6.2.1 方案构造

方案 6.1 一个基于合数阶群构建的身份基加密方案由以下四个算法组成:

$\mathsf{Setup}(1^\lambda,\mathcal{X})$: 输入 $(1^\lambda,\mathcal{X})$, 首先生成 $\mathbb{G} \leftarrow \mathcal{G}(1^\lambda)$, 然后从两两独立的哈希函数簇中随机选取 $H: G_T \to \{0,1\}^\lambda$. 此外, 随机选取 $\alpha \leftarrow \mathbb{Z}_N, (a,b) \leftarrow \mathbb{Z}_N^2$, 输出

$$\mathsf{pp} = (\mathbb{G},H,g_1,g_3), \quad \mathsf{mpk} = (g_1^{(a,b)}, e(g_1,g_2)^\alpha), \quad \mathsf{msk} = (g_1^\alpha g_2^\alpha, (a,b)).$$

$\mathsf{KeyGen}(\mathsf{msk}, y)$: 输入 $\mathsf{msk} = (g_1^\alpha g_2^\alpha, (a, b))$ 和一个身份 $y \in \mathcal{X}$, 随机选取 $r \leftarrow \mathbb{Z}_N^*$, 随机选取 $\boldsymbol{r}' \leftarrow \mathbb{Z}_N^2$, 输出

$$\mathsf{sk}_y = g_1^{(\alpha+r(a+by),-r)} \cdot g_2^{(\alpha,0)} \cdot g_3^{\boldsymbol{r}'}.$$

$\mathsf{Enc}(\mathsf{mpk}, x)$: 输入一个身份 $x \in \mathcal{X}$, 随机选取 $s \leftarrow \mathbb{Z}_N$, 输出一个密文和对称密钥

$$\mathsf{ct}_x = g_1^{s(1,a+bx)}, \quad \kappa = H((e(g_1, g_2)^\alpha)^s).$$

$\mathsf{Dec}(\mathsf{sk}_y, \mathsf{ct}_x)$: 输入 $(\mathsf{sk}_y, \mathsf{ct}_x)$, 如果 $x = y$, 输出

$$H(e(\mathsf{ct}_x, \mathsf{sk}_y^{\boldsymbol{M}_{xy}})),$$

这里 $\boldsymbol{M}_{xy}$ 是一个矩阵, 且 $e(\mathsf{ct}_x, \mathsf{sk}_y^{\boldsymbol{M}_{xy}}) = \sum_i e((\mathsf{ct}_x)_i, \sum_j (\mathsf{sk}_y)_j^{(\boldsymbol{M}_{xy})_{i,j}})$.

正确性. 对于所有满足 $x = y$ 的 $(x, y) \in \mathcal{X}^2$, 有

$$\begin{aligned}
\mathsf{Dec}(\mathsf{sk}_y, \mathsf{ct}_x) &= \mathsf{Dec}(g_1^{(\alpha+r(a+by),-r)} \cdot g_2^{(\alpha,0)} \cdot g_3^{\boldsymbol{r}'}, g_1^{s(1,a+bx)}) \\
&= H(e(g_1^{s(1,a+bx)}, (g_1^{(\alpha+r(a+by),-r)} \cdot g_2^{(\alpha,0)} \cdot g_3^{\boldsymbol{r}'})^{\boldsymbol{M}_{xy}})) \\
&= H(e(g_1^{s(1,a+bx)}, (g_1^{(\alpha+r(a+by),-r)})^{\boldsymbol{M}_{xy}})) \\
&= H(e(g_1, g_1)^{\langle s(1,a+bx),\ \boldsymbol{M}_{xy}(\alpha+r(a+by),-r)\rangle}) \\
&= H((e(g_1, g_1)^\alpha)^s).
\end{aligned}$$

6.2.2 安全分析

定理 6.1 在 SD1 假设和 SD2 假设下, 上述身份基加密方案是自适应安全的.

证明 该证明基于一系列不可区分的博弈游戏. 首先描述两个辅助算法和两个辅助分布.

辅助算法: 考虑下列两个辅助算法: 一个确定性算法 $\widehat{\mathsf{Enc}}$ 用于计算密文, 一个随机化算法 $\widehat{\mathsf{KeyGen}}$ 用于计算私钥.

$\widehat{\mathsf{Enc}}(\mathsf{pp}, x; \mathsf{msk}', C)$: 输入 $x \in \mathcal{X}$ 以及 $\mathsf{msk}' = (h, (a, b)) \in G_N \times \mathbb{Z}_N^2, C \in G_N$, 输出

$$(\mathsf{ct}_x, \kappa) = (C^{(1,a+bx)}, H(e(C, h))).$$

观察到, 对于所有由 Setup 输出的 (pp, mpk, msk), 且对于所有的 $s \in \mathbb{Z}_N$, 有

$$\mathsf{Enc}(\mathsf{mpk}, x; s) = (g_1^{s(1,a+bx)}, H(e(g_1, g_2)^{\alpha s})) = \widehat{\mathsf{Enc}}(\mathsf{pp}, x; \mathsf{msk}', g_1^s).$$

$\widehat{\mathsf{KeyGen}}(\mathsf{msk}', y; R)$: 输入 $\mathsf{msk}' = (h, (a, b)) \in G_N \times \mathbb{Z}_N^2, y \in \mathcal{X}, R \in G_N$, 随机选取 $r \in \mathcal{R}$, 输出

$$\mathsf{sk}_y = (h \cdot g_1^{r(a+by)}, R^{-r}) \cdot g_3^{\boldsymbol{r}'}.$$

观察到对于任意 msk', y 和任意 $R \in G_{p_1}^* G_{p_3}$, 下列三个分布是等同的:

$$\mathsf{KeyGen}(\mathsf{msk}', y), \quad \widehat{\mathsf{KeyGen}}(\mathsf{msk}', y; g_1), \quad \widehat{\mathsf{KeyGen}}(\mathsf{msk}', y; R).$$

也就是说, 我们有三种不同但是等价的方式去生成真实的密钥. 前面两个分布的等价可以直接得到. 对于第二个和第三个的等价, 是因为 $\mathcal{R}$ 是 $\mathbb{Z}_N^{l_R} \times (\mathbb{Z}_N^*)^{l'_R}$ 的形式且使用 $g_3^{\boldsymbol{r}'}$ 来随机化.

辅助分布: 考虑下面关于密文和密钥的辅助分布, 这里 $(\mathsf{pp}, \mathsf{mpk}, \mathsf{msk}, \alpha, \boldsymbol{w})$ 如 Setup 那样随机选取.

- 半功能主密钥: $\widehat{\mathsf{msk}} = (g_1^{\alpha}, (a, b))$.
- 普通密文:

$$\widehat{\mathsf{Enc}}(\mathsf{pp}, x; \mathsf{msk}, C), \quad C \leftarrow \boxed{G_{p_1}},$$

  这与使用 $\mathsf{Enc}(\mathsf{mpk}, x)$ 计算的真实密文等同分布.
- 半功能密文:

$$\widehat{\mathsf{Enc}}(\mathsf{pp}, x; \mathsf{msk}, \widehat{C}), \quad \widehat{C} \leftarrow \boxed{G_{p_1} G_{p_2}}.$$

- 普通密钥:

$$\widehat{\mathsf{KeyGen}}(\boxed{\mathsf{msk}}, y; R), \quad R \leftarrow \boxed{G_{p_1}^* G_{p_3}},$$

  这与使用 $\mathsf{KeyGen}(\mathsf{msk}, y)$ 计算的真实密钥等同分布.
- 伪普通密钥:

$$\widehat{\mathsf{KeyGen}}(\boxed{\mathsf{msk}}, y; R), \quad R \leftarrow \boxed{G_{p_1}^* G_{p_2}^* G_{p_3}}.$$

- 伪半功能密钥:

$$\widehat{\mathsf{KeyGen}}(\boxed{\widehat{\mathsf{msk}}}, y; R), \quad R \leftarrow \boxed{G_{p_1}^* G_{p_2}^* G_{p_3}}.$$

- 半功能密钥:

$$\widehat{\mathsf{KeyGen}}(\boxed{\widehat{\mathsf{msk}}}, y; R), \quad R \leftarrow \boxed{G_{p_1}^* G_{p_3}}.$$

观察到所有类型的密钥可以解密一个普通密文. 此外, 只有普通密钥和伪普通密钥可以解密半功能密文, 然而伪半功能密钥和半功能密钥不行. 后者与该事

实一致, 即当从伪普通到伪半功能密钥的转移时, 本节引入 α-隐藏. 这就是为什么丢失 G_{p_2}-成分的解密功能.

游戏次序. 本章提出一系列不可区分的游戏, 定义 $\mathsf{Adv}_{\mathsf{xx}}(\lambda)$ 为 $\mathsf{Game}_{\mathsf{xx}}$ 中敌手 $\mathcal{A}$ 的优势.

- Game_0 是真实的安全游戏.
- Game_1 与 Game_0 一致, 除了挑战密文是半功能的. 本节也相应地修改了 κ_0 的分布.
- 对于 $i=1,\cdots,q$ 的 $\mathsf{Game}_{2,i}$ 与 Game_1 一致, 除了前 $i-1$ 个密钥是半功能的, 最后 $q-i$ 个密钥是普通的. 这里有 4 个子游戏, 其中第 i 个密钥从 $\mathsf{Game}_{2,i,0}$ 的普通密钥到 $\mathsf{Game}_{2,i,1}$ 的伪普通密钥, 再到 $\mathsf{Game}_{2,i,2}$ 的伪半功能密钥, 最后到 $\mathsf{Game}_{2,i,3}$ 的半功能进行转换.
- Game_3 与 $\mathsf{Game}_{2,q,3}$ 一致, 除了 $\kappa_0 \leftarrow \{0,1\}^{\lambda}$.

在 Game_3 中, 从敌手 $\mathcal{A}$ 看来, 挑战比特值 β 在统计上是独立的. 本节通过建立下面的一系列引理来完成证明这些游戏之间是不可区分的.

引理 6.1 ($\mathsf{Game}_0 \overset{c}{\approx} \mathsf{Game}_1$) 在 SD1 困难假设下, Game_0 和 Game_1 是计算不可区分的.

证明 本节证明将依赖于假设 1. 输入 $D=(\mathbb{G},g_1,g_3,g_1^{\alpha}g_2^{\alpha})$ 和 $T\in\{T_0,T_1\}$, 这里 $T_0\leftarrow G_{p_1}, T_1\leftarrow G_{p_1}G_{p_2}$, 敌手 $\mathcal{A}_1$ 模拟 $\mathcal{A}$ 如下:

初始化. 随机选取 $H,(a,b)$ 如初始化阶段那样, 设置 $\mathsf{msk}=(g_1^{\alpha}g_2^{\alpha},(a,b))$, 输出

$$\mathsf{pp}=(\mathbb{G},H,g_1,g_3) \quad \text{和} \quad \mathsf{mpk}=(g_1^{(a,b)},e(g_1,g_1^{\alpha}g_2^{\alpha})).$$

挑战阶段. 计算 $\mathsf{ct}_x,\kappa_0\leftarrow\widehat{\mathsf{Enc}}(\mathsf{pp},x;\mathsf{msk},T)$.

问询阶段. 输入第 j 个密钥询问 y_j, 输出

$$\mathsf{sk}_j\leftarrow\widehat{\mathsf{KeyGen}}(\mathsf{msk},y;g_1).$$

猜测阶段. 输出 $\mathcal{A}$ 的输出.

观察到当 $T=T_0\leftarrow G_{p_1}$ 时, 输出等同于 Game_0; 当 $T=T_1\leftarrow G_{p_1}G_{p_2}$ 时, 输出等同于 Game_1.

引理 6.2 ($\mathsf{Game}_{2,i,0} \overset{c}{\approx} \mathsf{Game}_{2,i,1}$) 在 SD2 困难假设下, 对于所有 $i=1,2,\cdots,q$, 有 $\mathsf{Game}_{2,i,0}$ 和 $\mathsf{Game}_{2,i,1}$ 是计算不可区分的.

证明 本节证明将依赖于假设 2. 输入 $D=(\mathbb{G},g_1,g_3,g_{1,2},g_{2,3})$ 和 $T\in\{T_0,T_1\}$, 这里 $T_0\leftarrow G_{p_1}^{*}G_{p_3}, T_1\leftarrow G_{p_1}^{*}G_{p_2}^{*}G_{p_3}$, 敌手 $\mathcal{A}_2$ 模拟 $\mathcal{A}$ 如下:

初始化. 随机选取 $\alpha,H,(a,b)$ 如初始化阶段那样, 设置 $\mathsf{msk}=(g_1^{\alpha}\cdot g_{\{2,3\}}^{\alpha},(a,b))$

和 $\widehat{\mathsf{msk}} = (g_1^{\alpha}, (a, b))$, 输出

$$\mathsf{pp} = (\mathbb{G}, H, g_1, g_3) \quad 和 \quad \mathsf{mpk} = (g_1^{(a,b)}, e(g_1, g_1^{\alpha})).$$

挑战阶段. 计算 $\mathsf{ct}_x, \kappa_0 \leftarrow \widehat{\mathsf{Enc}}(\mathsf{pp}, x; \mathsf{msk}, g_{\{1,2\}})$.

问询阶段. 输入第 j 个密钥询问 y_j, 输出

$$\mathsf{sk}_{y_j} \leftarrow \begin{cases} \widehat{\mathsf{KeyGen}}(\widehat{\mathsf{msk}}, y_j; g_1), & 如果 j < i \text{ (半功能密钥)}, \\ \widehat{\mathsf{KeyGen}}(\mathsf{msk}, y_j; T), & 如果 j = i \text{ (普通密钥和伪普通密钥)}, \\ \widehat{\mathsf{KeyGen}}(\mathsf{msk}, y_j; g_1), & 如果 j > i \text{ (普通密钥)}. \end{cases}$$

猜测阶段. 输出 $\mathcal{A}$ 的输出.

观察到当 $T = T_0 \leftarrow G_{p_1}^* G_{p_3}$ 时, 输出等同于 $\mathsf{Game}_{2,i,0}$; 当 $T = T_1 \leftarrow G_{p_1}^* G_{p_2}^* G_{p_3}$ 时, 输出等同于 $\mathsf{Game}_{2,i,1}$.

引理 6.3 ($\mathsf{Game}_{2,i,1} \overset{c}{\approx} \mathsf{Game}_{2,i,2}$) *对于所有 $i = 1, 2, \cdots, q$, 有 $\mathsf{Game}_{2,i,1}$ 和 $\mathsf{Game}_{2,i,2}$ 是不可区分的.*

证明 观察到 $\mathsf{Game}_{2,i,1}$ 和 $\mathsf{Game}_{2,i,2}$ 之间唯一的区别是 sk_{y_i} 的分布, 其被分别使用 $\mathsf{msk} = g_1^{\alpha} g_2^{\alpha}$ 和 $\widehat{\mathsf{msk}} = g_1^{\alpha}$ 来随机选取. 这意味着 $\mathsf{Game}_{2,i,1}$ 和 $\mathsf{Game}_{2,i,2}$ 之间唯一的区别是 sk_{y_i} 的 G_{p_2}-成分, 如下所示

$$g_2^{(\alpha + r(a+by_i), -r)} \quad 和 \quad g_2^{(0 + r(a+by_i), -r)}, \tag{$*$}$$

这里 $r \leftarrow \mathbb{Z}_N$. 通过中国剩余定理可知挑战密文和密钥的 G_{p_2}-成分, 其与对应的 G_{p_1}-成分独立. 观察到对于所有 $j \neq i$, sk_{y_i} 的 G_{p_2}-成分由下列式子给定:

$$\begin{cases} (0 + 0 \cdot (a + by_i)) = (0 + 0 \cdot (0 + 0 \cdot y_i)), & 如果 j < i \text{ (半功能密钥)}, \\ (\alpha + 0 \cdot (a + by_i)) = (0 + 0 \cdot (\alpha + 0 \cdot y_i)), & 如果 j > i \text{ (普通密钥)}. \end{cases}$$

上面的等式遵循 (a, b) 被隐藏, 这意味着只有挑战密文和 sk_{y_i} 泄露任何关于 $(a, b) \pmod{p_2}$ 的信息. 这遵循下面的 α 是隐私的 $(\text{mod } p_2)$ 和 $x \neq y_i$,

$$(\alpha + r \cdot (a + by_i)) (\text{mod } p_2) \quad 和 \quad (0 + r \cdot (a + by_i)) (\text{mod } p_2).$$

从敌手的视角来看它们具有相同的分布, 同时这里也使用了 $r \pmod{p_2}$ 的秘密性. 即使敌手在看到挑战密文 ct_x 后自适应地选择 y_i, 或者在敌手看到 sk_{y_i} 后挑战 x 被选择, 这一点依然是成立的.

引理 6.4 ($\mathsf{Game}_{2,i,2} \overset{c}{\approx} \mathsf{Game}_{2,i,3}$) 在 SD2 困难假设下, 对于所有 $i = 1, 2, \cdots, q$, 有 $\mathsf{Game}_{2,i,2}$ 和 $\mathsf{Game}_{2,i,3}$ 是计算不可区分的.

证明 本节证明再一次依赖假设 2, 证明过程类似于引理 6.2, 除了 $\mathcal{A}_3$ 使用 $\widehat{\mathsf{msk}}$ 而不是 msk 去随机选取 sk_{y_j}. 也就是说, $\mathcal{A}_3$ 输出

$$\mathsf{sk}_{y_j} \leftarrow \begin{cases} \widehat{\mathsf{KeyGen}}(\widehat{\mathsf{msk}}, y_j; g_1), & \text{如果 } j < i \text{ (半功能密钥)}, \\ \widehat{\mathsf{KeyGen}}(\widehat{\mathsf{msk}}, y_j; T), & \text{如果 } j = i \text{ (伪半功能密钥与半功能密钥)}, \\ \widehat{\mathsf{KeyGen}}(\mathsf{msk}, y_j; g_1), & \text{如果 } j > i \text{ (普通密钥)}. \end{cases}$$

观察到当 $T = T_1 \leftarrow G_{p_1}^* G_{p_2}^* G_{p_3}$ 时, 输出等同于 $\mathsf{Game}_{2,i,2}$; 当 $T = T_0 \leftarrow G_{p_1}^* G_{p_3}$ 时, 输出等同于 $\mathsf{Game}_{2,i,3}$.

引理 6.5 ($\mathsf{Game}_{2,q,3} \overset{c}{\approx} \mathsf{Game}_3$) 最后有 $\mathsf{Game}_{2,q,3}$ 和 Game_3 是统计不可区分的.

证明 在 $\mathsf{Game}_{2,q,3}$ 中, 所有密钥都是半功能的, 这意味着它们没有泄露任何关于 $\alpha(\bmod\ p_2)$ 的信息. 接下来, 本节考察 (半功能) 挑战密文. 观察到 (来自对称密钥 κ_0 的获得)

$$e(\widehat{C}, g_1^{\alpha}) \cdot e(\widehat{C}, g_2^{\alpha})$$

有着 $\log p_2 = \Theta(\lambda)$ 最小熵比特, 与 $\widehat{C} \in G_{p_1} G_{p_2}^*$ 一样长, 其发生的概率为 $1 - 1/p_2$. 然后根据剩余哈希 (left-over Hash) 引理, $\kappa_0 = H(e(\widehat{C}, g_1^{\alpha}) \cdot e(\widehat{C}, g_2^{\alpha}))$ 是 $2^{-\Omega(\lambda)}$ 接近在 $\{0,1\}^{\lambda}$ 上的均匀分布.

6.3　谓词编码和通用框架

Wee[28]最先提出将谓词编码使用在谓词加密中, 本节将介绍谓词编码及基于其构建的通用框架.

6.3.1　谓词编码

定义 6.2 给定一个谓词 $P: \mathcal{X} \times \mathcal{Y} \rightarrow \{0,1\}$. 一个关于 P 的谓词编码是一对算法 (sE, rE), 这里 sE 是确定性的, 以 $(x, w) \in \mathcal{X} \times \mathcal{W}$ 为输入; rE 是随机的, 以 $(\alpha, y, w) \in \mathcal{D} \times \mathcal{Y} \times \mathcal{W}$ 和 $r \in \mathcal{R}$ 为输入. 需要强调的是, $\mathcal{W}$ 和 $\mathcal{R}$ 有着很大不同的作用. 此外, 本节要求 (sE, rE) 满足下面三个性质.

- **α-重构**: 对于所有使得 $P(x, y) = 1$ 的 $(x, y) \in \mathcal{X} \times \mathcal{Y}$ 和所有 $r \in \mathcal{R}$, 给定 $x, y, \mathsf{sE}(x, w), \mathsf{rE}(\alpha, y, w; r)$, 可以 (有效地) 恢复 α.

- **α-隐私性**: 对于所有使 $\mathsf{P}(x,y)=0$ 的 $(x,y)\in\mathcal{X}\times\mathcal{Y}$ 和所有 $\alpha\in\mathcal{D}$, 联合分布 $\mathsf{sE}(x,w),\mathsf{rE}(\alpha,y,w;r)$ 完美地隐藏 α. 也就是说, 对于所有的 $\alpha,\alpha'\in\mathcal{D}$, 下面两个联合分布是相同的分布:

$$\{x,y,\alpha,\mathsf{sE}(x,w),\mathsf{rE}(\alpha,y,w;r)\},\quad \{x,y,\alpha,\mathsf{sE}(x,w),\mathsf{rE}(\alpha',y,w;r)\},$$

  这里随机性取决于 $(w,r)\leftarrow\mathcal{W}\times\mathcal{R}$.
- **w-隐藏**: 存在一些元素 $0\in\mathcal{R}$, 使得对于所有的 $(\alpha,y,w)\in\mathcal{D}\times\mathcal{Y}\times\mathcal{W}$, $\mathsf{rE}(\alpha,y,w;r)$ 在统计上是独立于 w 的, 也就是说, 对于所有的 $w'\in\mathcal{W}$:

$$\mathsf{rE}(\alpha,y,w;0)=\mathsf{rE}(\alpha,y,w';0).$$

6.3.2 双线性

定义 6.3 给定一个素数 p, 设 $(\mathsf{sE},\mathsf{rE})$ 是一个关于谓词 $P:\mathcal{X}\times\mathcal{Y}\to\{0,1\}$ 的谓词编码, 这里 $\mathcal{X},\mathcal{Y}$ 可能依赖于 p. $(\mathsf{sE},\mathsf{rE})$ 是 p-双线性的, 如果其满足下列性质.

- **输入域**: 对于一些整数 l_w,l_R,l'_R, $\mathcal{D}=\mathbb{Z}_p,\mathcal{W}=\mathbb{Z}_p^{l_w},\mathcal{R}=\mathbb{Z}_p^{l_R}\times(\mathbb{Z}_p^*)^{l'_R}$.
- **输出域**: sE 和 rE 的输出是在 $\mathbb{Z}_p$ 上的 (列) 向量.
- **仿射发送者编码**: 对于所有 $x\in\mathcal{X}$, $\mathsf{sE}(x,\cdot)$ 是在 $\boldsymbol{w}$ 上仿射的.
- **线性接收者编码**: 对于所有 $(\alpha,y,\boldsymbol{w})\in\mathcal{D}\times\mathcal{Y}\times\mathcal{W}$, $\mathsf{rE}(\cdot,y,\boldsymbol{w};\cdot)$ 在 $\alpha,\boldsymbol{r}$ 上是线性的.
- **双线性 α-重构**: 对于所有使得 $P(x,y)=1$ 的 (x,y), 可以高效地计算一个线性映射 $\boldsymbol{M}_{xy}$(一个在 $\mathbb{Z}_p$ 上的矩阵) 使得对于所有的 $\boldsymbol{r}\in\mathcal{R}$,

$$\langle\mathsf{sE}(x,\boldsymbol{w}),\boldsymbol{M}_{xy}\mathsf{rE}(\alpha,y,\boldsymbol{w};\boldsymbol{r})\rangle=\alpha.$$

- **w-隐藏**: 对于所有的 $(\alpha,y,\boldsymbol{w})\in\mathcal{D}\times\mathcal{Y}\times\mathcal{W}$, 有

$$\mathsf{rE}(\alpha,y,w;\mathbf{0})=\mathsf{rE}(\alpha,y,\mathbf{0};\mathbf{0}),$$

这里, 本节使用 $\mathbf{0}$ 指代所有在 $\mathbb{Z}_p^{l_w},\mathbb{Z}_p^{l_R+l'_R}$ 上的零向量.

上面的定义通过 $\mathbb{Z}_N,\mathbb{Z}_N^*$ 分别替代 $\mathbb{Z}_p,\mathbb{Z}_p^*$, 可扩展到任意整数 N.

本节将使用仿射发送者编码和线性接收者编码在指数上计算 sE 和 rE, 固定 $g\in G_N$:

- 仿射发送者编码暗含给定 $x\in\mathcal{X}$ 以及 $g,g^{\boldsymbol{w}}$, 可以计算 $g^{\mathsf{sE}(x,\boldsymbol{w})}$; 确实, 灵活使用符号把它写成 $\mathsf{sE}(x,g^{\boldsymbol{w}})$.
- 线性接收者编码暗含给定 $(y,\boldsymbol{w})\in\mathcal{Y}\times\mathcal{W}$ 以及 $g^{\alpha},g^{\boldsymbol{r}}$ (而不是 g), 可以计算 $g^{\mathsf{rE}(\alpha,y,\boldsymbol{w};\boldsymbol{r})}$; 再次把它写成 $\mathsf{rE}(g^{\alpha},y,\boldsymbol{w};g^{\boldsymbol{r}})$.

6.3.3 双线性编码谓词加密

本节提出一个合数阶双线性群中的谓词加密方案, 其阶为三个素数的积, 对于任意允许的双线性编码谓词 $P(\cdot,\cdot)$.

方案 6.2 给定一个谓词 $P:\mathcal{X}\times\mathcal{Y}\to\{0,1\}$, 一个关于 P 的 N-双线性谓词编码 $(\mathsf{sE},\mathsf{rE})$, 可以构造一个关于 P 的谓词加密方案如下:

- $\mathsf{Setup}(1^\lambda,\mathcal{X},\mathcal{Y})$: 输入 $(1^\lambda,\mathcal{X},\mathcal{Y})$, 首先生成 $\mathbb{G}\leftarrow\mathcal{G}(1^\lambda)$, 然后从两两独立的哈希函数簇中随机选取 $H: G_T\to\{0,1\}^\lambda$. 此外, 随机选取 $\alpha\leftarrow\mathbb{Z}_N, \boldsymbol{w}\leftarrow\mathcal{W}$, 输出

$$\mathsf{pp}=(\mathbb{G},\mathsf{H},g_1,g_3),\quad \mathsf{mpk}=(g_1^{\boldsymbol{w}},e(g_1,g_2)^\alpha),\quad \mathsf{msk}=(g_1^\alpha g_2^\alpha,\boldsymbol{w}).$$

- $\mathsf{KeyGen}(\mathsf{msk},y)$: 输入 $\mathsf{msk}=(g_1^\alpha g_2^\alpha,\boldsymbol{w})$ 和一个 y, 随机选取 $\boldsymbol{r}\leftarrow\mathcal{R}$, 输出

$$\mathsf{sk}_y=\mathsf{rand3}(\mathsf{rE}(g_1^\alpha g_2^\alpha,y,\boldsymbol{w};g_1^{\boldsymbol{w}}))=\mathsf{rand3}(g_1^{\mathsf{rE}(\alpha,y,\boldsymbol{w};\boldsymbol{r})}\cdot g_2^{\mathsf{rE}(\alpha,y,\boldsymbol{w};\boldsymbol{0})}),$$

  这里, $\mathsf{rand3}$ 是一个算法, 其随机化 G_{p_3}-成分, 也就是输入一个向量 $\boldsymbol{C}\in G_N^l$, 输出 $\boldsymbol{C}\cdot g_3^{r'}$, 其中 $\boldsymbol{r'}\leftarrow\mathbb{Z}_N^l$.

- $\mathsf{Enc}(\mathsf{mpk},x)$: 输入一个属性 $x\in\mathcal{X}$, 随机选取 $s\leftarrow\mathbb{Z}_N$, 输出一个密文和对称密钥

$$\mathsf{ct}_x=(\mathsf{sE}(x,g_1^{\boldsymbol{w}}))^s=g_1^{\mathsf{sE}(x,\boldsymbol{w})s},\quad \kappa=H((e(g_1,g_1)^\alpha)^s).$$

- $\mathsf{Dec}(\mathsf{sk}_y,\mathsf{ct}_x)$: 输入 $(\mathsf{sk}_y,\mathsf{ct}_x)$, 这里 $P(x,y)=1$, 输出

$$\mathsf{H}(e(\mathsf{ct}_x,\mathsf{sk}_y^{\boldsymbol{M}_{xy}})),$$

  这里 $\boldsymbol{M}_{xy}$ 是一个矩阵, 且 $e(\mathsf{ct}_x,\mathsf{sk}_y^{\boldsymbol{M}_{xy}})=\Sigma_i e((\mathsf{ct}_x)_i,\Sigma_j(\mathsf{sk}_y)_j^{(\boldsymbol{M}_{xy})_{i,j}})$.

正确性. 对于所有使得 $P(x,y)=1$ 的所有 $(x,y)\in\mathcal{X}\times\mathcal{Y}$, 有

$$\begin{aligned}
\mathsf{Dec}(\mathsf{sk}_y,\mathsf{ct}_x)&=\mathsf{Dec}(g_1^{\mathsf{rE}(\alpha,y,\boldsymbol{w};\boldsymbol{r})}g_2^{\mathsf{rE}(\alpha,y,\boldsymbol{w};\boldsymbol{0})}\mathbf{Z}_3,g_1^{\mathsf{sE}(x,\boldsymbol{w})s})\\
&=\mathsf{H}(g_1^{\mathsf{sE}(x,\boldsymbol{w})s},(g_1^{\mathsf{rE}(\alpha,y,\boldsymbol{w};\boldsymbol{r})}g_2^{\mathsf{rE}(\alpha,y,\boldsymbol{w};\boldsymbol{0})}\mathbf{Z}_3)^{\boldsymbol{M}_{xy}})\\
&=\mathsf{H}(g_1^{\mathsf{sE}(x,\boldsymbol{w})s},(g_1^{\mathsf{rE}(\alpha,y,\boldsymbol{w};\boldsymbol{r})})^{\boldsymbol{M}_{xy}})\\
&=\mathsf{H}(e(g_1,g_1)^{\langle\mathsf{sE}(x,\boldsymbol{w})s,\boldsymbol{M}_{xy}\mathsf{rE}(\alpha,y,\boldsymbol{w};\boldsymbol{r})\rangle})\\
&=\mathsf{H}((e(g_1,g_1)^\alpha)^s).
\end{aligned}$$

6.4 双系统群

本节将介绍文献 [29] 中的双系统群 (Dual System Group, DSG), 对双系统群有所了解将有助于理解后面将要介绍的谓词编码 (针对前面所介绍的谓词编码进行了细化和加强)、安全性分析以及相关实例.

6.4.1 定义与性质

双系统群包含一组代数群 $(\mathbb{G},\mathbb{H},\mathbb{G}_T)$ 和一个非退化的双线性映射 $e\colon \mathbb{G}\times\mathbb{H}\to\mathbb{G}_T$. 除了安全参数 1^λ 之外, 双系统群还输入参数 1^n, 比如在 KP-ABE 中 n 一般为属性域的大小.

定义 6.4(双系统群) 一个双系统群由随机化算法 (SampP, SampGT, SampG, SampH) 和 ($\widehat{\mathsf{SampG}}$, $\widehat{\mathsf{SampH}}$) 组成. 下面分别给出这些算法的具体定义.

SampP$(1^\lambda,1^n)$: 该算法输入 $(1^\lambda,1^n)$, 输出公开参数和秘密参数 (pp, sp), 其中

- pp 包含一个长度为 $\Omega(\lambda)$ 的素数 p, 一组交换代数群 $(\mathbb{G},\mathbb{H},\mathbb{G}_T)$, 一个非退化的双线性映射 $e:\mathbb{G}\times\mathbb{H}\to\mathbb{G}_T$, 一个定义在 $\mathbb{H}$ 上的线性映射 μ 以及一些会用到 SampG, SampH 中的相关参数;
- $(\mathbb{G},\mathbb{H},\mathbb{G}_T)$ 上的指数运算都是在 $\mathbb{Z}_p$ 中进行;
- 给定 pp, 我们可以从 $\mathbb{H}$ 中均匀随机选取;
- sp 包含 $h^*\in\mathbb{H}$ $(h^*\neq 1)$ 和一些会用到 $\widehat{\mathsf{SampG}}$, $\widehat{\mathsf{SampH}}$ 中的相关参数.

SampGT: $\mathsf{Im}(\mu)\to\mathbb{G}_T$, 例如令 $\mu:\mathbb{H}\to\mathbb{G}_T,\mathsf{Im}(\mu)\to\mathbb{G}_T$.

SampG(pp): 输出向量 $\boldsymbol{g}\in\mathbb{G}^{n+1}$.

SampH(pp): 输出向量 $\boldsymbol{h}\in\mathbb{H}^{n+1}$.

$\widehat{\mathsf{SampG}}$(pp, sp): 输出向量 $\hat{\boldsymbol{g}}\in\mathbb{G}^{n+1}$.

$\widehat{\mathsf{SampH}}$(pp, sp): 输出向量 $\hat{\boldsymbol{h}}\in\mathbb{H}^{n+1}$.

前四个算法会应用到实际方案中去, 而后两个算法则只会出现在安全证明中. 本节令 SampG_0 表示 SampG 输出向量中的第一个分量, $\widehat{\mathsf{SampG}}_0$, $\widehat{\mathsf{SampH}}_0$ 也作类似定义.

给定一个 $\mathbb{Z}_p$-线性函数 $L:\mathbb{Z}_p^n\to\mathbb{Z}_p$, 可作映射 $(w_1,\cdots,w_n)\mapsto a_1w_1+\cdots+a_nw_n$, 其中 $a_1,\cdots,a_n\in\mathbb{Z}_p^n$ 均为固定常数, 则 L 也可以拓展至 $\mathbb{G},\mathbb{H},\mathbb{G}_T$ 的模 p 指数运算上. 比如, 令 $L:\mathbb{G}^n\to\mathbb{G}$, 可作映射 $(g_1,\cdots,g_n)\mapsto g_1^{a_1}\cdots g_n^{a_n}$. 这个也可以扩展至一般 $\mathbb{Z}_p$-线性函数 $L:\mathbb{Z}_p^n\to\mathbb{Z}_p^m$ 上.

正确性. 双系统群的正确性要求如下:

(投影性) 对于所有的 $h\in\mathbb{H}$ 和随机值 s, 有 $\mathsf{SampGT}(\mu(h);s)=e(\mathsf{SampG}_0(\mathsf{pp};s),h)$ 成立.

(结合律) 对于所有的 $(g_0, g_1, \cdots, g_n) \leftarrow \mathsf{SampG}(\mathsf{pp})$ 和 $(h_0, h_1, \cdots, h_n) \leftarrow \mathsf{SampH}(\mathsf{pp})$, 对于所有的 $i = 1, \cdots, n$, 有 $e(g_0, h_i) = e(g_i, h_0)$ 成立.

($\mathbb{H}$-子群) $\mathsf{SampH}(\mathsf{pp})$ 的输出结果服从 $\mathbb{H}^{n+1}$ 的某一子群上的均匀分布.

安全性. 双系统群的安全性要求如下:

(正交性) $\mu(h^*) = 1$.

(非退化性) 对于 $\forall \hat{h}_0 \leftarrow \widehat{\mathsf{SampH}}_0(\mathsf{pp}, \mathsf{sp})$, 以 $\hat{h}_0$ 为生成元的群必定包含元素 h^*. 对于 $\forall \hat{g}_0 \leftarrow \widehat{\mathsf{SampG}}_0(\mathsf{pp}, \mathsf{sp})$, $e(\hat{g}_0, h^*)^\alpha$ 服从 $\mathbb{G}_T$ 上的均匀分布, 这里 $\alpha \leftarrow \mathbb{Z}_p$.

(左子群不可区分性) 对于任意敌手 $\mathcal{A}$, 我们定义如下优势函数:

$$\mathsf{Adv}_{\mathcal{A}}^{\mathrm{LS}}(\lambda) = |\Pr[\mathcal{A}(\mathsf{pp}, \boxed{\boldsymbol{g}}) = 1] - \Pr[\mathcal{A}(\mathsf{pp}, \boxed{\boldsymbol{g} \cdot \hat{\boldsymbol{g}}}) = 1]|,$$

其中 $(\mathsf{pp}, \mathsf{sp}) \leftarrow \mathsf{SampP}(1^\lambda, 1^n), \boldsymbol{g} \leftarrow \mathsf{SampG}(\mathsf{pp}), \hat{\boldsymbol{g}} \leftarrow \widehat{\mathsf{SampG}}(\mathsf{pp}, \mathsf{sp})$.

(右子群不可区分性) 对于任意敌手 $\mathcal{A}$, 我们定义如下优势函数:

$$\mathsf{Adv}_{\mathcal{A}}^{\mathrm{RS}}(\lambda) = |\Pr[\mathcal{A}(\mathsf{pp}, h^*, \boldsymbol{g} \cdot \hat{\boldsymbol{g}}, \boxed{\boldsymbol{h}}) = 1] - \Pr[\mathcal{A}(h^*, \boldsymbol{g} \cdot \hat{\boldsymbol{g}}, \boxed{\boldsymbol{h} \cdot \hat{\boldsymbol{h}}}) = 1]|,$$

其中 $(\mathsf{pp}, \mathsf{sp}) \leftarrow \mathsf{SampP}(1^\lambda, 1^n), \boldsymbol{g} \leftarrow \mathsf{SampG}(\mathsf{pp}), \hat{\boldsymbol{g}} \leftarrow \widehat{\mathsf{SampG}}(\mathsf{pp}, \mathsf{sp}), \boldsymbol{h} \leftarrow \mathsf{SampH}(\mathsf{pp}), \hat{\boldsymbol{h}} \leftarrow \widehat{\mathsf{SampH}}(\mathsf{pp}, \mathsf{sp})$.

(参数隐藏性) 以下两个分布是相同的:

$$\{\mathsf{pp}, h^*, \boxed{\hat{\boldsymbol{g}}, \hat{\boldsymbol{h}}}\}, \quad \{\mathsf{pp}, h^*, \boxed{\hat{\boldsymbol{g}} \cdot \hat{\boldsymbol{g}}', \hat{\boldsymbol{h}} \cdot \hat{\boldsymbol{h}}'}\},$$

其中

$$\begin{aligned}
&(\mathsf{pp}, \mathsf{sp}) \leftarrow \mathsf{SampP}(1^\lambda, 1^n), && u_1, \cdots, u_n \leftarrow \mathbb{Z}_p;\\
&\hat{\boldsymbol{g}} = (\hat{g}_0, \cdots) \leftarrow \widehat{\mathsf{SampG}}(\mathsf{pp}, \mathsf{sp}), && \hat{\boldsymbol{h}} = (\hat{h}_0, \cdots) \leftarrow \widehat{\mathsf{SampH}}(\mathsf{pp}, \mathsf{sp});\\
&\hat{\boldsymbol{g}}' = (1, \hat{g}_0^{u_1}, \cdots, \hat{g}_0^{u_n}) \in \mathbb{G}^{n+1}, && \hat{\boldsymbol{h}}' = (1, \hat{h}_0^{u_1}, \cdots, \hat{h}_0^{u_n}) \in \mathbb{H}^{n+1}.
\end{aligned}$$

6.4.2 合数阶双线性群上的双系统群实例

本节将介绍合数阶双线性群上的双系统群的构造, 合数阶双线性群的定义和性质参考定义 6.1, 素数阶群上的双系统群构造可以参考文献 [30].

方案 6.3 一个合数阶群上的双系统群构造可通过 $\mathsf{SampP}(1^\lambda, 1^n)$ 算法实现, 这里:

- 运行 $(N, G_N, G_T, g_1, g_2, g_3, e) \leftarrow \mathcal{G}(1^\lambda)$, 这里 $\mathcal{G}(1^\lambda)$ 生成的是对称合数阶群;
- 定义 $(\mathbb{G}, \mathbb{H}, \mathbb{G}_T, e) = (G_N, G_N, G_T, e)$;

– 定义 $\mu: G_N \to G_N, \mu(h) = e(g_1, h)$;

– 随机选取 $\boldsymbol{w} \leftarrow \mathbb{Z}_N^n, h_{123} \leftarrow G_N, h^* \leftarrow G_{p_2p_3}$, 这里我们假设 h_{123} 为 G_N 的一个生成元, h^* 为 $G_{p_2p_3}$ 的一个生成元 (这两个事件发生的概率极高);

输出

$$\mathsf{pp} = ((N, \mathbb{G}, \mathbb{H}, \mathbb{G}_T, e); g_1, g_1^{\boldsymbol{w}}, g_3, h_{123}), \quad \mathsf{sp} = (h^*, g_2, g_2^{\boldsymbol{w}}),$$

注意群 $\mathbb{H}$ 的阶为 N, h^* 的阶为 p_2p_3.

$\mathsf{SampGT}(g_T)$: 选取 $s \leftarrow \mathbb{Z}_N$, 输出 $g_T^s \in \mathbb{G}_T$;

$\mathsf{SampG}(\mathsf{pp})$: 选取 $s \leftarrow \mathbb{Z}_N$, 输出 $(g_1^s, g_1^{s\boldsymbol{w}}) \in \mathbb{G}_{p_1}^{n+1}$;

$\mathsf{SampH}(\mathsf{pp})$: 选取 $r \leftarrow \mathbb{Z}_N, \boldsymbol{X}_3 \leftarrow G_{p_3}^n$, 输出 $(g_1^r \cdot g_3^r, g_1^{r\boldsymbol{w}} \cdot \boldsymbol{X}_3) \in G_{p_1p_3}^{n+1}$;

$\widehat{\mathsf{SampG}}(\mathsf{pp}, \mathsf{sp})$: 选取 $\hat{s} \leftarrow \mathbb{Z}_N^*$, 输出 $(g_2^{\hat{s}}, g_2^{\hat{s}\boldsymbol{w}}) \in G_{p_2}^{n+1}$;

$\widehat{\mathsf{SampH}}(\mathsf{pp}, \mathsf{sp})$: 选取 $\hat{r} \leftarrow \mathbb{Z}_N^*, \boldsymbol{X}_3 \leftarrow G_{p_3}^n$, 输出 $(g_2^{\hat{r}} \cdot g_3^{\hat{r}}, g_2^{\hat{r}\boldsymbol{w}} \cdot \boldsymbol{X}_3) \in G_{p_2p_3}^{n+1}$.

正确性. 双系统群的正确性要求如下:

(投影性) 对于所有的 $h \in G_N$ 和随机值 $s \in \mathbb{Z}_N$, 有

$$\begin{aligned}\mathsf{SampGT}(\mu(h); s) &= \mathsf{SampGT}(e(g_1, h); s)\\ &= e(g_1, h)^s\\ &= e(g_1^s, h)\\ &= e(\mathsf{SampG}_0(\mathsf{pp}; s), h).\end{aligned}$$

(结合律) 假定 $\boldsymbol{w} = (w_1, \cdots, w_n)$, 对于所有的 $(g_1^s, g_1^{sw_1}, \cdots, g_1^{sw_n}) \leftarrow \mathsf{SampG}(\mathsf{pp})$, $(g_1^r \cdot g_3^r, g_1^{rw_1} \cdot X_{3,1}, \cdots, g_1^{rw_n} \cdot X_{3,n}) \leftarrow \mathsf{SampH}(\mathsf{pp})$, 则对于所有的 $i = 1, \cdots, n$, 有

$$e(g_1^s, g_1^{rw_i} \cdot X_{3,i}) = e(g_1, g_1)^{srw_i} = e(g_1^{sw_i}, g_1^r \cdot g_3^r).$$

($\mathbb{H}$-子群) 因为 $\mathbb{Z}_N$ 是一个加法群, 所以该性质自然满足.

安全性. 双系统群的安全性要求如下:

(正交性) 因为 $g_1 \in G_{p_1}$ 且 $h^* \in G_{p-2p_3}$, 所以自然满足正交性.

(非退化性) h^* 的非退化性是自然满足的. 对于 $\forall g_2^{\hat{s}} \leftarrow \widehat{\mathsf{SampG}}_0(\mathsf{pp}, \mathsf{sp}; \hat{s})$, 有

$$e(g_2^{\hat{s}}, h^*) = e(g_2, h^*)^{\hat{s}} \neq 1,$$

上式也说明了在群 G_T 中 $e(g_2^{\hat{s}}, h^*)$ 的阶为 p_2. 其中 $e(g_2, h^*)^{\hat{s}} \neq 1$ 成立是因为 h^* 是 $G_{p_2p_3}$ 的生成元且 $\hat{s} \in \mathbb{Z}_N^*$, 所以, $e(g_2^{\hat{s}}, h^*)^{\alpha}$ 至少拥有 $\log p_2$ 比特的最小熵, 这里 $\alpha \leftarrow \mathbb{Z}_N$. 除此之外, 对于所有的 $g_2^{\hat{r}} \cdot g_3^{\hat{r}} \leftarrow \widehat{\mathsf{SampH}}_0(\mathsf{pp}, \mathsf{sp}; \hat{r})$, 由于 $\hat{r} \in \mathbb{Z}_N^*$, 所以 $g_2^{\hat{r}} \cdot g_3^{\hat{r}}$ 是 $G_{p_2p_3}$ 的生成元.

接下来将分别讲解该双系统群实例的左子群不可区分性、右子群不可区分性和参数隐藏性质. 左、右子群不可区分性是基于合数阶群上的两个计算假设, 而参数隐藏性则是无条件成立的.

(左子群不可区分性) 在合数阶群上的双系统群实例中, 我们给出左子群不可区分性对应的优势函数:

$$\mathsf{Adv}_{\mathcal{A}}^{\mathrm{LS}}(\lambda) = |\Pr[\mathcal{A}(\mathsf{pp}, \boldsymbol{g}) = 1] - \Pr[\mathcal{A}(\mathsf{pp}, \boldsymbol{g} \cdot \hat{\boldsymbol{g}}) = 1]|,$$

其中

$$(\mathsf{pp}, \mathsf{sp}) \leftarrow \mathsf{SampP}(1^\lambda, 1^n);$$

$$\boldsymbol{g} = (g_1^s, g_1^{s\boldsymbol{w}}), \quad s \leftarrow \mathbb{Z}_N;$$

$$\hat{\boldsymbol{g}} = (g_2^{\hat{s}}, g_2^{\hat{s}\boldsymbol{w}}), \quad \hat{s} \leftarrow \mathbb{Z}_N^*.$$

引理 6.6 (SD1 假设到左子群不可区分性) 对于任意敌手 $\mathcal{A}$, 存在一个敌手 $\mathcal{B}$ 使得

$$\mathsf{Adv}_{\mathcal{A}}^{\mathrm{LS}}(\lambda) \leqslant \mathsf{Adv}_{\mathcal{B}}^{\mathrm{DS1}}(\lambda) + \frac{1}{p_1} + \frac{2}{p_2} + \frac{1}{p_3},$$

且 $\mathsf{Time}(\mathcal{B}) \approx \mathsf{Time}(\mathcal{A}) + \mathrm{ploy}(\lambda, n)$, 这里 $\mathrm{ploy}(\lambda, n)$ 与 $\mathsf{Time}(\mathcal{A})$ 无关.

证明 敌手 $\mathcal{B}$ 拿到输入

$$((N, G_N, G_T, e); g_1, g_3, h_{123}, T),$$

这里 $T \leftarrow G_{p_1}$ 或者 $T \leftarrow G_{p_1p_2}$, 之后进行下列操作:

模拟 pp. 选取 $\boldsymbol{w} \leftarrow \mathbb{Z}_N^n$, 输出

$$\mathsf{pp} = ((N, G_N, G_T, e); g_1, g_1^{\boldsymbol{w}}, h_{123}, g_3).$$

注意到只要 h_{123} 是 G_N 的生成元$\left(\text{该事件发生概率至少为 } 1 - \frac{1}{p_1} - \frac{1}{p_2} - \frac{1}{p_3}\right)$, 则模拟 pp 的分布与真实 pp 的分布相同.

模拟挑战. 输出 $(T, T^{\boldsymbol{w}})$.

注意到当 $T \leftarrow G_{p_1}$ 时, 输出分布与 $(\mathsf{pp}, \boldsymbol{g})$ 相同; 当 $T \leftarrow G_{p_1p_2}$ 且 T 中的 G_{p_2} 分量不为单位元$\left(\text{该事件发生概率至少为 } 1 - \frac{1}{p_2}\right)$时, 输出分布与 $(\mathsf{pp}, \boldsymbol{g} \cdot \hat{\boldsymbol{g}})$ 相同. 由此引理得证.

(右子群不可区分性) 在合数阶群上的双系统群实例中, 我们给出右子群不可区分性对应的优势函数:

$$\mathsf{Adv}_{\mathcal{A}}^{\mathrm{RS}}(\lambda) = |\Pr[\mathcal{A}(\mathsf{pp}, h^*, \boldsymbol{g} \cdot \hat{\boldsymbol{g}}, \boldsymbol{h}) = 1] - \Pr[\mathcal{A}(\mathsf{pp}, h^*, \boldsymbol{g} \cdot \hat{\boldsymbol{g}}, \boldsymbol{h} \cdot \hat{\boldsymbol{h}}) = 1]|,$$

其中

$$(\mathsf{pp},\mathsf{sp}) \leftarrow \mathsf{SampP}(1^\lambda, 1^n);$$

$$\boldsymbol{g} = (g_1^s, g_1^{s\boldsymbol{w}}), \quad s \leftarrow \mathbb{Z}_N;$$

$$\hat{\boldsymbol{g}} = (g_2^{\hat{s}}, g_2^{\hat{s}\boldsymbol{w}}), \quad \hat{s} \leftarrow \mathbb{Z}_N^*;$$

$$\boldsymbol{h} = (g_1^r \cdot g_3^r, g_1^{r\boldsymbol{w}} \cdot \boldsymbol{X}_3), \quad r \leftarrow \mathbb{Z}_N, \quad \boldsymbol{X}_3 \leftarrow G_{p_3}^n;$$

$$\hat{\boldsymbol{h}} = (g_2^{\hat{r}} \cdot g_3^{\hat{r}}, g_2^{\hat{r}\boldsymbol{w}} \cdot \boldsymbol{Y}_3), \quad \hat{r} \leftarrow \mathbb{Z}_N^*, \quad \boldsymbol{Y}_3 \leftarrow G_{p_3}^n.$$

引理 6.7 (DS2 假设到右子群不可区分性) 对于任意敌手 $\mathcal{A}$, 存在一个敌手 $\mathcal{B}$ 使得

$$\mathsf{Adv}_{\mathcal{A}}^{\mathrm{RS}}(\lambda) \leqslant \mathsf{Adv}_{\mathcal{B}}^{\mathrm{DS2}}(\lambda) + \frac{1}{p_1} + \frac{4}{p_2} + \frac{2}{p_3},$$

且 $\mathsf{Time}(\mathcal{B}) \approx \mathsf{Time}(\mathcal{A}) + \mathrm{ploy}(\lambda, n)$, 这里 $\mathrm{ploy}(\lambda, n)$ 与 $\mathsf{Time}(\mathcal{A})$ 无关.

证明 敌手 $\mathcal{B}$ 拿到输入

$$((N, G_N, G_T, e); g_1, g_3, h_{123}, h_{23}, g_{12}, T),$$

这里 $T \leftarrow G_{p_1p_3}$ 或者 $T \leftarrow G_N$, 之后进行下列操作:

模拟辅助输入 $(\mathsf{pp}, h^*, \boldsymbol{g} \cdot \hat{\boldsymbol{g}})$. 选取 $\boldsymbol{w} \leftarrow \mathbb{Z}_N^n$, 输出

$$\mathsf{pp} = ((N, G_N, G_T, e); g_1, g_1^{\boldsymbol{w}}, h_{123}, g_3), \quad h^* = h_{23}, \quad \boldsymbol{g} \cdot \hat{\boldsymbol{g}} = (g_{12}, g_{12}^{\boldsymbol{w}}).$$

注意到只要 h_{123} 是 G_N 的生成元, h_{23} 是 $G_{p_2p_3}$ 的生成元且 g_{12} 中的 G_{p_2} 分量不为单位元$\left(\text{这些事件发生概率至少为 } 1 - \dfrac{1}{p_1} - \dfrac{3}{p_2} - \dfrac{2}{p_3}\right)$, 则模拟 $(\mathsf{pp}, h^*, \boldsymbol{g} \cdot \hat{\boldsymbol{g}})$ 的分布与真实 $(\mathsf{pp}, h^*, \boldsymbol{g} \cdot \hat{\boldsymbol{g}})$ 的分布相同.

模拟挑战. 选取 $\boldsymbol{X}_3' \leftarrow G_{p_3}^n$ 并输出 $(T, T^{\boldsymbol{w}} \cdot \boldsymbol{X}_3')$.

注意到当 $T \leftarrow G_{p_1p_3}$ 时, 输出分布与 $(\mathsf{pp}, h^*, \boldsymbol{g} \cdot \hat{\boldsymbol{g}}, \boldsymbol{h})$ 相同; 当 $T \leftarrow G_N$ 且 T 中的 G_{p_2} 分量不为单位元$\left(\text{该事件发生概率至少为 } 1 - \dfrac{1}{p_2}\right)$时, 输出分布与 $(\mathsf{pp}, h^*, \boldsymbol{g} \cdot \hat{\boldsymbol{g}}, \boldsymbol{h} \cdot \hat{\boldsymbol{h}})$ 相同. 由此引理得证.

(参数隐藏性) 在合数阶群上的双系统群实例中, 参数隐藏性对应如下引理.

引理 6.8 (参数隐藏性) 以下两个分布是相同的:

$$\{\mathsf{pp}, h^*, (g_2^{\hat{s}}, g_2^{\hat{s}\boldsymbol{w}}), (g_2^{\hat{r}} \cdot g_3^{\hat{r}}, g_2^{\hat{r}\boldsymbol{w}} \cdot \boldsymbol{X}_3)\},$$

$$\{\mathsf{pp}, h^*, (g_2^{\hat{s}}, g_2^{\hat{s}(\boldsymbol{w}+\boldsymbol{w}')}), (g_2^{\hat{r}} \cdot g_3^{\hat{r}}, g_2^{\hat{r}(\boldsymbol{w}+\boldsymbol{w}')} \cdot \boldsymbol{X}_3)\},$$

这里

$$(\mathsf{pp},\mathsf{sp}) \leftarrow \mathsf{SampP}(1^\lambda, 1^n);\quad \hat{s},\hat{r} \leftarrow \mathbb{Z}_N^*;\quad \boldsymbol{X}_3 \leftarrow G_{p_3}^n; \boldsymbol{w}' \leftarrow \mathbb{Z}_N^n.$$

证明　注意到 h^* 是 $G_{p_2p_3}$ 的生成元且 pp 为 $((N, G_N, G_T, e); g_1, g_1^{\boldsymbol{w}}, h_{123}, g_3)$, 由于

$$g_1^{\boldsymbol{w}} = g_1^{\boldsymbol{w} (\bmod\ p_1)},$$

所以 pp 仅与 $\boldsymbol{w}$ 模 p_1 相关. 又因为根据中国剩余定理, $\boldsymbol{w}$ 模 p_1 与 $\boldsymbol{w}$ 模 p_2 相互独立, 由此引理得证.

6.5　通过谓词编码实现素数阶群中的双系统 ABE

本章节将结合双系统群介绍文献 [30] 中的 $\mathbb{Z}_p$-双线性谓词编码并给出一些具体的编码示例.

6.5.1　$\mathbb{Z}_p$-双线性谓词编码

此小节将对文献 [28], [31] 中定义的谓词编码进行细化.

定义 6.5 ($\mathbb{Z}_p$-双线性谓词编码)　给定一个谓词 $P: \mathcal{X}\times\mathcal{Y}\to\{0,1\}$, 我们称一组关于谓词 P 的确定性算法 (sE, rE, kE, sD, rD) 为 $\mathbb{Z}_p$-双线性谓词编码, 如果满足以下性质:

- **线性**. 对于 $\forall(x,y)\in\mathcal{X}\times\mathcal{Y}$, 函数 $\mathsf{sE}(x,\cdot), \mathsf{rE}(y,\cdot), \mathsf{kE}(y,\cdot), \mathsf{sD}(x,y,\cdot), \mathsf{rD}(x, y,\cdot)$ 均满足 $\mathbb{Z}_p$-线性性.
- **有限 α-重构**. 对于 $\forall(x,y)\in\mathcal{X}\times\mathcal{Y}$ 且 $P(x,y)=1$, 则对于所有的 $\boldsymbol{w}\in\mathcal{W}$, 都有

$$\mathsf{sD}(x,y,\mathsf{sE}(x,\boldsymbol{w})) = \mathsf{rD}(x,y,\mathsf{rE}(y,\boldsymbol{w})),\quad \mathsf{rD}(x,y,\mathsf{kE}(y,\alpha)) = \alpha.$$

- **α-隐藏性**. 对于 $\forall(x,y)\in\mathcal{X}\times\mathcal{Y}$ (满足 $P(x,y)=0$) 和 $\alpha\in\mathcal{Z}_p$, 联合分布 $\{\mathsf{sE}(x,\boldsymbol{w}), \mathsf{kE}(y,\alpha)+\mathsf{rE}(y,\boldsymbol{w})\}$ 可以完美隐藏 α. 也就是说, 对于 $\forall\alpha\in\mathbb{Z}_p$, 以下联合分布可视为等同:

$$\{x,y,\alpha,\mathsf{sE}(x,\boldsymbol{w}),\mathsf{kE}(y,\alpha)+\mathsf{rE}(y,\boldsymbol{w})\},\quad \{x,y,\alpha,\mathsf{sE}(x,\boldsymbol{w}),\mathsf{rE}(y,\boldsymbol{w})\},$$

这里 $\boldsymbol{w}\leftarrow\mathcal{W}$.

给定一个如上定义的 $\mathbb{Z}_p$-双线性谓词编码, 令

$$\mathsf{sE}' = \mathsf{sE},\quad \mathsf{rE}'(y,\alpha,\boldsymbol{w},r) = (r, \mathsf{kE}(y,\alpha) + r\cdot\mathsf{rE}(y,\boldsymbol{w})),$$

则编码 (rE′, sE′) 满足文献 [28] 和 [31] 中的定义. 注意, 当 $r=0$ 时, rE′ 并不会泄露关于 $\boldsymbol{w}$ 的任何信息, 这也就使其具备了 $\boldsymbol{w}$-隐藏性. 所以这里我们认为 kE 与 $\boldsymbol{w}$ 相互独立.

6.5.2 编码示例

接下来将给出一些 $\mathbb{Z}_p$-双线性谓词编码的具体实例. 对于任意向量 $\boldsymbol{u}$, 我们令 u_i 表示 $\boldsymbol{u}$ 的第 i 个分量, $\mathbf{0}$ 表示所有分量为 0 的向量.

举例 6.1 (相等性) 考虑相等性谓词, 即

$$\mathcal{X} = \mathcal{Y} = \mathbb{Z}_p, \quad P(x, y) = 1 \text{ 当且仅当 } x = y,$$

令 $(w_1, w_2) \in \mathbb{Z}_p^2$, 以下算法构成一个相等谓词编码:

$$\begin{aligned}
&\mathsf{sE}(x, (w_1, w_2)) = w_1 + w_2 x, \\
&\mathsf{rE}(y, (w_1, w_2)) = w_1 + w_2 y, \\
&\mathsf{kE}(y, \alpha) = \alpha, \\
&\mathsf{sD}(x, y, c) = c, \\
&\mathsf{rD}(x, y, k) = k.
\end{aligned}$$

当 $x = y$ 时, $w_1 + w_2 x = w_1 + w_2 y$, 由此我们可以重新构造出 α. 而对于 α-隐私性, 我们可以利用当 $x \neq y$ 时 $(w_1 + w_2 x, w_1 + w_2 y)$ 是配对独立的这一性质来实现.

举例 6.2 (零内积) 考虑零内积谓词, 即

$$\mathcal{X} = \mathcal{Y} = \mathbb{Z}_p^n, \quad P(x, y) = 1 \text{ 当且仅当 } \boldsymbol{x}^{\mathrm{T}} \boldsymbol{y} = 0,$$

令 $u \in \mathbb{Z}_p, \boldsymbol{w} \in \mathbb{Z}_p^n$, 由此可以构建一个短密钥形式的零内积谓词编码:

$$\begin{aligned}
&\mathsf{sE}(\boldsymbol{x}, (u, \boldsymbol{w})) = u\boldsymbol{x} + \boldsymbol{w} \in \mathbb{Z}_p^n, \\
&\mathsf{rE}(\boldsymbol{y}, (u, \boldsymbol{w})) = \boldsymbol{w}^{\mathrm{T}} \boldsymbol{y} \in \mathbb{Z}_p, \\
&\mathsf{kE}(\boldsymbol{y}, \alpha) = \alpha \in \mathbb{Z}_p, \\
&\mathsf{sD}(\boldsymbol{x}, \boldsymbol{y}, \boldsymbol{c}) = \boldsymbol{c}^{\mathrm{T}} \boldsymbol{y}, \\
&\mathsf{rD}(\boldsymbol{x}, \boldsymbol{y}, d) = d.
\end{aligned}$$

注意, 该编码示例实际上也实现了弱属性隐藏. 除此之外, 这里也给出一个短密文形式的零内积谓词编码 (令 $(u_0, u_1, \boldsymbol{w}) \in \mathbb{Z}_p \times \mathbb{Z}_p \times \mathbb{Z}_p^n$):

$$\mathsf{sE}(\boldsymbol{x}, (u_0, u_1, \boldsymbol{w})) = u_1 + \boldsymbol{x}^{\mathrm{T}} \boldsymbol{w} \in \mathbb{Z}_p,$$

$$\mathsf{rE}(\boldsymbol{y},(u_0,u_1,\boldsymbol{w}))=(u_0\boldsymbol{y}+\boldsymbol{w},u_1)\in\mathbb{Z}_p^{n+1},$$
$$\mathsf{kE}(\boldsymbol{y},\alpha)=(\boldsymbol{0},\alpha)\in\mathbb{Z}_p^{n+1},$$
$$\mathsf{sD}(\boldsymbol{x},\boldsymbol{y},c)=c,$$
$$\mathsf{rD}(\boldsymbol{x},\boldsymbol{y},(\boldsymbol{d},d'))=\boldsymbol{x}^{\mathrm{T}}\boldsymbol{d}+d'.$$

举例 6.3 (非零内积) 考虑非零内积谓词, 即

$$\mathcal{X}=\mathcal{Y}=\mathbb{Z}_p^n,\quad P(x,y)=1 \text{ 当且仅当 } \boldsymbol{x}^{\mathrm{T}}\boldsymbol{y}\neq 0,$$

这里同样给出了两个编码示例, 分别是短密文形式的非零内积谓词编码 (令 $\boldsymbol{w}\in\mathbb{Z}_p^n$):

$$\mathsf{sE}(\boldsymbol{x},\boldsymbol{w})=\boldsymbol{x}^{\mathrm{T}}\boldsymbol{w}\in\mathbb{Z}_p,$$
$$\mathsf{rE}(\boldsymbol{y},\boldsymbol{w})=\boldsymbol{w}\in\mathbb{Z}_p^n,$$
$$\mathsf{kE}(\boldsymbol{y},\alpha)=\alpha\boldsymbol{y}\in\mathbb{Z}_p^n,$$
$$\mathsf{sD}(\boldsymbol{x},\boldsymbol{y},\boldsymbol{c})=\boldsymbol{c}\cdot(\boldsymbol{x}^{\mathrm{T}}\boldsymbol{y})^{-1},$$
$$\mathsf{rD}(\boldsymbol{x},\boldsymbol{y},\boldsymbol{d})=\boldsymbol{x}^{\mathrm{T}}\boldsymbol{d}\cdot(\boldsymbol{x}^{\mathrm{T}}\boldsymbol{y})^{-1}$$

和短密钥形式的非零内积谓词编码 (令 $(u,\boldsymbol{w})\in\mathbb{Z}_p\times\mathbb{Z}_p^{n+1}$):

$$\mathsf{sE}(\boldsymbol{x},(u,\boldsymbol{w}))=u\boldsymbol{x}+\boldsymbol{w}\in\mathbb{Z}_p^n,$$
$$\mathsf{rE}(\boldsymbol{y},(u,\boldsymbol{w}))=(\boldsymbol{w}^{\mathrm{T}}\boldsymbol{y},u)\in\mathbb{Z}_p^2,$$
$$\mathsf{kE}(\boldsymbol{y},\alpha)=(0,\alpha)\in\mathbb{Z}_p^2,$$
$$\mathsf{sD}(\boldsymbol{x},\boldsymbol{y},\boldsymbol{c})=\boldsymbol{c}^{\mathrm{T}}\boldsymbol{y}\cdot(\boldsymbol{x}^{\mathrm{T}}\boldsymbol{y})^{-1},$$
$$\mathsf{rD}(\boldsymbol{x},\boldsymbol{y},(d,d'))=d\cdot(\boldsymbol{x}^{\mathrm{T}}\boldsymbol{y})^{-1}+d'.$$

以上这两个编码构造利用了一些简单的代数知识: 给定 $\boldsymbol{x},\boldsymbol{y},u\boldsymbol{x}+\boldsymbol{w},\boldsymbol{y}^{\mathrm{T}}\boldsymbol{w}$,

- 如果 $\boldsymbol{x}^{\mathrm{T}}\boldsymbol{y}\neq 0$, 则可能会恢复出 $\boldsymbol{u}$.
- 如果 $\boldsymbol{x}^{\mathrm{T}}\boldsymbol{y}=0$, 则 $\boldsymbol{u}$ 是完全随机的.

6.5.3 来自双系统群和谓词编码的 ABE

有了关于 P 的谓词编码, 我们就可以尝试使用双系统群构造一个关于 P 的 ABE 方案. 我们使用以下 ABE 构造形式:

$$\mathsf{mpk}=(g_1,g_1^{\boldsymbol{w}},e(g_1,g_1)^{\alpha}),$$

$$\mathsf{sk}_y = (g_1^r, g_1^{\mathsf{kE}(y,\alpha)+r\cdot\mathsf{rE}(y,\boldsymbol{w})}),$$

$$\mathsf{ct}_x = (g_1^s, g_1^{s\cdot\mathsf{sE}(x,\boldsymbol{w})}, e(g_1,g_1)^{\alpha s}\cdot m).$$

我们运行 $\mathsf{SampP}(1^\lambda, 1^n)$ 获取 mpk, 此时 $\boldsymbol{w}\in\mathbb{Z}_p^n$. 之后运行 $\mathsf{SampG}(\mathsf{pp})$ 生成密文中的 $(g_1^s, g_1^{s\cdot\boldsymbol{w}})$ 部分, 由此可通过线性 $\mathsf{sE}(x,\cdot)$ 计算 $(g_1^s, g_1^{s\cdot\mathsf{sE}(x,\boldsymbol{w})})$. 同理, 运行 $\mathsf{SampH}(\mathsf{pp})$ 生成私钥中的 $(g_1^r, g_1^{r\cdot\boldsymbol{w}})$ 部分, 由此可计算出 $(g_1^r, g_1^{r\cdot\mathsf{rE}(y,\boldsymbol{w})})$. 我们用 $\mathsf{msk}\leftarrow\mathbb{H}$ 替代 g_1^α.

方案 6.4 方案的具体构造如下:

- $\mathsf{Setup}(1^\lambda, 1^n)$: 输入 $(1^\lambda, 1^n)$, 先随机选取

$$(\mathsf{pp},\mathsf{sp})\leftarrow\mathsf{SampP}(1^\lambda,1^n),$$

  之后选取 $\mathsf{msk}\leftarrow\mathbb{H}$, 并输出主公钥和主私钥

$$\mathsf{mpk}=(\mathsf{pp},\mu(\mathsf{msk})),\quad \mathsf{msk}.$$

- $\mathsf{Enc}(\mathsf{mpk},x,m)$: 输入 $x\in\mathcal{X}$ 和明文 $m\in\mathbb{G}_T$, 随机选取

$$(g_0,g_1,\cdots,g_n)\leftarrow\mathsf{SampG}(\mathsf{pp};s),\quad g_T'\leftarrow\mathsf{SampGT}(\mu(\mathsf{msk});s),$$

  输出密文

$$\mathsf{ct}_x=(C_0=g_0, \boldsymbol{C}_1=\mathsf{sE}(x,(g_1,\cdots,g_n)), C'=g_T'\cdot m).$$

- $\mathsf{KeyGen}(\mathsf{mpk},\mathsf{msk},y)$: 输入 $y\in\mathcal{Y}$, 随机选取

$$(h_0,h_1,\cdots,h_n)\leftarrow\mathsf{SampH}(\mathsf{pp}),$$

  输出私钥

$$\mathsf{sk}_y=(K_0=h_0,\ \boldsymbol{K}=\mathsf{kE}(y,\mathsf{msk})\cdot\mathsf{rE}(y,(h_1,\cdots,h_n))).$$

- $\mathsf{Dec}(\mathsf{mpk},\mathsf{sk}_y,\mathsf{ct}_x)$: 计算

$$e(g_0,\mathsf{msk})\leftarrow e(C_0,\mathsf{rD}(x,y,\boldsymbol{K}_1))/e(\mathsf{sD}(x,y,\boldsymbol{C}_1),K_0),$$

  之后恢复出明文

$$m\leftarrow C'\cdot e(g_0,\mathsf{msk})^{-1}\in\mathbb{G}_T.$$

正确性. 对于所有满足 $P(x,y)=1$ 的 $(x,y)\in\mathcal{X}\times\mathcal{Y}$, 我们有

$$\begin{aligned}
e(C_0,\mathsf{rD}(x,y,\boldsymbol{K}_1)) &= e(g_0,\mathsf{rD}(x,y,\mathsf{rE}(y,(h_1,\cdots,h_n))))\\
&\quad\cdot e(g_0,\mathsf{rD}(x,y,\mathsf{kE}(y,\mathsf{msk})))\\
&= e(g_0,\mathsf{rD}(x,y,\mathsf{rE}(y,(h_1,\cdots,h_n))))\cdot e(g_0,\mathsf{msk})\\
&= \mathsf{rD}(x,y,\mathsf{rE}(y,(e(g_0,h_1),\cdots,e(g_0,h_n))))\cdot e(g_0,\mathsf{msk})\\
&= \mathsf{rD}(x,y,\mathsf{rE}(y,(e(g_1,h_0),\cdots,e(g_n,h_0))))\cdot e(g_0,\mathsf{msk})\\
&= \mathsf{sD}(x,y,\mathsf{sE}(x,(e(g_1,h_0),\cdots,e(g_n,h_0))))\cdot e(g_0,\mathsf{msk})\\
&= e(\mathsf{sD}(x,y,\mathsf{sE}(x(g_1,\cdots,g_n))),h_0)\cdot e(g_0,\mathsf{msk})\\
&= e(\mathsf{sD}(x,y,\boldsymbol{C}_1),K_0)\cdot e(g_0,\mathsf{msk}).
\end{aligned}$$

在上式的第一、二行, 我们利用了 $\mathsf{rD}(x,y,\cdot)$ 和 $e(g_0,\cdot)$ 的线性性质. 第三行和第六行则是根据 α-重构性. 在第四行和第七行中我们利用了函数 $e(g_0,\cdot),e(\cdot,h_0)$ 和 $\mathsf{sD}(x,y,\mathsf{sE}(y,\cdot))$ 均可作线性函数交换的性质. 换句话说, 给定一个 $\mathbb{Z}_p$-线性函数 $L:\mathbb{Z}_p^n\to\mathbb{Z}_p$, 可作映射 $(w_1,\cdots,w_n)\mapsto a_1w_1+\cdots+a_nw_n$, 此时我们有

$$\begin{aligned}
e(g_0,L(h_1,\cdots,h_n)) &= e(g_0,h_1^{a_1}\cdots h_n^{a_n})\\
&= e(g_0,h_1)^{a_1}\cdots e(g_0,h_n)^{a_n}\\
&= L(e(g_0,h_1),\cdots,e(g_0,h_n)).
\end{aligned}$$

在第五行, 我们利用了双系统群中的结合律. 最终, 通过仿射性得到 $g_T'=e(g_0,\mathsf{msk})$, 正确性由此得证.

安全性. 我们证明以下定理.

定理 6.2　*基于左右子群的不可区分性, 6.4 节描述的 ABE 方案是自适应安全的.*

证明　该证明基于一系列不可区分的博弈游戏, 如表 6.1 所示, 该表列出了在半功能空间中定义的一系列游戏. 不考虑来自 SampG, SampH 的普通部分和密文 C' 中的 $e(g_0,\mathsf{msk})$ 以及私钥 sk_y 中的 $\mathsf{kE}(y,\mathsf{msk})$. 我们把相邻两个游戏中的不同部分画框标注出来, 且游戏 $\mathsf{Game}_{2,i,x}$ 针对第 i 个私钥询问. 密钥中半功能分量的转化是由 $(h^*)^{\mathsf{kE}(y,0)}$ 到 $(h^*)^{\mathsf{kE}(y,\alpha)}$ 的, 在最后一步转化中, 我们依据的是给定 $\mathsf{msk}\cdot(h^*)^{\alpha}$, $e(\hat{g}_0,\mathsf{msk})$ 在概率统计上服从随机分布.

接下来具体讲解证明过程, 我们首先定义两个辅助算法和半功能辅助分布.

表 6.1 "半功能" 空间中的一系列游戏

游戏	密文 $(C_0,\boldsymbol{C}_1,C')$	密钥 $(K_0,\boldsymbol{K}_1)$	依据
0	$(1,\mathbf{1},1)$	$(1,(h^*)^{\mathsf{kE}(y,0)}\cdot\mathbf{1})$	$\mathbf{1}=(h^*)^{\mathsf{kE}(y,0)}$
1	$\boxed{(\hat{g}_0,\mathsf{sE}(x,\hat{\boldsymbol{g}}),e(\hat{g}_0,\mathsf{msk}))}$	$(1,(h^*)^{\mathsf{kE}(y,0)}\cdot\mathbf{1})$	左子群不可区分性
$2.i.1$	$(\hat{g}_0,\mathsf{sE}(x,\hat{\boldsymbol{g}}),e(\hat{g}_0,\mathsf{msk}))$	$(\boxed{\hat{h}_0},(h^*)^{\mathsf{kE}(y,0)}\cdot\boxed{\mathsf{rE}(y,\hat{\boldsymbol{h}})})$	右子群不可区分性
$2.i.2$	$(\hat{g}_0,\mathsf{sE}(x,\hat{\boldsymbol{g}}),e(\hat{g}_0,\mathsf{msk}))$	$(\hat{h}_0,\boxed{(h^*)^{\mathsf{kE}(y,\alpha)}}\cdot\mathsf{rE}(y,\hat{\boldsymbol{h}}))$	α-隐私性
$2.i.3$	$(\hat{g}_0,\mathsf{sE}(x,\hat{\boldsymbol{g}}),e(\hat{g}_0,\mathsf{msk}))$	$(\boxed{1},(h^*)^{\mathsf{kE}(y,\alpha)}\cdot\boxed{\mathbf{1}})$	右子群不可区分性
3	$(\hat{g}_0,\mathsf{sE}(x,\hat{\boldsymbol{g}}),\boxed{\text{random}})$	$(1,(h^*)^{\mathsf{kE}(y,\alpha)}\cdot\mathbf{1})$	

辅助算法. 我们考虑下列算法:

$\widehat{\mathsf{Enc}}(\mathsf{pp},x,m;\mathsf{msk},\boldsymbol{t})$: 输入 $x\in\mathcal{X},m\in\mathbb{G}_T$ 和 $\boldsymbol{t}=(T_0,T_1,\cdots,T_n)\in\mathbb{G}^{n+1}$, 输出

$$\mathsf{ct}_x=(T_0,\mathsf{sE}(x,(T_1,\cdots,T_n)),e(T_0,\mathsf{msk})\cdot m).$$

$\widehat{\mathsf{KeyGen}}(\mathsf{pp},\mathsf{msk}',y;\boldsymbol{t})$: 输入 $\mathsf{msk}'\in\mathbb{H},y\in\mathcal{Y}$ 和 $\boldsymbol{t}=(T_0,T_1,\cdots,T_n)\in\mathbb{H}^{n+1}$, 输出

$$\mathsf{sk}_y=\big(T_0,\mathsf{kE}(y,\mathsf{msk}')\cdot\mathsf{rE}(y,(T_1,\cdots,T_n))\big).$$

为了表述方便, 在接下来的证明中, 我们令 $\mathsf{sE}(x,\boldsymbol{t})$ 表示 $\mathsf{sE}(x,(T_1,\cdots,T_n))$, $\mathsf{rE}(y,\boldsymbol{t})$ 表示 $\mathsf{rE}(x,(T_1,\cdots,T_n))$.

半功能辅助分布. 我们考虑下列关于密文和密钥的分布:

- 半功能主私钥:

$$\widehat{\mathsf{msk}}=\mathsf{msk}\cdot(h^*)^{\alpha},$$

  这里 $\boxed{\alpha\leftarrow\mathbb{Z}_p}$.

- 半功能密文:

$$\widehat{\mathsf{Enc}}(\mathsf{pp},x,m;\mathsf{msk},\boxed{\boldsymbol{g}\cdot\hat{\boldsymbol{g}}}),$$

  这里 $\boxed{\boldsymbol{g}\leftarrow\mathsf{SampG}(\mathsf{pp}),\hat{\boldsymbol{g}}\leftarrow\widehat{\mathsf{SampG}}(\mathsf{pp},\mathsf{sp})}$.

- 伪普通密钥:

$$\widehat{\mathsf{KeyGen}}(\mathsf{pp},\mathsf{msk},y;\boxed{\boldsymbol{h}\cdot\hat{\boldsymbol{h}}}),$$

  这里每生成一个密钥都必须选取新的 $\boxed{\boldsymbol{h}\leftarrow\mathsf{SampH}(\mathsf{pp}),\hat{\boldsymbol{h}}\leftarrow\widehat{\mathsf{SampH}}(\mathsf{pp},\mathsf{sp})}$.

- 伪半功能密钥:

$$\widehat{\mathsf{KeyGen}}(\mathsf{pp},\boxed{\widehat{\mathsf{msk}}},y;\boldsymbol{h}\cdot\hat{\boldsymbol{h}}),$$

  这里每生成一个密钥都要选取新的 $\boldsymbol{h}\leftarrow\mathsf{SampH}(\mathsf{pp}),\hat{\boldsymbol{h}}\leftarrow\widehat{\mathsf{SampH}}(\mathsf{pp},\mathsf{sp})$.

- 半功能私钥:

$$\widehat{\mathsf{KeyGen}}(\mathsf{pp}, \widehat{\mathsf{msk}}, y; \boxed{\boldsymbol{h}}),$$

这里每生成一个密钥都必须选取新的 $\boxed{\boldsymbol{h} \leftarrow \mathsf{SampH}(\mathsf{pp})}$. 需要注意的是, 半功能密钥生成算法和普通密钥生成算法之间的唯一区别就是前者以 $\widehat{\mathsf{msk}}$ 为输入, 而后者以 msk 为输入.

游戏次序. 本节提出一系列不可区分的游戏, 定义 $\mathsf{Adv}_{xx}(\lambda)$ 为 Game_{xx} 中敌手 $\mathcal{A}$ 的优势.

- Game_0: 真实的安全性游戏.
- Game_1: 除了挑战密文是半功能密文, 其他均与 Game_0 相同.
- $\mathsf{Game}_{2,i,1}$: 对于所有的 $i = 1, \cdots, q$, 除了要求前 $i-1$ 个密钥是半功能密钥、第 i 个密钥是伪普通密钥以及后面的 $q-i$ 个密钥是普通密钥之外, $\mathsf{Game}_{2,i,1}$ 与 Game_1 相同.
- $\mathsf{Game}_{2,i,2}$: 对于所有的 $i = 1, \cdots, q$, 除了要求前 $i-1$ 个私钥是半功能密钥、第 i 个私钥是伪半功能密钥以及后面的 $q-i$ 个密钥是普通密钥之外, $\mathsf{Game}_{2,i,2}$ 与 Game_1 相同.
- $\mathsf{Game}_{2,i,3}$: 对于所有的 $i = 1, \cdots, q$, 除了要求前 i 个密钥是半功能密钥而后面的 $q-i$ 个密钥是普通密钥之外, $\mathsf{Game}_{2,i,3}$ 与 Game_1 相同.
- Game_3: 对于所有的 $i = 1, \cdots, q$, 除了要求挑战密文是半功能密文且对应 $\mathbb{G}_T$ 中的一个随机明文之外, Game_3 与 $\mathsf{Game}_{2,q,3}$ 相同.

在 Game_3 中, 对于敌手来说挑战比特值 b 的选取是与其本身无关的, 因此 $\mathsf{Adv}_3(\lambda) = 0$. 下面我们会通过证明一系列引理来完成安全性证明. 这里引理 6.9、引理 6.10、引理 6.12、引理 6.13 的证明省略, 因为它们的证明与文献 [29] 中对应引理的证明相同.

引理 6.9 ($\mathsf{Game}_0 \overset{c}{\approx} \mathsf{Game}_1$) *基于左子群不可区分性, 有 Game_0 和 Game_1 是计算不可区分的.*

引理 6.10 ($\mathsf{Game}_{2,i-1,3} \overset{c}{\approx} \mathsf{Game}_{2,i,1}$) *基于右子群不可区分性, 对于所有的 $i = 1, \cdots, q$, 有 $\mathsf{Game}_{2,i-1,3}$ 和 $\mathsf{Game}_{2,i,1}$ 是计算不可区分的.*

引理 6.11 ($\mathsf{Game}_{2,i,1} \overset{c}{\approx} \mathsf{Game}_{2,i,2}$) *对于所有的 $i = 1, \cdots, q$, 有 $\mathsf{Game}_{2,i,1}$ 和 $\mathsf{Game}_{2,i,2}$ 是统计不可区分的.*

证明 因为 $\mathsf{Game}_{2,i,1}$ 与 $\mathsf{Game}_{2,i,2}$ 之间唯一的不同点在于针对第 i 次密钥询问, 前者将 msk 作为输入, 而后者将 $\widehat{\mathsf{msk}}$ 作为输入, 其中 $\mathsf{msk} \leftarrow \mathbb{H}, \alpha \leftarrow \mathbb{Z}_p, \widehat{\mathsf{msk}} = \mathsf{msk} \cdot (h^*)^\alpha$. 因此, 我们可以作出如下断言.

对于所有的 $\alpha, x \in \mathcal{X}, y \in \mathcal{Y}$, 其中 $P(x, y) = 0$, 下列分布是相同的:

$$\{\mathsf{pp}, \mathsf{msk}, (h^*)^\alpha, \widehat{\mathsf{Enc}}(\mathsf{pp}, x, m_\beta; \mathsf{msk}, \boldsymbol{g} \cdot \hat{\boldsymbol{g}}), \widehat{\mathsf{KeyGen}}(\mathsf{pp}, \boxed{\mathsf{msk}}, y; \boldsymbol{h} \cdot \hat{\boldsymbol{h}})\},$$

$$\{\mathsf{pp}, \mathsf{msk}, (h^*)^\alpha, \widehat{\mathsf{Enc}}(\mathsf{pp}, x, m_\beta; \mathsf{msk}, \boldsymbol{g}\cdot\hat{\boldsymbol{g}}), \widehat{\mathsf{KeyGen}}(\mathsf{pp}, \boxed{\mathsf{msk}\cdot(h^*)^\alpha}, y; \boldsymbol{h}\cdot\hat{\boldsymbol{h}})\}.$$

我们稍后证明这个断言, 首先介绍如何根据它来证明本引理. 给定 $(\mathsf{pp}, \mathsf{msk}, (h^*)^\alpha)$, 我们可以输出 $\mathsf{mpk} = (\mathsf{pp}, \mu(\mathsf{msk}))$, 并以如下形式:

$$\widehat{\mathsf{KeyGen}}(\mathsf{pp}, \mathsf{msk}\cdot(h^*)^\alpha, y; \mathsf{SampH}(\mathsf{pp})), \quad \widehat{\mathsf{KeyGen}}(\mathsf{pp}, \mathsf{msk}, y; \mathsf{SampH}(\mathsf{pp}))$$

分别生成前 $i-1$ 个半功能密钥和后 $q-i$ 个普通密钥.

根据之前的断言可以证明 $\mathsf{Game}_{2,i,1}$ 与 $\mathsf{Game}_{2,i,2}$ 是统计不可区分的. 我们注意到即使敌手在看到挑战密文 ct_{x^*} 之后可以自适应地询问 y 对应的密钥, 或者敌手在看到 sk_y 之后才会选取挑战属性 x^*, 这个结论也依然是成立的. 下面我们来证明这个断言.

证明 由线性性可得

$$\widehat{\mathsf{Enc}}(\mathsf{pp}, x, m_\beta; \mathsf{msk}, \boldsymbol{g}\cdot\hat{\boldsymbol{g}}) = \widehat{\mathsf{Enc}}(\mathsf{pp}, x, m_\beta; \mathsf{msk}, \boldsymbol{g})\cdot\widehat{\mathsf{Enc}}(\mathsf{pp}, x, 1; \mathsf{msk}, \hat{\boldsymbol{g}}),$$

$$\widehat{\mathsf{KeyGen}}(\mathsf{pp}, \mathsf{msk}, y; \boldsymbol{h}\cdot\hat{\boldsymbol{h}}) = \widehat{\mathsf{KeyGen}}(\mathsf{pp}, \mathsf{msk}, y; \boldsymbol{h})\cdot\widehat{\mathsf{KeyGen}}(\mathsf{pp}, 1, y; \hat{\boldsymbol{h}}),$$

$$\widehat{\mathsf{KeyGen}}(\mathsf{pp}, \mathsf{msk}\cdot(h^*)^\alpha, y; \boldsymbol{h}\cdot\hat{\boldsymbol{h}}) = \widehat{\mathsf{KeyGen}}(\mathsf{pp}, \mathsf{msk}, y; \boldsymbol{h})\cdot\widehat{\mathsf{KeyGen}}(\mathsf{pp}, (h^*)^\alpha, y; \hat{\boldsymbol{h}}).$$

由此可知, 我们只需证明

$$\{\mathsf{pp}, \mathsf{msk}, (h^*)^\alpha, \widehat{\mathsf{Enc}}(\mathsf{pp}, x, 1; \mathsf{msk}, \hat{\boldsymbol{g}}), \widehat{\mathsf{KeyGen}}(\mathsf{pp}, \boxed{1}, y; \hat{\boldsymbol{h}})\},$$

$$\{\mathsf{pp}, \mathsf{msk}, (h^*)^\alpha, \widehat{\mathsf{Enc}}(\mathsf{pp}, x, 1; \mathsf{msk}, \hat{\boldsymbol{g}}), \widehat{\mathsf{KeyGen}}(\mathsf{pp}, \boxed{(h^*)^\alpha}, y; \hat{\boldsymbol{h}})\}$$

这两个分布是相同的即可.

根据双系统群的参数隐藏性, 我们可以用 $(\mathsf{pp}, h^*, \hat{\boldsymbol{g}}\cdot\hat{\boldsymbol{g}}', \hat{\boldsymbol{h}}\cdot\hat{\boldsymbol{h}}')$ 代替 $(\mathsf{pp}, h^*, \hat{\boldsymbol{g}}, \hat{\boldsymbol{h}})$. 如此一来, 我们只需证明

$$\{\mathsf{pp}, \mathsf{msk}, (h^*)^\alpha, \widehat{\mathsf{Enc}}(\mathsf{pp}, x, 1; \mathsf{msk}, \hat{\boldsymbol{g}}\cdot\hat{\boldsymbol{g}}'), \widehat{\mathsf{KeyGen}}(\mathsf{pp}, \boxed{1}, y; \hat{\boldsymbol{h}}\cdot\hat{\boldsymbol{h}}')\},$$

$$\{\mathsf{pp}, \mathsf{msk}, (h^*)^\alpha, \widehat{\mathsf{Enc}}(\mathsf{pp}, x, 1; \mathsf{msk}, \hat{\boldsymbol{g}}\cdot\hat{\boldsymbol{g}}'), \widehat{\mathsf{KeyGen}}(\mathsf{pp}, \boxed{(h^*)^\alpha}, y; \hat{\boldsymbol{h}}\cdot\hat{\boldsymbol{h}}')\}$$

这两个分布相同. 此时, 我们可以展开 $\widehat{\mathsf{Enc}}$ 和 $\widehat{\mathsf{KeyGen}}$ 的表达式:

$$\begin{aligned}\widehat{\mathsf{Enc}}(\mathsf{pp}, x, 1; \mathsf{msk}, \hat{\boldsymbol{g}}\cdot\hat{\boldsymbol{g}}') &= (\hat{g}_0, \mathsf{sE}(x, \hat{\boldsymbol{g}})\cdot\mathsf{sE}(x, \hat{\boldsymbol{g}}'), e(\hat{g}_0, \mathsf{msk}))\\ &= (\hat{g}_0, \mathsf{sE}(x, \hat{\boldsymbol{g}})\cdot\hat{g}_0^{\mathsf{sE}(x,\boldsymbol{u})}, e(\hat{g}_0, \mathsf{msk})),\end{aligned}$$

这里 $\boldsymbol{u}$ 表示向量 $\boldsymbol{u} = (u_1, \cdots, u_n)$, 因此 $\mathsf{sE}(x, \hat{\boldsymbol{g}}') = \mathsf{sE}(x, \hat{g}_0^{\boldsymbol{u}}) = \hat{g}_0^{\mathsf{sE}(x,\boldsymbol{u})}$;

$$\widehat{\mathsf{KeyGen}}(\mathsf{pp}, 1, y; \hat{\boldsymbol{h}}\cdot\hat{\boldsymbol{h}}') = (\hat{h}_0, \mathsf{rE}(y, \hat{\boldsymbol{h}})\cdot\hat{h}_0^{\mathsf{rE}(y,\boldsymbol{u})}),$$

$$\widehat{\mathsf{KeyGen}}(\mathsf{pp},(h^*)^\alpha,y;\hat{\boldsymbol{h}}\cdot\hat{\boldsymbol{h}}')=(\hat{h}_0,\mathsf{kE}(y,(h^*)^\alpha)\cdot\mathsf{rE}(y,\hat{\boldsymbol{h}})\cdot\hat{h}_0^{\mathsf{rE}(y,\boldsymbol{u})}).$$

因为在群中 h^* 是由 $\hat{h}_0$ 生成的, 所以存在 $\alpha'\in\mathbb{Z}_p$, 使得 $\mathsf{kE}(y,(h^*)^\alpha)=\mathsf{kE}(y,(\hat{h}_0)^{\alpha'})=\hat{h}_0^{\mathsf{kE}(y,\alpha')}$; 我们根据 α'-隐私性可知, $\mathsf{rE}(y,\boldsymbol{u})$ 的分布与 $\mathsf{kE}(y,\alpha')+\mathsf{rE}(y,\boldsymbol{u})$ 的分布相同, 由此得证.

引理 6.12 ($\mathsf{Game}_{2,i,2}\overset{c}{\approx}\mathsf{Game}_{2,i,3}$) 基于右子群不可区分性, 对于所有的 $i=1,\cdots,q$, 有 $\mathsf{Game}_{2,i,2}$ 和 $\mathsf{Game}_{2,i,3}$ 是计算不可区分的.

引理 6.13 ($\mathsf{Game}_{2,q,3}\overset{c}{\approx}\mathsf{Game}_3$) $\mathsf{Game}_{2,q,3}$ 和 Game_3 是统计不可区分的.

6.5.4 ABE 谓词编码示例

完成安全性分析之后, 接下来将给出相应的 ABE 谓词编码实例. 首先我们使用 (单调) 扩张空间程序语言来定义 (单调) 访问结构[32].

定义 6.6 (访问结构[32]) 一个属性集 $[n]$ 的 (单调) 访问结构为 $(\boldsymbol{M},\rho)$, 其中 $\boldsymbol{M}$ 是 $\mathbb{Z}_p$ 上的 $l\times l$ 矩阵, $\rho:[l]\to[n]$. 给定 $\boldsymbol{x}=(x_1,\cdots,x_n)\in\{0,1\}^n$, 我们称 $\boldsymbol{x}$ 满足访问结构 $(\boldsymbol{M},\rho)$ 当且仅当 $\mathbf{1}^{\mathrm{T}}\in\mathrm{span}\langle\boldsymbol{M}_{\boldsymbol{x}}\rangle$, 这里 $\mathbf{1}^{\mathrm{T}}=(1,0,\cdots,0)\in\mathbb{Z}^{1\times l'}$ 是一个行向量; $\boldsymbol{M}_{\boldsymbol{x}}$ 表示向量集合 $\{\boldsymbol{M}_j:x_{\rho(j)}=1\}$, 其中 $\boldsymbol{M}_j$ 表示矩阵 $\boldsymbol{M}$ 的第 j 行; span 表示 (行) 向量集合在 $\mathbb{Z}_p$ 上的线性扩张空间.

也就是说, $\boldsymbol{x}$ 满足访问结构 $(\boldsymbol{M},\rho)$ 当且仅当存在常数 $w_1,\cdots,w_l\in\mathbb{Z}_p$, 使得

$$\sum_{j:x_{\rho(j)}=1}w_j\boldsymbol{M}_j=\mathbf{1}^{\mathrm{T}}.\tag{6.1}$$

注意, 利用高斯消元法, 常数 $\{\omega_j\}$ 可在多项式时间内计算出来 (具体时间与矩阵 $\boldsymbol{M}$ 的尺寸相关). 为了实现完全 α-隐私性, 需要添加一个一次性使用限制, 即 ρ 是一个排列映射且 $l=n$. 通过重排序 $\boldsymbol{M}$ 的行向量, 我们便可以不失一般性地假定 ρ 为标识映射.

举例 6.4 (KP-ABE 谓词) 考虑 KP-ABE 谓词, 即

$$\mathcal{X}=\{0,1\}^l,\quad \mathcal{Y}=\mathbb{Z}_p^{l\times l'},\quad \mathsf{P}(\boldsymbol{x},\boldsymbol{M})=1\ \text{当且仅当}\ \boldsymbol{x}\ \text{满足}\ \boldsymbol{M}.$$

令 $(\boldsymbol{w},\boldsymbol{u})\in\mathbb{Z}_p^l\times\mathbb{Z}_p^{l'-1}$, 对应的 KP-ABE 谓词编码如下:

$$\mathsf{sE}(\boldsymbol{x},(\boldsymbol{w},\boldsymbol{u}))=(x_1w_1,\cdots,x_lw_l)\in\mathbb{Z}_p^l,$$

$$\mathsf{rE}(\boldsymbol{M},(\boldsymbol{w},\boldsymbol{u}))=\left(\boldsymbol{M}_1\begin{pmatrix}0\\\boldsymbol{u}\end{pmatrix}+w_1,\cdots,\boldsymbol{M}_l\begin{pmatrix}0\\\boldsymbol{u}\end{pmatrix}+w_l\right)\in\mathbb{Z}_p^l,$$

$$\mathsf{kE}(\boldsymbol{M},\alpha)=\left(\boldsymbol{M}_1\begin{pmatrix}\alpha\\\mathbf{0}\end{pmatrix},\cdots,\boldsymbol{M}_l\begin{pmatrix}\alpha\\\mathbf{0}\end{pmatrix}\right)\in\mathbb{Z}_p^l,$$

$$\mathsf{sD}(\boldsymbol{x},\boldsymbol{M},\boldsymbol{c})=\sum_{j=1}^{l}\omega_j c_j,$$

$$\mathsf{rD}(\boldsymbol{x},\boldsymbol{M},\boldsymbol{d})=\sum_{j=1}^{l}x_j\omega_j d_j,$$

其中 $\omega_1,\cdots,\omega_l$ 的计算如公式 (6.1) 所示.

正确性. 假设 $\mathsf{P}(\boldsymbol{x},\boldsymbol{M})=1$, 注意到

$$\mathsf{rD}(\boldsymbol{x},\boldsymbol{M},\mathsf{kE}(\boldsymbol{M},\alpha))=\mathbf{1}^{\mathrm{T}}\begin{pmatrix}\alpha\\ \mathbf{0}\end{pmatrix}=\alpha,$$

$$\begin{aligned}\mathsf{rD}(\boldsymbol{x},\boldsymbol{M},\mathsf{rE}(\boldsymbol{M},(\boldsymbol{w},\boldsymbol{u})))&=\mathbf{1}^{\mathrm{T}}\begin{pmatrix}0\\ \boldsymbol{u}\end{pmatrix}+\sum_{j=1}^{l}x_j\omega_j w_j=\sum_{j=1}^{l}x_j\omega_j w_j\\&=\mathsf{sD}(\boldsymbol{x},\boldsymbol{M},\mathsf{sE}(\boldsymbol{x},(\boldsymbol{w},\boldsymbol{u}))).\end{aligned}$$

隐私性. 假设 $\mathsf{P}(\boldsymbol{x},\boldsymbol{M})=0$, 则有

$$\mathsf{sE}(\boldsymbol{x},(\boldsymbol{w},\boldsymbol{u}))=(x_1w_1,\cdots,x_lw_l),$$

$$\mathsf{rE}(\boldsymbol{M},(\boldsymbol{w},\boldsymbol{u}))+\mathsf{kE}(\boldsymbol{M},\alpha)=\left(\boldsymbol{M}_1\begin{pmatrix}\alpha\\ \boldsymbol{u}\end{pmatrix}+w_1,\cdots,\boldsymbol{M}_l\begin{pmatrix}\alpha\\ \boldsymbol{u}\end{pmatrix}+w_l\right).$$

根据以下事实可保证隐私性成立:

- 由于 $\mathbf{1}^{\mathrm{T}}\notin\mathrm{span}\langle\boldsymbol{M}_{\boldsymbol{x}}\rangle$, $\left\{\boldsymbol{M}_j\begin{pmatrix}\alpha\\ \boldsymbol{u}\end{pmatrix}:x_j=1\right\}$ 不会泄露关于 α 的任何信息;
- w_j 隐藏了 $\left\{\boldsymbol{M}_j\begin{pmatrix}\alpha\\ \boldsymbol{u}\end{pmatrix}:x_j=0\right\}$ 的信息.

举例 6.5 (CP-ABE 谓词) 考虑 CP-ABE 谓词, 即

$$\mathcal{X}=\mathbb{Z}_p^{l\times l'},\quad \mathcal{Y}=\{0,1\}^l,\quad \mathsf{P}(\boldsymbol{M},\boldsymbol{x})=1 \text{ 当且仅当 } \boldsymbol{x} \text{ 满足 } \boldsymbol{M}.$$

令 $(\boldsymbol{w},\boldsymbol{u},u_0')\in\mathbb{Z}_p^l\times\mathbb{Z}_p^{l'-1}\times\mathbb{Z}_p$, 对应的 CP-ABE 谓词编码如下:

$$\mathsf{sE}(\boldsymbol{M},(\boldsymbol{w},\boldsymbol{u},u_0'))=\left(w_1+\boldsymbol{M}_1\begin{pmatrix}u_0'\\ \boldsymbol{u}\end{pmatrix},\cdots,w_l+\boldsymbol{M}_l\begin{pmatrix}u_0'\\ \boldsymbol{u}\end{pmatrix}\right)\in\mathbb{Z}_p^l,$$

$$\mathsf{rE}(\boldsymbol{x},(\boldsymbol{w},\boldsymbol{u},u_0'))=(u_0',x_1w_1,\cdots,x_lw_l)\in\mathbb{Z}_p^{l+1},$$

$$\mathsf{kE}(\boldsymbol{x},\alpha)=(\alpha,\boldsymbol{0})\in\mathbb{Z}_p^l,$$

$$\mathsf{sD}(\boldsymbol{M},\boldsymbol{x},\boldsymbol{c})=\sum_{j=1}^{l}x_j\omega_jc_j,$$

$$\mathsf{rD}(\boldsymbol{M},\boldsymbol{x},(d',\boldsymbol{d}))=d'+\sum_{j=1}^{l}\omega_j,d_j,$$

其中 $\omega_1,\cdots,\omega_l$ 的计算如公式 (6.1) 所示.

正确性. 假设 $\mathsf{P}(\boldsymbol{M},\boldsymbol{x})=1$, 注意到

$$\mathsf{rD}(\boldsymbol{M},\boldsymbol{x},\mathsf{kE}(\boldsymbol{x},\alpha))=\alpha+\sum_{j=1}^{l}\omega_j\cdot 0=\alpha,$$

$$\begin{aligned}\mathsf{rD}(\boldsymbol{M},\boldsymbol{x},\mathsf{rE}(\boldsymbol{x},(\boldsymbol{w},\boldsymbol{u},u_0')))&=u_0'+\sum_{j=1}^{l}x_j\omega_jw_j=\boldsymbol{1}^{\mathrm{T}}\begin{pmatrix}u_0'\\ \boldsymbol{u}\end{pmatrix}+\sum_{j=1}^{l}x_j\omega_jw_j\\&=\mathsf{sD}(\boldsymbol{M},\boldsymbol{x},\mathsf{sE}(\boldsymbol{M},(\boldsymbol{w},\boldsymbol{u},u_0'))).\end{aligned}$$

隐私性. 假设 $\mathsf{P}(\boldsymbol{M},\boldsymbol{x})=0$, 则有

$$\mathsf{sE}(\boldsymbol{M},(\boldsymbol{w},\boldsymbol{u},u_0'))=\left(\boldsymbol{M}_1\begin{pmatrix}u_0'\\ \boldsymbol{u}\end{pmatrix}+w_1,\cdots,\boldsymbol{M}_l\begin{pmatrix}u_0'\\ \boldsymbol{u}\end{pmatrix}+w_l\right),$$

$$\mathsf{rE}(\boldsymbol{x},(\boldsymbol{w},\boldsymbol{u},u_0'))+\mathsf{kE}(\boldsymbol{x},\alpha)=(u_0'+\alpha,x_1w_1,\cdots,x_lw_l).$$

根据以下事实可保证隐私性成立:

- u_0' 隐藏了 α;
- 由于 $\boldsymbol{1}^{\mathrm{T}}\notin\mathrm{sapn}\langle\boldsymbol{M}_{\boldsymbol{x}}\rangle$, $\left\{\boldsymbol{M}_j\begin{pmatrix}u_0'\\ \boldsymbol{u}\end{pmatrix}:x_j=1\right\}$ 不会泄露关于 u_0' 的任何信息;
- w_j 隐藏了 $\left\{\boldsymbol{M}_j\begin{pmatrix}u_0'\\ \boldsymbol{u}\end{pmatrix}:x_j=0\right\}$ 的信息.

第三部分
属性基加密的高级构建技术

第 7 章　基于格的构建技术

近年来, 量子计算机的出现使得当下需要安全性更高的密码系统来保障信息的有效传输、存储和应用. 量子计算机以其自身独有的优势, 可以快速进行计算和分解, 使得目前基于数学困难问题的密码系统受到了很大的挑战. 格密码是被公认的能抵抗量子计算机攻击的密码系统, 目前尚未发现量子多项式内破译格中困难问题的算法. 格密码属于后量子密码学的一种. 后量子密码学可以分为四种, 分别为: 基于格的公钥密码[33]、基于线性纠错码的公钥密码、基于多变量多项式方程组的公钥密码、基于哈希函数的公钥密码.

大部分的属性密码体制中的可证明安全问题都是基于双线性对来证明的. 双线性对的运算复杂繁多, 当密码学中引入了格理论后, 便会简化这些复杂计算. 格密码系统使用的是简单的线性代数运算, 因此计算效率能够得到提高[34,35].

利用格理论来设计密码系统在很早之前就已经出现, 最初很多密码系统是利用格中的最短向量问题 (Shortest Vector Problem, SVP) 和最近向量问题 (Closest Vector Problem, CVP) 来构造的[36,37]. 格理论构造的密码系统虽然在运行和计算效率上超过了传统的利用因式分解和离散对数困难问题的密码系统[38], 但是, 格密码系统的安全性分析相对于传统密码系统来说要更为复杂, 且在安全证明上的发展不如这些密码系统成熟. 因此, 格密码现在更多的处于理论研究上[39-43]. Zhang 等[44] 提出了一种基于格的 CP-ABE 方案, 该方案支持对布尔属性的灵活阈值访问策略, 在不增加公钥和密文大小的情况下对其进行扩展以支持多值属性.

7.1　格基本理论

本节中, 我们将先给出关于格 (Lattice) 的相关概念介绍, 为后面理解基于格的密码技术夯实基础. 格类似于向量空间, 格的基是由整数线性组合构成的, 向量空间则是利用实数组合构成的.

定义 7.1 (格)　*格是一组线性无关向量的全部整数组合,* $L=\{a_1\boldsymbol{v}_1+a_2\boldsymbol{v}_2+\cdots+a_n\boldsymbol{v}_n\colon a_1,a_2,\cdots,a_n\in\mathbb{Z}\}$, *其中* $\boldsymbol{v}_1,\boldsymbol{v}_2,\cdots,\boldsymbol{v}_n\in\mathbb{R}^m$, *这组向量也称为格基, 它可以看作是* $n\times m$ *的矩阵. 如果单独定义格, 则格可以定义为* $\mathbb{R}^m$ *下的离散加法子群.*

密码方案构造大部分都是建立在模格上的, 模格是一种特殊形式的整数格, 是对每一个坐标模素整数 q 得到的.

定义 7.2 (模格) 任给一个矩阵 $\boldsymbol{A} \in \mathbb{Z}_q^{n\times m}$ 和一个向量 $\boldsymbol{u} \in Z_q^n$, 定义

$$\Lambda_q(\boldsymbol{A}) = \{\boldsymbol{e} \in \mathbb{Z}^m : \exists \boldsymbol{s} \in \mathbb{Z}_q^n \text{ 且满足 } \boldsymbol{A}^{\mathrm{T}}\boldsymbol{s} = \boldsymbol{e} \bmod q\},$$

$$\Lambda_q^{\perp}(\boldsymbol{A}) = \{\boldsymbol{e} \in \mathbb{Z}^m : \boldsymbol{A}\boldsymbol{e} = \boldsymbol{0} \bmod q\}.$$

这个格包含所有模 q 与 $\boldsymbol{A}$ 的行正交的向量. 此外定义

$$\Lambda_q^{\boldsymbol{u}}(\boldsymbol{A}) = \{\boldsymbol{e} \in \mathbb{Z}^m : \boldsymbol{A}\boldsymbol{e} = \boldsymbol{u} \bmod q\}$$

是 $\Lambda_q^{\perp}(\boldsymbol{A})$ 的一个陪集, 并且给定一个向量 $\boldsymbol{u} \in \mathbb{Z}_q^n$, 上面的集合满足以下等式:

$$\Lambda_q^{\boldsymbol{u}}(\boldsymbol{A}) = \boldsymbol{t} + \Lambda_q^{\perp}(\boldsymbol{A}),$$

其中 $\boldsymbol{t}$ 是方程 $\boldsymbol{A}\boldsymbol{t} = \boldsymbol{u} \bmod q$ 在 $\mathbb{Z}$ 上的任一解.

定义 7.3 (格上的高斯函数) 对任意向量 $\boldsymbol{c} \in \mathbb{R}^m$ 和任意正数 $\sigma \in \mathbb{R} > 0$, 以 $\boldsymbol{c}$ 为中心, σ 为标准差的高斯函数定义为

$$\forall \boldsymbol{x} \in \mathbb{R}^m, \quad \rho_{\sigma,\boldsymbol{c}}(\boldsymbol{x}) = \exp\left(-\pi \frac{\|\boldsymbol{x} - \boldsymbol{c}\|^2}{\sigma^2}\right). \tag{7.1}$$

对于 m 维格 $\Lambda \in \mathbb{R}^m$ 的离散高斯分布定义:

$$\forall \boldsymbol{x} \in \Lambda, \quad D_{\Lambda,\sigma,\boldsymbol{c}}(\boldsymbol{x}) = \frac{\rho_{\sigma,\boldsymbol{c}}(\boldsymbol{x})}{\rho_{\sigma,\boldsymbol{c}}(\Lambda)}, \tag{7.2}$$

其中 $\rho_{\sigma,\boldsymbol{c}}(\Lambda) = \sum_{\boldsymbol{x}\in\Lambda} \rho_{\sigma,\boldsymbol{c}}(\boldsymbol{x})$, $D_{\Lambda,\sigma,\boldsymbol{c}}$ 称为格 Λ 上的离散高斯分布. 通常, 当 $\boldsymbol{c} = \boldsymbol{0}$ 时, $\rho_{\sigma,\boldsymbol{0}}$ 和 $D_{\Lambda,\sigma,\boldsymbol{0}}$ 被简记为 ρ_σ 和 $D_{\Lambda,\sigma}$.

$\|\boldsymbol{x} - \boldsymbol{c}\|$ 表示 $\boldsymbol{x} - \boldsymbol{c}$ 中最长向量的欧几里得范数, 本节同.

引理 7.1 令 $q \geqslant 3$ 为奇数, $m = \lceil 6n \log q \rceil$. 则存在一个 PPT 算法 TrapGen (q, n) 输出矩阵 $(\boldsymbol{A}, \boldsymbol{S}) \in \mathbb{Z}_q^{n\times m} \times \mathbb{Z}_q^{m\times m}$, 且满足 $\boldsymbol{A}$ 和 $\mathbb{Z}_q^{n\times m}$ 上均匀选取的矩阵在统计上是接近的, $\boldsymbol{S}$ 是 $\Lambda_q^{\perp}(\boldsymbol{A})$ 的一组基, 满足

$$\|\bar{\boldsymbol{S}}\| \leqslant \mathcal{O}(\sqrt{n \log q}) \quad \text{和} \quad \|\boldsymbol{S}\| \leqslant \mathcal{O}(n \log q),$$

这里, 算法输出不满足上述条件的概率是关于 n 可忽略的.

下面介绍格上的重要困难问题: 基于格的密码系统的安全性就依赖于解决这些问题的困难性.

首先介绍一个基于格的困难问题: 容错学习 (Learning with Error, LWE) 问题. LWE 是 2005 年由 Regev 提出的, 目前许多密码体制都是基于 LWE 问题设计的[37,45]. 为了介绍 LWE 问题, 我们首先介绍下面的概率分布: 给定一个实数

$\alpha = \alpha(n) \in [0,1]$, $\alpha q > 2\sqrt{m}$, $T = R/\mathbb{Z}$ 记为 $[0,1)$ 上的一个实数群, 定义 Ψ_α 为 T 上的以中心为 $\mathbf{0}$, 标准差为 $\alpha/\sqrt{2\pi}$ 并且模 1 的正态分布; 而定义 $\bar{\Psi}_\alpha$ 为 qT 上的以中心为 $\mathbf{0}$, 标准差为 $\alpha q/\sqrt{2\pi}$ 并且模为 q 的正态分布.

任给一个高斯分布 $\mathcal{X}$ 和一个向量 $\boldsymbol{s} \in \mathbb{Z}_q^n$, 下面讨论 $\mathbb{Z}_q^n \times \mathbb{Z}_q$ 上的变量 $(\boldsymbol{a}, \boldsymbol{a}^{\mathrm{T}}\boldsymbol{s} + x)$ 的分布, 其中 $\boldsymbol{a} \in \mathbb{Z}_q^n$ 服从均匀分布, $x \in \mathbb{Z}_q$ 是从 $\mathcal{X}$ 中抽样而得的.

定义 7.4 (容错学习问题) 给定任意整数 $q = q(n)$ 和 $\mathbb{Z}_q$ 上的一个高斯误差分布 $\mathcal{X}$, (一般情况下的) 一个带误差的学习问题 $(\mathbb{Z}_q, n, \mathcal{X})$-LWE 实例会关联一个未指定的挑战预言机 $\mathcal{O}$, 它或者是一个携带某一常数随机密钥 $\boldsymbol{s} \in \mathbb{Z}_q^n$ 的带噪声伪随机采样预言机 $\mathcal{O}_{\boldsymbol{s}}$, 或者是一个真随机采样预言机 $\mathcal{O}_\$$. 执行过程分别如下:

- $\mathcal{O}_{\boldsymbol{s}}$: 输出的采样形式如 $(\boldsymbol{u}_i, v_i) = (\boldsymbol{u}_i, \boldsymbol{u}_i^{\mathrm{T}}\boldsymbol{s} + x_i) \in \mathbb{Z}_q^n \times \mathbb{Z}_q$, 其中, $x_i \in \mathbb{Z}_q$ 是 $\mathcal{X}$ 上的一个新采样, $\boldsymbol{u}_i$ 是 $\mathbb{Z}_q^n$ 中均匀选取的;
- $\mathcal{O}_\$$: 输出一个 $\mathbb{Z}_q^n \times \mathbb{Z}_q$ 上的真均匀随机的采样.

上述 $(\mathbb{Z}_q, n, \mathcal{X})$-LWE 问题实例也可以简单表述为: 选取整数 n, m 和素数 q、一个 $\mathbb{Z}$ 上的噪声分布 $\mathcal{X}$, 则该问题是区分如下两个分布: $(\boldsymbol{A}, \boldsymbol{A}^{\mathrm{T}}\boldsymbol{s} + \boldsymbol{e})$ 和 $(\boldsymbol{A}, \boldsymbol{u})$, 其中 $\boldsymbol{A} \leftarrow \mathbb{Z}_q^{n\times m}$, $\boldsymbol{s} \leftarrow \mathbb{Z}_q^n$, $\boldsymbol{e} \leftarrow \mathcal{X}^m$, $\boldsymbol{u} \leftarrow \mathbb{Z}^m$ 均是独立取样的.

7.2 随机预言机模型下基于 LWE 的身份基加密

本节中, 我们将介绍基于格上 LWE 问题的随机预言机模型下的身份基加密方案的构造, 主要介绍文献 [46] 中的方案. 更准确地说, 该方案依赖于一个基于 LWE 困难性的非标准 "交互式" 假设.

文献 [46] 中指出一个格 $\Lambda_q(\boldsymbol{A})$ 可以支持多用户的公钥, 而 $\boldsymbol{A}$ 的陷门允许用户从任何形状良好的公钥中提取私钥. 乍一看, 这似乎是一个基于身份基加密系统所需要的一切. 然而, 情况并非那么简单. 该系统中形成良好的公钥是指数稀疏的, 因为它们对应的点非常接近格 $\Lambda_q(\boldsymbol{A})$ 上的点. 目前还完全不清楚哈希函数或随机预言机如何安全地将身份映射到有效的公钥.

为了解决这个问题, 文献 [46] 构造了一个 "对偶" 加密系统, 其中的生成和加密算法基本上是交换的. 更具体地说, 在对偶加密系统中, 私钥是分布 $D_{\mathbb{Z}^m,r}$ 中的向量 $\boldsymbol{e}$, 相应的公钥是其伴随式 $\boldsymbol{u} = f_{\boldsymbol{A}}(\boldsymbol{e}) \in \mathbb{Z}_q^n$. 该加密算法选择了一个伪随机的 LWE 向量 $\boldsymbol{p} = \boldsymbol{A}^{\mathrm{T}}\boldsymbol{s} + \boldsymbol{x}$ (其中, 秘密 $\boldsymbol{s} \in \mathbb{Z}_q^n$ 和误差向量 $\boldsymbol{x} \in \mathcal{X}^m$ 都是均匀选取的), 并使用伴随式 $\boldsymbol{u}$ 生成另一个 LWE 实例 $\boldsymbol{p}' = \boldsymbol{u}^{\mathrm{T}}\boldsymbol{s} + x$ 作为 "置换" 来隐藏消息 (其中 $x \in \mathcal{X}$). 因为公钥伴随式 $\boldsymbol{u}$ 在统计上接近于均匀分布, 在 LWE 问题的困难性假设下, 该对偶加密系统中敌手的视角与均匀分布在统计上是不可区分的. 同样地, 该方案 (和它如下的身份基版本) 也是匿名的; 也就是说, 密文隐藏了

加密者的身份.

该对偶加密系统的关键是要保证其公钥是稠密的. 事实上, 每个伴随式 $\boldsymbol{u} \in \mathbb{Z}_q^n$ 都是一个有效的公钥, 它有很多本质上等价的解密私钥 $\boldsymbol{e} \in \mathbb{Z}_q^m$. 因此, 对偶加密系统拥有实现身份基加密系统所需的所有属性. 所有伴随式由用户身份生成, 即利用哈希算法将身份映射到 $\mathbb{Z}_q^n$ 中并保证每一个这样的伴随式都是对偶系统中一个明确定义的公钥. 此外, $\boldsymbol{A}$ 的陷门允许可信机构在与该对偶系统具有相同分布的情况下, 高效地对任意的伴随式 $\boldsymbol{u}$ 采样一个关联的私钥 $\boldsymbol{e}$.

我们首先描述了该对偶加密系统, 并证明了其安全性是基于 LWE 假设的. 然后展示如何使用它来构建一个身份基加密系统.

7.2.1 基于 LWE 的对偶加密系统

基于 LWE 的对偶加密系统的定义如下:

该密码系统由 $r \geqslant \omega(\sqrt{\log m})$ 进行参数化, 指定离散高斯分布 $D_{\mathbb{Z}^m,r}$, 并从中选择私钥. 所有用户共享一个均匀随机选取的公共矩阵 $\boldsymbol{A} \in \mathbb{Z}_q^{n\times m}$, 其中索引函数 f 定义为 $f_{\boldsymbol{A}}(\boldsymbol{e}) = \boldsymbol{A}\boldsymbol{e} \bmod q$ (每位用户也可以生成各自的矩阵 $\boldsymbol{A}$, 包括在公钥中). 这里不需要用到 $\boldsymbol{A}$ 的陷门, 只在下面的 IBE 中使用. 所有的操作都是在 $\mathbb{Z}_q$ 上执行的.

- DualKeyGen: 选择一个错误向量 $\boldsymbol{e} \leftarrow D_{\mathbb{Z}^m,r}$ (即函数 $f_{\boldsymbol{A}}$ 的输入分布) 作为私钥, 且公钥为伴随式 $\boldsymbol{u} = f_{\boldsymbol{A}}(\boldsymbol{e})$.
- DualEnc$(\boldsymbol{u}, b)$: 该算法用于加密比特值 $b \in \{0,1\}$, 均匀选取 $\boldsymbol{s} \leftarrow \mathbb{Z}_q^n$ 和 $\boldsymbol{p} = \boldsymbol{A}^{\mathrm{T}}\boldsymbol{s}+\boldsymbol{x} \in \mathbb{Z}_q^m$, 其中 $\boldsymbol{x} \leftarrow \mathcal{X}^m$. 输出密文 $(\boldsymbol{p}, c = \boldsymbol{u}^{\mathrm{T}}\boldsymbol{s}+x+b\cdot\lfloor q/2\rfloor) \in \mathbb{Z}_q^m \times \mathbb{Z}_q$, 其中 $x \leftarrow \mathcal{X}$.
- DualDec$(\boldsymbol{p}, c)$: 计算 $b' = c - \boldsymbol{e}^{\mathrm{T}}\boldsymbol{p} \in \mathbb{Z}_q$. 如果 b' 距离 0 比 $\lfloor q/2\rfloor \bmod q$ 更近, 则该算法输出 0; 否则, 输出 1.

上述密码系统可扩展为加密长度为 $k = \mathrm{poly}(n)$ 比特位的消息, 相应的密文为 $\tilde{\mathcal{O}}(m+k)$ 比特, 公钥为 $\tilde{\mathcal{O}}(kn)$ 比特, 其思想是公钥中包括 k 个独立伴随式 $\boldsymbol{u}_1, \cdots, \boldsymbol{u}_k$, 并使用相同的 $\boldsymbol{s}$ 和 $\boldsymbol{p} = \boldsymbol{A}^{\mathrm{T}}\boldsymbol{s} + \boldsymbol{x}$ 对它们进行加密. 对于 $k = \Omega(m)$, 这将产生对每个消息比特的 $\tilde{\mathcal{O}}(n)$ 比特操作的分期加密/解密, 以及 $\mathcal{O}(\log n)$ 的密文扩展因子.

定理 7.1 令 $q \geqslant 5r(m+1), \alpha \leqslant 1/(r\sqrt{m+1}\cdot\omega(\sqrt{\log q}))$ 和 $\mathcal{X} = \bar{\Psi}_\alpha$, 且 $m \geqslant 2n\log q$. 在 $(\mathbb{Z}_q, n, \mathcal{X})$-LWE 假设下, 上述的对偶系统是满足选择明文攻击下不可区分性 (Indistinguishability under Chosen Plaintext Attack, IND-CPA) 安全性和匿名性定义的.

此外, 对于所有公共矩阵 $\boldsymbol{A}$, 除了可以忽略的部分外, DualKeyGen 生成的公钥分布与 $\mathbb{Z}_q^n$ 上的均匀分布在统计上是接近的.

证明 我们先证明 DualDec 以压倒性的概率是正确的 (超过 DualKeyGen 和 DualEnc 的随机性). 考虑一个关于比特值 $b \in \{0,1\}$ 在公钥 $\boldsymbol{u} = \boldsymbol{A}\boldsymbol{e}$ 加密下的密文

$$(\boldsymbol{p}, c) = (\boldsymbol{A}^{\mathrm{T}}\boldsymbol{s} + \boldsymbol{x}, \boldsymbol{e}^{\mathrm{T}}\boldsymbol{A}^{\mathrm{T}}\boldsymbol{s} + x + b \cdot \lfloor q/2 \rfloor).$$

用解密算法计算 $c - \boldsymbol{e}^{\mathrm{T}}\boldsymbol{p} = x - \boldsymbol{e}^{\mathrm{T}}\boldsymbol{x} + b \cdot \lfloor q/2 \rfloor$, 因此, 如果 $x - \boldsymbol{e}^{\mathrm{T}}\boldsymbol{x}$ 与 $0 \bmod q$ 之间的距离最多为 $q/5$, 该算法输出 b. 然而, 对于我们选择的 q 和 α 来说, 会以很大概率成立.

语义安全性几乎直接源于假定的 LWE 的困难性. 我们声称, 如果 $(\mathbb{Z}_q, n, \mathcal{X})$-LWE 假设是困难的, 对于 $b = 0$ 或 1 的密文 $(\boldsymbol{p}, c)$, 敌手的整个视角 $(\boldsymbol{A}, \boldsymbol{p}, \boldsymbol{u}, c)$ 与均匀分布是不可区分的. 事实上, 对于几乎所有 $\boldsymbol{A}$, 由于 $m \geqslant 2n \log q$, 公钥伴随式 $\boldsymbol{u} = f_{\boldsymbol{A}}(\boldsymbol{e})$ 在统计上接近于均匀分布. 视图 $(\boldsymbol{A}, \boldsymbol{p} = \boldsymbol{A}^{\mathrm{T}}\boldsymbol{s} + \boldsymbol{x}, \boldsymbol{u}, c = \boldsymbol{u}^{\mathrm{T}}\boldsymbol{s} + x + b \cdot \lfloor q/2 \rfloor)$ 由 LWE 分布 $\boldsymbol{A}_{\boldsymbol{s},\mathcal{X}}$ (其中 $\boldsymbol{s} \leftarrow \mathbb{Z}_q^n$) 中的 $m+1$ 个样本组成, 如果 $\mathrm{LWE}_{q,\mathcal{X}}$ 假设是困难的, 则其与均匀分布是不可区分的. 对于匿名性, 只需看到密文 $(\boldsymbol{p}, c)$ 与均匀分布是不可区分的就足够了, 因此, 它在计算上隐藏了生成它的特定公钥 $\boldsymbol{u}$.

这个证明很容易推广到多比特位版本扩展, 因为每个伴随式 $\boldsymbol{u}_i$ 都是独立的, 在统计上接近于均匀分布.

7.2.2 基于 LWE 的 IBE 方案

本节将介绍文献 [46] 的基于 LWE 的 IBE 方案, 方案中用到一个随机预言机 $H\colon \{0,1\}^* \to \mathbb{Z}_q^n$, 它将身份信息映射到对偶加密系统中的公钥. 该密码方案实例化时设置高斯参数 $r \geqslant L \cdot \omega(\sqrt{\log m})$, 以保证原像采样的抗碰撞特性. 此外, 还定义了一个带状态的密钥提取器 (以防止重放攻击), 并可以通过标准的伪随机函数使其成为无状态. 具体的 IBE 算法描述如下:

- $\mathsf{Setup}(\lambda)$: 生成矩阵 $\boldsymbol{A} \in \mathbb{Z}_q^{n\times m}$ 和陷门 $\boldsymbol{S} \subset \Lambda_q^{\mathrm{T}}(A)$. 该算法产生主公钥 $\mathsf{mpk} = \boldsymbol{A}$, 作为对偶系统的共享矩阵; 该算法的主私钥是 $\mathsf{msk} = \boldsymbol{S}$.
- $\mathsf{KeyGen}(\mathsf{mpk}, \mathsf{msk}, \mathrm{id})$: 如果 $(\mathrm{id}, \boldsymbol{e})$ 对是本地存储 (即来自之前对 id 的查询), 则返回 $\boldsymbol{e}$. 否则, 令 $\boldsymbol{u} = H(\mathrm{id})$, 并利用关于陷门 S 的原像采样算法选择解密私钥 $\boldsymbol{e} \leftarrow f_{\boldsymbol{A}}^{-1}(\boldsymbol{u})$, 将 $(\mathrm{id}, \boldsymbol{e})$ 进行本地存储并返回 $\mathsf{sk}_{\mathrm{id}} = \boldsymbol{e}$.
- $\mathsf{Enc}(\mathsf{mpk}, \mathrm{id}, b)$: 该算法用于加密比特值 $b \in \{0,1\}$ 到身份 id, 令 $\boldsymbol{u} = H(\mathrm{id}) \in \mathbb{Z}_q^n$, 并输出密文 $\mathsf{ct} = (\boldsymbol{p}, c) \leftarrow \mathsf{DualEnc}(\boldsymbol{u}, b)$.
- $\mathsf{Dec}(\mathsf{sk}_{\mathrm{id}}, \mathsf{ct})$: 输出 $\mathsf{DualDec}(\mathsf{sk}_{\mathrm{id}}, \mathsf{ct})$.

该 IBE 算法的多比特版本与对偶加密系统的多比特版本的扩展方式相同, 并具有相同的计算复杂度. 身份信息通过 H 简单地映射到 $\mathbb{Z}_q^n$ 中的多个符合均匀分布的伴随式, 其中消息的每一比特位对应一个伴随式.

定理 7.2　如果定理 7.1 成立, 即对偶加密系统在标准模型下满足 IND-CPA 安全性和匿名性, 并且它的公钥与 $\mathbb{Z}_q^n$ 上的均匀分布在统计上是不可区分的, 除了一个关于共享矩阵 $\boldsymbol{A}$ 的可忽略的部分, 那么该 IBE 系统在随机预言机模型下满足 IND-CPA 安全性和匿名性.

证明　首先我们证明方案的完整性. 注意, 对于任何身份 id 和它的伴随式 $\boldsymbol{u}=H(\mathrm{id})$, KeyGen 算法在 $f_{\boldsymbol{A}}^{-1}(\boldsymbol{u})$ 中采样并产生私钥 $\boldsymbol{e}$, 其分布在统计上接近于对偶加密系统中公钥 $\boldsymbol{u}$ 对应的私钥的分布. 因此, 只要 DualDec 正确解密, 则 Dec 就会正确解密. 此外, 该系统是满足匿名性的, 因为 Enc 只简单地返回 DualEnc 的输出.

接下来, 我们将证明该算法在随机预言机模型下具有语义安全性. 令 $\mathcal{A}$ 是攻击 IBE 方案的 PPT 时间敌手, 并且在利用了 Q_{hash} 次对 H 的区分询问之后, 其攻破 OBE 方案的优势为 ϵ. 我们将通过模拟 $\mathcal{A}$ 的视角来构建一个攻击对偶加密系统的敌手 $\mathcal{S}$, 并且具有接近于 $\epsilon/Q_{\mathrm{hash}}$ 的优势. 敌手 $\mathcal{S}$ 的执行过程如下: 当在对偶加密系统中输入一个共享矩阵 $\boldsymbol{A}\in\mathbb{Z}_q^{n\times m}$ 和一个公钥 $\boldsymbol{u}^*\in\mathbb{Z}_q^n$ 时, $\mathcal{S}$ 均匀随机选择一个标识 $i\leftarrow[Q_{\mathrm{hash}}]$, 并模拟 $\mathcal{A}$ 的执行过程如下:

- 哈希询问: 当 $\mathcal{A}$ 提出关于 H 的第 j 次区分询问 id_j 时, 执行流程为: 如果 $j=i$, 则将 $(\mathrm{id}_j,\boldsymbol{u}^*,\perp)$ 对进行本地存储, 并将 $\boldsymbol{u}^*$ 返回给 $\mathcal{A}$. 否则, 如果 $j\neq i$, 则产生公私钥对 $(\boldsymbol{u}_j,\boldsymbol{e}_j)\leftarrow$ DualKeyGen, 并将 $(\mathrm{id}_j,\boldsymbol{u}_j,\boldsymbol{e}_j)$ 对进行本地存储, 将 $\boldsymbol{u}_j$ 返回给 $\mathcal{A}$.
- 私钥询问: 当 $\mathcal{A}$ 提出关于身份 id 的私钥询问时, 不失一般性地假设 $\mathcal{A}$ 已提出对于 H 的关于 id 的询问, 从本地存储器中检索唯一的元组 $(\mathrm{id},\boldsymbol{u},\boldsymbol{e})$. 如果 $\boldsymbol{e}=\perp$, 则输出一个随机比特并中止, 否则将 $\boldsymbol{e}$ 返回给 $\mathcal{A}$.
- 挑战密文: 当 $\mathcal{A}$ 产生一个挑战身份 id^* (不同于它所有的密钥查询) 和消息 m_0,m_1 时, 不失一般性地假设 $\mathcal{A}$ 已提出对于 H 的关于 id^* 的询问. 如果 $\mathrm{id}^*\neq\mathrm{id}_i$, 即 $(\mathrm{id}^*,\boldsymbol{u}^*,\perp)$ 对不在本地存储器中, 则输出一个随机比特并中止. 否则, 将消息 m_0,m_1 发送给挑战者, 接收一个挑战密文 c^*, 并将 c^* 返回给 $\mathcal{A}$.

当 $\mathcal{A}$ 输出中止时, $\mathcal{S}$ 以相同的输出终止.

现在, 我们分析归约的情况. 根据标准参数, $\mathcal{S}$ 在模拟过程中不中止的概率为 $1/Q_{\mathrm{hash}}$ (这通过考虑一个游戏来证明, 其中 $\mathcal{S}$ 可以回复所有密钥查询, 因此 i 的值对 $\mathcal{A}$ 来说是完全隐藏的). 当考虑到 $\mathcal{S}$ 不中止的情况时, 我们声称它提供给 $\mathcal{A}$ 的视图在统计上接近于真实 IBE 系统的视图. 事实上, 哈希询问的回复是对偶加密系统中的独立公钥, 根据假设, 它们在统计上接近统一 (几乎对于所有的 $\mathcal{A}$ 都成立). 此外, 正如我们已经看到的, 真实系统中密钥查询的回复在统计上与 DualKeyGen 生成的回复在统计上非常接近. 最后, 我们观察到 $\mathcal{S}$ 的优势与 $\mathcal{A}$ 的相同, 条件是 $\mathcal{S}$ 不中止. 这便完成了本定理的证明.

7.3 标准模型下基于 LWE 问题的身份基加密

本节中, 我们将基于 7.2 节介绍的格相关知识, 给出文献 [37] 中一个经典的基于 LWE 问题的身份基加密的具体构造, 该构造满足选择性 IND-CPA 安全性.

7.3.1 基本工具

我们在这里引入第 2 章的属性基加密的类似安全性概念, 即选择明文攻击下不可区分性 (IND-CPA) 的概念和选择明文攻击下选择性不可区分性 (Selective Indistinguishability under Chosen Plaintext Attack, SEL-IND-CPA) 的概念[37].

随机提取. 在本方案的安全性证明中, 我们将用到下面这个引理, 它也可以被看作是剩余哈希引理的一个扩展.

引理 7.2 假设 $m \geqslant (n+1)\log_2 q + w(\log n)$, q 是一个素数. 令矩阵 $\boldsymbol{A}, \boldsymbol{B}$ 为 $\mathbb{Z}_q^{n\times m}$ 上随机均匀选取的, $\boldsymbol{R}$ 为 $\{-1,1\}^{m\times m} \bmod q$ 上均匀选取的 $m\times m$ 矩阵. 则对于所有的向量 $\boldsymbol{w}\in\mathbb{Z}_q^m$, 分布 $(\boldsymbol{A}, \boldsymbol{AR}, \boldsymbol{R}^{\mathrm{T}}\boldsymbol{w})$ 和分布 $(\boldsymbol{A}, \boldsymbol{B}, \boldsymbol{R}^{\mathrm{T}}\boldsymbol{w})$ 在统计上是接近的.

证明 为了证明该引理, 我们根据关于矩阵 $\boldsymbol{A}$ 的哈希函数族 $h_{\boldsymbol{A}}:\mathbb{Z}_q^m\to\mathbb{Z}_q^n$ 的定义, 不失一般性地定义 $h_{\boldsymbol{A}}(x)=\boldsymbol{Ax}$. 因此, 当矩阵 $\boldsymbol{R}$ 的列是独立采样的, 并且有足够的熵时, 则表明分布 $(\boldsymbol{A}, \boldsymbol{AR})$ 和 $(\boldsymbol{A}, \boldsymbol{B})$ 在统计上接近. Dodis 等的分析表明, 即使有少量的关于 $\boldsymbol{R}$ 的信息泄露了, 分布 $(\boldsymbol{A}, \boldsymbol{AR})$ 和 $(\boldsymbol{A}, \boldsymbol{B})$ 在统计上依然接近. 在我们的例子中, $\boldsymbol{R}^{\mathrm{T}}\boldsymbol{w}$ 的信息被泄露了, 这正符合 Dodis 等的设置, 因此便证明了该引理的正确性.

随机采样. 令 $\boldsymbol{A}, \boldsymbol{B}$ 为 $\mathbb{Z}_q^{n\times m}$ 上随机均匀选取的矩阵, $\boldsymbol{R}$ 为 $\{-1,1\}^{m\times m} \bmod q$ 上均匀选取的 $m\times m$ 矩阵. ABB 方案的构造利用了矩阵 $\boldsymbol{F}=(\boldsymbol{A}\,|\,\boldsymbol{AR}+\boldsymbol{B})\in\mathbb{Z}_q^{n\times 2m}$ 并且需要在 $\Lambda_q^{\boldsymbol{u}}(\boldsymbol{F})$ 中采样短向量, 其中 $\boldsymbol{u}\in\mathbb{Z}_q^n$. 这可以通过一个 $\Lambda_q^{\perp}(\boldsymbol{A})$ 或 $\Lambda_q^{\perp}(\boldsymbol{B})$ 上的陷门来实现. 由此定义了下面两个算法.

- 算法 $\mathsf{SampleLeft}(\boldsymbol{A}, \boldsymbol{M}_1, \boldsymbol{T_A}, \boldsymbol{u}, \sigma)$:
  - 输入: 一个秩为 n 的矩阵 $\boldsymbol{A}\in\mathbb{Z}_q^{n\times m}$ 和一个矩阵 $\boldsymbol{M}_1\in\mathbb{Z}_q^{n\times m_1}$; $\Lambda_q^{\perp}(\boldsymbol{A})$ 的一个 "短" 基 $\boldsymbol{T_A}$ 和一个向量 $\boldsymbol{u}\in\mathbb{Z}_q^n$; 一个高斯参数 $\sigma > \|\widetilde{\boldsymbol{T_A}}\|\cdot w(\sqrt{\log(m+m_1)})$.
  - 输出: 令 $\boldsymbol{F}_1=(\boldsymbol{A}\,|\,\boldsymbol{M}_1)$, 该算法输出一个在统计上接近 $D_{\Lambda_q^{\boldsymbol{u}}(\boldsymbol{F}_1),\sigma}$ 的分布中采样的向量 $\boldsymbol{e}\in\mathbb{Z}^{m+m_1}$, 如 $\boldsymbol{e}\in\Lambda_q^{\boldsymbol{u}}(\boldsymbol{F}_1)$.
- 算法 $\mathsf{SampleRight}(\boldsymbol{A}, \boldsymbol{B}, \boldsymbol{R}, \boldsymbol{T_B}, \boldsymbol{u}, \sigma)$:
  - 输入: 一个矩阵 $\boldsymbol{A}\in\mathbb{Z}_q^{n\times m}$ 和一个秩为 n 的矩阵 $\boldsymbol{B}\in\mathbb{Z}_q^{n\times m}$; 一个

均匀随机的矩阵 $\boldsymbol{R} \in \{-1,1\}^{m\times m}$; 一个 $\Lambda_q^{\perp}(\boldsymbol{B})$ 的基 $\boldsymbol{T_B}$ 和一个向量 $\boldsymbol{u} \in \mathbb{Z}_q^n$; 一个高斯参数 $\sigma > \|\widetilde{\boldsymbol{T_B}}\| \cdot \sqrt{m} \cdot w(\log m)$.

– 输出: 令 $\boldsymbol{F}_2 = (\boldsymbol{A}|\boldsymbol{A}\boldsymbol{R}+\boldsymbol{B})$, 该算法输出一个在统计上接近 $D_{\Lambda_q^{\boldsymbol{u}}(\boldsymbol{F}_2),\sigma}$ 的分布中采样的向量 $\boldsymbol{e} \in \mathbb{Z}^{2m}$, 如 $\boldsymbol{e} \in \Lambda_q^{\boldsymbol{u}}(\boldsymbol{F}_2)$.

满秩差编码 (Encoding with Full-rank Differences, 简称 FRD) 函数. 我们给出如下定义.

定义 7.5 (FRD 函数) 设一个素数 q 和一个正整数 n, 定义函数 $H: \mathbb{Z}_q^n \to \mathbb{Z}_q^{n\times n}$ 是一个满秩差编码函数, 如果下面条件成立: ① 对于所有的不同的 $\boldsymbol{u}, \boldsymbol{v} \in \mathbb{Z}_q^n$, 矩阵 $H(\boldsymbol{u}) - H(\boldsymbol{v}) \in \mathbb{Z}_q^{n\times n}$ 是满秩的; ② H 是在多项式时间内可计算的.

我们可以看到, 函数 H 必须是双射的, 否则, 如果 $\boldsymbol{u} \neq \boldsymbol{v}$ 满足 $H(\boldsymbol{u}) = H(\boldsymbol{v})$, 则 $H(\boldsymbol{u}) - H(\boldsymbol{v})$ 不是满秩的, 因此 H 不是 FRD 函数.

下面给出一个 FRD 函数的具体构造. 当输入 $\boldsymbol{u} = (u_0, u_1, \cdots, u_{n-1}) \in \mathbb{F}^n$, 定义多项式 $g_{\boldsymbol{u}}(x) = \sum_{i=0}^{n-1} u_i x^i \in \mathbb{F}[X]$ 时, 则定义函数 $H(\boldsymbol{u})$ 为

$$H(\boldsymbol{u}) = \begin{pmatrix} \text{coeffs}\ (g_{\boldsymbol{u}}) \\ \text{coeffs}\ (X \cdot g_{\boldsymbol{u}} \bmod f) \\ \text{coeffs}\ (X^2 \cdot g_{\boldsymbol{u}} \bmod f) \\ \vdots \\ \text{coeffs}\ (X^{n-1} \cdot g_{\boldsymbol{u}} \bmod f) \end{pmatrix} \in \mathbb{F}^{n\times n}, \tag{7.3}$$

其中, coeffs $(g) \in \mathbb{F}^n$ 是由多项式 g (g 的次数 $\leqslant n$) 的系数组成的 n 元向量.

7.3.2 基于 LWE 的 IBE 方案

方案 7.1 定义 H 是一个 FRD 函数: $\mathbb{Z}_q^n \to \mathbb{Z}_q^{n\times n}$, 假设所有的身份取值均为 $\mathbb{Z}_q^n$ 上的元素. 通过使用抗碰撞哈希函数可以将身份集合扩展到 $\{0,1\}^*$. 接下来给出文献 [37] 中方案的具体构造.

Setup(λ): 输入安全参数 λ, 设置参数 q, n, m, σ, α, 接着执行:

(1) 利用算法 TrapGen(q, n) 选择一个均匀随机的 $n \times m$ 矩阵 $\boldsymbol{A}_0 \in \mathbb{Z}_q^{n\times m}$, 并且取 $\Lambda_q^{\perp}(\boldsymbol{A}_0)$ 的一组基 $\boldsymbol{T}_{\boldsymbol{A}_0}$ 满足 $\|\widetilde{\boldsymbol{T}_{\boldsymbol{A}_0}}\| \leqslant \mathcal{O}(\sqrt{n \log q})$;

(2) 在 $\mathbb{Z}_q^{n\times m}$ 中选择两个均匀随机的 $n \times m$ 矩阵 $\boldsymbol{A}_1$ 和 $\boldsymbol{B}$;

(3) 选择一个均匀随机的 n 维向量 $\boldsymbol{u} \in \mathbb{Z}_q^n$;

(4) 输出公开参数 pp 和主私钥 msk:

$$\mathsf{pp} = (\boldsymbol{A}_0, \boldsymbol{A}_1, \boldsymbol{B}, \boldsymbol{u}), \quad \mathsf{msk} = (\boldsymbol{T}_{\boldsymbol{A}_0}) \in \mathbb{Z}^{m\times m}.$$

KeyGen(pp, msk, id): 输入公开参数 pp、一个主私钥 msk 和一个身份信息 $\mathrm{id} \in \mathbb{Z}_q^n$, 接着执行:

(1) 调用算法 $\boldsymbol{e} \leftarrow \mathsf{SampleLeft}(\boldsymbol{A}_0, \boldsymbol{A}_1 + H(\mathrm{id})\boldsymbol{B}, \boldsymbol{T}_{\boldsymbol{A}_0}, \boldsymbol{u}, \sigma)$ 来确定 $\boldsymbol{e} \in \mathbb{Z}^{2m}$, 其中 H 是一个 FRD 函数. 注意矩阵 $\boldsymbol{A}_0$ 的秩为 n.

(2) 输出用户私钥 $\mathsf{sk}_{\mathrm{id}} = \boldsymbol{e} \in \mathbb{Z}^{2m}$.

令 $\boldsymbol{F}_{\mathrm{id}} = (\boldsymbol{A}_0 | \boldsymbol{A}_1 + H(\mathrm{id})\boldsymbol{B})$, 则 $\boldsymbol{F}_{\mathrm{id}} \cdot \boldsymbol{e} = \boldsymbol{u}$, 并且 $\boldsymbol{e}$ 的分布为 $D_{\Lambda_q^{\boldsymbol{u}}(\boldsymbol{F}_{\mathrm{id}}),\sigma}$.

$\mathsf{Enc}(\mathsf{pp}, \mathrm{id}, b)$: 输入公开参数 pp、一个身份信息 $\mathrm{id} \in \mathbb{Z}_q^n$ 和一个消息 $b \in \{0, 1\}$, 接着执行:

(1) 令 $\boldsymbol{F}_{\mathrm{id}} \leftarrow (\boldsymbol{A}_0 \,|\, \boldsymbol{A}_1 + H(\mathrm{id})\boldsymbol{B}) \in \mathbb{Z}_q^{n\times 2m}$;

(2) 选择一个均匀随机的向量 $\boldsymbol{s} \in \mathbb{Z}_q^n$;

(3) 选择一个均匀随机的 $m \times m$ 矩阵 $\boldsymbol{R} \in \{-1, 1\}^{m\times m}$;

(4) 选择噪声向量 $\boldsymbol{x} \xleftarrow{\bar{\Psi}_\alpha} \mathbb{Z}_q$ 和 $\boldsymbol{y} \xleftarrow{\bar{\Psi}_\alpha^m} \mathbb{Z}_q^m$, 并且令 $\boldsymbol{z} \leftarrow \boldsymbol{R}^{\mathrm{T}}\boldsymbol{y} \in \mathbb{Z}_q^m$;

(5) 令 $c_0 \leftarrow \boldsymbol{u}^{\mathrm{T}}\boldsymbol{s} + \boldsymbol{x} + b\left\lfloor \dfrac{q}{2} \right\rfloor \in \mathbb{Z}_q$ 和 $\boldsymbol{c}_1 \leftarrow \boldsymbol{F}_{\mathrm{id}}^{\mathrm{T}}\boldsymbol{s} + \begin{pmatrix} \boldsymbol{y} \\ \boldsymbol{z} \end{pmatrix} \in \mathbb{Z}_q^{2m}$;

(6) 输出密文 $\mathsf{ct} = (c_0, \boldsymbol{c}_1) \in \mathbb{Z}_q \times \mathbb{Z}_q^{2m}$.

$\mathsf{Dec}(\mathsf{pp}, \mathsf{sk}_{\mathrm{id}}, \mathsf{ct})$: 输入公开参数 pp、一个用户私钥 $\mathsf{sk}_{\mathrm{id}} = \boldsymbol{e}_{\mathrm{id}}$ 和一个密文 $\mathsf{ct} = (c_0, \boldsymbol{c}_1)$, 接着执行:

(1) 计算 $w \leftarrow c_0 - \boldsymbol{e}_{\mathrm{id}}^{\mathrm{T}}\boldsymbol{c}_1 \in \mathbb{Z}_q$;

(2) 比较 w 和 $\left\lfloor \dfrac{q}{2} \right\rfloor$, 如果它们很接近, 即在 $\mathbb{Z}$ 中 $\left| w - \left\lfloor \dfrac{q}{2} \right\rfloor \right| \leqslant \left\lfloor \dfrac{q}{4} \right\rfloor$, 则输出 1, 否则输出 0.

参数设置. 在上述加密系统中, 有下式成立:

$$w = c_0 - \boldsymbol{e}_{\mathrm{id}}^{\mathrm{T}}\boldsymbol{c}_1 = b\left\lfloor \frac{q}{2} \right\rfloor + \underbrace{x - \boldsymbol{e}_{\mathrm{id}}^{\mathrm{T}}\begin{pmatrix} \boldsymbol{y} \\ \boldsymbol{z} \end{pmatrix}}_{\text{误差项}}.$$

本书中, 我们取误差项的界为 $\bar{O}(q\alpha\sigma m)$. 为了确保误差项小于 $q/5$, 需要确保 SampleLeft 和 SampleRight 中的 σ 是足够大的, 这里我们将设置参数 (q, m, σ, α) 如下所示, 其中设定 n 为安全参数:

$$\begin{aligned} m &= 6n^{1+\delta}, & q &= m^2\sqrt{n} \cdot w(\log n), \\ \sigma &= m \cdot w(\log n), & \alpha &= [m^2 \cdot w(\log n)]^{-1}. \end{aligned} \tag{7.4}$$

并将 m 向上取整, 将 q 向上取素数.

安全性. 接下来我们将证明文献 [37] 的 IBE 加密方案在 LWE 假设下是 SEL-IND-CPA 安全的.

定理 7.3 在 $(\mathbb{Z}_q, n, \bar{\Psi}_\alpha)$-LWE 假设下, 文献 [37] 的 IBE 方案是 SEL-IND-CPA 安全的, 其中参数 $(q, n, m, \sigma, \alpha)$ 取值如式 (7.4) 所示.

证明 为了证明该定理, 我们需要构造一系列游戏. 我们定义第一个游戏为 SEL-IND-CPA 游戏. 在定义最后的游戏时, 敌手的优势为零. 我们将证明一个 PPT 的敌手无法区分这些游戏, 也就是说该敌手在原始的 SEL-IND-CPA 游戏中的获胜优势可以忽略不计. 而 LWE 问题将被用来证明游戏 Game_2 和 Game_3 是不可区分的.

- Game_0: 这是个原始的 SEL-IND-CPA 游戏, 该游戏中有两个角色: 攻击我们方案的敌手 $\mathcal{A}$ 和一个 SEL-IND-CPA 挑战者.
- Game_1: 我们知道在 Game_0 中, 挑战者选择三个随机的矩阵 $\boldsymbol{A}_0, \boldsymbol{A}_1, \boldsymbol{B} \in \mathbb{Z}_q^{n\times m}$ 生成公开参数 pp, 并且 $\Lambda_q^{\perp}(\boldsymbol{A}_0)$ 的一个陷门 $\boldsymbol{T}_{\boldsymbol{A}_0}$ 是已知的. 在挑战阶段, 挑战者生成一个挑战密文 c^*. 令 $\boldsymbol{R}^* \in \{-1,1\}^{m\times m}$ 为生成 c^* 所需的随机矩阵 (Enc 算法中的步骤 (3)).

  在 Game_1 中, 我们对挑战者生成公开参数 $\boldsymbol{A}_1$ 的方式稍作改变. 假设 id^* 为敌手 $\mathcal{A}$ 想要攻击的身份. Game_1 中的挑战者在准备阶段选择 $\boldsymbol{R}^*$, 并构建矩阵 $\boldsymbol{A}_1$ 如下

$$\boldsymbol{A}_1 \leftarrow \boldsymbol{A}_0\boldsymbol{R}^* - H(\mathrm{id}^*)\boldsymbol{B}, \tag{7.5}$$

  而游戏 Game_1 的其他部分和 Game_0 保持一致.
- Game_2: 现在, 我们将说明公开参数 pp 中的矩阵 $\boldsymbol{A}_0$ 和 $\boldsymbol{B}$ 是如何改变的. 在游戏 Game_2 中, 我们选取矩阵 $\boldsymbol{A}_0$ 为一个 $\mathbb{Z}_q^{n\times m}$ 上的随机矩阵, 但是利用算法 TrapGen 来生成 $\boldsymbol{B}$, 因此 $\boldsymbol{B}$ 也是 $\mathbb{Z}_q^{n\times m}$ 上的随机矩阵, 但是挑战者知道 $\Lambda_q^{\mathrm{T}}(\boldsymbol{B})$ 的一个陷门 $\boldsymbol{T}_{\boldsymbol{B}}$. 矩阵 $\boldsymbol{A}_1$ 的选择和 Game_1 一样, 即 $\boldsymbol{A}_1 = \boldsymbol{A}_0 \cdot \boldsymbol{R}^* - H(\mathrm{id}^*) \cdot \boldsymbol{B}$.

  挑战者利用陷门 $\boldsymbol{T}_{\boldsymbol{B}}$ 对私钥询问进行回复. 在对身份 $\mathrm{id} \neq \mathrm{id}^*$ 进行私钥询问回复时, 需要一个短的向量 $\boldsymbol{e} \in \Lambda_q^{\boldsymbol{u}}(\boldsymbol{F}_{\mathrm{id}})$, 其中

$$\boldsymbol{F}_{\mathrm{id}} = (\boldsymbol{A}_0|\boldsymbol{A}_1 + H(\mathrm{id})\cdot\boldsymbol{B}) = (\boldsymbol{A}_0|\boldsymbol{A}_0\cdot\boldsymbol{R}^* + (H(\mathrm{id}) - H(\mathrm{id}^*))\cdot\boldsymbol{B}).$$

  由前面可知, $H(\mathrm{id}) - H(\mathrm{id}^*)$ 是非奇异的, 因此 $\boldsymbol{T}_{\boldsymbol{B}}$ 也是 $\Lambda_q^{\perp}(\boldsymbol{B}')$ 的一个陷门, 其中 $\boldsymbol{B}' = (H(\mathrm{id}) - H(\mathrm{id}^*))\boldsymbol{B}$. 此外, $\boldsymbol{B}'$ 和 $\boldsymbol{B}$ 的秩都是一样的, 均为 n. 挑战者现在可以对私钥询问进行回复, 计算

$$\boldsymbol{e} \leftarrow \mathsf{SampleRight}(\boldsymbol{A}_0, (H(\mathrm{id}) - H(\mathrm{id}^*))\boldsymbol{B}, \boldsymbol{R}^*, \boldsymbol{T}_{\boldsymbol{B}}, \boldsymbol{u}, \sigma) \in \mathbb{Z}_q^{2m},$$

  并将用户私钥 $\mathsf{sk}_{\mathrm{id}} = \boldsymbol{e}$ 发送给 $\mathcal{A}$. 由于系统中的 σ 是足够大的, 因此和 Game_1 类似, 这里 $\boldsymbol{e}$ 的分布和 $D_{\Lambda_q^{\boldsymbol{u}}(\boldsymbol{F}_{\mathrm{id}}),\sigma}$ 接近.

  Game_2 的其他方面与 Game_1 一致. 由于 Game_2 的 $\boldsymbol{A}_0, \boldsymbol{B}$ 和私钥询问的回复在统计上与 Game_1 接近, 因此敌手在 Game_2 中的优势与 Game_1 中的

优势之间的差距最多是可忽略的.

- Game$_3$: Game$_3$ 与 Game$_2$ 类似, 不同点是在 Game$_3$ 中, 挑战密文 $(c_0^*, \boldsymbol{c}_1^*)$ 总是从 $\mathbb{Z}_q \times \mathbb{Z}_q^{2m}$ 中选取随机独立的元素. 由于挑战密文总是密文空间中新的随机元素, 所以敌手 $\mathcal{A}$ 在这个游戏中的优势是零.

接下来, 我们分析 Game$_1$ 和 Game$_0$ 是统计不可区分的.

引理 7.3 (Game$_0 \stackrel{s}{\approx}$ Game$_1$) 对于一个 PPT 敌手 $\mathcal{A}$ 来说, Game$_0$ 和 Game$_1$ 是统计不可区分的.

证明 在 Game$_1$ 中, 矩阵 $\boldsymbol{R}^*$ 只是用于构造参数 $\boldsymbol{A}_1$ 和密文 (因为 $\boldsymbol{z} \leftarrow (\boldsymbol{R}^*)^{\mathrm{T}}\boldsymbol{y}$) 的. 易知 $(\boldsymbol{A}_0, \boldsymbol{A}_0\boldsymbol{R}^*, \boldsymbol{z})$ 的分布和 $(\boldsymbol{A}_0, \boldsymbol{A}_1', \boldsymbol{z})$ 的分布在统计上是接近的, 其中 $\boldsymbol{A}_1'$ 是在 $\mathbb{Z}_q^{n\times m}$ 上均匀选取的, 则从敌手 $\mathcal{A}$ 的视角来看, 矩阵 $\boldsymbol{A}_0\boldsymbol{R}^*$ 在统计上是接近均匀的, 因此式 (7.5) 中的矩阵 $\boldsymbol{A}_1$ 也是接近均匀的. 所以, 游戏 Game$_1$ 和 Game$_0$ 中的矩阵 $\boldsymbol{A}_1$ 是不可区分的.

引理 7.4 (Game$_1 \stackrel{s}{\approx}$ Game$_2$) 对于一个 PPT 敌手 $\mathcal{A}$ 来说, Game$_1$ 和 Game$_2$ 是统计不可区分的.

证明 上述引理的证明分析如 Game$_2$ 定义所述, 这里不再赘述.

最后, 我们将通过把问题归约为 LWE 问题, 来分析 Game$_3$ 与 Game$_2$ 是计算不可区分的.

引理 7.5(Game$_2 \stackrel{c}{\approx}$ Game$_3$) 对于一个 PPT 敌手 $\mathcal{A}$ 来说, 在 $(\mathbb{Z}_q, n, \bar{\Psi}_\alpha)$-LWE 假设之下, Game$_2$ 和 Game$_3$ 是计算不可区分的.

证明 假设 $\mathcal{A}$ 具有不可忽略的优势来区分 Game$_2$ 与 Game$_3$, 那么我们便可以利用 $\mathcal{A}$ 来构造一个攻破 LWE 问题的算法 $\mathcal{B}$. 回顾前面的 LWE 问题的定义, 用采样预言机 $\mathcal{O}$ 来实例化一个 LWE 问题, 对于秘密向量 $\boldsymbol{s} \in \mathbb{Z}_q^n$ 来说, 它可以作为一个真随机预言机 $\mathcal{O}_\$$, 也可以是带噪声伪随机采样的 $\mathcal{O}_{\boldsymbol{s}}$. 模拟者 $\mathcal{B}$ 将用敌手 $\mathcal{A}$ 来区分二者, 过程如下:

- **实例阶段**. $\mathcal{B}$ 向预言机 $\mathcal{O}$ 发出询问, 并对于每个 $i = 0, \cdots, m$, 接收一对新的 $(\boldsymbol{u}_i, v_i) \in \mathbb{Z}_q^n \times \mathbb{Z}_q$.
- **目标阶段**. $\mathcal{A}$ 向 $\mathcal{B}$ 宣布他将要攻击的身份 id^*.
- **准备阶段**. $\mathcal{B}$ 执行如下过程来构造公开参数 pp:

(1) 对于每个 $i = 0, \cdots, m$, 利用 $\boldsymbol{A}_0$ 的第 i 列的 n 元向量 $\boldsymbol{u}_i$, 从前面给出的 m 个 LWE 样本中重新组装出随机矩阵 $\boldsymbol{A}_0 \in \mathbb{Z}_q^{n\times m}$;

(2) 将第 0 个 LWE 样本 (目前尚未使用) 赋值为公共随机的 n 元向量 $\boldsymbol{u}_0 \in \mathbb{Z}_q^n$;

(3) 其余的公开参数, 即 $\boldsymbol{A}_1$ 和 $\boldsymbol{B}$, 与 Game$_2$ 中的构造类似, 使用了 id^* 和 $\boldsymbol{R}^*$.

- **问询阶段**. $\mathcal{B}$ 与 Game$_2$ 中类似, 回答每个私钥提取查询.

- **挑战阶段**. 当 $\mathcal{B}$ 提出询问目标身份 id* 关于消息 $b^* \in \{0,1\}$ 的密文时, $\mathcal{B}$ 执行过程如下:

(1) 假设 $v_0, \cdots, v_m$ 为 LWE 实例中的元素, 令 $\boldsymbol{v}^* = \begin{bmatrix} v_1 \\ v_2 \\ \vdots \\ v_m \end{bmatrix} \in \mathbb{Z}_q^m$.

(2) 盲化消息比特: 令 $c_0^* = v_0 + b^* \left\lfloor \dfrac{q}{2} \right\rceil \in \mathbb{Z}_q$.

(3) 令 $\boldsymbol{c}_1^* = \begin{bmatrix} \boldsymbol{v}^* \\ (\boldsymbol{R}^*)^{\mathrm{T}} \boldsymbol{v}^* \end{bmatrix} \in \mathbb{Z}_q^{2m}$.

(4) 选择随机比特值 $r \leftarrow \{0,1\}$. 如果 $r = 0$, 则发送 $c^* = (c_0^*, \boldsymbol{c}_1^*)$ 给敌手; 如果 $r = 1$, 则选择随机的 $(c_0, \boldsymbol{c}_1) \in \mathbb{Z}_q \times \mathbb{Z}_q^{2m}$, 并发送 $(c_0, \boldsymbol{c}_1)$ 给敌手.

我们假设 LWE 预言机是伪随机的 (即 $\mathcal{O} = \mathcal{O}_{\boldsymbol{s}}$), 那么 c^* 的分布与 Game$_2$ 中的完全一致. 首先, 观察 $\boldsymbol{F}_{\mathrm{id}^*} = (\boldsymbol{A}_0 | \boldsymbol{A}_0 \cdot \boldsymbol{R}^*)$. 其次, 根据 $\mathcal{O}_{\boldsymbol{s}}$ 的定义, 我们知道对于服从 $\bar{\Psi}_\alpha^m$ 的随机噪声向量 $\boldsymbol{y} \in \mathbb{Z}_q^m$, 有 $\boldsymbol{v}^* = \boldsymbol{A}_0^{\mathrm{T}} \boldsymbol{s} + \boldsymbol{y}$ 成立. 因此, 在上面第 (3) 步中定义的 $\boldsymbol{c}_1^*$ 满足

$$\boldsymbol{c}_1^* = \begin{bmatrix} \boldsymbol{A}_0^{\mathrm{T}} \boldsymbol{s} + \boldsymbol{y} \\ (\boldsymbol{R}^*)^{\mathrm{T}} \boldsymbol{A}_0^{\mathrm{T}} \boldsymbol{s} + (\boldsymbol{R}^*)^{\mathrm{T}} \boldsymbol{y} \end{bmatrix} = \begin{bmatrix} \boldsymbol{A}_0^{\mathrm{T}} \boldsymbol{s} + \boldsymbol{y} \\ (\boldsymbol{A}_0 \boldsymbol{R}^*)^{\mathrm{T}} \boldsymbol{s} + (\boldsymbol{R}^*)^{\mathrm{T}} \boldsymbol{y} \end{bmatrix}$$

$$= (\boldsymbol{F}_{\mathrm{id}^*})^{\mathrm{T}} \boldsymbol{s} + \begin{bmatrix} \boldsymbol{y} \\ (\boldsymbol{R}^*)^{\mathrm{T}} \boldsymbol{y} \end{bmatrix},$$

上式右边的数量正好是 Game$_2$ 中有效挑战密文的 $\boldsymbol{c}_1$ 的部分. 还要注意 $v_0 = \boldsymbol{u}_0^{\mathrm{T}} \boldsymbol{s} + \boldsymbol{x}$, 也就像 Game$_2$ 中挑战密文的 c_0 部分一样.

当 $\mathcal{O} = \mathcal{O}_{\$}$ 时, $v_0 \in \mathbb{Z}_q$ 和 $v^* \in \mathbb{Z}_q^m$ 都是均匀选取的, 因此第 (3) 步中定义的 $\boldsymbol{c}_1^* \in \mathbb{Z}_q^{2m}$ 也是均匀且独立的. 由此可得, 挑战密文和 Game$_3$ 中的一样, 在 $\mathbb{Z}_q \times \mathbb{Z}_q^{2m}$ 中也是均匀的.

- **猜测阶段**. 在被允许进行额外的询问后, 假设 $\mathcal{A}$ 可以与 Game$_2$ 或 Game$_3$ 的挑战者进行交互. $\mathcal{B}$ 输出 $\mathcal{A}$ 的一个猜测作为它试图解决的 LWE 挑战的答案.

我们已经论证过, 当 $\mathcal{O} = \mathcal{O}_{\boldsymbol{s}}$ 时, 敌手的视角与 Game$_2$ 中的一样. 当 $\mathcal{O} = \mathcal{O}_{\$}$ 时, 敌手的视角与 Game$_3$ 中相同. 因此, $\mathcal{B}$ 在解决 LWE 问题上的优势与 $\mathcal{A}$ 在区分 Game$_2$ 和 Game$_3$ 的优势相同. 最终我们完成了定理的证明.

7.4 基于 LWE 的属性基加密

本节中, 我们将介绍基于格上 LWE 问题的属性基加密方案, 主要介绍 Boneh, Gentry 和 Gorbunov 等的方案[47]. 文献 [47] 的 ABE 构造是完全密钥同态公钥加密 (Fully Key-Homomorphic Public-Key Encryption, 简称 FKHE) 的一个扩展应用. 因此, 首先我们介绍这个新的概念, 并给出 FKHE 的精确定义, 然后分析如何根据该方案衍生出一个密钥策略的短密钥的 ABE 方案.

7.4.1 基本工具

陷门生成. 以下引理陈述了生成格中“短”基的算法的性质.

引理 7.6 令 $n, m, q > 0$ 为整数, 且 q 是素数. 则存在具有以下性质的多项式时间的算法:

- $\mathsf{TrapGen}(1^n, 1^m, q) \to (\boldsymbol{A}, \boldsymbol{T_A})$: 一个随机性算法, 当 $m = \mathcal{O}(n\log q)$ 时, 输出一个满秩的矩阵 $\boldsymbol{A} \in \mathbb{Z}_q^{n\times m}$ 和 $\Lambda_q^{\perp}(\boldsymbol{A})$ 的一组基 $\boldsymbol{T_A} \in \mathbb{Z}_q^{m\times m}$, 且满足 $\boldsymbol{A}$ 是接近均匀分布的, 且 $\boldsymbol{T}$ 的格拉姆-施密特 (Gram-Schmidt, GS) 正交化的值 $\|\boldsymbol{T}\|_{\mathrm{GS}} = \mathcal{O}(\sqrt{n\log q})$.
- $\mathsf{ExtendRight}(\boldsymbol{A}, \boldsymbol{T_A}, \boldsymbol{B}) \to \boldsymbol{T_{A|B}}$: 一个确定性算法, 当给定满秩矩阵 $\boldsymbol{A}, \boldsymbol{B} \in \mathbb{Z}_q^{n\times m}$ 和格 $\Lambda_q^{\perp}(\boldsymbol{A})$ 的一组基 $\boldsymbol{T_A} \in \mathbb{Z}_q^{m\times m}$ 时, 算法输出 $\Lambda_q^{\perp}(\boldsymbol{A}|\boldsymbol{B})$ 的一组基 $\boldsymbol{T_{A|B}}$ 且满足 $\|\boldsymbol{T_A}\|_{\mathrm{GS}} = \|\boldsymbol{T_{A|B}}\|_{\mathrm{GS}}$.
- $\mathsf{ExtendLeft}(\boldsymbol{A}, \boldsymbol{G}, \boldsymbol{T_G}, \boldsymbol{S}) \to \boldsymbol{T_H}$: 一个确定性算法, 其中 $\boldsymbol{H} = (\boldsymbol{A}|\boldsymbol{G} + \boldsymbol{AS})$, 当给定满秩矩阵 $\boldsymbol{A}, \boldsymbol{G} \in \mathbb{Z}_q^{n\times m}$ 和格 $\Lambda_q^{\perp}(\boldsymbol{G})$ 的一组基 $\boldsymbol{T_G} \in \mathbb{Z}_q^{m\times m}$ 时, 算法输出 $\Lambda_q^{\perp}(\boldsymbol{H})$ 的一组基 $\boldsymbol{T_H}$ 且满足 $\|\boldsymbol{T_H}\|_{\mathrm{GS}} \leqslant \|\boldsymbol{T_G}\|_{\mathrm{GS}}\cdot(1+\|\boldsymbol{S}\|_2)$.
- 当 $m = n\lceil\log q\rceil$ 时, 存在一个固定的满秩矩阵 $\boldsymbol{G} \in \mathbb{Z}_q^{n\times m}$, 使得 $\Lambda_q^{\perp}(\boldsymbol{G})$ 有一组公共的基 $\boldsymbol{T_G} \in \mathbb{Z}_q^{m\times m}$ 且 $\|\boldsymbol{T_G}\|_{\mathrm{GS}} \leqslant \sqrt{5}$. 对于任一矩阵 $\boldsymbol{A} \in \mathbb{Z}_q^{n\times m}$, 都有 $\boldsymbol{G}\cdot\mathsf{BD}(\boldsymbol{A}) = \boldsymbol{A}$.

其中, 对于任一矩阵 $\boldsymbol{R} \in \mathbb{Z}^{k\times m}$, 定义 $\|\boldsymbol{R}\|_2 = \sup_{\|\boldsymbol{x}\|=1}\|\boldsymbol{Rx}\|$. 算法 $\mathsf{BD}(\boldsymbol{A}) \to \boldsymbol{R}$ 是一个确定性算法, 这里 $m = n\lceil\log q\rceil$. 当输入一个矩阵 $\boldsymbol{A} \in \mathbb{Z}_q^{n\times m}$ 时, 该算法输出一个矩阵 $\boldsymbol{R} \in \mathbb{Z}_q^{m\times m}$, 具体流程为矩阵 $\boldsymbol{A}$ 中的每个元素 $a \in \mathbb{Z}_q$ 均被转换为列向量 $\boldsymbol{r} \in \mathbb{Z}_q^{\lceil\log q\rceil}$, $\boldsymbol{r} = [a_0, \cdots, a_{\lceil\log q\rceil-1}]^{\mathrm{T}}$, 这里 a_i 是 a 的二进制分解的第 i 位 (从低次幂到高次幂排序).

7.4.2 基于 LWE 的完全密钥同态公钥加密

对于整数 n 和 $q = q(n)$, 令 $m = \mathcal{O}(n\log q)$. 定义矩阵 $\boldsymbol{G} \in \mathbb{Z}_q^{n\times m}$ 为引理 7.6 中定义的固定矩阵. 对于 $x \in \mathbb{Z}_q$, $\boldsymbol{B} \in \mathbb{Z}_q^{n\times m}$, $\boldsymbol{s} \in \mathbb{Z}_q^n$, $\delta > 0$, 定义集合

$$E_{\boldsymbol{s},\delta}(x, \boldsymbol{B}) = \{(x\boldsymbol{G} + \boldsymbol{B})^{\mathrm{T}}\boldsymbol{s} + \boldsymbol{e} \in \mathbb{Z}_q^m : \|\boldsymbol{e}\| \leqslant \delta\}.$$

接下来, 我们将假设存在三种高效的确定性算法 $\mathsf{Eval}_{\mathsf{pk}}$, $\mathsf{Eval}_{\mathsf{ct}}$, $\mathsf{Eval}_{\mathsf{sim}}$, 它们实现了该方案的密钥同态性, 是该方案构造的重要工具. 我们先定义函数族: $\mathcal{F}=\{f:(\mathbb{Z}_q)^l\to\mathbb{Z}_q\}$ 和函数 $\alpha_{\mathcal{F}}:\mathbb{Z}\to\mathbb{Z}$, 则这三种算法必须满足以下条件:

- $\mathsf{Eval}_{\mathsf{pk}}(f\in\mathcal{F},\boldsymbol{B}\in(\mathbb{Z}_q^{n\times m})^l)\to\boldsymbol{B}_f\in\mathbb{Z}_q^{n\times m}$.
- $\mathsf{Eval}_{\mathsf{ct}}(f\in\mathcal{F},\{(x_i,\boldsymbol{B}_i,\boldsymbol{c}_i)\}_{i=1}^l)\to\boldsymbol{c}_f\in\mathbb{Z}_q^m$. 这里, 对于给定的 $\boldsymbol{s}\in\mathbb{Z}_q^n$ 和 $\delta>0$, 有 $x_i\in\mathbb{Z}_q$, $\boldsymbol{B}_i\in\mathbb{Z}_q^{n\times m}$, $\boldsymbol{c}_i\in E_{s,\delta}(x_i\cdot\boldsymbol{B}_i)$. 注意, 这里所有的 $\boldsymbol{c}_i$ 均使用相同的 $\boldsymbol{s}$. 输出的 $\boldsymbol{c}_f$ 必须满足

$$\boldsymbol{c}_f\in E_{\boldsymbol{s},\Delta}(f(\boldsymbol{x}),\boldsymbol{B}_f),$$

  其中 $\boldsymbol{B}_f=\mathsf{Eval}_{\mathsf{pk}}(f,(\boldsymbol{B}_1,\cdots,\boldsymbol{B}_l))$, 且 $\boldsymbol{x}\in(x_1,\cdots,x_l)$. 此外, 我们要求 $\Delta<\delta\cdot\alpha_{\mathcal{F}}(n)$ 来衡量噪声 $\boldsymbol{c}_f$ 随输入的密文而增加的幅度.

  该算法具有密钥同态性: 它能将多份由公钥 $\{x_i\}_{i=1}^l$ 加密的密文转化为一份由公钥 $(f(\boldsymbol{x}),f)$ 加密的密文 $\boldsymbol{c}_f$.
- $\mathsf{Eval}_{\mathsf{sim}}(f\in\mathcal{F},\{(x_i^*,\boldsymbol{S}_i)\}_{i=1}^l,\boldsymbol{A})\to\boldsymbol{S}_f\in\mathbb{Z}_q^{m\times m}$, 这里 $x_i^*\in\mathbb{Z}_q$, $\boldsymbol{S}_i\in\mathbb{Z}_q^{m\times m}$, 对于给定的 $\boldsymbol{x}^*=(x_1^*,\cdots,x_n^*)$, 则输出的 $\boldsymbol{S}_f$ 需满足

$$\boldsymbol{A}\boldsymbol{S}_f-f(\boldsymbol{x}^*)\boldsymbol{G}=\boldsymbol{B}_f,$$

  其中　$\boldsymbol{B}_f=\mathsf{Eval}_{\mathsf{pk}}(f,(\boldsymbol{A}\boldsymbol{S}_1-x_1^*\boldsymbol{G},\cdots,\boldsymbol{A}\boldsymbol{S}_l-x_l^*\boldsymbol{G}))$.

  此外, 我们还要求对于所有的 $f\in\mathcal{F}$, 如果 $\boldsymbol{S}_1,\cdots,\boldsymbol{S}_l$ 均是 $\{\pm1\}^{m\times m}$ 上的随机矩阵, 则 $\|\boldsymbol{S}_f\|_2<\alpha_{\mathcal{F}}(n)$ 的概率可以忽略不计.

定义 7.6　当函数 $q=q(n)$ 和 $\alpha_{\mathcal{F}}=\alpha_{\mathcal{F}}(n)$ 满足上述性质时, 关于函数族 $\mathcal{F}=\{f:(\mathbb{Z}_q)^l\to\mathbb{Z}_q\}$ 的确定性算法 $(\mathsf{Eval}_{\mathsf{pk}},\mathsf{Eval}_{\mathsf{ct}},\mathsf{Eval}_{\mathsf{sim}})$ 是 $\alpha_{\mathcal{F}}$-FKHE 可行的.

方案 7.2　下面我们将给出基于 LWE 问题的 FKHE 具体构造[47]:

- $\mathsf{Setup}_{\mathrm{FKHE}}(1^\lambda)$: 运行算法 $\mathsf{TrapGen}(1^n,1^m,q)$ 生成 $(\boldsymbol{A},\boldsymbol{T_A})$, 其中 $\boldsymbol{A}$ 是 $\mathbb{Z}_q^{n\times m}$ 上均匀选取的满秩矩阵. 选择随机矩阵 $\boldsymbol{D},\boldsymbol{B}_1,\cdots,\boldsymbol{B}_l\in\mathbb{Z}_q^{n\times m}$, 并输出一个主私钥 $\mathsf{msk}_{\mathrm{FKHE}}$ 和主公钥 $\mathsf{mpk}_{\mathrm{FKHE}}$, 分别为

$$\mathsf{msk}_{\mathrm{FKHE}}=(\boldsymbol{T_A}),\quad \mathsf{mpk}_{\mathrm{FKHE}}=(\boldsymbol{A},\boldsymbol{D},\boldsymbol{B}_1,\cdots,\boldsymbol{B}_l).$$

- $\mathsf{KeyGen}_{\mathrm{FKHE}}(\mathsf{msk}_{\mathrm{FKHE}},(y,f))$: 令 $\boldsymbol{B}_f=\mathsf{Eval}_{\mathsf{pk}}(f,(\boldsymbol{B}_1,\cdots,\boldsymbol{B}_l))$, 输出 $\mathsf{sk}_{y,f}=\boldsymbol{R}_f$, 其中 $\boldsymbol{R}_f$ 是从高斯分布 $D_{\Lambda_q^{\boldsymbol{D}}(\boldsymbol{A}|y\boldsymbol{G}+\boldsymbol{B}_f),\sigma}$ 中选取的低秩的 $\mathbb{Z}_q^{2m\times m}$ 矩阵, 因此式 $(\boldsymbol{A}|y\boldsymbol{G}+\boldsymbol{B}_f)\cdot\boldsymbol{R}_f=\boldsymbol{D}$ 成立. 注意, 构造 $\boldsymbol{R}_f$ 的过程, 需调用算法 $\mathsf{SampleRight}(\boldsymbol{A},\boldsymbol{T_A},y\boldsymbol{G}+\boldsymbol{B}_f,\boldsymbol{D},\sigma)$.
- $\mathsf{Enc}_{\mathrm{FKHE}}(\mathsf{mpk}_{\mathrm{FKHE}},\boldsymbol{x}\in\mathcal{X}^l,\mu)$: 选择一个随机 n 维向量 $\boldsymbol{s}\leftarrow\mathbb{Z}_q^n$ 和误差向量 $\boldsymbol{e}_0,\boldsymbol{e}_1\leftarrow\mathcal{X}^m$. 均匀选取 l 个随机矩阵 $\boldsymbol{S}_i\leftarrow\{\pm1\}^{m\times m}$, 其中 $i\in[l]$. 计算矩阵 $\boldsymbol{H}$ 和向量 $\boldsymbol{e}$ 如下:

$$\boldsymbol{H} = (\boldsymbol{A}|x_1\boldsymbol{G}+\boldsymbol{B}_1|\cdots|x_l\boldsymbol{G}+\boldsymbol{B}_l) \in \mathbb{Z}_q^{n\times(l+1)m},$$

$$\boldsymbol{e} = (\boldsymbol{I}_m|\boldsymbol{S}_1|\cdots|\boldsymbol{S}_l)^{\mathrm{T}} \cdot \boldsymbol{e}_0 \in \mathbb{Z}_q^{(l+1)m}.$$

令 $\boldsymbol{c}_{\boldsymbol{x}} = (\boldsymbol{H}^{\mathrm{T}}\boldsymbol{s}+\boldsymbol{e}, \boldsymbol{D}^{\mathrm{T}}\boldsymbol{s}+\boldsymbol{e}_1+\lceil q/2\rceil\mu) \in \mathbb{Z}_q^{(l+2)m}$, 算法输出密文 $\boldsymbol{c}_{\boldsymbol{x}}$.

- $\mathsf{Dec}_{\mathrm{FKHE}}(\mathsf{sk}_{y,f},\boldsymbol{c})$: 令 $\boldsymbol{c}$ 为 μ 在公钥 (x,g) 加密下得到的密文. 如果 $x\neq y$ 或 f 和 g 不是完全相同的算术电路, 则输出 $\perp$. 否则, 令 $\boldsymbol{c} = (\boldsymbol{c}_{\mathrm{in}},\boldsymbol{c}_1,\cdots,\boldsymbol{c}_l,\boldsymbol{c}_{\mathrm{out}}) \in \mathbb{Z}_q^{(l+2)m}$.
  令 $\boldsymbol{c}_f = \mathsf{Eval}_{\mathsf{ct}}(f,\{(x_i,\boldsymbol{B}_i,\boldsymbol{c}_i)\}_{i=1}^{l}) \in \mathbb{Z}_q^m$, 定义 $\boldsymbol{c}_f' = (\boldsymbol{c}_{\mathrm{in}}|\boldsymbol{c}_f) \in \mathbb{Z}_q^{2m}$, 并输出 $\mathbf{Round}(\boldsymbol{c}_{\mathrm{out}} - \boldsymbol{R}_f^{\mathrm{T}}\boldsymbol{c}_f') \in \{0,1\}^m$.

参数选择. 选择参数 n, $q=q(n)$ 和函数族 $\mathcal{F}$ 以满足算法 $(\mathsf{Eval}_{\mathsf{pk}},\mathsf{Eval}_{\mathsf{ct}},\mathsf{Eval}_{\mathsf{sim}})$ 是 $\alpha_{\mathcal{F}}$-FKHE 可行的. 此外, 定义 $\mathcal{X}$ 为 $\mathcal{X}_{\max}$-界噪声分布以使得 $(\mathbb{Z}_q,n,\mathcal{X})$-LWE 问题是困难的, 另外, $m=\mathcal{O}(n\log q)$, $\sigma = w(\alpha_{\mathcal{F}}\cdot\sqrt{\log m})$. 为了保证该方案的正确性, 需要设置 $\alpha_{\mathcal{F}}^2\cdot m < \dfrac{1}{12}\cdot(q/\mathcal{X}_{\max})$ 和 $\alpha_{\mathcal{F}} > \sqrt{n\log m}$.

正确性. 该方案的正确性取决于我们对参数的选择. 具体地, 要求 $\alpha_{\mathcal{F}}^2\cdot m < \dfrac{1}{12}\cdot(q/\mathcal{X}_{\max})$. 为了说明方案的正确性, 首先注意, 当 $f(x)=y$ 时, 根据 $E_{s,\Delta}(y,\boldsymbol{B}_f)$ 中 $\mathsf{Eval}_{\mathsf{ct}}$ 的要求, 有 $\boldsymbol{c}_f = y\boldsymbol{G}+\boldsymbol{B}_f^{\mathrm{T}}\boldsymbol{s}+\boldsymbol{e}$ 且 $\|\boldsymbol{e}\|\leqslant\Delta$ 成立, 因此

$$\boldsymbol{c}_f' = (\boldsymbol{c}_{\mathrm{in}}|\boldsymbol{c}_f) = (\boldsymbol{A}|y\boldsymbol{G}+\boldsymbol{B}_f)^{\mathrm{T}}\boldsymbol{s}+\boldsymbol{e}',$$

其中 $\|\boldsymbol{e}'\| < \Delta+\mathcal{X}_{\max} < (\alpha_{\mathcal{F}}+1)\mathcal{X}_{\max}$. 由于 R_f 是从 $D_{\Lambda_q^{\boldsymbol{D}}(\boldsymbol{A}|y\boldsymbol{G}+\boldsymbol{B}_f),\sigma}$ 中选取的, 则有 $(\boldsymbol{A}|y\boldsymbol{G}+\boldsymbol{B}_f)\cdot\boldsymbol{R}_f = \boldsymbol{D}$, 并且 $\|\boldsymbol{R}_f^{\mathrm{T}}\|_2 < 2m\sigma$ 极大概率成立, 因此

$$\boldsymbol{c}_{\mathrm{out}} - \boldsymbol{R}_f^{\mathrm{T}}\boldsymbol{c}_f' = (\boldsymbol{D}^{\mathrm{T}}\boldsymbol{s}+\boldsymbol{e}_1) - (\boldsymbol{D}^{\mathrm{T}}\boldsymbol{s}+\boldsymbol{R}_f^{\mathrm{T}}\boldsymbol{e}') = \boldsymbol{e}_1 - \boldsymbol{R}_f^{\mathrm{T}}\boldsymbol{e}',$$

并且 $\|\boldsymbol{e}_1 - \boldsymbol{R}_f^{\mathrm{T}}\boldsymbol{e}'\| \leqslant \mathcal{X}_{\max} + 2m\sigma\cdot(\alpha_{\mathcal{F}}+1)\mathcal{X}_{\max} \leqslant 3\alpha_{\mathcal{F}}^2\cdot\mathcal{X}_{\max}\cdot m$ 会以极大概率成立. 同时 $\alpha_{\mathcal{F}}$ 的界小于 $q/4$, 从而确保了 $\mu\in\{0,1\}^m$ 的所有比特值正确解密.

安全性. 接下来, 我们将证明如果选取的函数族 $\mathcal{F}$ 使得算法 $(\mathsf{Eval}_{\mathsf{pk}},\mathsf{Eval}_{\mathsf{ct}},\mathsf{Eval}_{\mathsf{sim}})$ 是 FKHE-可行的, 那么上述 FKHE 方案是选择性安全的, 下面给出相应的定理[47].

定理 7.4　*给定针对函数族 $\mathcal{F}$ 的三个算法 $(\mathsf{Eval}_{\mathsf{pk}},\mathsf{Eval}_{\mathsf{ct}},\mathsf{Eval}_{\mathsf{sim}})$, 那么在 $(\mathbb{Z}_q, n,\mathcal{X})$-LWE 假设下, 上述的 FKHE 系统对于 $\mathcal{F}$ 是选择性安全的, 其中 $n,q,\mathcal{X}$ 是 FKHE 的参数.*

证明　该定理的证明是在一系列游戏中进行的, 其中第一个游戏是标准的 ABE 定义的游戏 (如第 2 章中 ABE 的选择性安全). 在最后的游戏中, 敌手的优势为零. 我们要证明, 一个 PPT 敌手不能区分这些游戏, 这将证明敌手赢得原

始的 ABE 安全性游戏的优势可忽略. 而 LWE 问题被用来证明 Game_2 和 Game_3 是不可区分的.

- Game_0: 这是原始的 ABE 选择性安全定义的游戏, 该游戏互动过程中有两个角色: 攻击我们方案的敌手 $\mathcal{A}$ 和一个 ABE 挑战者.
- Game_1: 在前面的 Game_0 中, 部分主公钥 mpk 是通过选择随机矩阵 $\boldsymbol{B}_1, \cdots, \boldsymbol{B}_l \in \mathbb{Z}_q^{n\times m}$ 确定的. 在挑战阶段中, 挑战者生成了一个挑战密文 c^*. 我们令 $\boldsymbol{S}_1^*, \cdots, \boldsymbol{S}_l^* \in \{-1,1\}^{m\times m}$ 表示在加密算法 Enc 中为创建 c^* 而生成的随机矩阵.

  在 Game_1 中, 我们稍微改变了主公钥中矩阵 $\boldsymbol{B}_1, \cdots, \boldsymbol{B}_l$ 的生成方式. 令 $\boldsymbol{x}^* = (x_1^*, \cdots, x_l^*) \in \mathbb{Z}_q^l$ 为敌手 $\mathcal{A}$ 打算攻击的目标. 在 Game_1 中, 准备阶段选取随机矩阵 $\boldsymbol{S}_1^*, \cdots, \boldsymbol{S}_l^* \in \{-1,1\}^{m\times m}$, 而矩阵 $\boldsymbol{B}_1, \cdots, \boldsymbol{B}_l$ 的构造如下:

$$\boldsymbol{B}_i = \boldsymbol{A}\boldsymbol{S}_i^* - x_i^*\boldsymbol{G}. \tag{7.6}$$

  Game_1 的其余部分和 Game_0 保持一致.
- Game_2: 现在我们将改变 mpk 中矩阵 $\boldsymbol{A}$ 的生成方式. 在 Game_2 中, 我们生成 $\boldsymbol{A}$ 为 $\mathbb{Z}_q^{n\times m}$ 上随机选取的矩阵, 矩阵 $\boldsymbol{B}_1, \cdots, \boldsymbol{B}_l$ 和 Game_1 保持一致, 即 $\boldsymbol{B}_i = \boldsymbol{A}\boldsymbol{S}_i^* - x_i^*\boldsymbol{G}$.

  在密钥生成预言机中使用陷门 $\boldsymbol{T}_{\boldsymbol{G}}$ 来回复私钥询问. 对于一个私钥询问 (y, f), 要求其满足 $y^* = f(x_1^*, \cdots, x_l^*) \neq y$. 为了回复该私钥询问, 密钥生成预言机需要计算 $\boldsymbol{B}_f = \mathsf{Eval}_{\mathsf{pk}}(f, (\boldsymbol{B}_1, \cdots, \boldsymbol{B}_l))$, 并且生成的矩阵 $\boldsymbol{R}_f \in \mathbb{Z}_q^{2m\times m}$ 需要满足

$$(\boldsymbol{A} \,|\, y\boldsymbol{G} + \boldsymbol{B}_f) \cdot \boldsymbol{R}_f = \boldsymbol{D}.$$

  为此, 密钥生成预言机的执行过程如下:
  - 执行算法 $\boldsymbol{S}_f \leftarrow \mathsf{Eval}_{\mathsf{sim}}(f, \{(x_i^*, \boldsymbol{S}_i^*)\}_i^l, \boldsymbol{A})$, 并获得一个低秩矩阵 $\boldsymbol{S}_f \in \mathbb{Z}_q^{m\times m}$ 且满足 $\boldsymbol{A}\boldsymbol{S}_f - y^*\boldsymbol{G} = \boldsymbol{B}_f$. 根据 $\mathsf{Eval}_{\mathsf{sim}}$ 的定义, 我们知道 $\|\boldsymbol{S}_f\|_2 \leqslant \alpha_{\mathcal{F}}$.
  - 最后, 回复 $\boldsymbol{R}_f = \mathsf{SampleLeft}(\boldsymbol{A}, \boldsymbol{S}_f, y, \boldsymbol{D}, \sigma)$. 由 SampleLeft 的定义可知, $\boldsymbol{R}_f$ 的分布正如所需.

  Game_2 和 Game_1 的其他部分保持一致. 由于公开参数和对私钥询问的应答在统计上与 Game_1 中的接近, 所以敌手在 Game_2 中的优势与在 Game_1 中的优势之间的差距可以忽略不计.
- Game_3: Game_3 和 Game_2 类似, 唯一的区别是在 Game_3 中, 挑战密文 $(\boldsymbol{x}^*, \boldsymbol{c}^*)$ 中的向量 $\boldsymbol{c}^* = (\boldsymbol{c}_{\text{in}}|\boldsymbol{c}_1|\cdots|\boldsymbol{c}_l|\boldsymbol{c}_{\text{out}}) \in \mathbb{Z}_q^{(l+2)m}$ 是从 $\mathbb{Z}_q^{(l+2)m}$ 中选

取的随机独立的向量. 由于挑战密文始终是密文空间中的一个新的随机元素, 所以敌手 $\mathcal{A}$ 在这个游戏中的优势为零.

接下来, 我们将分析 Game_0 和 Game_1 是统计上不可区分的.

引理 7.7 ($\mathsf{Game}_0 \overset{s}{\approx} \mathsf{Game}_1$) 对于一个 PPT 敌手 $\mathcal{A}$ 来说, Game_0 和 Game_1 是统计不可区分的.

证明 观察可知, 在 Game_1 中, 矩阵 $\boldsymbol{S}_i^*$ 只用于构造 $\boldsymbol{B}_i$ 和构造挑战密文, 因为 $\boldsymbol{e} = (\boldsymbol{I}_m|\boldsymbol{S}_1^*|\cdots|\boldsymbol{S}_l^*)^{\mathrm{T}} \cdot \boldsymbol{e}_0$ 是作为噪声向量的. 令 $\boldsymbol{S}^* = (\boldsymbol{S}_1^*|\cdots|\boldsymbol{S}_l^*)$, 则根据引理 7.2 可知, 分布 $(\boldsymbol{A}, \boldsymbol{A}\boldsymbol{S}^*, \boldsymbol{e})$ 和 $(\boldsymbol{A}, \boldsymbol{A}', \boldsymbol{e})$ 在统计上是接近的, 其中 $\boldsymbol{A}'$ 为 $\mathbb{Z}_q^{n\times lm}$ 上均匀选取的矩阵. 接下来从敌手 $\mathcal{A}$ 的视角来看, 所有的矩阵 $\boldsymbol{A}\boldsymbol{S}_i^*$ 都在统计上是接近均匀分布的, 因此, 式 (7.6) 中定义的 $\boldsymbol{B}_i$ 也是接近均匀分布的, 从而 Game_1 和 Game_0 在统计上是不可区分的.

引理 7.8 ($\mathsf{Game}_1 \overset{s}{\approx} \mathsf{Game}_2$) 对于一个 PPT 敌手 $\mathcal{A}$ 来说, Game_1 和 Game_2 是统计不可区分的.

证明 上述引理的证明分析如 Game_2 定义所述, 这里不再赘述.

最后, 我们将分析 Game_2 和 Game_3 对于一个 PPT 敌手来说是计算不可区分的, 这将归约为 LWE 问题.

引理 7.9 ($\mathsf{Game}_2 \overset{c}{\approx} \mathsf{Game}_3$) 对于一个 PPT 敌手 $\mathcal{A}$ 来说, 基于 LWE 假设, Game_2 和 Game_3 是计算不可区分的.

证明 假设敌手 $\mathcal{A}$ 在区分 Game_2 和 Game_3 时, 具有不可忽略的优势. 我们使用 $\mathcal{A}$ 来构造一个 LWE 算法 $\mathcal{B}$.

- **LWE 实例化.** $\mathcal{B}$ 首先获得一个 LWE 挑战, 包括两个 $\mathbb{Z}_q^{n\times m}$ 中随机矩阵 $\boldsymbol{A}, \boldsymbol{D}$ 和两个向量 $\boldsymbol{c}_{\mathrm{in}}, \boldsymbol{c}_{\mathrm{out}}$ 在 $\mathbb{Z}_q^m$ 中. 我们知道 $\boldsymbol{c}_{\mathrm{in}}, \boldsymbol{c}_{\mathrm{out}}$ 是 $\mathbb{Z}_q^m$ 中的随机向量或者是

$$\boldsymbol{c}_{\mathrm{in}} = \boldsymbol{A}^{\mathrm{T}}\boldsymbol{s} + \boldsymbol{e}_0 \quad \text{和} \quad \boldsymbol{c}_{\mathrm{out}} = \boldsymbol{D}^{\mathrm{T}}\boldsymbol{s} + \boldsymbol{e}_1. \tag{7.7}$$

  对于给定的随机向量 $\boldsymbol{s} \in \mathbb{Z}_q^n$ 和 $\boldsymbol{e}_0, \boldsymbol{e}_1 \in \mathcal{X}^m$. 算法 $\mathcal{B}$ 的目的是利用 $\mathcal{A}$ 以不可忽略的优势来区分这两种情况.

- **准备阶段.** $\mathcal{A}$ 先提交一个它想挑战的目标 $\boldsymbol{x} = (x_1^*, \cdots, x_l^*) \in \mathbb{Z}_q^m$. $\mathcal{B}$ 如 Game_2 中一样, 生成主公钥 mpk: 选择随机矩阵 $\boldsymbol{S}_1^*, \cdots, \boldsymbol{S}_l^* \in \{\pm 1\}^{m\times m}$, 并令 $\boldsymbol{B}_i = \boldsymbol{A}\boldsymbol{S}_i^* - x_i^*\boldsymbol{G}$. 把主公钥 $\mathsf{mpk} = (\boldsymbol{A}, \boldsymbol{D}, \boldsymbol{B}_1, \cdots, \boldsymbol{B}_l)$ 发送给 $\mathcal{A}$.
- **问询阶段.** $\mathcal{B}$ 正如 Game_2 中一样, 对 $\mathcal{A}$ 的私钥询问进行应答.
- **挑战阶段.** 当 $\mathcal{B}$ 从 $\mathcal{A}$ 处接收到两个消息 $\mu_0, \mu_1 \in \{0,1\}^m$ 时, 算法 $\mathcal{B}$ 随机选择 $b \leftarrow \{0,1\}$, 并计算

$$\boldsymbol{c}_0^* = (\boldsymbol{I}_m|\boldsymbol{S}_1^*|\cdots|\boldsymbol{S}_l^*) \cdot \boldsymbol{c}_{\mathrm{in}} \in \mathbb{Z}_q^{(l+1)m} \tag{7.8}$$

和 $\boldsymbol{c}^*=(\boldsymbol{c}_0^*,\boldsymbol{c}_{\text{out}}+\lceil q/2\rceil\mu_b)\in\mathbb{Z}_q^{(l+2)m}$. $\mathcal{B}$ 将 $(\boldsymbol{x}^*,\boldsymbol{c}^*)$ 作为挑战密文并发送给 $\mathcal{A}$. 我们观察到, 若 LWE 挑战是伪随机 (即式 (7.7) 成立) 的, c^* 的分布与 Game_2 完全一致. 首先, 观察到在加密 $(\boldsymbol{x}^*,\mu_b)$ 时, 在加密算法 Enc 中构造的矩阵 H 计算为

$$\begin{aligned}\boldsymbol{H}&=(\boldsymbol{A}|x_1^*\boldsymbol{G}+\boldsymbol{B}_1|\cdots|x_l^*\boldsymbol{G}+\boldsymbol{B}_l)\\&=(\boldsymbol{A}|x_1^*\boldsymbol{G}+(\boldsymbol{A}\boldsymbol{S}_1^*-x_1^*\boldsymbol{G})|\cdots|x_l^*\boldsymbol{G}+(\boldsymbol{A}\boldsymbol{S}_l^*-x_l^*\boldsymbol{G}))\\&=(\boldsymbol{A}|\boldsymbol{A}\boldsymbol{S}_1^*|\cdots|\boldsymbol{A}\boldsymbol{S}_l^*).\end{aligned}$$

因此, 式 (7.8) 中定义的 $\boldsymbol{c}_0^*$ 满足

$$\begin{aligned}\boldsymbol{c}_0^*&=(\boldsymbol{I}_m|\boldsymbol{S}_1^*|\cdots|\boldsymbol{S}_l^*)^{\mathrm{T}}\cdot(\boldsymbol{A}^{\mathrm{T}}\boldsymbol{s}+\boldsymbol{e}_0)\\&=(\boldsymbol{A}|\boldsymbol{A}\boldsymbol{S}_1^*|\cdots|\boldsymbol{A}\boldsymbol{S}_l^*)^{\mathrm{T}}\cdot\boldsymbol{s}+(\boldsymbol{I}_m|\boldsymbol{S}_1^*|\cdots|\boldsymbol{S}_l^*)^{\mathrm{T}}\cdot\boldsymbol{e}_0=\boldsymbol{H}^{\mathrm{T}}\boldsymbol{s}+\boldsymbol{e},\end{aligned}$$

其中, $\boldsymbol{e}=(\boldsymbol{I}_m|\boldsymbol{S}_1^*|\cdots|\boldsymbol{S}_l^*)^{\mathrm{T}}\cdot\boldsymbol{e}_0$, 这里的 $\boldsymbol{e}$ 与算法 Enc 中的噪声向量 $\boldsymbol{e}$ 具有相同的分布. 因此, 我们得出结论, $\boldsymbol{c}_0^*$ 的计算与 Game_2 中的一样. 此外, 由于 $\boldsymbol{c}_{\text{out}}=\boldsymbol{D}^{\mathrm{T}}\boldsymbol{s}+\boldsymbol{e}_1$, 可知挑战密文 $\boldsymbol{c}^*$ 是 $(\boldsymbol{x}^*,\mu_b)$ 的一个有效密文.

当 LWE 挑战是随机的时, 我们知道 $\boldsymbol{c}_{\text{in}}$ 和 $\boldsymbol{c}_{\text{out}}$ 在 $\mathbb{Z}_q^m$ 中是一致的. 因此, 主公钥和式 (7.8) 中定义的 $\boldsymbol{c}_0^*$ 是均匀且独立的. 由于 $\boldsymbol{c}_{\text{out}}$ 也是均匀的, 因此挑战密文在 $\mathbb{Z}_q^{(l+2)m}$ 是均匀的, 就像 Game_3 中的一样.

- **猜测阶段**. 最后, $\mathcal{A}$ 猜测他是与 Game_2 还是 Game_3 中的挑战者互动的游戏. $\mathcal{B}$ 输出 $\mathcal{A}$ 的猜测作为它试图解决的 LWE 挑战的答案.

我们已经论证了当 LWE 的挑战是伪随机的时, 敌手 $\mathcal{A}$ 的视角就像 Game_2 中的一样. 若 LWE 的挑战是随机的, 敌手 $\mathcal{A}$ 的视角就像 Game_3 中的一样. 因此, $\mathcal{B}$ 解决 LWE 问题的优势与 $\mathcal{B}$ 在区分 Game_2 和 Game_3 方面的优势相同. 最终我们完成了该定理的证明.

7.4.3 基于 LWE 的 ABE 方案

7.4.2 节中, 我们给出了关于函数族 $\mathcal{F}=\{f:\mathbb{Z}_q^l\to\mathbb{Z}_q\}$ 的 FKHE 方案, 则可根据该方案给出一个密钥策略的 ABE 方案. 接下来, 我们将给出该 ABE 方案的简单描述.

方案7.3 首先, 给出关于函数族 $\mathcal{F}$ 的 FKHE-可行算法 $(\mathsf{Eval}_{\mathsf{pk}},\mathsf{Eval}_{\mathsf{ct}},\mathsf{Eval}_{\mathsf{sim}})$. 则该 ABE 方案算法描述如下:

$\mathsf{Setup}(1^\lambda,l)$: 选择参数 $n,q,\mathcal{X},m,\sigma$ 如 7.4.2 节所示. 运行算法 $\mathsf{TrapGen}(1^n,1^m,q)$ 生成 $(\boldsymbol{A},\boldsymbol{T}_{\boldsymbol{A}})$. 选择随机的矩阵 $\boldsymbol{D},\boldsymbol{B}_1,\cdots,\boldsymbol{B}_l\in\mathbb{Z}_q^{n\times m}$, 并输出

$$\mathsf{mpk}=(\boldsymbol{A},\boldsymbol{D},\boldsymbol{B}_1,\cdots,\boldsymbol{B}_l),\quad \mathsf{msk}=(\boldsymbol{T}_{\boldsymbol{A}},\boldsymbol{D},\boldsymbol{B}_1,\cdots,\boldsymbol{B}_l).$$

$\mathsf{KeyGen}(\mathsf{msk}, f)$: 令 $B_f = \mathsf{Eval}_{\mathsf{pk}}(f, (\boldsymbol{B}_1, \cdots, \boldsymbol{B}_l))$. 输出 $\mathsf{sk}_f = \boldsymbol{R}_f$, 其中, $\boldsymbol{R}_f$ 是从高斯分布 $D_\sigma(\Lambda_q^{\boldsymbol{D}}(\boldsymbol{A}|\boldsymbol{B}_f))$ 中选取的低秩的 $\mathbb{Z}_q^{2m\times m}$ 矩阵, 因此有 $(\boldsymbol{A}|\boldsymbol{B}_f)\cdot \boldsymbol{R}_f = \boldsymbol{D}$ 成立.

注意, 构造 $\boldsymbol{R}_f$ 的过程, 需调用算法 $\mathsf{SampleRight}(\boldsymbol{A}, \boldsymbol{T_A}, y\boldsymbol{G}+\boldsymbol{B}_f, \boldsymbol{D}, \sigma)$. 同时, 私钥 sk_f 总是在 $\mathbb{Z}_q^{2m\times m}$ 中且与函数 f 的复杂性无关.

$\mathsf{Enc}(\mathsf{mpk}, \boldsymbol{x}\in\mathbb{Z}_q^l, \mu\in\{0,1\}^m)$: 选择一个随机的 n 维向量 $\boldsymbol{s}\in\mathbb{Z}_q^n$ 和误差向量 $\boldsymbol{e}_0, \boldsymbol{e}_1 \in \mathcal{X}^m$. 选择 l 个均匀随机的矩阵 $\boldsymbol{S}_i \leftarrow \{\pm 1\}^{m\times m}$, 其中 $i\in[l]$. 令矩阵 $\boldsymbol{H}$ 和向量 $\boldsymbol{e}$ 分别为

$$\boldsymbol{H} = (\boldsymbol{A}|x_1\boldsymbol{G}+\boldsymbol{B}_1|\cdots|x_l\boldsymbol{G}+\boldsymbol{B}_l)\in\mathbb{Z}_q^{n\times(l+1)m},$$

$$\boldsymbol{e} = (\boldsymbol{I}_m|\boldsymbol{S}_1|\cdots|\boldsymbol{S}_l)^{\mathrm{T}}\cdot\boldsymbol{e}_0\in\mathbb{Z}_q^{(l+1)m}.$$

输出密文 $\boldsymbol{c} = (\boldsymbol{H}^{\mathrm{T}}\boldsymbol{s}+\boldsymbol{e}, \boldsymbol{D}^{\mathrm{T}}\boldsymbol{s}+\boldsymbol{e}_1+\lceil q/2\rceil\mu)\in\mathbb{Z}_q^{(l+2)m}$.

$\mathsf{Dec}(\mathsf{sk}_f, (\boldsymbol{x}, \boldsymbol{c}))$: 如果 $f(\boldsymbol{x})\neq 0$, 则输出 $\perp$. 否则, 令密文为 $\boldsymbol{c} = (\boldsymbol{c}_{\mathrm{in}}, \boldsymbol{c}_1, \cdots, \boldsymbol{c}_l, \boldsymbol{c}_{\mathrm{out}})\in\mathbb{Z}_q^{(l+2)m}$, 并令 $\boldsymbol{c}_f = \mathsf{Eval}_{\mathsf{ct}}(f, \{(x_i, \boldsymbol{B}_i, \boldsymbol{c}_i)\}_{i=1}^l)\in\mathbb{Z}_q^m$. 定义 $\boldsymbol{c}_f' = (\boldsymbol{c}_{\mathrm{in}}|\boldsymbol{c}_f)\in\mathbb{Z}_q^{2m}$, 并输出 $\mathbf{Round}(\boldsymbol{c}_{\mathrm{out}} - \boldsymbol{R}_f^{\mathrm{T}}\boldsymbol{c}_f')\in\{0,1\}^m$.

安全性. 该方案的安全性可由下面的定理给出.

定理 7.5 定义关于函数族 $\mathcal{F}$ 的 FKHE-可行算法为 $(\mathsf{Eval}_{\mathsf{pk}}, \mathsf{Eval}_{\mathsf{ct}}, \mathsf{Eval}_{\mathsf{sim}})$. 假如 $(n, q, \mathcal{X})$-LWE 假设成立, 其中 $n, q, \mathcal{X}$ 为 FKHE-可行算法中的参数. 则上述的 ABE 系统是正确的, 并且是关于 $\mathcal{F}$ 的选择性安全的.

证明 该定理的证明和定理 7.4 相似, 这里我们不再赘述.

第 8 章　通用转换和组合技术

在早期属性基加密的研究中, 人们往往根据访问策略嵌入位置的不同, 将属性基加密详细划分为三种类型: 密文策略 ABE、密钥策略 ABE 和双策略 ABE. 顾名思义, 密文策略 ABE 的访问策略与密文关联, 属性与密钥关联, 而密钥策略 ABE 则与之相反. 此外, 双策略 ABE 本质上就是这两种加密体制的有机结合. 这三种类型的属性基加密会根据自身特性适用于不同的应用场景, 比如, 密文策略 ABE 适用于实现云存储系统中的数据安全共享, 密钥策略 ABE 则可用于日志信息管理、付费视频订阅等场景.

在 ABE 发展初期, 密文策略 ABE 与密钥策略 ABE 是各自独立发展的, 而后为了挖掘两者之间的联系 (对偶性)[48], 人们提出了两种方案之间的通用转换框架[31,49], 成功实现了密文策略 ABE 与密钥策略 ABE 之间的相互转化. 另一方面, 文献 [50] 提出了双策略 ABE 的概念以集成这两种加密体制的优点, 利用策略组合技术给出了双策略 ABE 的具体构造.

8.1　密钥策略和密文策略的转换

Goyal 等[2] 在 2006 年引入了密钥策略 ABE 的概念, 这个方案采用的是单调访问结构, 表示访问策略没有负属性. Ostrovsky 等[51] 在 2007 年引入了非单调访问结构, 其中包括正属性和负属性, 即属性之间支持 AND, OR 和 NOT. 但这个方案的密文、密钥大小和加密的计算开销也较高. Lewko 等[52] 在 2010 年改进了非单调访问结构策略, 实现了用户的撤销, 同时令密钥大小保持在了一个较低的水平. 在之前的所有工作中, 访问结构都是用一个布尔公式来表示, 而且从未关注过密文大小的增长. Attrapadung 等[23] 在 2011 年提出了密文大小不变的密钥策略 ABE 方案. 常数级的密文意味着密文的大小不依赖于属性的数量, 而是取决于安全参数, 该方案也减少了解密过程中的配对次数.

Bethencourt 等[53] 在 2007 年提出了密文策略 ABE 的概念, 与密钥策略 ABE 最大的不同是, 密文策略 ABE 中的数据拥有者拥有控制解密者身份的权力, 这使得密文策略 ABE 在实际访问权限控制的场景中更加得心应手. 同在 2007 年, Cheung 和 Newport[54] 改进了 Bethencourt 等的安全证明. 他们的工作证明了基于 DBDH 假设下的选择密文安全, 并且首次使用了 AND 门和正负属性作为访问结构, 但这导致该方案的表现力相对不足. Goyal 等[48] 在 2008 年提出了改进版本的密文策略 ABE, 它支持具有阈值门的有限大小访问树, 并证明了标准模型下的 DBDH 假设. 上述方案并没有考虑密文大小的膨胀问题, 2010 年, Emura 等[55] 提出了一个具有恒定密文长度的密文策略 ABE 方案, 并且配对计算的次数也是恒定的. 2007 年, Ostrovsky 等使用线性秘密共享方案 (Linear Secret Sharing Scheme, LSSS) 来表达访问结构[51], 在此之后, LSSS 成为十分流行的访问结构[56]. 2011 年, Lewko 和 Waters 又发布了该方案的新版本, 支持无界属性集合[57].

常见的用于构建身份基加密方案的有两种技术, 分别是配对编码 (Pair Encoding) 和谓词编码 (Predicate Encoding). 配对编码是一种在双线性群上定义的编码方式, 主要用于编码群元素, 将一个群中的元素编码为一个或多个二进制字符串. 而谓词编码则是一种基于双线性映射的加密方案, 主要用于将属性 (即谓词) 与明文消息关联起来, 只有满足特定属性的用户才能解密该消息, 以实现对加密数据的精细控制. 我们将在 8.2 节中分别详细介绍这两种编码技术.

在基于谓词的 ABE 中, 谓词是一个布尔函数 $R:\mathcal{X}\times\mathcal{Y}\rightarrow\{0,1\}$, 一个由机构发布的私钥与一个属性 $X\in\mathcal{X}$ 有关, 而一个加密消息 M 的密文与一个属性 $Y\in\mathcal{Y}$ 有关. 当且仅当 $R(X,Y)=1$ 时, 属性 X 的密钥可以解密属性 Y 的密文.

在密钥策略的 ABE (KP-ABE) 中, 任何 $X\in\mathcal{X}$ 被视作一个策略函数 $X:\mathcal{Y}\rightarrow\{0,1\}$ 以及谓词被定义为 $R(X,Y)=X(Y)$; 另一方面, 在密文策略的 ABE (CP-ABE) 中, 任何 $Y\in\mathcal{Y}$ 被视作一个策略函数 $Y:\mathcal{X}\rightarrow\{0,1\}$, 其中我们定义 $R(X,Y)=Y(X)$.

定义 8.1 对于一个谓词 $R:\mathcal{X}\times\mathcal{Y}\rightarrow\{0,1\}$, 我们定义它的对偶谓词 $\bar{R}:\mathcal{Y}\times\mathcal{X}\rightarrow\{0,1\}$ 为

$$\bar{R}(Y,X)=R(X,Y).$$

因此, 密钥策略和密文策略的 ABE 是互为对偶的, 当我们把 X 看作一个函数时, R 的 ABE 是密钥策略类型, 而它的对偶, R 的 ABE 是密文策略类型.

尽管任何谓词及其对偶都通过一个非常简单的定义联系在一起, 但这两个谓词的 ABE 系统通常是单独构造的, 它们的安全性证明是使用不同的技术获得的. 第一次尝试将 ABE 转换到它的对偶是在文献 [48] 中提出的, 但是只能针对特定的谓词, 即它们展示了如何将任意密钥策略 ABE 转换到有界布尔公式的密文策略 ABE 上. 此处介绍了一个通用对偶转换方法[31], 它的想法很自然: 简单地使用密钥编码来定义双重谓词中的密文编码, 反之亦然.

方案 8.1 考虑一对谓词 R 的编码方案 P_R, 我们构建一个如下的 $\bar{R}$ 的谓词加密方案 $\mathcal{C}(\mathsf{P}_R)$: 对于 $\mathsf{Param}\rightarrow(n,\boldsymbol{h})$, 我们令 $\overline{\mathsf{Param}}=(n+1,\bar{\boldsymbol{h}})$, 其中 $\bar{\boldsymbol{h}}=(\boldsymbol{h},\bar{\phi})$, $\bar{\phi}$ 是一个新的变量. 我们定义

- $\overline{\mathsf{Enc1}}(X,N):$ 得到 $(\boldsymbol{c}_X(\boldsymbol{s},\boldsymbol{h});w_2)\leftarrow\mathsf{Enc2}(X,N)$ 以及分析 $\boldsymbol{s}=(s_0,\cdots)$.

随后, 我们令

$$\bar{\boldsymbol{k}}_X(\bar{\alpha},\bar{\boldsymbol{r}},\bar{\boldsymbol{h}}) = (\boldsymbol{c}_X(\boldsymbol{s},h),\bar{\alpha}+\bar{\phi}s_0), \qquad \bar{\boldsymbol{r}}=\boldsymbol{s},$$

并且输出 $(\bar{\boldsymbol{k}}_X(\bar{\alpha},\bar{\boldsymbol{r}},\bar{\boldsymbol{h}});w_2)$, 其中我们把 $\bar{\alpha}$ 视作新的变量.

- $\overline{\mathsf{Enc2}}(Y,N)$: 得到 $(\boldsymbol{k}_Y(\alpha,\boldsymbol{r},\boldsymbol{h});m_2) \leftarrow \mathsf{Enc1}(Y,N)$. 随后, 我们设

$$\bar{\boldsymbol{c}}_Y(\bar{\boldsymbol{s}},\bar{\boldsymbol{h}}) = (\boldsymbol{k}_Y(\bar{\phi}\bar{s}_0,\boldsymbol{r},\boldsymbol{h}),\bar{s}_0), \qquad \bar{\boldsymbol{s}}=(\bar{s}_0,\boldsymbol{r}),$$

并且输出 $(\bar{\boldsymbol{c}}_Y(\bar{\boldsymbol{s}},\bar{\boldsymbol{h}});m_2)$, 其中我们把 $\bar{s}_0$ 视作新的变量.

正确性. 当 $\bar{R}(X,Y)=1$ 时, 那么 $R(X,Y)=1$, 因此从 $\boldsymbol{c}(\boldsymbol{s},\boldsymbol{h})$ 以及 $\boldsymbol{k}(\bar{\phi}\bar{s}_0,\boldsymbol{r},\boldsymbol{h})$ 中, 我们可以计算 $(\bar{\phi}\bar{s}_0)s_0$, 这要归功于 P_R 的正确性. 由此, 我们得到了 $(\alpha+\bar{\phi}s_0)\bar{s}_0-(\bar{\phi}\bar{s}_0)s_0=\alpha\bar{s}_0$. 我们也注意到, 根据定义, $\mathcal{C}(\mathsf{P}_R)$ 是标准的.

这样的对偶转化方法是已被文献 [49] 证明的: 仅对完美主密钥隐藏编码成立. 若 R 的配对编码 P_R 是完美主密钥隐藏的, 则 $\bar{R}$ 的配对编码 $\mathcal{C}(\mathsf{P}_R)$ 也是完美主密钥隐藏的.

定理 8.1 若 R 的配对编码 P_R 是标准和 $(1,1)$-共同选择性主密钥隐藏的 (Co-Selective Master-Key Hiding, CMH), 则 $\bar{R}$ 的配对编码 $\mathcal{C}(\mathsf{P}_R)$ 也是 $(1,1)$-选择性主密钥隐藏的 (Selective Master-Key Hiding, SMH) (紧归约).

证明 假设存在敌手 $\mathcal{A}$ 对抗 $\mathcal{C}(\mathsf{P}_R)$ 的 $(1,1)$-SMH 安全性. 我们构造了如下一个针对 P_R 的 $(1,1)$-CMH 安全性的算法 $\mathcal{B}$: 在初始化时, $\mathcal{B}$ 首先从它的挑战者那里获得 g_1,g_2,g_3, $\mathcal{B}$ 只是将这些解析为 $\mathcal{A}$ 来初始化.

模拟 $\mathcal{O}^1$: 在 $(1,1)$-SMH 博弈游戏中, $\mathcal{A}$ 首先对 Y 进行密文询问. $\mathcal{B}$ 然后在自己的 $(1,1)$-CMH 博弈游戏中向其挑战者进行密钥询问 Y 并获得 $K=g_2^{\boldsymbol{k}_Y(\alpha,\boldsymbol{r},\boldsymbol{h})}$. $\mathcal{B}$ 的目标是猜测 $\alpha=0$ 还是 $\alpha\in_R\mathbb{Z}_N$. $\mathcal{B}$ 随机选取 $\bar{\phi}',\bar{s}_0 \xleftarrow{\$} \mathbb{Z}_N$, 并隐式定义了 $\bar{\phi}=\bar{\phi}'+\alpha/\bar{s}_0$, 然后 $\mathcal{B}$ 计算

$$\tilde{C}=g_2^{\boldsymbol{k}_Y\left(\bar{\phi}'\bar{s}_0,0,0\right)}\cdot\boldsymbol{K}=g_2^{\boldsymbol{k}_Y\left(\bar{\phi}'\bar{s}_0+\alpha,\boldsymbol{r},\boldsymbol{h}\right)}=g_2^{\boldsymbol{k}_Y\left(\bar{\phi}\bar{s}_0,\boldsymbol{r},\boldsymbol{h}\right)},$$

其中根据 $\boldsymbol{K}$ 的定义可得中间的等式成立, 而最后一个等式成立, 因为 $\bar{\phi}\bar{s}_0=\left(\bar{\phi}'+\alpha/\bar{s}_0\right)\bar{s}_0=\bar{\phi}'\bar{s}_0+\alpha$. 之后 $\mathcal{B}$ 返回密文

$$\overline{\boldsymbol{C}}=\left(\tilde{\boldsymbol{C}},g_2^{\bar{s}_0}\right)=g_2^{\bar{c}_Y(\bar{s},\bar{h})}$$

给 $\mathcal{A}$. 这个游戏完美地为 $\mathcal{A}$ 模拟了对 $\mathcal{O}^1$ 的询问 Y.

模拟 $\mathcal{O}^2$: $\mathcal{A}$ 对 X 进行密钥询问, 使得 $\bar{R}(X,Y)=0$. $\mathcal{B}$ 然后在自己的 $(1,1)$-CMH 博弈游戏中向其挑战者进行 X 的密文询问, 因为 $R(Y,X)=\bar{R}(X,Y)=0$,

得到 $\boldsymbol{C}=g_2^{\boldsymbol{c}_X(\boldsymbol{s},\boldsymbol{h})}$. 然后 $\mathcal{B}$ 隐式定义 $\bar{\alpha}=-\alpha s_0/\bar{s}_0$, 这是独立于其他元素分布的, 因为 α 出现在 $\bar{\phi}$, 但在那里 α 被随机值 $\bar{\phi}'$ 隐藏. 之后 $\mathcal{B}$ 计算

$$g_2^{\bar{\alpha}+\bar{\phi}s_0}=g_2^{-\alpha s_0/\bar{s}_0+\left(\bar{\phi}'+\alpha/\bar{s}_0\right)s_0}=g_2^{-\alpha s_0/\bar{s}_0+\bar{\phi}'s_0+\alpha s_0/\bar{s}_0}=g_2^{\overline{\phi}'s_0}.$$

由于编码的标准性, $g_2^{s_0}$ 可以从 $\boldsymbol{C}$ 获得, 因此可以计算. $\mathcal{B}$ 返回

$$\overline{\boldsymbol{K}}=\left(\boldsymbol{C},g_2^{\bar{\alpha}+\bar{\phi}s_0}\right)=g_2^{\bar{\boldsymbol{k}}_X(\bar{\boldsymbol{\alpha}},\bar{\boldsymbol{r}},\bar{\boldsymbol{h}})}$$

到 $\mathcal{A}$. 这个游戏完美地为 $\mathcal{A}$ 模拟了对 $\mathcal{O}^2$ 的询问 X.

输出: 当 $\mathcal{A}$ 输出 b' 作为猜测值时, $\mathcal{B}$ 也输出相同的值 b'. 现在因为我们又 (隐式) 定义了 $\bar{\alpha}=-\alpha s_0/\bar{s}_0$. 如果 $\alpha=0$, 那么 $\bar{\alpha}=0$; 如果 $\alpha\in_R\mathbb{Z}_N$, 那么 $\bar{\alpha}\in_R\mathbb{Z}_N$. 所以, $\mathcal{B}$ 的优势与 $\mathcal{A}$ 相同.

假设有一个敌手 $\mathcal{A}$ 针对 $\mathcal{C}(\mathsf{P}_R)$ 的 $(1,1)$-CMH 安全性具有优势, 那么我们可以针对 P_R 的 $(1,1)$-SMH 安全性构造一个有效的算法 $\mathcal{B}$, 它具有与 $\mathcal{A}$ 相同的优势, 并且因此得出证明. 该证明可以使用类似于定理 8.1 的证明来完成. 唯一的区别是 $\mathcal{A}$ 发起密钥询问和密文询问的顺序. 在 $(1,1)$-CMH 游戏中, $\mathcal{A}$ 首先对 Y 进行密钥询问, 然后对 X 进行密文询问. 但这与 $(1,1)$-SMH 游戏中 $\mathcal{B}$ 的顺序完全相同, 其中 $\mathcal{B}$ 将首先询问 Y 对应的密文, 然后是询问 X 对应的密钥. 详细的模拟与前面的证明完全相同. 由上述结论可以得出以下推论.

推论 8.1 对于任何 PPT 敌手 $\mathcal{A}$, 存在 PPT 算法 $\mathcal{B}_1,\mathcal{B}_2,\mathcal{B}_3,\mathcal{B}_4,\mathcal{B}_5$, 其运行时间与 $\mathcal{A}$ 加上一些多项式时间相同, 这样对于任何 λ,

$$\begin{aligned}\mathsf{Adv}_{\mathcal{A}}^{\mathsf{ABE}}(\mathcal{C}(P))(\lambda)\leqslant{}&2\mathsf{Adv}_{\mathcal{B}_1}^{\mathrm{SD1}}(\lambda)+(2q_{\mathrm{all}}+1)\,\mathsf{Adv}_{\mathcal{B}_2}^{\mathrm{SD2}}(\lambda)+\mathsf{Adv}_{\mathcal{B}_3}^{\mathrm{SD3}}(\lambda)\\&+q_1\mathsf{Adv}_{\mathcal{B}_4}^{(1,1)-\mathrm{SMH}(P)}(\lambda)+q_2\mathsf{Adv}_{\mathcal{B}_5}^{(1,1)\text{-}\mathrm{CMH}(P)}(\lambda),\end{aligned}$$

其中 q_1 和 q_2 分别表示阶段 1 和阶段 2 的询问次数, $q_{\mathrm{all}}=q_1+q_2$.

定理 8.2 当 R 的配对编码 P_R 是标准和 $(1,1)$-CMH 时, 那么 $\bar{R}$ 的配对编码 $\mathcal{C}(\mathsf{P}_R)$ 也是 $(1,1)$-SMH (紧归约).

文献 [49] 还提出一种扩展的通用对偶转换方法.

方案 8.2 考虑一对谓词 R 的编码 P_R, 我们构建一个如下的 $\bar{R}$ 的谓词编码方案 $\mathcal{C}(\mathsf{P}_R)$. 对于 $\mathsf{Param}\to(n,\boldsymbol{h})$, 我们令 $\overline{\mathsf{Param}}=(n+2,\bar{\boldsymbol{h}})$, 其中 $\bar{\boldsymbol{h}}=(\boldsymbol{h},\bar{\phi},\bar{\eta})$, 其中 $\bar{\phi}$ 和 $\bar{\eta}$ 是两个新的变量. 我们定义

- $\overline{\mathsf{Enc1}}(X,N)$: 得到 $(\boldsymbol{c}_X(\boldsymbol{s},\boldsymbol{h});w_2)\leftarrow\mathsf{Enc2}(X,N)$ 以及分析 $\boldsymbol{s}=(s_0,\cdots)$. 随后, 我们令

$$\bar{\boldsymbol{k}}_X(\bar{\alpha},\bar{\boldsymbol{r}},\bar{\boldsymbol{h}})=(\boldsymbol{c}_X(\boldsymbol{s},\boldsymbol{h}),\bar{\alpha}+\bar{\phi}s_0+\bar{u}\bar{\eta},\bar{u}),\qquad\bar{\boldsymbol{r}}=(\boldsymbol{s},\bar{u}),$$

并且输出 $(\bar{\boldsymbol{k}}_X(\bar{\alpha}, \bar{\boldsymbol{r}}, \bar{\boldsymbol{h}}); w_2+1)$, 其中我们把 $\bar{\alpha}$ 和 $\bar{u}$ 视作新的变量.

- $\overline{\mathsf{Enc2}}(Y, N)$: 得到 $(\boldsymbol{k}_Y(\alpha, \boldsymbol{r}, \boldsymbol{h}); m_2) \leftarrow \mathsf{Enc1}(Y, N)$. 随后, 我们设

$$\bar{\boldsymbol{c}}_Y(\bar{\boldsymbol{s}}, \bar{\boldsymbol{h}}) = (\boldsymbol{k}_Y(\bar{\phi}\bar{s}_0, \boldsymbol{r}, \boldsymbol{h}), \bar{s}_0, \bar{s}_0\bar{\eta}), \qquad \bar{\boldsymbol{s}} = (\bar{s}_0, \boldsymbol{r}),$$

并且输出 $(\bar{\boldsymbol{c}}_Y(\bar{\boldsymbol{s}}, \bar{\boldsymbol{h}}); m_2)$, 其中我们把 $\bar{s}_0$ 视作新的变量.

正确性. 若 $\bar{R}(X,Y) = 1$, 则 $R(X,Y)=1$, 因此从 $\boldsymbol{c}(\boldsymbol{s}, \boldsymbol{h})$ 以及 $\boldsymbol{k}(\bar{\phi}\bar{s}_0, \boldsymbol{r}, \boldsymbol{h})$ 中, 我们可以计算 $(\bar{\phi}\bar{s}_0)s_0$, 这要归功于 P_R 的正确性. 由此, 我们得到了 $(\alpha+\bar{\phi}s_0+\bar{u}\bar{\eta})\bar{s}_0 - (\bar{\phi}\bar{s}_0)s_0 - \bar{u}(\bar{s}_0\bar{\eta}) = \alpha\bar{s}_0$.

以上扩展的通用对偶转换方法已被文献 [49] 证明: 针对 $(1,1)$-SMH 编码和 $(1,1)$-CMH 编码成立. 也就是说, 若 R 的配对编码 P_R 是 $(1,1)$-CMH, 则 $\bar{R}$ 的配对编码 $\mathcal{C}(\mathsf{P}_R)$ 是 $(1,1)$-SMH; 若 R 的配对编码 P_R 是 $(1,1)$-SMH, 则 $\bar{R}$ 的配对编码 $\mathcal{C}(\mathsf{P}_R)$ 是 $(1,1)$-CMH.

8.2　策略组合技术

密钥策略和密文策略在不同的应用程序中很有用, 其中 KP-ABE 指定了数据属性上的策略, 因此对于基于内容的访问结构非常有用; 而 CP-ABE 通过接收器属性指定策略, 因此对于直接指定接收器策略的访问结构非常有用. 这两种类型的 ABE 的一个缺点是, 我们必须选择是否使用属性来注释密文 (我们称之为对象, 因为它们将被解密), 或用户的凭据 (我们称之为主题, 因为用户将被解密). 安装之后, 我们还必须在整个应用程序中坚持使用这种条件. 为了解释这个缺点, 我们以付费电视应用程序给出一个例子. 如果我们使用的是 KP-ABE, 加密的电影只能由客观属性来定义. 一个密文将会与一个属性集相关联, 例如 {“TITLE: 24”, “GENRE: SUSPENSE”, “SEASON: 2”, “EPISODE: 13”}, 而基于属性的策略, 例如 {“SOCCER” ∨ (“TITLE: 24” ∧ “SEASON: 5”)}, 将会与用户订阅后接收的电视节目包密钥相关联. 因此, 广播电台作为加密者, 不能直接指定主观的访问策略, 即谁能解密, 谁不能解密, 但是它可能希望这样做, 因为它或许希望直接包含或撤销某些用户凭据. 同样的问题也出现在 CP-ABE 上.

8.2.1　双策略 ABE

为了充分发挥这两种策略的优势, 在文献 [50] 中提出了一种称为双策略 ABE (Dual-Policy Attribute-Based Encryption, DP-ABE) 的组合策略. 加密方可以同时将数据与一组对数据本身进行注释的客观属性和一组说明哪种类型的接收者能够解密的主观访问策略关联起来. 另一方面, 用户被赋予一个私钥, 同时为一组标注用户凭证的主观属性和一组说明他可以解密何种数据的主观访问策略分

配私钥. 当且仅当目标属性集满足目标策略和主观属性时, 才能进行解密. DP-ABE 结合了两个谓词, 即谓词 R 及其对偶谓词 $\overline{R}$. 双策略的两个谓词表示为 $[R\wedge\overline{R}]:(\mathcal{X}\times\mathcal{Y})\times(\mathcal{Y}\times\mathcal{X})\to\{0,1\}$, 定义为 $[R\wedge\overline{R}]((X,Y'),(Y,X'))=R(X,Y)\wedge\overline{R}(Y',X')$.

在关于 R 的 ABE 通用构造中, 加密 M 形成的密文 ct 与私钥 sk 采用以下形式:

$$\mathsf{ct}=(\boldsymbol{C},C_0)=\left(g_1^{\boldsymbol{c}_Y(\boldsymbol{s},\boldsymbol{h})},M\cdot e\left(g_1,g_1\right)^{\alpha s_0}\right),\quad \mathsf{sk}=g_1^{\boldsymbol{k}_X(\alpha,\boldsymbol{r},\boldsymbol{h})},$$

其中 $\boldsymbol{c}_Y$ 和 $\boldsymbol{k}_X$ 分别是与密文和密钥相关联的属性 Y 和 X 的编码, g_1 是群 G 的阶为 p_1 的子群生成元, 群 G 是阶为 $N=p_1p_2p_3$ 的合数阶双线性群, 双线性映射 $e:G\times G\to G_T$, 公式中粗体字表示向量. 直观上看, α 扮演着主密钥的角色, $\boldsymbol{h}$ 代表公共变量 (或称为参数). 这些定义了一个公钥 $\mathrm{PK}=\left(g_1^{h},e\left(g_1,g_1\right)^{\alpha}\right)$. 其中 $\boldsymbol{s},\boldsymbol{r}$ 分别代表密文和密钥的随机性, s_0 是 $\boldsymbol{s}$ 中的第一个元素, $(\boldsymbol{c}_Y,\boldsymbol{k}_X)$ 对构成谓词 R 的配对编码方案. 粗略地说, 正是这个框架研究给出了正确性 (当 $R(X,Y)=1$ 时) 和安全性 (当 $R(X,Y)=0$ 时) 的充分条件, 使得上面用 ct 和 sk 定义的 ABE 方案将是正确且完全安全的. 我们定义的编码计算安全性参考文献 [31], 但在这里我们只是非正式地重新定义它. 对于 $R(X,Y)=0$, 安全性要求以下两个分布在计算上是无法区分的:

$$\left(g_2^{\boldsymbol{c}_Y(\boldsymbol{s},\boldsymbol{h})},g_2^{\boldsymbol{k}_X(0,\boldsymbol{r},\boldsymbol{h})}\right)\quad 和 \quad\left(g_2^{\boldsymbol{c}_Y(\boldsymbol{s},\boldsymbol{h})},g_2^{\boldsymbol{k}_X(\alpha,\boldsymbol{r},\boldsymbol{h})}\right),$$

其中 Y,X 由敌手选择. 它有两个子概念, 对于在 X 之前询问 Y 的概念, 称为选择性主密钥隐藏. 另一方面, 对于在 Y 之前询问 X, 称为共同选择性主密钥隐藏. 该命名模仿了 ABE 的 (共同) 选择性安全, g_2 是 G 的 p_2 阶子群的生成元, 并且仅在证明中使用.

更准确地说, R 的一个配对编码为 $(\boldsymbol{c}_Y,\boldsymbol{k}_X)$, 则 $\overline{R}$ 的一个配对编码 $(\overline{\boldsymbol{c}}_X,\overline{\boldsymbol{k}}_Y)$ 构造为

$$\overline{\boldsymbol{k}}_Y(\bar{\alpha},\overline{\boldsymbol{r}},\overline{\boldsymbol{h}})=\left(\boldsymbol{c}_Y(\boldsymbol{s},\boldsymbol{h}),\bar{\alpha}+\bar{\phi}s_0\right),\quad \overline{\boldsymbol{c}}_X(\overline{\boldsymbol{s}},\overline{\boldsymbol{h}})=\left(\boldsymbol{k}_X\left(\bar{\phi}\bar{s}_0,\boldsymbol{r},\boldsymbol{h}\right),\bar{s}_0\right),$$

其中 $\overline{\boldsymbol{h}}=(\boldsymbol{h},\bar{\phi}),\overline{\boldsymbol{r}}=s,\overline{\boldsymbol{s}}=(\bar{s}_0,\boldsymbol{r})$, 具体解释可以参考文献 [49].

原始编码的安全性仅在 $\alpha=0$ 或 α 是随机的情况下提供了 $\boldsymbol{k}$ 的不可区分性, 但是为了建立安全性归约, 我们需要在用它来证明 $\bar{\alpha}=0$ 或 $\bar{\alpha}$ 是随机的情况下, $\overline{\boldsymbol{k}}$ 的不可区分性是随机的. 然而, 这里的重要之处在于 $\overline{\boldsymbol{k}}$ 是由 $\boldsymbol{C}$ 定义的, 一开始就没有这样一种不可区分性! 为此我们使用一种简单的技术来解决这个问题, 该技术通过模拟变量 $\bar{\phi}$ 来建立从 $\boldsymbol{k}$ 到 $\overline{\boldsymbol{k}}$ 的 "链接". 为此, 我们只需在 $\boldsymbol{c}_Y(\boldsymbol{s},\boldsymbol{h})$ 中额

外给出 s_0 即可, 此处不再赘述. 但是这个限制是自然的, 并且到目前为止提出的所有配对编码都满足. 因此, 我们将其称为配对编码的常态.

我们的定理表明, 如果原始编码是选择性主私钥隐藏的, 那么转换后的对偶编码是共同选择性主密钥隐藏的, 反之亦然. 这源于密文编码与密钥编码的对称交换性, 因此来自敌手的询问顺序也被交换了. 需要注意的是, 虽然在原始选择性概念中允许多项式多密钥编码询问, 这导致 ABE 的缩减更加严格, 但我们的转换只能处理一个询问. 换句话说, 我们放宽了选择性概念, 以便通过转换保留它. 然而, 这只会影响结果 ABE 的归约紧密度, 其中归约损失将变为 $\mathcal{O}(q_{\text{all}})$, 而不是 $\mathcal{O}(q_1)$.

8.2.2 双谓词定义

下面我们将描述一下谓词族, 考虑一个谓词族 $R=\{R_\kappa\}_{\kappa\in\mathbb{N}^c}$, 对于某个常数 $c\in\mathbb{N}$, 其中关系 $R_\kappa:\mathcal{X}_\kappa\times\mathcal{Y}_\kappa\to\{0,1\}$ 是一个谓词函数将空间 $\mathcal{X}_\kappa$ 中的一对密钥属性和空间 $\mathcal{Y}_\kappa$ 中的密文属性映射到 $\{0,1\}$, 族索引 $\kappa=(n_1,n_2,\cdots)$ 指定来自族的谓词的描述. 我们要求在 κ 中的第一个条目 n_1 指定算术域, 例如, 在合数阶群中, 它是 $\mathbb{Z}_N$ (即 $n_1=N$).

定义 8.2 (双谓词) 对于谓词 $R:\mathcal{X}\times\mathcal{Y}\to\{0,1\}$, 它的对偶谓词由 $\bar{R}$ 定义: $\overline{\mathcal{X}}\times\overline{\mathcal{Y}}\to\{0,1\}$, 其中 $\overline{\mathcal{X}}=\mathcal{Y},\overline{\mathcal{Y}}=\mathcal{X}$ 且 $\bar{R}(X,Y)=R(Y,X)$.

定义 8.3(属性基加密) 一个关于谓词 R 的属性基加密是由四种算法组成的:

- $\mathsf{Setup}\left(1^\lambda,\kappa\right)\to(\mathsf{mpk},\mathsf{msk})$: 初始化算法输入安全参数 1^λ 和谓词族 R 的族索引 κ, 并输出主公钥 mpk 和主私钥 msk.
- $\mathsf{Enc}(Y,M,\mathsf{mpk})\to\mathsf{ct}$: 加密算法输入密文属性 $Y\in\mathcal{Y}_\kappa$、消息 $M\in\mathcal{M}$ 和主公钥 mpk, 并输出一个密文 ct.
- $\mathsf{KeyGen}(X,\mathsf{msk},\mathsf{mpk})\to\mathsf{sk}$: 密钥生成算法输入密钥属性 $X\in\mathcal{X}_\kappa$ 和主私钥 msk, 并输出一个私钥 sk.
- $\mathsf{Dec}(\mathsf{ct},\mathsf{sk})\to M$: 解密算法输入一个属性 Y 的密文 ct 及一个属性 X 的私钥 sk, 并输出一个消息 M 或 $\perp$.

我们使用属性基加密正确性和安全性的标准定义.

我们使用了阶为 $N=p_1p_2p_3$ 的合数阶双线性群 (G,G_T) 和双线性映射 $e: G\times G\to G_T$, 其中 p_1,p_2,p_3 是不同的素数. 双线性群生成器 $\mathcal{G}(\lambda)$ 输入安全参数 λ, 并输出合数阶双线性群的描述 (G,G_T,e,N,p_1,p_2,p_3), 令 G_{p_i} 是 G 的阶为 p_i 的子群. 注意到我们不会在这里直接使用合数阶群的性质 (例如正交性、子群决策假设), 这是由于文献 [31] 的框架本质上解耦了配对编码方案, 因此合数阶群们不需要包含这些属性. 除了使用第 2 章定义的概念和符号, 在下文中我们还令 $\boldsymbol{h}=(h_1,\cdots,h_n),\boldsymbol{r}=(r_1,\cdots,r_{m_2}),\boldsymbol{s}=(s_0,s_1,\cdots,s_{w_2})$, 同时会经常使用下标并

写成 $\boldsymbol{k}_X$ 和 $\boldsymbol{c}_Y$ 来强调属性 X, Y.

8.2.3 配对编码定义

下面我们来回顾一下配对编码定义.

定义 8.4 (配对编码定义) 一个关于谓词族 R 的配对编码方案是由四种确定性算法 $\mathsf{P} = (\mathsf{Param}, \mathsf{Enc1}, \mathsf{Enc2}, \mathsf{Pair})$ 组成的:

- $\mathsf{Param}(\kappa) \to n$: 该算法输入索引 κ 并输出 n, 其指定了 $\mathsf{Enc1}, \mathsf{Enc2}$ 中公开参数的数量. 使用默认符号, 令 $\boldsymbol{h} = (h_1, \cdots, h_n)$ 表示公开参数.
- $\mathsf{Enc1}(X, N) \to (\boldsymbol{k} = (k_1, \cdots, k_{m_1}); m_2)$: 该算法输入 $X \in \mathcal{X}_\kappa, N \in \mathbb{N}$, 并输出一系列多项式 $\{k_i\}_{i\in[1,m_1]}$, 多项式系数从 $\mathbb{Z}_N$ 中选取且 $m_2 \in \mathbb{N}$. 我们要求每个多项式 k_i 是单项式 $\alpha, r_j, h_k r_j$ 的线性组合, 其中 $\alpha, r_1, \cdots, r_{m_2}, h_1, \cdots, h_n$ 是变量.
- $\mathsf{Enc2}(Y, N) \to (\boldsymbol{c} = (c_1, \cdots, c_{w_1}); w_2)$: 该算法输入 $Y \in \mathcal{Y}_\kappa, N \in \mathbb{N}$, 并输出一系列多项式 $\{c_i\}_{i\in[1,w_1]}$, 多项式系数从 $\mathbb{Z}_N$ 中选取且 $w_2 \in \mathbb{N}$. 我们要求每个多项式 c_i 是单项式 $s_j, h_k s_j$ 的线性组合, 其中 $s_0, s_1, \cdots, s_{w_2}, h_1, \cdots, h_n$ 是变量.
- $\mathsf{Pair}(X, Y, N) \to \boldsymbol{E}$: 该算法输入 X, Y, N, 并输出 $\boldsymbol{E} \in \mathbb{Z}_N^{m_1 \times w_1}$.

正确性. 我们首先要求对于 $(\boldsymbol{k}; m_2) \leftarrow \mathsf{Enc1}(X, N)$, $(\boldsymbol{c}; w_2) \leftarrow \mathsf{Enc2}(Y, N)$ 和 $\boldsymbol{E} \leftarrow \mathsf{Pair}(X, Y, N)$, 如果 $R_N(X, Y) = 1$, 则 $\boldsymbol{kEc}^{\mathrm{T}} = \alpha s_0$. 注意到因为我们可以写成 $\boldsymbol{kEc}^{\mathrm{T}} = \sum_{i\in[1,m_1], j\in[1,w_1]} E_{i,j} k_i c_j$, 所以正确性相当于检查 $k_i c_j$ 的线性组合是否可以得到 αs_0. 其次, 对于 $p \mid N$, 如果我们令 $\mathsf{Enc1}(X, N) \to (\boldsymbol{k}; m_2)$ 和 $\mathsf{Enc1}(X, p) \to (\boldsymbol{k}'; m_2)$, 则有 $\boldsymbol{k} \bmod p = \boldsymbol{k}'$. 对 $\mathsf{Enc2}$ 有类似的要求.

每个配对编码方案都直接象征性地满足以下两个属性.

(1) 参数消失性: $\boldsymbol{k}(\alpha, \boldsymbol{0}, \boldsymbol{h}) = \boldsymbol{k}(\alpha, \boldsymbol{0}, \boldsymbol{0})$ 恒成立.

(2) 线性性: 对于每个 $\boldsymbol{k}$, 均有 $\boldsymbol{k}(\alpha_1, \boldsymbol{r}_1, \boldsymbol{h}) + \boldsymbol{k}(\alpha_2, \boldsymbol{r}_2, \boldsymbol{h}) = \boldsymbol{k}(\alpha_1 + \alpha_2, \boldsymbol{r}_1 + \boldsymbol{r}_2, \boldsymbol{h})$ 恒成立, 而对于每个 $\boldsymbol{c}$, 均有 $\boldsymbol{c}(\boldsymbol{s}_1, \boldsymbol{h}) + \boldsymbol{c}(\boldsymbol{s}_2, \boldsymbol{h}) = \boldsymbol{c}(\boldsymbol{s}_1 + \boldsymbol{s}_2, \boldsymbol{h})$ 恒成立. 结合这两个关于 $\boldsymbol{k}$ 的恒等式, 我们有

$$\boldsymbol{k}(\alpha_1, \boldsymbol{0}, \boldsymbol{0}) + \boldsymbol{k}(\alpha_2, \boldsymbol{r}, \boldsymbol{h}) = \boldsymbol{k}(\alpha_1 + \alpha_2, \boldsymbol{r}, \boldsymbol{h}). \tag{8.1}$$

为了证明我们双重转换的安全性, 需要使用一个关于配对编码的新属性, 我们将其形式化为常态. 存在这种限制是自然的, 但是到目前为止提出的所有配对编码方法都不受此影响.

定义 8.5 (标准配对编码) 我们称一对编码方案是标准配对编码, 如果 s_0 是序列 $\boldsymbol{c}(\boldsymbol{s}, \boldsymbol{h})$ 中的多项式, 令 $c_1 = s_0$ ($\boldsymbol{c}$ 中的第一个多项式).

使用如下计算意义上的安全性概念 (与文献 [31] 中定义的安全性概念相同), 但是我们对攻击者可以发起的询问次数进行了额外的改进. 该概念由两个子概念组成: 双线性组生成器 $\mathcal{G}$ 中的选择性主密钥隐藏安全 (SMH) 和共同选择性主密钥隐藏安全 (CMH). 我们对于配对编码 P 首先定义如下博弈游戏, 记为 $\mathrm{Exp}_{\mathcal{G},\mathsf{P},\mathsf{G},b,\mathcal{A},t_1,t_2}(\lambda)$, 令 $G\in\{\mathrm{CMH},\mathrm{SMH}\}$, $b\in\{0,1\}$, $t_1,t_2\in\mathbb{N}$. 该游戏输入安全参数 λ, 并与敌手 $\mathcal{A}=(\mathcal{A}_1,\mathcal{A}_2)$ 进行交互试验, 同时输出 b'. 用 st 表示 $\mathcal{A}$ 提供的状态信息. 博弈游戏定义为

$$\begin{aligned}\mathrm{Exp}_{\mathcal{G},\mathsf{P},\mathsf{G},b,\mathcal{A},t_1,t_2}(\lambda):&(G,G_T,e,N,p_1,p_2,p_3)\leftarrow\mathcal{G}(\lambda),g_i\leftarrow_R G_{p_i}(i=1,2,3),\\&\alpha\longleftarrow_R\mathbb{Z}_N,\quad n\leftarrow\mathsf{Param}(\kappa),\quad \boldsymbol{h}\leftarrow_R\mathbb{Z}_N^n,\\&st\leftarrow\mathcal{A}_1^{\mathcal{O}^1_{\mathsf{G},b,\alpha,\boldsymbol{h}}(\cdot)}(g_1,g_2,g_3),\quad b'\leftarrow\mathcal{A}_2^{\mathcal{O}^2_{G,b,\alpha,\boldsymbol{h}}(\cdot)}(st),\end{aligned}$$

其中每个预言机 $\mathcal{O}^1,\mathcal{O}^2$ 分别最多可以询问 t_1,t_2 次, 在不同安全性中的定义如下:

- SMH 安全性.

(1) $\mathcal{O}^1_{\mathrm{SMH},b,\alpha,\boldsymbol{h}}(Y)$: 运行 $(\boldsymbol{C};w_2)\leftarrow\mathsf{Enc2}(Y,p_2);\boldsymbol{s}\leftarrow_R\mathbb{Z}_{p_2}^{w_2+1}$, 返回 $\boldsymbol{C}\leftarrow g_2^{\boldsymbol{c}(\boldsymbol{s},\boldsymbol{h})}$.

(2) $\mathcal{O}^2_{\mathrm{SMH},b,\alpha,\boldsymbol{h}}(X)$: 如果 $\mathcal{O}^1$ 询问的某些 Y 满足 $R_{p_2}(X,Y)=1$, 则返回 $\perp$. 否则, 运行 $(\boldsymbol{k};m_2)\leftarrow\mathsf{Enc1}(X,p_2);\boldsymbol{r}\leftarrow_R\mathbb{Z}_{p_2}^{m_2}$, 返回 $\boldsymbol{K}\leftarrow\begin{cases}g_2^{\boldsymbol{k}(0,\boldsymbol{r},\boldsymbol{h})}, & b=0,\\ g_2^{\boldsymbol{k}(\alpha,\boldsymbol{r},\boldsymbol{h})}, & b=1.\end{cases}$

- CMH 安全性.

(1) $\mathcal{O}^1_{\mathrm{CMH},b,\alpha,\boldsymbol{h}}(X)$: 运行 $(\boldsymbol{k};m_2)\leftarrow\mathsf{Enc1}(X,p_2);\boldsymbol{r}\leftarrow_R\mathbb{Z}_{p_2}^{m_2}$, 返回 $\boldsymbol{K}\leftarrow\begin{cases}g_2^{\boldsymbol{k}(0,\boldsymbol{r},\boldsymbol{h})}, & b=0,\\ g_2^{\boldsymbol{k}(\alpha,\boldsymbol{r},\boldsymbol{h})}, & b=1.\end{cases}$

(2) $\mathcal{O}^2_{\mathrm{CMH},b,\alpha,\boldsymbol{h}}(Y)$: 如果 $\mathcal{O}^1$ 询问的某些 X 满足 $R_{p_2}(X,Y)=1$, 则返回 $\perp$. 否则, 运行 $(\boldsymbol{C};w_2)\leftarrow\mathsf{Enc2}(Y,p_2);\boldsymbol{s}\leftarrow_R\mathbb{Z}_{p_2}^{w_2+1}$, 返回 $\boldsymbol{C}\leftarrow g_2^{\boldsymbol{c}(\boldsymbol{s},\boldsymbol{h})}$.

我们定义 $\mathcal{A}$ 对安全游戏 $\mathsf{G}\in\{\mathrm{SMH},\mathrm{CMH}\}$ 中的配对编码方案 P 的优势为

$$\mathsf{Adv}_{\mathcal{A}}^{(t_1,t_2)\text{-}G(P)}(\lambda)=|\mathsf{Pr}[\mathrm{Exp}_{\mathcal{G},P,G,0,\mathcal{A},t_1,t_2}(\lambda)=1]-\mathsf{Pr}[\mathrm{Exp}_{\mathcal{G},P,G,1,\mathcal{A},t_1,t_2}(\lambda)=1]|,$$

其中 $\mathcal{G}$ 为双线性群生成器, (t_1,t_2) 为敌手发起的有限询问次数.

我们称 P 在 $\mathcal{G}$ 中是 (t_1,t_2)-选择性主密钥隐藏安全的, 如果对于所有多项式时间敌手 $\mathcal{A}$ 来说 $\mathcal{A}^{(t_1,t_2)\text{-SMH}(P)}(\lambda)$ 是可以忽略不计的. 类似地, P 是 (t_1,t_2)-共同选择性主密钥隐藏安全的, 如果对于所有多项式时间敌手 $\mathcal{A}$ 来说 $\mathsf{Adv}_{\mathcal{A}}^{(t_1,t_2)\text{-CMH}(P)}(\lambda)$ 是可以忽略不计的.

除此之外, 我们还考虑了 t_i 不是先验有界的情况, 其中可以向相应的预言机进行多次的多项式询问. 在这种情况下, 我们将 t_i 表示为 poly. (1, poly)-SMH 和 $(1,1)$-CMH 则分别用于表示选择性和共同选择性主密钥隐藏安全性. 在本节中, 我们的通用转换会满足将 $(1,1)$-SMH 安全的配对编码方案转换为另一种满足 $(1,1)$-CMH 安全的方案, 反之亦然. 我们注意到 (1, poly)-SMH 暗示了 $(1,1)$-SMH. 我们还定义了完美主密钥隐藏性. 非正式地说, 它要求对于任何满足 $R(X,Y)=0$ 的 X,Y, 在理论上都有 $\boldsymbol{c}_Y(\boldsymbol{s},\boldsymbol{h}),\boldsymbol{k}_X(\alpha,\boldsymbol{r},\boldsymbol{h})$ 隐藏了 α.

8.2.4 对完全安全 ABE 的影响

下面我们根据文献 [31] 中的通用框架, 回顾一下关于 R 的配对编码 P 和 ABE 方案.

方案 8.3 (ABE(P) **方案**) 一个关于 R 的配对编码方案 P 和 ABE 方案, 可以表示为 ABE(P), 由四种算法组成:

- Setup$(1^\lambda,\kappa)$: 初始化算法输入安全参数, 运行 $(G,G_T,e,N,p_1,p_2,p_3)\leftarrow_R \mathcal{G}(\lambda)$, 选取生成元 $g_1\leftarrow_R G_{p_1}, Z_3\leftarrow G_{p_3}$. 获取 $n\leftarrow \mathrm{Param}(\kappa)$, 选取 $\boldsymbol{h}\leftarrow_R \mathbb{Z}_N^n$ 和 $\alpha\leftarrow_R \mathbb{Z}_N$. 该算法输出公钥为 $\mathsf{pk}=\left(g_1,e\left(g_1,g_1\right)^\alpha,g_1^{\boldsymbol{h}},Z_3\right)$, 主私钥为 $\mathsf{msk}=\alpha$.
- Enc(Y,M,pk): 加密算法输入 $Y\in\mathcal{Y}_N$, 运行 $(\boldsymbol{C};w_2)\leftarrow \mathsf{Enc2}(Y,N)$, 然后选择 $\boldsymbol{s}=(s_0,s_1,\cdots,s_{w_2})\xleftarrow{s}\mathbb{Z}_N^{w_2+1}$. 该算法输出密文 $\mathsf{ct}=(\boldsymbol{C},C_0)$, 其中

$$\boldsymbol{C}=g_1^{\boldsymbol{c}(\boldsymbol{s},\boldsymbol{h})}\in G^{w_1},\quad C_0=\left(e\left(g_1,g_1\right)^\alpha\right)^{s_0}M\in G_T.$$

  注意 $\boldsymbol{C}$ 可以使用 $g_1^{\boldsymbol{h}}$ 和 $\boldsymbol{s}$ 计算得出, 因为 $\boldsymbol{C}(\boldsymbol{s},\boldsymbol{h})$ 仅包含单项式 s_i,sh_j,s_ih_j 的线性组合.
- KeyGen$(X,\mathsf{msk},\mathsf{pk})$: 密钥生成算法输入 $X\in\mathcal{X}_N$, 运行 $(\boldsymbol{k};m_2)\leftarrow \mathsf{Enc1}(X,N)$. 已知 $\mathsf{msk}=\alpha$, 回想到 $m_1=|\boldsymbol{k}|$. 选取 $\boldsymbol{r}\leftarrow_R\mathbb{Z}_N^{m_2},\boldsymbol{R}_3\leftarrow_R G_{p_3}^{m_1}$. 该算法输出私钥

$$\mathsf{sk}=g_1^{\boldsymbol{k}(\alpha,\boldsymbol{r},\boldsymbol{h})}\cdot\boldsymbol{R}_3\in G^{m_1}.$$

- Dec$(\mathsf{ct},\mathsf{sk})$: 从解密算法的输入 ct,sk 中得到 Y,X. 假设 $R(X,Y)=1$, 运行 $\boldsymbol{E}\leftarrow \mathsf{Pair}(X,Y)$. 计算 $e\left(g_1,g_1\right)^{\alpha s_0}\leftarrow e\left(\boldsymbol{K}^{\boldsymbol{E}},\boldsymbol{C}\right)$ 和 $M\leftarrow C_0/e\left(g_1,g_1\right)^{\alpha s_0}$.

正确性. 它的正确性来源于配对编码的正确性. 经证明, 如果 P 是 $(1,\mathrm{poly})$-SMH 和 $(1,1)$-CMH 安全的, 则 ABE(P) 是完全安全的且归约损失为 $O(q_1)$. 用 $\mathsf{Adv}_{\mathcal{A}}^{\mathsf{ABE}(P)}(\lambda)$ 代表敌手 $\mathcal{A}$ 对抗完全安全 ABE(P) 的优势.

推论 8.2 假设一个关于谓词 R 的配对编码 P 在 $\mathcal{G}$ 中满足 $(1,1)$-CMH 和 $(1,\mathrm{poly})$-SMH, 并且子群决策假设 SD1、SD2、SD3 在 $\mathcal{G}$ 中成立, 同时 R 是域可转移的, 那么有 $\mathcal{G}$ 中的 ABE 方案 ABE(P) 对于谓词 R 是完全安全的.

我们由此可以给出一个新的推论，如果 P 是 (1, 1)-SMH 和 (1, 1)-CMH 安全的，那么 ABE(P) 便是完全安全的，且归约损失为 $O(q_{\text{all}})$. 该推论如下所示:

推论 8.3　假设一个关于谓词 R 的配对编码方案 P 在 $\mathcal{G}$ 中满足 (1, 1)-CMH 和 (1, 1)-SMH，并且子群决策假设 SD1、SD2、SD3 在 $\mathcal{G}$ 中成立，同时 R 是域可转移的，那么有 $\mathcal{G}$ 中的 ABE 方案 ABE(P) 对于谓词 R 是完全安全的.

这个推论与文献 [31] 中推论 8.2 的证明相似. 唯一的区别是，我们不是在三个游戏中一次性全部切换所有在挑战阶段后询问的密钥 (标准到半功能类型 1、类型 2 和类型 3)，而是在每个游戏中以切换在挑战阶段前询问密钥的相同方式，每次只切换一个在挑战阶段后询问的密钥 (类似于传统的双系统加密证明). 这导致 SMH 安全性的归约成本增加到了 q_2，且假设 SD2 的归约成本也增加了 $2q_2-2$.

8.2.5　通用连词与双策略的转换

设 $R_1\colon \mathcal{X}_1 \times \mathcal{Y}_1, R_2\colon \mathcal{X}_2 \times \mathcal{Y}_2$ 为两个谓词，我们定义 R_1, R_2 的连接谓词为 $[R_1 \wedge R_2] : \widetilde{\mathcal{X}} \times \widetilde{\mathcal{Y}} \to \{0,1\}$，其中 $\widetilde{\mathcal{X}} = \mathcal{X}_1 \times \mathcal{X}_2, \widetilde{\mathcal{Y}} = \mathcal{Y}_1 \times \mathcal{Y}_2$，当且仅当 $R_1(X_1, Y_1) = 1, R_2(X_2, Y_2) = 1$ 时，$[R_1 \wedge R_2]((X_1, X_2), (Y_1, Y_2)) = 1$. 接着，设 $R : \mathcal{X} \times \mathcal{Y}$ 为谓词，我们将其双策略谓词 (DP) 定义为自身与其双谓词 $\overline{R}$ 的连词，因此它的符号是 $[R \wedge \overline{R}]$.

方案 8.4 (连接谓词转换)　给定两个配对编码方案：关于谓词 R_1 的 P_{R_1} 和关于谓词 R_2 的 P_{R_2}，我们可以为连接谓词 $[R_1 \wedge R_2]$ 构造一个新的谓词编码方案，记为 $\mathcal{D}(\mathsf{P}_{R_1}, \mathsf{P}_{R_2})$. 对于 $\mathsf{Param}_1 \to (n_1, \boldsymbol{h}_1), \mathsf{Param}_2 \to (n_2, \boldsymbol{h}_2)$，令 $\hat{\boldsymbol{h}} = (\boldsymbol{h}_1, \boldsymbol{h}_2), \widehat{\mathsf{Param}} = (n_1 + n_2, \hat{\boldsymbol{h}})$. 接下来定义

- $\widehat{\mathsf{Enc1}}((X_1, X_2), N)$：对于 $i=1,2$，有 $(\boldsymbol{k}_{X_i}(\alpha_i, \boldsymbol{r}_i, \boldsymbol{h}_i); m_{2,i}) \leftarrow \mathsf{Enc1}_i(X_i, N)$，之后设

  $$\hat{\boldsymbol{k}}_{X_1,X_2}(\hat{\alpha}, \hat{\boldsymbol{r}}, \hat{\boldsymbol{h}}) = (\boldsymbol{k}_{X_1}(\hat{r}, \boldsymbol{r_1}, \boldsymbol{h_1}), \boldsymbol{k}_{X_2}(\hat{\alpha} - \hat{r}, \boldsymbol{r_2}, \boldsymbol{h_2})), \quad \hat{\boldsymbol{r}} = (\boldsymbol{r_1}, \boldsymbol{r_2}, \hat{r}),$$

  输出 $(\hat{\boldsymbol{k}}_X(\hat{\alpha}, \hat{\boldsymbol{r}}, \hat{\boldsymbol{h}}); m_{2,1} + m_{2,2} + 1)$，其中我们将 $\hat{\alpha}, \hat{r}$ 当作新的变量.
- $\widehat{\mathsf{Enc2}}(Y, N)$：当 $i = 1, 2$ 时，有 $(\boldsymbol{c}_{Y_i}(\boldsymbol{s}_i, \boldsymbol{h}_i); w_{2,i}) \leftarrow \mathsf{Enc2}_i(Y_i, N)$ 解析 $\boldsymbol{s}_i = (s_{0,i}, \boldsymbol{s}'_i)$，之后设

  $$\hat{\boldsymbol{c}}_{(Y_1,Y_2)}(\hat{\boldsymbol{s}}, \hat{\boldsymbol{h}}) = (\boldsymbol{c}_{Y_1}((s_0, \boldsymbol{s}'_1), \boldsymbol{h}_1), \boldsymbol{c}_{Y_2}((s_0, \boldsymbol{s}'_2), \boldsymbol{h}_2)), \quad \hat{\boldsymbol{s}} = (s_0, \boldsymbol{s}'_1, \boldsymbol{s}'_2),$$

  输出 $(\hat{\boldsymbol{c}}_{(Y_1,Y_2)}(\hat{\boldsymbol{s}}, \hat{\boldsymbol{h}}); w_{2,1} + w_{2,2})$，其中我们将 s_0 当作新的变量.

正确性. 可以通过如下方式进行方案正确性的验证. 如果 $[R_1 \wedge R_2]((X_1, X_2), (Y_1, Y_2)) = 1$，那么 $R_1(X_1, Y_1) = 1$ 且 $R_2(X_2, Y_2) = 1$. 由于 P_{R_1} 的正确性，我们可以从 $\boldsymbol{k}_{X_1}(\hat{r}, \boldsymbol{r}_1, \boldsymbol{h}_1)$ 和 $\boldsymbol{c}_{Y_1}((s_0, \boldsymbol{s}'_1), \boldsymbol{h}_1)$ 中得到 $\hat{r}s_0$. 类似地，由于 P_{R_2} 的正确性，我们可以从 $\boldsymbol{k}_{X_2}(\hat{\alpha} - \hat{r}, \boldsymbol{r}_2, \boldsymbol{h}_2)$ 和 $\boldsymbol{c}_{Y_2}((s_0, \boldsymbol{s}'_2), \boldsymbol{h}_2)$ 中得到 $(\hat{\alpha} - \hat{r})s_0$. 由此我们可以得到 $\hat{r}s_0 + (\hat{\alpha} - \hat{r})s_0 = \hat{\alpha}s_0$.

定理 8.3 如果关于 R_1 的配对编码方案 P_{R_1} 和关于 R_2 的配对编码方案 P_{R_2} 满足完全主密钥隐藏, 那么关于 $[R_1 \wedge R_2]$ 的配对编码方案 $\mathcal{D}(P_{R_1}, P_{R_2})$ 也满足完美主密钥隐藏.

证明 考虑 $(X_1, X_2), (Y_1, Y_2)$ 满足条件 $[R_1 \wedge R_2]((X_1, X_2), (Y_1, Y_2)) = 0$. 如果 $R_1(X_1, Y_1) = 0$, 从 P_{R_1} 的完美安全性来看, $\hat{r}$ 是隐藏的, 因此 $\hat{\alpha}$ 也是隐藏的, 因为它被 $\hat{r}$ 掩盖了. 如果 $R_2(X_2, Y_2) = 0$, 从 P_{R_2} 的完美隐藏安全性来看, $\hat{\alpha} - \hat{r}$ 是隐藏的, 因此 $\hat{\alpha}$ 也是隐藏的. 在这两种情况下, $\hat{\alpha}$ 都是隐藏的.

定理 8.4 对于安全性 $X \in \{(1,1)\text{-SMH}, (1,1)\text{-CMH}\}$, 如果关于 R_1 的配对编码方案 P_{R_1} 和关于 R_2 的配对编码方案 P_{R_2} 都是标准且 X-安全的, 则关于 $[R_1 \wedge R_2]$ 的配对编码方案 $\mathcal{D}(\mathsf{P}_{R_1}, \mathsf{P}_{R_2})$ 也是 X-安全的.

推论 8.4 如果关于 R 的配对编码方案 P_R 是标准的, 且满足 $(1,1)$-SMH 和 $(1,1)$-CMH, 那么关于 $[R \wedge \overline{R}]$ 的配对编码 $\mathcal{D}(\mathsf{P}_R, \mathcal{C}(\mathsf{P}_R))$ 也满足 $(1,1)$-SMH 和 $(1,1)$-CMH.

证明 我们证明-SMH 安全的情况, 除了交换了询问预言机的顺序之外, -CMH 安全可以使用相同的方式证明. 假设存在一个对抗 $\mathcal{D}(\mathsf{P}_{R_1}, \mathsf{P}_{R_2})$ 的 $(1,1)$-SMH 安全性的敌手 $\mathcal{A}$. 我们构造如下一个针对 P_{R_1} 或 P_{R_2} 的 $(1,1)$-SMH 安全性的算法 $\mathcal{B}$. 首先, $\mathcal{B}$ 抛掷硬币 $b \leftarrow_R \{1,2\}$ 以确定是否破坏 P_{R_b} 的 $(1,1)$-SMH 安全性. 在初始化时, $\mathcal{B}$ 从它的挑战者 (P_{R_b} 的 $(1,1)$-SMH 游戏) 那里获得参数 g_1, g_2, g_3, $\mathcal{B}$ 只是将这些参数解析后发送给 $\mathcal{A}$ 来初始化. 如果 $b = 2$, 令 $\tilde{b} = 1$; 如果 $b = 1$, 令 $\tilde{b} = 2$. $\mathcal{B}$ 将通过选择 $\boldsymbol{h}_{\tilde{b}} \leftarrow_R \mathbb{Z}_p^{n_{\tilde{b}}}$ 来构造 $\mathsf{P}_{R_{\tilde{b}}}$ 自身的所有参数.

模拟 $\mathcal{O}^1$: 在 $(1,1)$-SMH 游戏中, $\mathcal{A}$ 首先对 (Y_1, Y_2) 进行密文询问. 之后 $\mathcal{B}$ 向其挑战者 (P_{R_b} 的 $(1,1)$-SMH 游戏) 发起 Y_b 的密钥询问并获得 $g_2^{\boldsymbol{c}_{Y_b}(\boldsymbol{s}_b, \boldsymbol{h}_b)}$. 由于标准性, $\mathcal{B}$ 可以从中解析得到 $g_2^{s_{0,b}}$, 其中我们隐式设置 $s_0 = s_{0,b}$. $\mathcal{B}$ 选择 $\delta \leftarrow_R \mathbb{Z}_p^{w_{2,\tilde{b}}}$ 并计算

$$(g_2^{s_0})^{\boldsymbol{c}_{Y_{\tilde{b}}}((1,\delta), \boldsymbol{h}_{\tilde{b}})} = g_2^{\boldsymbol{c}_{Y_{\tilde{b}}}((s_0, s_0\delta), \boldsymbol{h}_{\tilde{b}})},$$

由线性性可知上式成立. 这隐式设置了 $s'_{\tilde{b}} = s_0\delta$. 之后算法 $\mathcal{B}$ 根据 b 的值按顺序返回 $g_2^{\boldsymbol{c}_{Y_b}(\boldsymbol{s}_b, \boldsymbol{h}_b)}$ 和 $g_2^{\boldsymbol{c}_{Y_{\tilde{b}}}((s_0, s'_{\tilde{b}}), \boldsymbol{h}_{\tilde{b}})}$, 也即如果 $b = 1$, 则按此顺序返回, 否则, 交换它们的返回顺序.

模拟 $\mathcal{O}^2$: 敌手 $\mathcal{A}$ 发起 (X_1, X_2) 的密钥询问, 其中 (X_1, X_2) 则必须满足限制 $[R_1 \wedge R_2]((X_1, X_2), (Y_1, Y_2)) = 0$. 这里存在两种可能的情况, 如果 $R_b(X_b, Y_b) = 0$, 则 $\mathcal{B}$ 向其挑战者 (即 P_{R_b} 的 $(1,1)$-SMH 游戏) 发起 X_b 的密钥询问并获得 $\boldsymbol{K}_b = g_2^{\boldsymbol{k}_{X_b}(\alpha_b, \boldsymbol{r}_b, \boldsymbol{h}_b)}$. 否则如果 $R_b(X_b, Y_b) = 1$, $\mathcal{B}$ 将发起一些有效的密钥询问并简单地输出一个随机猜测值, 同时中止与 $\mathcal{A}$ 之间的游戏交互. 接下来我们讨论第一种情况, 并进一步分为两方面:

- 如果 $b=1$, 则 $\mathcal{B}$ 隐式设置了 $\hat{\alpha}=\alpha_1$ 和 $\hat{r}=\alpha_1+\hat{r}'$, 其中 $\mathcal{B}$ 随机选择 $\hat{r}'\leftarrow_R \mathbb{Z}_p$. 因此有 $\hat{\alpha}-\hat{r}=-\hat{r}'$. $\mathcal{B}$ 计算

$$\hat{\boldsymbol{K}}_1=g_2^{\boldsymbol{k}_{X_1}\left(\hat{r}',\boldsymbol{0},\boldsymbol{0}\right)}\cdot\boldsymbol{K}_1=g_2^{\boldsymbol{k}_{X_1}\left(\alpha_1+\hat{r}',\boldsymbol{r}_1,\boldsymbol{h}_1\right)}=g_2^{\boldsymbol{k}_{X_1}(\hat{r},\boldsymbol{r}_1,\boldsymbol{h}_1)},$$

由恒等式 (8.1) 可知上式成立. 之后 $\mathcal{B}$ 计算

$$\hat{\boldsymbol{K}}_2=g_2^{\boldsymbol{k}_{X_2}\left(-\hat{r}',\boldsymbol{r}_2,\boldsymbol{h}_2\right)}=g_2^{\boldsymbol{k}_{X_2}(\hat{\alpha}-\hat{r},\boldsymbol{r}_2,\boldsymbol{h}_2)}.$$

通过选择 $\boldsymbol{r}_2\leftarrow_R \mathbb{Z}_p^{m_{2,2}}$ (回忆 $\mathcal{B}$ 已经拥有 $\boldsymbol{h}_2$). $\mathcal{B}$ 返回 $\left(\hat{\boldsymbol{K}}_1,\hat{\boldsymbol{K}}_2\right)$ 给 $\mathcal{A}$.
- 如果 $b=2$, 则 $\mathcal{B}$ 隐式设置了 $\hat{\alpha}=\alpha_2$, 其中 $\mathcal{B}$ 随机选择 $\hat{r}\longleftarrow_R \mathbb{Z}_p$. $\mathcal{B}$ 计算

$$\hat{\boldsymbol{K}}_1=g_2^{\boldsymbol{k}_{X_1}(\hat{r},\boldsymbol{r}_1,\boldsymbol{h}_1)}.$$

通过选择 $\boldsymbol{r}_1\leftarrow_R \mathbb{Z}_p^{m_{2,1}}$ (回忆 $\mathcal{B}$ 已经拥有 $\boldsymbol{h}_1$). 之后 $\mathcal{B}$ 计算

$$\hat{\boldsymbol{K}}_2=g_2^{\boldsymbol{k}_{X_2}(-\hat{r},\boldsymbol{0},\boldsymbol{0})}\cdot\boldsymbol{K}_2=g^{\boldsymbol{k}_{X_2}(\hat{\alpha}-\hat{r},\boldsymbol{r}_2,\boldsymbol{h}_2)},$$

由恒等式 (8.1) 可知上式成立. $\mathcal{B}$ 返回 $\left(\hat{\boldsymbol{K}}_1,\hat{\boldsymbol{K}}_2\right)$ 给 $\mathcal{A}$.

在这两种情况下, 我们都有 $\hat{\alpha}=\alpha_b$. 因此 $\mathcal{B}$ 只是输出它的猜测 (是 $\alpha_b=0$ 还是 $\alpha_b\xleftarrow{\$}\mathbb{Z}_p$), 这个猜测值与 $\mathcal{A}$ 的输出完全相同 (猜 $\hat{\alpha}=0$ 还是 $\hat{\alpha}\xleftarrow{\S}\mathbb{Z}_p$). 由于 $\mathcal{B}$ 以 1/2 的概率中止, 所以得证配对编码方案 $\mathcal{D}(P_{R_1},P_{R_2})$ 是 X-安全的.

8.2.6 隐含的实例化

我们得到了两个完全安全的 CP-DSE (Ciphertext-Policy Doubly Spatial Encryption) 方案. 第一种方案通过对 KP-DSE (Key-Policy Doubly Spatial Encryption) 应用泛型对偶转换自动得到[31], 由此产生的 CP-DSE 的归约损失为 $O(q_{\text{all}})$. 而第二种方案是直接构造的, 且拥有更紧的归约, 归约损失为 $O(q_1)$. 之后我们通过对 KP-DSE 和第一个 CP-DSE 应用通用连词转换, 得到 DSE 上的第一个双策略 (Doubly Spatial Encryption, DP-DSE). 同时我们可以得到多种 ABE 方案.

- **非受限 ABE**: 我们由此得到第一个完全安全的完全无界 CP-ABE 方案, 该种方案不设置任何界限, 例如每个密文或密钥的属性集或策略大小、属性域大小, 以及策略中属性重复次数 (也称多次使用) 等. 我们认为 CP-DSE 的任何配对编码都意味着作为特例的完全非受限 CP-ABE. 这已经被文献 [31] 中的密钥策略例子所证明, 但对于密文策略情形也很简单, 只

需通过交换密钥编码和密文编码即可. 因此, 我们有两个完全非受限 CP-ABE 方案, 归约损失分别为 $O(q_{\rm all})$ 和 $O(q_1)$. 之后, 我们将通用连词转换应用于文献 [31] 中的非受限 KP-ABE 和我们的第一个非受限 CP-ABE, 得到了第一个完全非受限 DP-ABE 方案, 也就是说可以将非受限 DP-ABE 看作 DP-DSE 的一个特例.

- **带有短密钥的 ABE**: CP-DSE 的任意配对编码都意味着密钥大小恒定, CP-ABE 编码是一种特殊情况, 这类似于文献 [31] 中的 KP-DSE 暗含带有短密文的 KP-ABE. 我们使用同样的含义, 但交换密钥编码和密文编码, 因此短密文变成了短密钥. 由此, 我们得到了第一个具有短密钥的完全安全的 CP-ABE. 值得注意的是, 该方案要求每个密钥的属性集有界.
- **受限 ABE**: 将通用连词转换应用到受限 KP-ABE 和文献 [58] 的 CP-ABE 中, 得到了一个基于小属性域的完全安全的受限 DP-ABE. 类似地, 我们从其他 KP-ABE 和 CP-ABE 中得到了一个基于大属性域的变体方案. 这些系统要求每个密文 (在 KP-ABE 中) 或每个密钥 (在 CP-ABE 中) 的属性集的大小有界. 尽管如此, 这些编码本身是满足完全主密钥隐藏的, 也是不受约束的 (不需要假设), 因此这些系统只使用了文献 [31] 中框架所需的子群决策假设.
- **正则语言的 ABE (ABE-RL)**: 在正则语言的 KP-ABE 中, 我们的密钥与确定性有限自动机 (DFA) M 的描述相关联, 而密文与字符串 w 相关联, 并且如果自动机 M 接受字符串 w, 则有 $R(M,w)=1$, 具体定义参考文献 [25]. 将通用连词转换和定理 8.4 应用于 [31] 中的 KP-ABE-RL 和 CP-ABE-RL, 将得到第一个完全安全的 DP-ABE-RL.

第 9 章 其他构建方法

针对属性基加密构建方法, 除了前面提到的那些较为流行的技术之外, 我们还将介绍其他相关构建方法, 即基于剩余理论的构建方法和非黑盒构建技术. 其中, 前者并不依赖我们常见的双线性群或格上困难假设, 而是基于二次剩余理论来设计方案; 后者则是通过对一些底层密码原语进行非黑盒化使用, 牺牲一部分效率以构建方案. 虽然这两种方法可能在泛用性上无法媲美现有的主流构建方法, 但仍然具备一些值得借鉴的优点, 我们希望能够凭此给读者以启发.

9.1 基于剩余理论的构建方法

在构建基于身份的密码系统中, 可以使用二次剩余 (模一个大合数) 来具体实现, 该方案的安全性与解决二次剩余问题的难度有直接关系.

方案 9.1 基于二次剩余问题的 IBE 方案如下:

- $\mathsf{Setup}(1^\lambda)$: 权威中心根据安全参数 λ 生成一个公开参数 N, 使得 N 等于两个素数 p, q 之积, 且要求 $p \equiv 3 \pmod 4, q \equiv 3 \pmod 4$. 此外, 还需要设置一个哈希函数 $H : \{0,1\}^* \to \mathbb{Z}_M$, 要求对于任意身份 id, 都有雅可比符号 $\left(\dfrac{H(\mathrm{id})}{N}\right) = 1$. 这个哈希函数的常见实现方法是多次应用某哈希函数生成一组候选的 a, 直到 $\left(\dfrac{a}{N}\right) = 1$ 时停止并输出. 需要注意的是, 因为我们可以在不知道 N 的因式分解的情况下计算雅可比符号, 所以该哈希函数其实是可公开的. 最后输出主公钥和主私钥: $\mathsf{mpk} = (N, H), \mathsf{msk} = (p, q)$.
- $\mathsf{KeyGen}(\mathsf{msk}, \mathrm{id})$: 输入身份 $\mathrm{id} \in \{0,1\}^*$, 令 $a = H(\mathrm{id})$, 因为 $\left(\dfrac{a}{N}\right) = 1$ 且 $\left(\dfrac{a}{p}\right) = \left(\dfrac{a}{q}\right)$, 可以推出以下两种情况:

(1) 如果 $\left(\dfrac{a}{p}\right) = 1$, 则 a 是模 p 和 q 的二次剩余.

(2) 如果 $\left(\dfrac{a}{p}\right) = -1$, 则 $-a$ 是模 p 和 q 的二次剩余. 因为 p 和 q 都是模 4 余 3 的素数, 所以 $\left(\dfrac{-1}{p}\right) = \left(\dfrac{-1}{q}\right) = -1$.

之后权威中心计算模 N 的平方根 r, 即计算

$$r \equiv a^{\frac{N+5-(p+q)}{8}} \pmod{N},$$

这里 r 将满足 $r^2 = a \bmod N$ 或者 $r^2 = -a \bmod N$, 这取决于 a 或 $-a$ 中的哪一个是模 N 的二次剩余. 这里我们不失一般性地假设 $r^2 = a \bmod N$. 最后输出私钥 $\mathsf{sk}_{\mathrm{id}} = r$.

- $\mathsf{Enc}(\mathsf{mpk}, \mathrm{id}, m)$: 输入身份 id 和明文比特值 $m \in \{1, -1\}$, 同样令 $a = H(\mathrm{id})$, 随机选取 $t \leftarrow \mathbb{Z}_N$, 使得 $\left(\dfrac{t}{N}\right) = m$. 最后输出密文 $\mathsf{ct} = (t + a/t) \bmod N$.
- $\mathsf{Dec}(\mathsf{sk}_{\mathrm{id}}, \mathsf{ct})$: 输出私钥 $\mathsf{sk}_{\mathrm{id}}$ 和密文 ct, 接下来按照以下方式恢复明文 m: 因为 $\mathsf{ct} + 2r = t(1 + r/t) \times (1 + r/t) \bmod N$, 它遵循雅可比符号的计算规则 $\left(\dfrac{\mathsf{ct} + 2r}{N}\right) = \left(\dfrac{t}{N}\right) = m$. 此时已知 $\mathsf{sk}_{\mathrm{id}} = r$, 所以可以计算出雅可比符号 $\left(\dfrac{\mathsf{ct} + 2r}{N}\right)$, 从而恢复 m.

上述方案的加密算法只针对单比特明文, 如果明文是 L 位比特, 那么加密算法只需要计算 L 个雅可比符号和 L 次除法模运算. 而解密时只计算 L 个雅可比符号即可. 另一方面, 如果不知道 $a = r^2 \bmod N$ 是否成立, 那么为了保证解密的正确性, 需要针对同一明文比特重复执行多次加密算法, 这将使得密文长度呈倍数关系增长. 最终我们成功构建出了基于二次剩余理论的身份基加密系统, 安全性分析可以参考文献 [59].

9.2 非黑盒构建技术

目前, 学术界已经探索出不少基于不同假设构造的 IBE 方案, 其中包括双线性群上的各种假设、二次剩余假设 (在随机预言机模型中)、格上 LWE 假设. 然而, Boneh 等表明, IBE 不能以黑盒方式使用陷门置换或 CCA 安全公钥加密来实现. 同时 Papakonstantinou 等表明, 即使在群 (此时 DDH 假设是困难的) 上使用一组黑盒也不足以实现 IBE.

本节将展示一个安全的 IBE 架构, 该方案能通过对底层密码原语的非黑盒使用绕过已知的不可能结果. 然而, 这种对加密原语的非黑盒使用也使得方案效率低下, 继而提出了减少底层密码原语的非黑盒的想法, 从而提高了该 IBE 架构的效率.

9.2.1　技术工具

我们将描述一种由变色龙加密启发而来的身份基加密 (达到了适应性安全) 和分层身份基加密 (达到了选择性安全)[60], 它们都基于 CDH 假设构建. 这些构造通过对底层密码原语进行非黑盒使用, 从而绕过了之前提到的不可能结果. 然而, 这种加密原语的非黑盒使用也使得结果方案效率低下. 为此, 文献 [60] 还额外提出了减少底层基元的非黑盒的想法, 从而提高了方案的效率. 即使进行了这些优化, 这个 IBE 方案与基于双线性映射的 IBE 方案相比仍然是计算开销很大的.

混淆电路. 首先介绍混淆电路 (Garbled Circuit) 的形式化定义.

定义 9.1 (混淆电路)　一个混淆电路方案由两个算法 (GCircuit, Eval) 组成. 粗略来讲, GCircuit 就是电路混淆程序, Eval 则是相应的求值程序.

- $(\tilde{C}, \{\mathrm{lab}_{w,b}\}_{w\in \mathrm{inp}(C), b\in\{0,1\}}) \leftarrow \mathsf{GCircuit}(1^\lambda, C)$: 输入一个安全参数 λ 和一个电路 C; 输出一个混淆电路 $\tilde{C}$ 和标签 $\{\mathrm{lab}_{w,b}\}_{w\in \mathrm{inp}(C), b\in\{0,1\}}$, 其中 $\mathrm{lab}_{w,b} \in \{0,1\}^\lambda$.
- $y = \mathsf{Eval}\ (\tilde{C},\ \{\mathrm{lab}_{w,\ x_w}\}_{w\,\in\,\mathrm{inp}(C)})$: 输入混淆电路 $\tilde{C}$ 和标签序列 $\{\mathrm{lab}_{w,x_w}\}_{w\in \mathrm{inp}(C)}$; 输出一个值 y.

定义 9.2 (混淆电路: 正确性)　混淆电路的正确性要求对于任一电路 C 和输入 $x \in \{0,1\}^m$(这里令 C 的输入长度为 m), 我们有

$$\Pr[C(x) = \mathsf{Eval}(\tilde{C}, \{\mathrm{lab}_{w,x_w}\}_{w\in \mathrm{inp}(C)})] = 1,$$

这里 $(\tilde{C}, \{\mathrm{lab}_{w,b}\}_{w\in \mathrm{inp}(C), b\in\{0,1\}}) \leftarrow \mathsf{GCircuit}(1^\lambda, C)$.

定义 9.3 (混淆电路: 安全性)　混淆电路的安全性要求存在一个 PPT 模拟器 Sim, 使得对于任一 C 和 x, 我们有

$$(\tilde{C}, \{\mathrm{lab}_{w,x_w}\}_{w\in \mathrm{inp}(C)}) \overset{c}{\approx} \mathsf{Sim}(1^\lambda, C(x)),$$

这里 $(\tilde{C}, \{\mathrm{lab}_{w,b}\}_{w\in \mathrm{inp}(C), b\in\{0,1\}}) \leftarrow \mathsf{GCircuit}(1^\lambda, C)$.

变色龙加密. 接下来我们给出变色龙加密 (Chameleon Encryption) 的形式化定义.

定义 9.4 (变色龙加密)　变色龙加密方案由五个 PPT 算法 $(\mathsf{Gen}, \mathsf{H}, \mathsf{H}^{-1}, \mathsf{Enc}, \mathsf{Dec})$ 组成.

- $\mathsf{Gen}(1^\lambda, n)$: 以安全参数 λ 和消息长度 n 为输入, 其中 $n = \mathsf{poly}(\lambda)$, 输出密钥 k 和陷门 t.
- $\mathsf{H}(k, x; r)$: 输入密钥 k, 消息 $x \in \{0,1\}^n$, 随机数 r, 输出哈希值 h, 且 h 是 λ 位的.
- $\mathsf{H}^{-1}(t, (x, r), x')$: 输入陷门 t, 上述的消息 $x \in \{0,1\}^n$ 和随机数 r, 以及消息 $x' \in \{0,1\}^n$, 输出 r'.

- $\mathsf{Enc}(k,(h,i,b),m)$: 输入密钥 k、哈希值 h、索引 $i\in[n]$、$b\in\{0,1\}$ 和明文 $m\in\{0,1\}^*$, 输出密文 ct.
- $\mathsf{Dec}(k,(x,r),\mathsf{ct})$: 输入密钥 k、消息 x、随机数 r 和密文 ct, 若解密成功, 输出明文 m, 否则输出 $\perp$.

变色龙加密的相关特性定义可以参考文献 [60](如均匀性、陷门碰撞性、正确性以及安全性), 这里不再一一列出.

下面我们先介绍一个基于 DDH 假设的变色龙加密简略构造. 给定一个阶为素数 p 的循环群 $\mathbb{G}$, 生成元为 g, 考虑下面的变色龙哈希函数:

$$\mathsf{H}(k,x;r)=g^r\prod_{j\in[n]}g_{j,x_j},$$

其中 $k=(g,\{g_{j,0},g_{j,1}\}_{j\in[n]})$, $r\in\mathbb{Z}_p$ 且 x_j 是 $x\in\{0,1\}^n$ 的第 j 位. 对于该变色龙哈希函数, 我们给出以下加密和解密算法.

(1) $\mathsf{Enc}(k,(h,i,b),m)$: 输入密钥 k、哈希值 h、位置 $i\in[n]$、比特值 $b\in\{0,1\}$ 以及明文消息 $m\in\{0,1\}$, 输出密文 ct. 过程如下:

选取随机值 $\rho\leftarrow\mathbb{Z}_p$, 输出密文 $\mathsf{ct}=(e,c,c',\{c_{j,0},c_{j,1}\}_{j\in[n]\backslash\{i\}})$, 其中

$$\begin{aligned}
&c=g^\rho, \qquad c'=h^\rho,\\
\forall j\in[n]\backslash\{i\},\quad &c_{j,0}=g_{j,0}^\rho,\quad c_{j,1}=g_{j,1}^\rho,\\
&e=m\oplus g_{i,b}^\rho.
\end{aligned}$$

(2) $\mathsf{Dec}(k,(x,r),\mathsf{ct})$: 如果 $h=\mathsf{H}(k,x;r)$ 且 $x_i=b$, 输入密文 ct, x 和随机数 r, 最终恢复明文 m, 其中 (h,i,b) 是生成密文 ct 所用的值. 也就是说, 只要原像第 i 比特等于加密时选取的 b, 解密者便可以使用 h 的原像信息作为密钥来解密 m. 我们的安全需求大致证明下列分布式计算不可区分:

$$\{k,x,r,\mathsf{Enc}(k,(h,i,1-x_i),0)\}\stackrel{c}{\approx}\{k,x,r,\mathsf{Enc}(k,(h,i,1-x_i),1)\}.$$

正确性. 容易看出, 如果 $x_i=b$, 那么解密算法只需要输出

$$m=e\oplus\frac{c'}{c^r\prod_{j\in[n]\backslash\{i\}}c_{j,x_j}},$$

如果 $x_i\neq b$, 那么解密者会得到 g_{i,x_i}^ρ 而不是 $g_{i,b}^\rho$, 从而无法得知明文 m.

安全性. 该方案的安全性可以归约到 DDH 假设上, 即给定 $(g,U=g^u,V=g^v,T)$, 区分 $T=g^{uv}$ 还是 $T=g^s$. 这里给出一个简略证明.

固定 (由敌手选择) $x\in\{0,1\}^n$, 索引 $i\in[n]$ 和比特值 $b\in\{0,1\}$. 给定 (g,U,V,T), 我们可以模拟公钥 k、哈希值 h、随机数 r 和密文 ct: 均匀选取随机

值 $\alpha_{j,0}, \alpha_{j,1} \leftarrow \mathbb{Z}_p$, 并对所有 $j \in [n]$, 令 $g_{j,0} = g^{\alpha_{j,0}}$ 和 $g_{j,1} = g^{\alpha_{j,1}}$. 然后再指定 $g_{i,1-x_i} = U$ 和 $k = (g, \{g_{j,0}, g_{j,1}\}_{j\in[n]})$. 选择随机数 $r \leftarrow \mathbb{Z}_p$, 并令 $h = \mathsf{H}(k, x; r)$. 最后按照如下方式计算挑战密文 $\mathsf{ct} = \left(e, c, c', \{c_{j,0}, c_{j,1}\}_{j\in[n]\setminus\{i\}}\right)$:

$$c = V, \qquad c' = V^r \cdot \prod_{j\in[n]} V^{\alpha_{j,x_j}},$$
$$\forall j \in [n] \setminus \{i\}, \quad c_{j,0} = V^{\alpha_{j,0}}, \qquad c_{j,1} = V^{\alpha_{j,1}},$$
$$e = m \oplus T,$$

这里 $m \in \{0, 1\}$. 分析可知, 这恰恰满足了我们前面提到的安全需求.

之后我们给出一个基于 CDH 假设的变色龙加密方案.

方案 9.2 设 $(\mathbb{G}, \cdot)$ 是具有生成元 g 的 p 阶循环群. $\mathsf{Sample}(\mathbb{G})$ 是一个 PPT 算法, 它的输出是一个 $\mathbb{Z}_p$ 上接近均匀分布的元素. 假设 DDH 问题在群 $\mathbb{G}$ 上是困难的, 变色龙加密方案构造如下:

- $\mathsf{Gen}(1^\lambda, n)$: 对于每个的 $j \in [n]$, 均匀选取随机值 $\alpha_{j,0}, \alpha_{j,1} \leftarrow \mathsf{Sample}(\mathbb{G})$, 并计算 $g_{j,0} = g^{\alpha_{j,0}}$ 和 $g_{j,1} = g^{\alpha_{j,1}}$, 最后输出 (k, t), 其中

$$k = \left(g, \begin{pmatrix} g_{1,0}, g_{2,0}, \cdots, g_{n,0} \\ g_{1,1}, g_{2,1}, \cdots, g_{n,1} \end{pmatrix}\right), \quad t = \begin{pmatrix} \alpha_{1,0}, \alpha_{2,0}, \cdots, \alpha_{n,0} \\ \alpha_{1,1}, \alpha_{2,1}, \cdots, \alpha_{n,1} \end{pmatrix}.$$

- $\mathsf{H}(k, x; r)$: 输入 k, 采样 $r \leftarrow \mathsf{Sample}(\mathbb{G})$, 令 $h = g^r \cdot \prod_{j\in[n]} g_{j,x_j}$ 并输出 h.
- $\mathsf{H}^{-1}(t, (x, r), x')$: 输入 t, 计算 $r' = r + \sum_{j\in[n]} (\alpha_{j,x_j} - \alpha_{j,x'_j}) \bmod p$. 最后输出 r'.
- $\mathsf{Enc}(k, (h, i, b), m)$: 输入 k, $h \in \mathbb{G}$ 和 $m \in \{0, 1\}$. 采样 $\rho \leftarrow \mathsf{Sample}(\mathbb{G})$, 然后进行如下处理:

(1) 令 $c = g^\rho, c' = h^\rho$;

(2) 对于每个 $j \in [n]\setminus\{i\}$, 令 $c_{j,0} = g_{j,0}^\rho, c_{j,1} = g_{j,1}^\rho$;

(3) 令 $c_{i,0} = \perp, c_{i,1} = \perp$;

(4) 令 $e = m \oplus \mathsf{HardCore}(g_{i,b}^\rho)$;

(5) 输出

$$\mathsf{ct} = \left(e, c, c', \begin{pmatrix} c_{1,0}, c_{2,0}, \cdots, c_{n,0} \\ c_{1,1}, c_{2,1}, \cdots, c_{n,1} \end{pmatrix}\right);$$

- $\mathsf{Dec}(k, (x, r), \mathsf{ct})$: 输出

$$e \oplus \mathsf{HardCore}\left(\frac{c'}{c^r \cdot \prod_{j\in[n]\setminus\{i\}} c_{j,x_j}}\right).$$

9.2.2 非黑盒构建的 IBE 方案

这里我们将利用前面的工具来构建 IBE 方案. 设 $\mathsf{PRF}:\{0,1\}^\lambda\times\{0,1\}^n\bigcup\{\varepsilon\}\to\{0,1\}^\lambda$ 是伪随机函数, $(\mathsf{Gen},\mathsf{H},\mathsf{H}^{-1},\mathsf{Enc},\mathsf{Dec})$ 是变色龙加密方案, (G,E,D) 是语义安全的公钥加密方案. 我们设 $\mathrm{id}[i]$ 表示 id 的第 i 位, 设 $\mathrm{id}[1\cdots i]$ 表示 id 的前 i 位. 注意, $\mathrm{id}[1\cdots 0]$ 是长度为 0 的空字符串, 可以用 ε 来表示.

NodeGen 和 LeafGen 函数. 首先我们需要一个指数大小的哈希值树. NodeGen 和 LeafGen 函数提供了对该树中每个节点对应哈希值的有效访问. 我们将在构造中反复使用这些函数. NodeGen 函数输入哈希密钥 $k_0,\cdots,k_{n-1}$ 和相应的陷门 $t_0,\cdots,t_{n-1}$、伪随机函数 PRF 种子 s 和一个节点 $v\in\{0,1\}^{\leqslant n-2}\cup\{\varepsilon\}$. 另一方面, LeafGen 函数输入哈希密钥 k_{n-1} 和相应的陷门 t_{n-1}、伪随机函数种子 s 和一个节点 $v\in\{0,1\}^{n-1}$. NodeGen 和 LeafGen 函数描述如下:

- $\mathsf{NodeGen}((k_0,\cdots,k_{n-1}),(t_0,\cdots,t_{n-1},s),v)$:

(1) 令 $i=|v|$(v 的长度), 并生成

$$h_v=\mathsf{H}(k_i,0^{2\lambda};\mathsf{PRF}(s,v)),$$

$$h_{v||0}=\mathsf{H}(k_{i+1},0^{2\lambda};\mathsf{PRF}(s,v||0)),$$

$$h_{v||1}=\mathsf{H}(k_{i+1},0^{2\lambda};\mathsf{PRF}(s,v||1)).$$

(2) $r_v=\mathsf{H}^{-1}(t_v,(0^{2\lambda},\mathsf{PRF}(s,v)),h_{v||0}||h_{v||1})$.

(3) 输出 $(h_v,h_{v||0},h_{v||1},r_v)$.

- $\mathsf{LeafGen}(k_{n-1},(t_{n-1},s),v)$:

(1) 生成

$$h_v=\mathsf{H}(k_{n-1},0^{2\lambda};\mathsf{PRF}(s,v)),$$

$$(ek_{v||0},dk_{v||0})=G(1^\lambda;\mathsf{PRF}(s,v||0)),$$

$$(ek_{v||1},dk_{v||1})=G(1^\lambda;\mathsf{PRF}(s,v||1)).$$

(2) $r_v=\mathsf{H}^{-1}(t_n,(0^{2\lambda},\mathsf{PRF}(s,v)),ek_{v||0}||ek_{v||1})$.

(3) 输出 $((h_v,ek_{v||0},ek_{v||1},r_v),dk_{v||0}||dk_{v||1})$.

方案 9.3 下面我们给出 IBE 构造.

- $\mathsf{Setup}(1^\lambda,1^n)$: 步骤如下:

(1) 选取 $s\leftarrow\{0,1\}^\lambda$(伪随机函数 PRF 的种子).

(2) 对于每个 $i\in\{0,\cdots,n-1\}$, 选取 $(k_i,t_i)\leftarrow\mathsf{Gen}(1^\lambda,2\lambda)$.

(3) 获取 $(h_\varepsilon,h_0,h_1,r_\varepsilon)=\mathsf{NodeGen}((k_0,\cdots,k_{n-1}),(t_0,\cdots,t_{n-1},s),\varepsilon)$.

(4) 输出 $(\mathsf{mpk},\mathsf{msk})$, 其中 $\mathsf{mpk}=(k_0,\cdots,k_{n-1},h_\varepsilon)$, $\mathsf{msk}=(t_0,\cdots,t_{n-1},s)$.

- KeyGen(mpk, msk, id $\in \{0,1\}^n$): 令 $V = \{\varepsilon, \mathrm{id}[1], \cdots, \mathrm{id}[1\cdots n-1]\}$, 其中 ε 是空字符串. 对于所有的 $v \in V \setminus \{\mathrm{id}[1\cdots n-1]\}$,

$$\mathrm{lk}_v = \mathsf{NodeGen}((k_0, \cdots, k_{n-1}), (t_0, \cdots, t_{n-1}, s), v).$$

之后对于 $v = \mathrm{id}[1\cdots n-1]$, 令 $(\mathrm{lk}_v, \mathrm{dk}_{v\|0}, \mathrm{dk}_{v\|1}) = \mathsf{LeafGen}(k_{n-1}, (t_{n-1}, s), v)$, 输出 $\mathsf{sk}_{\mathrm{id}} = (\mathrm{id}, \{\mathrm{lk}_v\}_{v\in V}, \mathrm{dk}_{\mathrm{id}})$.

- Encrypt(mpk, id $\in \{0,1\}^n$, m): 首先介绍两个电路.
  - $T[m](\mathrm{ek})$: 输出 $\mathsf{E}(ek, m)$;
  - $P[\beta \in \{0,1\}, k, \overline{\mathrm{lab}}](h)$: 输出 $\{\mathsf{Enc}(k, (h, j+\beta\cdot\lambda, b), \mathrm{lab}_{j,b})\}_{j\in[\lambda], b\in\{0,1\}}$, 其中 $\overline{\mathrm{lab}}$ 是 $\{\mathrm{lab}_{j,b}\}_{j\in[\lambda], b\in\{0,1\}}$ 的简称.

具体加密过程如下:

(1) 计算 $\widetilde{T}$:

$$(\widetilde{T}, \overline{\mathrm{lab}}) \leftarrow \mathsf{GCircuit}(1^\lambda, \mathsf{T}[m]).$$

(2) 对于 $i = n-1, \cdots, 0$, 生成 $\left(\tilde{P}^i, \overline{\mathrm{lab}}'\right) \leftarrow \mathsf{GCircuit}\left(1^\lambda, P\left[\mathrm{id}[i+1], k_i, \overline{\mathrm{lab}}\right]\right)$ 并令 $\overline{\mathrm{lab}} = \overline{\mathrm{lab}}'$.

(3) 输出 $\mathsf{ct} = \left(\left\{\mathrm{lab}_{j,h_{\varepsilon,j}}\right\}_{j\in[\lambda]}, \left\{\tilde{P}^0, \cdots, \tilde{P}^{n-1}, \tilde{T}\right\}\right)$, 其中 $h_{\varepsilon,j}$ 是 h_ε 的第 j 位比特.

- Decrypt(ct, $\mathsf{sk}_{\mathrm{id}} = (\mathrm{id}, \{\mathrm{lk}_v\}_{v\in V}), \mathrm{dk}_{\mathrm{id}}$): 具体解密过程如下:

(1) 已知 ct 为 $\left(\left\{\mathrm{lab}_{j,h_{\varepsilon,j}}\right\}_{j\in[\lambda]}, \left\{\tilde{P}^0, \cdots, \tilde{P}^{n-1}, \tilde{T}\right\}\right)$;

(2) 对每个 $v \in V \setminus \{\mathrm{id}[1\cdots n-1]\}$, 已知 lk_v 为 $\left(h_v, h_{v\|0}, h_{v\|1}, r_v\right)$(回顾 $V = \{\varepsilon, \mathrm{id}[1]\cdots\mathrm{id}[1\cdots n-1]\}$);

(3) 而且对每个 $v = \mathrm{id}[1\cdots n-1]$, 已知 lk_v 为 $\left(h_v, \mathrm{ek}_{v\|0}, \mathrm{pk}_{v\|1}, r_v\right)$;

(4) 令 $y = h_\varepsilon$;

(5) 对每个 $i \in \{0, \cdots, n-1\}$, 令 $v = \mathrm{id}[1\cdots i]$, 并进行如下运算:

— $\{e_{j,b}\}_{j\in[\lambda], b\in\{0,1\}} = \mathsf{Eval}\left(\tilde{P}^i, \left\{\mathrm{lab}_{j,y_j}\right\}_{j\in[\lambda]}\right)$.

— 如果 $i = n-1$, 则设 $y = \mathrm{ek}_{\mathrm{id}}$ 且对每个 $j \in [\lambda]$, 计算

$$\mathrm{lab}_{j,y_j} = \mathsf{Dec}\left(k_v, e_{j,y_j}, \left(\mathrm{ek}_{v\|0}\|\mathrm{ek}_{v\|1}, r_v\right)\right).$$

— 如果 $i \neq n-1$, 则设 $y = h_v$ 且对每个 $j \in [\lambda]$, 计算

$$\mathrm{lab}_{j,y_j} = \mathsf{Dec}\left(k_v, e_{j,y_j}, \left(h_{v\|0}\|h_{v\|1}, r_v\right)\right).$$

(6) 计算 $f = \mathsf{Eval}\left(\tilde{T}, \left\{\mathrm{lab}_{j,y_j}\right\}_{j\in[\lambda]}\right)$;

(7) 输出 $m = \mathsf{Dec}\left(\mathrm{dk}_{\mathrm{id}}, f\right)$.

注 该结构中计算量最大的部分是电路 P 中的 Enc 和电路 T 中 E 的非黑盒使用. 然而, 我们注意到, 并不是所有对应于 Enc 和 E 的计算都需要在混淆电路内部执行, 并且有可能将一些计算排除到混淆电路之外. 特别是, 当 Enc 用基于 DDH 的变色龙加密方案进行实例化时, 我们可以将每个 Enc 简化为混淆电路中的单个模幂运算. 此外还可以对 E 进行类似的优化. 简而言之, 这使得每个电路 P 的非黑盒模幂运算数量减少到 2λ, 电路 T 的非黑盒模幂运算数量减少到 1. 最后, 我们注意到, 通过将树的参数数量从 2 增加到更大的值, 还可能额外提升效率. 这也将减少树的深度, 从而减少所需的非黑盒模幂运算数量.

正确性. 下面将证明上述 IBE 方案是正确的. 对于任何身份 id, 令 $V=\{\varepsilon, \mathrm{id}[1], \cdots, \mathrm{id}[1\cdots n-1]\}$ 且私钥 $\mathrm{sk}_{\mathrm{id}}$ 由 $(\mathrm{id}, \{\mathrm{lk}_v\}_{v\in V}, \mathrm{dk}_{\mathrm{id}})$ 组成. 我们将论证正确生成的密文在解密后会恢复明文消息. 注意, 通过构建 (以及变色龙加密方案的陷门碰撞特性) 所有节点 $v\in V\setminus\{\mathrm{id}[1\cdots n-1]\}$, 我们有

$$\mathsf{H}(k_{|v|}, h_{v\|0}\|h_{v\|1}; r_v) = h_v.$$

另外, 对于 $v=\mathrm{id}[1\cdots n-1]$, 我们有

$$\mathsf{H}(k_{n-1}, \mathrm{ek}_{v\|0}\|\mathrm{ek}_{v\|1}; r_v) = h_v.$$

接下来考虑密文 $\mathsf{ct}=\left(\left\{\mathrm{lab}_{j,h_{\varepsilon,j}}\right\}_{j\in[\lambda]}, \left\{\tilde{P}^0, \cdots, \tilde{P}^{n-1}, \tilde{T}\right\}\right)$. 我们将讨论解密算法中每个步骤的正确性. 根据混淆电路的正确性, 我们得知, 对属于 $\tilde{P}^0$ 的标签进行评估, 得出的密文格式为正确的 $e_{j,b}$, 这是下一个混淆电路 $\tilde{P}^1$ 的标签对应的密文. 接下来, 根据变色龙加密方案 Dec 算法的正确性, 我们得到了对相应的密文进行解密后, 对下一个混淆电路产生正确的标签 $\{\mathrm{lab}_{j,h_{\mathrm{id}[1],j}}\}_{j\in[\lambda]}$, 即属于 $\tilde{P}^1$. 根据同样的论证, 我们可以认定, 对 $\tilde{P}^1$ 生成的密文进行解密后, 可以产生针对 $\tilde{P}^2$ 的正确标签. 通过反复应用这个论证, 我们可以得出这样的结论: 最后一个混淆电路 $\tilde{P}^{n-1}$, 输出的标签对应电路 T 的输入 $\mathrm{ek}_{\mathrm{id}}$, 而电路 T 是在 $\mathrm{ek}_{\mathrm{id}}$ 下输出 m 对应的密文. 最后, 利用公钥加密方案 (G, E, D) 的正确性, 我们可以正确恢复原来的明文消息 m.

安全性. 下面将证明上述 IBE 构造的安全性.

定理 9.1 在 CDH 假设下, 上述 IBE 方案是满足 IND-CPA 安全的.

证明 首先定义 Game_{-1} 为原本的 IND-CPA 安全模型. 接下来为了证明安全性, 我们将证明在敌手 $\mathcal{A}$ 的视角中, $\mathsf{Game}_{-1}, \mathsf{Game}_0, \cdots, \mathsf{Game}_{n+1}$ 均是不可区分的.

- Game_0: 此时我们改变主公钥的生成方式以及敌手对 KeyGen 预言机询问的响应方式. 具体来说, 我们将所有伪随机函数调用 $\mathsf{PRF}(s, \cdot)$ 替换为真

正的随机函数调用. 从 Game_{-1} 到 Game_0 的唯一变化是对伪随机函数的调用被随机函数替换. 因此, 这两个游戏之间的不可区分性是基于伪随机函数的伪随机性质.

- Game_τ: 对于每个 $\tau \in \{0, \cdots, n\}$, 除了密文生成部分之外, Game_τ 与 Game_0 是相同的. 回想一下, 挑战密文是由 $n+1$ 个混淆电路组成的. 在 Game_τ 中, 我们将利用混淆电路构造模拟器来生成密文中的前 τ 个混淆电路. 在模拟电路中硬编码的输出被设置为与在非模拟版本中真实生成的混淆电路所产生的输出一致. 更准确地说, 对于挑战身份 id^*, 挑战密文的生成如下: 尽管敌手从不查询 $\mathsf{sk}_{\mathrm{id}}$, 我们依然可以在本地生成它. 它包含 $\mathrm{lk}_v = (h_v, h_{v\|0}, h_{v\|1}, r_v)$(对于每个 $v \in \{\varepsilon, \cdots, \mathrm{id}[1 \cdots n-2]\}$), $\mathrm{lk}_v = (h_v, \mathrm{ek}_{v\|0}, \mathrm{ek}_{v\|1}, r_v)$(对于每个 $v = \mathrm{id}[1 \cdots n-1]$) 以及 $\mathrm{dk}_{\mathrm{id}^*}$.

(1) 计算 $\tilde{T}$: 如果 $\tau \neq n$, 则

$$(\tilde{T}, \overline{\mathrm{lab}}) \leftarrow \mathsf{GCircuit}\left(1^\lambda, \mathsf{T}[m]\right),$$

其中 $\overline{\mathrm{lab}} = \{\mathrm{lab}_{j,b}\}_{j \in [\lambda], b \in \{0,1\}}$. 否则设 $y = \mathrm{ek}_{\mathrm{id}^*}$, 生成如下混淆电路:

$$\left(\tilde{T}, \left\{\mathrm{lab}_{j,y_j}\right\}_{j \in [\lambda]}\right) \leftarrow \mathsf{Sim}\left(1^\lambda, E(y, m)\right),$$

且令 $\overline{\mathrm{lab}} = \left\{\mathrm{lab}_{j,y_j}\right\}_{j \in [\lambda]}$.

(2) 对于 $i = n-1, \cdots, \tau$, 生成 $\left(\tilde{P}^i, \overline{\mathrm{lab}}'\right) \leftarrow \mathsf{GCircuit}\left(1^\lambda, P\left[\mathrm{id}[i+1], k_i, \overline{\mathrm{lab}}\right]\right)$, 并令 $\overline{\mathrm{lab}} = \overline{\mathrm{lab}}'$.

(3) 对于 $i = \tau - 1, \cdots, 0$, 设 $v = \mathrm{id}^*[1 \cdots i-1]$, 并生成

$$\left(\tilde{P}^i, \left\{\mathrm{lab}'_{j,h_{v,j}}\right\}_{j \in [\lambda]}\right) = \mathsf{Sim}\left(1^\lambda, \left\{\mathsf{Enc}\left(k_v, (h_v, j, b), \mathrm{lab}_{j,b}\right)\right\}_{j \in [\lambda], b \in \{0,1\}}\right),$$

且令 $\overline{\mathrm{lab}} = \left\{\mathrm{lab}'_{j,h_{v,j}}\right\}_{j \in [\lambda]}$.

(4) 输出 $\mathsf{ct} = \left(\left\{\mathrm{lab}_{j,h_{\varepsilon,j}}\right\}_{j \in [\lambda]}, \left\{\tilde{P}^0, \cdots, \tilde{P}^{n-1}, \tilde{T}\right\}\right)$, 其中 $h_{\varepsilon,j}$ 是 h_ε 的第 j 位.

- Game_{n+1}: 该游戏与 Game_n 相同, 除了将电路 T 的模拟混淆中硬连线的密文 $E(\mathrm{ek}_{\mathrm{id}^*}, m)$ 更改为 $E(\mathrm{ek}_{\mathrm{id}^*}, 0)$. 注意, 敌手 $\mathcal{A}$ 无法询问 $\mathrm{sk}_{\mathrm{id}^*}$, 所以 $\mathcal{A}$ 也无法得到 $\mathrm{dk}_{\mathrm{id}^*}$ 的值. 因此, 我们可以将区分 Game_n 和 Game_{n+1} 的问题归约到公钥加密方案 $(\mathsf{G}, \mathsf{E}, \mathsf{D})$ 的语义安全性上. 最终可以得出结论 $\mathsf{Game}_n \overset{c}{\approx} \mathsf{Game}_{n+1}$.

最后注意, 此时 Game_{n+1} 在理论上是独立于明文消息 m 的, 因此敌手攻破 Game_{n+1} 的优势为 0.

通过上述分析, 下面我们只需要证明 $\mathsf{Game}_{\tau-1}$ 和 Game_{τ} 之间的不可区分性即可.

引理 9.1 ($\mathsf{Game}_{\tau-1} \overset{c}{\approx} \mathsf{Game}_{\tau}$) 对每个 $\tau \in \{1, \cdots, n\}$ 和一个 PPT 敌手 $\mathcal{A}$, 在 CDH 假设之下, $\mathsf{Game}_{\tau-1}$ 和 Game_{τ} 是计算不可区分的.

证明 该证明由一个从 $\mathsf{Game}_{\tau,0}$ 到 $\mathsf{Game}_{\tau,4}$ 的游戏序列组成.

- $\mathsf{Game}_{\tau,0}$: 该游戏与 $\mathsf{Game}_{\tau-1}$ 相同.
- $\mathsf{Game}_{\tau,1}$: 如果 $\tau = n$, 则直接跳过这个游戏. 否则, 该游戏与 $\mathsf{Game}_{\tau,0}$ 相同, 除了对于 $v \in \{0,1\}^{\tau}$, h_v 和 r_v 的生成方式不同 (如果需要回答敌手的 KeyGen 查询).

  回顾在 $\mathsf{Game}_{\tau,0}$ 中, $h_v = \mathsf{H}(k_\tau, 0^{2\lambda}; w_v)$ 且

$$r_v = \begin{cases} \mathsf{H}^{-1}(k_\tau, (0^{2\lambda}, w_v), h_{v||0}||h_{v||1}), & \text{如果 } \tau < n-1, \\ \mathsf{H}^{-1}(k_\tau, (0^{2\lambda}, w_v), ek_{v||0}||ek_{v||1}), & \text{否则}. \end{cases}$$

  而在 $\mathsf{Game}_{\tau,1}$ 中, 我们先均匀选取 r_τ, 然后

$$h_v = \begin{cases} \mathsf{H}(k_\tau, h_{v||0}||h_{v||1}; r_v), & \text{如果 } \tau < n-1, \\ \mathsf{H}^{-1}(k_\tau, ek_{v||0}||ek_{v||1}; r_v), & \text{否则}. \end{cases}$$

  根据变色龙加密方案的陷门碰撞性和均匀性, 我们可以得出结论 $\mathsf{Game}_{\tau,0} \overset{s}{\approx} \mathsf{Game}_{\tau,1}$.
- $\mathsf{Game}_{\tau,2}$: 我们先从 $\tau < n$ 的情况开始. 令 $v = \mathrm{id}^*[1 \cdots \tau]$, 首先回顾

$$\mathrm{lk}_v = \begin{cases} (h_v, \mathrm{ek}_{v||0}, h_{v||1}, r_v), & \text{如果 } \tau < n-1, \\ (h_v, \mathrm{ek}_{v||0}, \mathrm{ek}_{v||1}, r_v), & \text{如果 } \tau = n-1. \end{cases}$$

  在 $\mathsf{Game}_{\tau,2}$ 中我们将修改混淆电路 $\tilde{P}^{\tau}$ 的生成方式, 令 $\overline{\mathrm{lab}} = \overline{\mathrm{lab}}'$, 将

$$(\tilde{P}^{\tau}, \overline{\mathrm{lab}}') \leftarrow \mathsf{GCircuit}(1^\lambda, P[\mathrm{id}[\tau+1], k_\tau, \overline{\mathrm{lab}}])$$

  变为

$$(\tilde{P}^{i}, \{\mathrm{lab}'_{j,h_{v,j}}\}_{j\in[\lambda]}) = \mathsf{Sim}(1^\lambda, \{\mathsf{Enc}(k_v, (h_v, j, b), \mathrm{lab}_{j,b})\}_{j\in[\lambda], b\in\{0,1\}}),$$

  其中 $\overline{\mathrm{lab}} = \{\mathrm{lab}'_{j,h_{v,j}}\}_{j\in[\lambda]}$.

当 $\tau = n$ 时, 我们改变 $\tilde{T}$ 的计算方式, 有

$$(\tilde{T}, \overline{\mathrm{lab}}) \leftarrow \mathsf{GCircuit}(1^\lambda, \mathsf{T}[m]),$$

其中 $\overline{\mathrm{lab}} = \{\mathrm{lab}_{j,b}\}_{j\in[\lambda],b\in\{0,1\}}$, 令 $y = \mathrm{ek}_{\mathrm{id}^*}$ 并生成如下混淆电路

$$(\tilde{T}, \{\mathrm{lab}_{j,y_j}\}_{j\in[\lambda]}) \leftarrow \mathsf{Sim}(1^\lambda, E(y, m)),$$

其中 $\overline{\mathrm{lab}} = \{\mathrm{lab}_{j,y_j}\}_{j\in[\lambda]}$.

对于 $\tau < n$ 的情况, 根据混淆电路方案的安全性和 $\{\mathsf{Enc}(k_v, (h_v, j, b), \mathrm{lab}_{j,b})\}_{j\in[\lambda],b\in\{0,1\}}$ 恰好是电路 $P[\mathrm{id}[\tau+1], k_\tau, \overline{\mathrm{lab}}](h_v)$ 的输出, 可得 $\mathsf{Game}_{\tau,1} \stackrel{c}{\approx} \mathsf{Game}_{\tau,2}$ 成立. 另一方面, 对于 $\tau = n$ 的情况, 根据混淆电路方案的安全性和 $\mathsf{E}(\mathrm{ek}_{\mathrm{id}^*}, m)$ 恰好是电路 $\mathsf{T}[m](\mathrm{ek}_{\mathrm{id}^*})$ 的输出, $\mathsf{Game}_{\tau,1} \stackrel{c}{\approx} \mathsf{Game}_{\tau,2}$ 亦成立. 总之, 我们有 $\mathsf{Game}_{\tau,1} \stackrel{c}{\approx} \mathsf{Game}_{\tau,2}$.

- $\mathsf{Game}_{\tau,3}$: 如果 $\tau = n$, 则直接跳过这个游戏. 否则, 该游戏与 $\mathsf{Game}_{\tau,2}$ 相同, 除了对于 $v = \mathrm{id}[1\cdots\tau]$, 我们将

$$(\tilde{P}^i, \{\mathrm{lab}'_{j,h_{v,j}}\}_{j\in[\lambda]}) = \mathsf{Sim}(1^\lambda, \{\mathsf{Enc}(k_v, (h_v, j, b), \mathrm{lab}_{j,b})\}_{j\in[\lambda],b\in\{0,1\}})$$

变为

$$\begin{aligned}&(\tilde{P}^i, \{\mathrm{lab}'_{j,h_{v,j}}\}_{j\in[\lambda]})\\ &= \mathsf{Sim}(1^\lambda, \{\mathsf{Enc}(k_v, (h_v, j, b), \mathrm{lab}_{j,h_{\mathrm{id}[1\cdots\tau+1],j}})\}_{j\in[\lambda],b\in\{0,1\}}).\end{aligned}$$

注意到这个试验中没有使用 t_v. 因此, 我们可以依靠变色龙加密方案的安全性来证明 $\mathsf{Game}_{\tau,2} \stackrel{c}{\approx} \mathsf{Game}_{\tau,3}$ (通过调用 λ^2 次变色龙加密方案的安全性替换掉 λ 个标签的所有比特 (具体归约证明参考文献 [60])).

- $\mathsf{Game}_{\tau,4}$: 这里将撤销从 $\mathsf{Game}_{\tau,0}$ 到 $\mathsf{Game}_{\tau,1}$ 所作出的修改, 即我们还是调用函数 NodeGen 和 LeafGen 来生成所有的 h_v 值.
同样地, 根据变色龙加密方案的陷门碰撞性和均匀性, 我们可以得出 $\mathsf{Game}_{\tau,3} \stackrel{c}{\approx} \mathsf{Game}_{\tau,4}$. 观察可知 $\mathsf{Game}_{\tau,4}$ 其实与 Game_τ 相同.

最终, 我们证明了 $\mathsf{Game}_{\tau-1}$ 和 Game_τ 的计算不可区分性, 从而完成了定理 9.1 的证明.

9.2.3 非黑盒构建的 HIBE 方案

下面我们将利用变色龙加密方案来构建 HIBE 方案. 令 $(\mathsf{Gen}, \mathsf{H}, \mathsf{H}^{-1}, \mathsf{Enc}, \mathsf{Dec})$ 表示一个变色龙加密方案, $(\mathsf{G}, \mathsf{E}, \mathsf{D})$ 是某个语义安全的公钥加密方案. 我们令 $\mathrm{id}[i]$ 表示身份标识 id 的第 i 位比特, $\mathrm{id}[1\cdots i]$ 表示 id 的前 i 位 ($\mathrm{id}[1\cdots 0] = \varepsilon$).

伪随机函数 F 的概念. 令 $\mathsf{PRG}:\{0,1\}^\lambda \to \{0,1\}^{3\lambda}$ 表示一个长度三倍化的伪随机生成器, 并且 $\mathsf{PRG}_0, \mathsf{PRG}_1$ 和 PRG_2 分别为 PRG 输出比特串的 1 位到 λ 位, $\lambda+1$ 位到 2λ 位, $2\lambda+1$ 位到 3λ 位. 现在定义一个 GGM 类型[61] 的伪随机函数 F : $\{0,1\}^\lambda \times \{0,1,2\}^* \to \{0,1\}^\lambda$, 满足 $F(s,x) = \mathsf{PRG}_{x_n}(\mathsf{PRG}_{x_{n-1}}(\cdots(\mathsf{PRG}_{x_1}(s))\cdots))$, 其中 $n=|x|$ 且对于每个 $i \in [x]$, x_i 表示字符串 x 中的第 i 位元素. 需要注意的是, $F(s,\varepsilon)$ 的输出为 s.

NodeGen 和 NodeGen′ 函数. 我们需要一个指数大小的本地密钥树. NodeGen 函数提供了对这个树中任何节点对应的本地密钥的有效访问. 我们将在 HIBE 构造中多次调用这个函数. 它以哈希密钥 h_G (变色龙哈希函数的密钥), 一个节点 $v \in \{0,1\}^* \cup \{\varepsilon\}$($\varepsilon$ 表示空字符串) 和伪随机函数 PRF 的种子 $s=(s_1,s_2,s_3)$ 为输入. NodeGen 函数具体表述如下:

- $\mathsf{NodeGen}(K_G, v, (s_1,s_2,s_3))$:

(1) 将长度为 λ 比特的 s_1 三等分, 从前到后分别记为 $\omega_1,\omega_2,\omega_3$;

(2) 生成 $(k_v,t_v) = \mathsf{Gen}(1^\lambda;\omega_1)$ 和 $h_v = \mathsf{H}(k_v, 0^\lambda;\omega_2)$;

(3) 类似于步骤 1 和步骤 2, 利用种子 s_2, s_3 分别生成 $(k_{v\|0}, h_{v\|0}), (k_{v\|1}, h_{v\|1})$;

(4) 采样 r'_v 并生成 $(\mathrm{ek}_{v\|0}, \mathrm{dk}_{v\|0}) \leftarrow G(1^\lambda;\omega_3)$ 和 $(\mathrm{ek}_{v\|1}, \mathrm{dk}_{v\|1}) \leftarrow G(1^\lambda;\omega_3)$;

(5) $h'_v = H(k_G, k_{v\|0}\|h_{v\|0}\|k_{v\|1}\|h_{v\|1}\|\mathrm{ek}_{v\|0}\|\mathrm{ek}_{v\|1}; r'_v)$;

(6) $r_v = H^{-1}(t_v, (0^\lambda, \omega_2), h'_v)$;

(7) $\mathrm{lk}_v = (k_v, h_v, r_v, h'_v, r'_v, k_{v\|0}, h_{v\|0}, k_{v\|1}, h_{v\|1}, \mathrm{ek}_{v\|0}, \mathrm{ek}_{v\|1})$;

(8) 输出 lk_v.

函数 NodeGen′ 的定义与 NodeGen 相同, 除了会额外地输入一个比特值 β 并输出 $\mathrm{dk}_{v\|\beta}$. 更确切地说, $\mathsf{NodeGen}'(k_G, v, (s_1,s_2,s_3), \beta)$ 与 NodeGen 之间的区别仅仅是在步骤 (8) 中输出 $\mathrm{dk}_{v\|\beta}$.

方案 9.4 下面我们描述 HIBE 构造.

- $\mathsf{Setup}(1^\lambda)$: 步骤如下:

(1) 随机取样 $s \leftarrow \{0,1\}^\lambda$ (伪随机函数 PRF 的种子);

(2) 设置一个全局哈希函数 $(k_G,\cdot) = \mathsf{Gen}(1^\lambda, 2l+2\lambda)^{20}$, 其中 $l = l' + \lambda$, l' 是 $\mathsf{Gen}(1^\lambda,\lambda)$ 生成的 k 的长度;

(3) 获取 $(k_\varepsilon, h_\varepsilon, r_\varepsilon, h'_\varepsilon, r'_\varepsilon, k_0, h_0, k_1, h_1) = \mathsf{NodeGen}(k_G, \varepsilon, s)$;

(4) 输出 $(\mathsf{mpk}, \mathsf{msk})$, 其中 $\mathsf{mpk} = (k_G, k_\varepsilon, h_\varepsilon)$ 且 $\mathsf{msk} = \mathsf{sk}_\varepsilon = (\varepsilon, \varnothing, s, \perp)$.

- $\mathsf{KeyGen}(\mathsf{sk}_{\mathrm{id}} = (\mathrm{id}, \{\mathrm{lk}_v\}_{v\in V}, s, \mathrm{dk}_{\mathrm{id}}), \mathrm{id}' \in \{0,1\}^*)$: 令 $n = |\mathrm{id}'|$, $V' = \{\mathrm{id}\|\mathrm{id}'[1\cdots j-1]\}_{j\in[n]}$, 对于所有的 $v \in V'$, 计算

$$\mathrm{lk}_v = \mathsf{NodeGen}(k_G, v, (F(s, v\|2), F(s, v\|0\|2), F(s, v\|1\|2))),$$

并令 $v = \mathrm{id}||\mathrm{id}'[1\cdots n-1]$, 计算

$$\mathrm{dk}_{\mathrm{id}||\mathrm{id}'} = \mathsf{NodeGen}'(k_G, v, (F(s, v||2), F(s, v||0||2), F(s, v||1||2)), \mathrm{id}'[n]),$$

输出 $\mathsf{sk}_{\mathrm{id}||\mathrm{id}'} = (\mathrm{id}, \{\mathrm{lk}_v\}_{v\in V\cup V'}, F(s, \mathrm{id}'), \mathrm{dk}_{\mathrm{id}||\mathrm{id}'})$.

- $\mathsf{Encrypt}(\mathsf{mpk} = (k_G, k_\varepsilon, h_\varepsilon), \mathrm{id} \in \{0,1\}^n, m)$: 首先介绍以下四个电路.
  - $T[m](\mathrm{ek})$: 输出 $E(\mathrm{ek}, m)$;
  - $Q_{\mathrm{last}}\ [\beta \in \{0,1\},\ k_G,\ \overline{\mathrm{tlab}}]\ (h)$: 输出 $\{\mathsf{Enc}\ (k_G,\ (h,\ j+\beta\cdot\lambda+2l,\ b),\ \mathrm{tlab}_{j,b})\}_{j\in[\lambda],b\in\{0,1\}}$, 其中 $\overline{\mathrm{tlab}}$ 是 $\{\mathrm{tlab}_{j,b}\}_{j\in[\lambda],b\in[0,1]}$ 的缩写;
  - $Q[\beta\in\{0,1\}, k_G, \overline{\mathrm{plab}}](h)$: 输出$\{\mathsf{Enc}(k_G, (h, j+\beta\cdot l, b), \mathrm{plab}_{j,b})\}_{j\in[\lambda],b\in\{0,1\}}$, 其中 $\overline{\mathrm{plab}}$ 是 $\{\mathrm{plab}_{j,b}\}_{j\in[\lambda],b\in[0,1]}$ 的缩写;
  - $P[\overline{\mathrm{qlab}}](k, h)$: 输出 $\{\mathsf{Enc}(k, (h, j, b), \mathrm{qlab}_{j,b})\}_{j\in[\lambda],b\in\{0,1\}}$, 其中 $\overline{\mathrm{qlab}}$ 是 $\{\mathrm{qlab}_{j,b}\}_{j\in[\lambda],b\in[0,1]}$ 的缩写.

  具体加密流程如下:

(1) 计算 $\tilde{T}$:

$$(\tilde{T}, \overline{\mathrm{tlab}}) \leftarrow \mathsf{GCircuit}(1^\lambda, \mathsf{Q}_{\mathrm{out}}[k_G, m]).$$

(2) 对于 $i = n, \cdots, 1$.

(a) 如果 $i = n$, 则生成

$$(\tilde{Q}^n, \overline{\mathrm{qlab}}^n) \leftarrow \mathsf{GCircuit}(1^\lambda, \mathsf{Q}_{\mathrm{last}}[\mathrm{id}[n], k_G, \overline{\mathrm{tlab}}]).$$

否则, 生成

$$(\tilde{Q}^i, \overline{\mathrm{qlab}}^i) \leftarrow \mathsf{GCircuit}(1^\lambda, \mathsf{Q}[\mathrm{id}[i], k_G, \overline{\mathrm{plab}}^{i+1}]).$$

(b) 生成 $(\tilde{P}^i, \overline{\mathrm{plab}}^i) \leftarrow \mathsf{GCircuit}(1^\lambda, P[\overline{\mathrm{qlab}}^i])$.

(3) 令 $x_\varepsilon = k_\varepsilon||h_\varepsilon$.

(4) 输出 $\mathsf{ct} = (\{\mathrm{plab}^1_{j,x_{\varepsilon,j}}\}_{j\in[l]}, \{\tilde{P}^i, \tilde{Q}^i\}_{i\in[n]}, \tilde{T})$, 其中 $x_{\varepsilon,j}$ 是 x_ε 的第 j 位比特.

- $\mathsf{Decrypt}(\mathsf{ct}, \mathsf{sk}_{\mathrm{id}} = (\mathrm{id}, \{\mathrm{lk}_v\}_{v\in V}, s, \mathrm{dk}_{\mathrm{id}}))$: 解密过程如下:

(1) 已知 $\mathsf{ct} = (\{\mathrm{plab}^1_{j,x_{\varepsilon,j}}\}_{j\in[l]}, \{\tilde{P}^i, \tilde{Q}^i\}_{i\in[n]}, \tilde{T})$, 其中 $x_\varepsilon := k_\varepsilon||h_\varepsilon$;

(2) 对于每个 $v \in [V]$, 已知 $\mathrm{lk}_v = (h_v, r_v, h'_v, r'_v, k_{v||0}, h_{v||0}, k_{v||1}, h_{v||1}, \mathrm{ek}_{v||0}, \mathrm{ek}_{v||1})$ (回顾 $V = \{\mathrm{id}[1\cdots j-1]\}_{j\in[n]}$);

(3) 对于每个 $i \in [n]$, 处理过程如下:

(a) 令 $v = \mathrm{id}[1\cdots i-1], x_v = k_v||h_v, y_v = h'_v$. 当 $i < n$ 时, 设置 $z_v = k_{v||\mathrm{id}[i]}||h_{v||\mathrm{id}[i]}$; 否则设置 $z_v = \mathrm{ek}_{\mathrm{id}}$.

(b) $\{e^i_{j,b}\}_{j\in[\lambda],b\in\{0,1\}} = \mathsf{Eval}(\tilde{P}^i, \{\mathrm{plab}^i_{j,x_{v,j}}\}_{j\in[l]})$.

(c) 对于每个 $j \in [\lambda]$, 计算 $\mathrm{qlab}^i_{j,y_{v,j}} = \mathsf{Dec}(k_v, e^i_{j,y_v,j}, (h'_v, r_v))$.

(d) 如果 $i<n$, 则

$$\{f_{j,b}^i\}_{j\in[l],b\in\{0,1\}} = \mathsf{Eval}(\tilde{Q}^i, \mathrm{qlab}_{j,y_v,j}^i),$$

且对于每个 $j\in[l]$,

$$\mathrm{plab}_{j,z_v,j}^{i+1} = \mathsf{Dec}(k_G, f_{j,z_v,j}^i, (k_{v||0}||h_{v||0}||k_{v||1}||h_{v||1}||\mathrm{ek}_{v||0}||\mathrm{ek}_{v||1}, r'_v)).$$

否则

$$\{g_{i,b}\}_{j\in[\lambda],b\in\{0,1\}} = \mathsf{Eval}(\tilde{Q}^n, \mathrm{qlab}_{j,y_v,j}^n),$$

并且对于每个 $j\in[\lambda]$,

$$\mathrm{tlab}_{j,z_v,j} = \mathsf{Dec}(k_G, g_{j,z_v,j}, (k_{v||0}||h_{v||0}||k_{v||1}||h_{v||1}||\mathrm{ek}_{v||0}||\mathrm{ek}_{v||1}, r'_v)).$$

(4) 输出 $D(\mathrm{dk}_{\mathrm{id}}, \mathsf{Eval}(\tilde{T}, \{\mathrm{tlab}_{j,\mathrm{ek}_{\mathrm{id}},j}\}_{j\in[\lambda]}))$.

正确性. 下面我们将分析上述 HIBE 方案的正确性. 对于任一身份 id, 令 $V=\{\varepsilon, \mathrm{id}[1\cdots j-1]\}_{j\in[n]}$ 作为对应 id 的根节点到叶子节点路径上的节点集合. 易知私钥 $\mathsf{sk}_{\mathrm{id}}$ 由 $\{\mathrm{lk}_v\}_{v\in V}, \mathrm{dk}_{\mathrm{id}}$ 和伪随机函数 F 的种子组成, 其中 $\{\mathrm{lk}_v\}_{v\in V}, \mathrm{dk}_{\mathrm{id}}$ 用于解密, s 用于代理生成密钥. 注意, 由方案 (以及下面第一个方程的变色龙加密方案的陷门碰撞性) 可知, 对于所有节点 $v\in V$, 我们有

$$H(k_G, k_{v||0}||h_{v||0}||k_{v||1}||h_{v||1}||\mathrm{ek}_{v||0}||\mathrm{ek}_{v||1}; r'_v) = h'_v,$$

$$H(k_v, h'_v; r_v) = h_v.$$

根据混淆电路的正确性定义, 可知 $\tilde{P}^1$ 的求值结果恰好组成密文 $f_{j,b}^1$. 接下来, 通过变色龙加密方案 Dec 算法的正确性可知, 解密值 $\mathrm{qlab}_{j,y_\varepsilon,j}^1$ 恰好是下一个混淆电路 $\tilde{Q}^1$ 的输入标签. 类似地, $\tilde{Q}^1$ 生成的密文被解密后会产生 $\tilde{P}^2$ 的输入标签. 如此反复推导可得出结论, 最后的混淆电路 $\tilde{Q}^n$ 恰好输出 $\tilde{T}$ 的输入标签对应的密文. 使用获得的标签对这一过程中生成的密文进行解密并执行混淆电路 $\tilde{T}$ 后将得到密文 $\mathsf{Enc}(\mathrm{ek}_{\mathrm{id}}, m)$, 之后可以使用解密密钥 $\mathrm{dk}_{\mathrm{id}}$ 对该密文进行解密. 后面这些步骤的正确性依赖于底层公钥加密方案的正确性.

接下来, 我们将分析代理密钥的解密正确性. 对于每个 id 和 id$'$,

$$\mathsf{KeyGen}(\mathsf{sk}_\varepsilon, \mathrm{id}||\mathrm{id}') = \mathsf{KeyGen}(\mathsf{KeyGen}(\mathsf{sk}_\varepsilon, \mathrm{id}), \mathrm{id}').$$

上面等式之所以成立是 GGM 类型的伪随机函数具有如下性质: 对于每个 x, 有 $F(s, \mathrm{id}||x) = F(F(s, \mathrm{id}), x)$.

安全性. 下面我们将证明 HIBE 方案的选择性安全.

定理 9.2 在 CDH 假设下, 上述 HIBE 方案是满足 SEL-IND-CPA 安全的.

证明 为了证明安全性, 我们将证明在敌手 $\mathcal{A}$ 的视角中, $\mathsf{Game}_{-3}, \mathsf{Game}_{-2}, \mathsf{Game}_{-1}, \mathsf{Game}_0, \cdots, \mathsf{Game}_{n+2}$ 均是不可区分的. 注意, 在选择性安全模型中敌手需要在得到主公钥 mpk 之前宣布挑战身份 id^*. 同样地, 我们令 V^* 表示集合 $\{\varepsilon, \mathrm{id}^*[1], \cdots, \mathrm{id}^*[1\cdots n-1]\}$.

- Game_{-3}: 该游戏对应于原始的 SEL-IND-CPA 安全模型.
- Game_{-2}: 这里我们改变了 Setup 算法步骤 1 中种子 s 的生成方式. 具体来讲, 我们选取 $s \leftarrow \{0,1\}^*$, 并生成

(1) 对于每个 $i \in [n]$, 令 $a_i = F(s, \mathrm{id}^*[1\cdots i-1]||(1-\mathrm{id}^*[i]))$;

(2) $b = F(s, \mathrm{id}^*)$;

(3) 对于每个 $i \in \{0, \cdots, n-1\}$, 令 $c_i = F(s, \mathrm{id}^*[1\cdots i]||2)$.

此时在整个试验中, 我们将 s 的相关使用替换为 $(\{a_i\}, b, \{c_i\})$. 首先, 观察到 (通过 GGM 伪随机函数的标准性质) 给定这些值, 对于所有的 $v \in \{0,1\}^* \cup \{\varepsilon\}$, 我们可以生成 $F(s, v||2)$. 此外, 函数 NodeGen 和 NodeGen$'$ 的执行只需要生成 $F(s, v||2)$ 即可. 因此, 上述变化并没有影响到函数 NodeGen 和 NodeGen$'$ 的执行.

其次, 因为我们只允许私钥查询身份 $\mathrm{id} \notin V^* \cup \{\mathrm{id}^*\}$, 所以为了响应这些查询, 需要生成 $F(s,v)(v \notin V^* \cup \{\mathrm{id}^*\})$. 观察到 (通过 GGM 伪随机函数的标准性质), 使用 $(\{a_i\}, b)$ 即可为每个 $v \notin V^*$ 计算 $F(s,v)$. 因此, 我们可以正常回复 $\mathcal{A}$ 发起的所有私钥查询.

虽然改变了一些语法, 但 Game_{-2} 仍然具有与 Game_{-3} 相同的分布, 即$\mathsf{Game}_{-3} \overset{s}{\approx} \mathsf{Game}_{-2}$.

- Game_{-1}: 这里我们改变了每个 c_i 的生成方式, 即对每个 c_i 进行均匀且独立的采样, 而不是使用 F 进行计算. Game_{-2} 和 Game_{-1} 的不可区分性是基于伪随机函数 F 的伪随机性质.
- Game_0: 这里我们改变 NodeGen 和 NodeGen$'$ 采用输入 $v \in V^*$ 时的计算方式. 对于所有 $v \notin V^*$, NodeGen 和 NodeGen$'$ 的执行仍然是不变的. 从较高层面来说, 目标是改变 $\{\mathrm{lk}_v\}_{v\in V^*}$ 的生成, 从而使得陷门值 $t_{v\in V^*}$ 从未使用过, 由此允许独立采样加密密钥 $\mathrm{ek}_{\mathrm{id}^*}$. 此时对于每个 $v \notin V^*$, NodeGen 和 NodeGen$'$ 的执行仍然是不受影响的. 尤其是在 Setup 算法中我们按照如下步骤处理时 (给定 $\{\mathrm{lk}_v\}_{v\in V^*}$ 和 $\{\mathrm{dk}_{v||0}, \mathrm{dk}_{v||1}\}_{v\in V^*}$):

(1) 对于每个 $v \in V^*$:

(a) 生成 $(k_v, t_v) \leftarrow \mathsf{Gen}(1^\lambda)$;

(b) 生成 $(\mathrm{ek}_{v||0}, \mathrm{dk}_{v||0}) \leftarrow G(1^\lambda)$ 和 $(\mathrm{ek}_{v||1}, \mathrm{dk}_{v||1}) \leftarrow G(1^\lambda)$;

(c) 采样 r'_v, r_v.

(2) 令 $S^* = \{\mathrm{id}^*[1\cdots i-1]||(1-\mathrm{id}^\lambda[i])\}_{i\in[n]} \cup \{\mathrm{id}^*\}$(其中 $S^* \cap V^* = \varnothing$).

(3) 对于所有的 $v \in S^*$, 设 k_v 和 h_v 为 $\mathsf{NodeGen}(k_G, v, (F(s, v||2), F(s, v||0||2), F(s, v||1||2)))$ 的前两个输出.

(4) 对于每个 $i \in \{n-1, \cdots, 0\}$:

(a) 令 $v = \mathrm{id}^*[1 \cdots i]$;

(b) 生成 $h'_v = H(k_G, k_{v||0}||h_{v||0}||k_{v||1}||h_{v||1}||\mathrm{ek}_{v||0}||\mathrm{ek}_{v||1}; r'_v)$;

(c) $h_v = H(k_v, h'_v; r_v)$;

(d) $\mathrm{lk}_v = (k_v, h_v, r_v, h'_v, r'_v, k_{v||0}, h_{v||0}, k_{v||1}, h_{v||1}, \mathrm{ek}_{v||0}, \mathrm{ek}_{v||1})$.

(5) 输出 $\{\mathrm{lk}_v\}_{v \in V^*}$ 和 $\{\mathrm{dk}_{v||0}, \mathrm{dk}_{v||1}\}_{v \in V^*}$.

根据变色龙加密方案的陷门碰撞性和均匀性, 可得 $\mathsf{Game}_{-1} \overset{s}{\approx} \mathsf{Game}_0$. 注意, 这里任何节点 $v \in V^*$ 的陷门 t_v 已不再使用.

- Game_τ: 对于每个 $\tau \in \{1, \cdots, n\}$, Game_τ 和 Game_0 是相同的, 除了密文生成方式发生了改变. 回想一下, 挑战密文是由 $2n+1$ 个混淆电路序列组成的. 在 Game_τ 中, 我们将使用由混淆电路构造提供的模拟器生成这些混淆电路 (即 $\tilde{P}^1$, $\tilde{Q}^1, \cdots, \tilde{P}^\tau, \tilde{Q}^\tau$) 中的前 τ 个. 对于挑战身份 id^*, 我们以如下方式生成挑战密文:

(1) 计算 $\tilde{T}$:

$$(\tilde{T}, \overline{\mathrm{tlab}}) \leftarrow \mathsf{GCircuit}(1^\lambda, Q_{\mathrm{out}}[k_G, m]).$$

(2) 对于 $i = n, \cdots, \tau+1$.

(a) 如果 $i = n$, 则生成

$$(\tilde{Q}^n, \overline{\mathrm{qlab}}^n) \leftarrow \mathsf{GCircuit}(1^\lambda, Q_{\mathrm{last}}[\mathrm{id}[n], k_G, \overline{\mathrm{tlab}}]);$$

否则, 生成

$$(\tilde{Q}^i, \overline{\mathrm{qlab}}^i) \leftarrow \mathsf{GCircuit}(1^\lambda, Q[\mathrm{id}[i], k_G, \overline{\mathrm{plab}}^{i+1}]).$$

(b) 生成 $(\tilde{P}^i, \overline{\mathrm{plab}}^i) \leftarrow \mathsf{GCircuit}(1^\lambda, P[\overline{\mathrm{qlab}}^i])$.

(3) 对于 $i = \tau, \cdots, 1$,

(a) 令 $v = \mathrm{id}^*[1 \cdots i-1], x_v = k_v||h_v, y_v = h'_v$, 且如果 $i < n$, 则

$$z_v = k_{v||\mathrm{id}^*[i]}||h_{v||\mathrm{id}^*[i]};$$

否则

$$z_v = \mathrm{ek}_{\mathrm{id}^*}.$$

(b) 如果 $i = n$, 则

$$(\tilde{Q}^n, \{\mathrm{qlab}^n_{j, y_v, j}\}_{j \in [\lambda]})$$

$$= \mathsf{Sim}(1^\lambda, \{\mathsf{Enc}(k_G, (h'_v, j + \mathrm{id}^*[n] \cdot \lambda + 2l, b), \mathrm{tlab}_{j,z_v,j})\}_{j\in[\lambda],b\in\{0,1\}});$$

否则

$$(\tilde{Q}^i, \{\mathrm{qlab}^i_{j,y_v,j}\}_{j\in[\lambda]})$$
$$= \mathsf{Sim}(1^\lambda, \{\mathsf{Enc}(k_G, (h'_v, j + \mathrm{id}^*[i] \cdot l, b), \mathrm{plab}^{i+1}_{j,z_v,j})\}_{j\in[\lambda],b\in\{0,1\}}).$$

(c) $\overline{\mathrm{qlab}}^i = \{\mathrm{qlab}^i_{j,y_v,j}\}_{j\in[\lambda]}$.

(d) $(\tilde{P}^i, \{\mathrm{plab}^i_{j,y_v,j}\}_{j\in[l]}) = \mathsf{Sim}(1^\lambda, \{\mathsf{Enc}(k_v, (h_v, j, b), \mathrm{qlab}^i_{j,y_v,j})\}_{j\in[\lambda],b\in\{0,1\}})$.

(e) $\overline{\mathrm{plab}}^i = \{\mathrm{plab}^i_{j,x_v,j}\}_{j\in[l]}$.

(4) 令 $x_\varepsilon = k_\varepsilon || h_\varepsilon$.

(5) 输出 $\mathsf{ct} = (\{\mathrm{plab}^1_{j,x_{\varepsilon,j}}\} j \in [\lambda], \{\tilde{P}^i, \tilde{Q}^i\}_{i\in[n]}, \tilde{T})$, 其中 $x_{\varepsilon,j}$ 是 x_ε 的第 j 位比特.

引理 9.2 证明了 $\mathsf{Game}_{\tau-1}$ 与 Game_τ 是计算不可区分的.

- Game_{n+1}: 该游戏与 Game_n 相同, 除了使用混淆模拟器来生成混淆电路 $\tilde{T}$. 确切地说, 令 $y = \mathrm{ek}_{\mathrm{id}^*}$, 将原本的

$$(\tilde{T}, \overline{\mathrm{tlab}}) \leftarrow \mathsf{GCircuit}(1^\lambda, Q_{\mathrm{out}}[k_G, m])$$

替换为

$$(\tilde{T}, \{\mathrm{lab}_{j,y_j}\}_{j\in[\lambda]}) \leftarrow \mathsf{Sim}(1^\lambda, E(y, m)),$$

其中 $\overline{\mathrm{lab}} = \{\mathrm{lab}_{j,y_j}\}_{j\in[\lambda]}$. 根据混淆电路的安全性可得 $\mathsf{Game}_n \overset{c}{\approx} \mathsf{Game}_{n+1}$.

- Game_{n+2}: 该游戏与 Game_{n+1} 相同, 除了将电路 T 的模拟混淆中的密文 $E(\mathrm{ek}_{\mathrm{id}^*}, m)$ 修改为 $E(\mathrm{ek}_{\mathrm{id}^*}, 0)$.
  因为敌手 $\mathcal{A}$ 无法询问 $\mathrm{sk}_{\mathrm{id}^*}$, 所以 $\mathcal{A}$ 也无法得到 $\mathrm{dk}_{\mathrm{id}^*}$ 的值. 因此, 我们可以将区分 Game_{n+1} 和 Game_{n+2} 的问题归约到公钥加密方案 (G, E, D) 的语义安全性上. 最终可以得出结论 $\mathsf{Game}_{n+1} \overset{c}{\approx} \mathsf{Game}_{n+2}$.
  最后注意, 此时 Game_{n+2} 在理论上是独立于明文消息 m 的, 因此敌手攻破 Game_{n+1} 的优势为 0.

引理 9.2 ($\mathsf{Game}_{\tau-1} \overset{c}{\approx} \mathsf{Game}_\tau$) 对每个 $\tau \in \{1, \cdots, n\}$, 在 CDH 假设之下, $\mathsf{Game}_{\tau-1}$ 和 Game_τ 是计算上不可区分的.

证明 该引理的证明思路与引理 9.1 类似, 这里不再赘述.

第四部分

属性基加密的扩展

第 10 章 安全性扩展: 属性隐藏和函数隐藏

前面我们探讨并证明了很多属性基加密方案的选择性或者适应性安全, 而这种安全性往往只关心敌手对密文所隐藏的明文消息的破译. 在本章, 我们将介绍属性基加密的两个强化安全性概念, 即属性隐藏 (Attribute-Hiding) 和函数隐藏 (Function-Private). 其实, 这两个安全概念均涵盖了适应性安全, 但它们又进一步提高了对密文/密钥隐藏信息的能力要求. 比如, 属性隐藏要求密文必须能够同时隐藏明文和加密者指定的属性, 满足属性隐藏安全的属性基加密又称为谓词加密. 函数隐藏则要求解密密钥必须隐藏密钥属性信息. 而根据安全模型对敌手查询能力的限制, 属性/函数隐藏又可以分为弱属性/函数隐藏[30, 58, 62] 和强属性/函数隐藏[63-65]. 本章我们将重点介绍这些扩展安全性的概念并给出相应的具体构造.

10.1 属性隐藏的属性基加密

这里我们将给出一个弱属性隐藏的谓词加密通用构造. 一个谓词加密方案具有与属性基加密方案同样的语法, 区别在于谓词加密不允许公开密文上的属性 x. 出于安全性考虑, 我们有时会额外要求属性 x 也对敌手保密, 由此引出了属性隐藏概念.

10.1.1 谓词加密

谓词加密与属性基加密非常相似, 下面我们给出谓词加密方案的算法、正确性和安全性的定义.

定义 10.1 (谓词加密: 算法) *一个属性基加密方案是由四个* PPT *算法* (Setup, Enc, KeyGen, Dec) *组成的:*

- $\mathsf{Setup}(1^\lambda, \mathcal{X}, \mathcal{Y}, \mathcal{M}) \to (\mathsf{msk}, \mathsf{mpk})$: *初始化算法输入安全参数* λ、*属性空间* $\mathcal{X}$、*谓词空间* $\mathcal{Y}$ *和消息空间* $\mathcal{M}$, *输出主公钥* mpk *和主私钥* msk.
- $\mathsf{Enc}(\mathsf{mpk}, x, m) \to \mathsf{ct}_x$: *加密算法输入* mpk, *属性* $x \in \mathcal{X}$ *和消息* $m \in \mathcal{M}$, *输出密文* ct_x. *该算法要求不能揭露属性* x.
- $\mathsf{KeyGen}(\mathsf{msk}, y) \to \mathsf{sk}_y$: *密钥生成算法输入* msk *和谓词* $y \in \mathcal{Y}$, *输出私钥* sk_y.
- $\mathsf{Dec}(\mathsf{sk}_y, \mathsf{ct}_x) \to m$: *解密算法输入* sk_y *和* ct_x, *且* $P(x, y) = 1$. *输出消息* m.

定义 10.2 (谓词加密: 正确性) 对于任意的 $(x,y)\in\mathcal{X}\times\mathcal{Y}$, 且 $P(x,y)=1$, $(\mathsf{mpk},\mathsf{msk})\leftarrow\mathsf{Setup}(1^\lambda,\mathcal{X},\mathcal{Y},\mathcal{M})$, $\mathsf{sk}_y\leftarrow\mathsf{KeyGen}(\mathsf{mpk},\mathsf{msk},y)$, 对于任意的 $m\in\mathcal{M}$, 有

$$\Pr[\mathsf{Dec}(\mathsf{mpk},\mathsf{sk}_y,\mathsf{Enc}(\mathsf{mpk},x,m))=m]=1.$$

定义 10.3 (谓词加密: 安全性) 对于一个 PPT 敌手 $\mathcal{A}$, 我们定义优势函数如下:

$$\mathsf{Adv}_{\mathcal{A}}^{\mathsf{PE}}(\lambda)=\Pr\left[b'=b:\begin{array}{l}(\mathsf{mpk},\mathsf{msk})\leftarrow\mathsf{Setup}(1^\lambda,\mathcal{X},\mathcal{Y},\mathcal{M})\\(x_0^*,x_1^*,m_0,m_1)\leftarrow\mathcal{A}^{\mathsf{KeyGen}(\mathsf{msk},\cdot)}(\mathsf{mpk})\\b\leftarrow\{0,1\};\mathsf{ct}_{x_b^*}\leftarrow\mathsf{Enc}(\mathsf{mpk},x_b^*,m_b)\\b'\leftarrow\mathcal{A}^{\mathsf{KeyGen}(\mathsf{msk},\cdot)}(\mathsf{ct}_{x_b^*})\end{array}\right]-\frac{1}{2},$$

其中, 我们要求 $\mathcal{A}$ 对 $\mathsf{KeyGen}(\mathsf{msk},\cdot)$ 发起的所有查询 y, 满足 $P(x_0^*,y)=P(x_1^*,y)=0$ (即 sk_y 无法解密挑战密文). 一个属性基加密方案是适应性安全, 且弱属性隐藏的 (Weakly Attribute Hiding), 如果对于所有的 PPT 敌手 $\mathcal{A}$, 优势 $\mathsf{Adv}_{\mathcal{A}}^{\mathsf{PE}}(\lambda)$ 是一个关于 λ 的可忽略函数. 需要注意的是, 强属性隐藏仅要求查询 y 满足 $P(x_0^*,y)=P(x_1^*,y)$.

10.1.2 属性隐藏编码

回顾 6.5.1 节中的 $\mathbb{Z}_p$-双线性谓词编码定义, 该编码为了实现密码方案的适应性安全, 要求满足线性、有限 α-重构和 α-隐私这三个性质. 类似地, 为了实现弱属性隐藏安全, 我们也需要先定义满足相关性质的谓词编码.

定义 10.4 我们称一个关于 $P:\mathcal{X}\times\mathcal{Y}\rightarrow\{0,1\}$ 的 $\mathbb{Z}_p$-双线性谓词编码[30]是属性隐藏的, 如果其满足以下额外性质:

- **x-不经意的 α-重构**. $\mathsf{sD}(x,y,\cdot)$ 和 $\mathsf{rD}(x,y,\cdot)$ 均与 x 无关.
- **属性隐藏**. 对于所有的 $(x,y)\in\mathcal{X}\times\mathcal{Y}$, 且 $P(x,y)=0$, $\{\mathsf{sE}(x,\boldsymbol{w}),\mathsf{rE}(y,\boldsymbol{w})\}$ 的联合分布是均匀随机的, 即以下分布是相同的:

$$\{x,y,\mathsf{sE}(x,\boldsymbol{w}),\mathsf{rE}(y,\boldsymbol{w})\},\quad\{x,y,\boldsymbol{v}\},$$

其中, $\boldsymbol{w}\leftarrow_R\mathcal{W}$, $\boldsymbol{v}\leftarrow_R\mathbb{Z}_p^{|\mathsf{sE}(\cdot)|+|\mathsf{rE}(\cdot)|}$.

上述两个性质中, 第一个性质是对属性隐藏密码方案的基本要求 (因为解密密文时不能使用属性 x), 而第二个性质则是属性隐藏安全证明中的一处关键.

10.1.3 属性隐藏的双系统群

为了实现属性隐藏安全, 我们还需要对双系统群提出新的要求. 首先回顾 6.4.1 节中的双系统定义以及文献 [30] 给出的素数阶群上的双系统群构造 (该构造也满足左右子群不可区分性和参数隐藏).

方案 10.1 (素数阶群上的双系统构造) 该双系统群构造如下所示:

- $\mathsf{SampP}(1^\lambda, 1^n)$: 这里
  - 运行 $(p, G_1, G_2, G_T, g_1, g_2, e) \leftarrow \mathcal{G}(1^\lambda)$, 这里 $\mathcal{G}(1^\lambda)$ 生成的是非对称素数阶群;
  - 定义 $(\mathbb{G}, \mathbb{H}, \mathbb{G}_T, e) = (G_1^{k+1}, G_2^{k+1}, G_T, e)$;
  - 采样 $(\boldsymbol{A}, \boldsymbol{a}^\perp), (\boldsymbol{B}, \boldsymbol{b}^\perp) \leftarrow \mathcal{D}_k$, 以及 $\boldsymbol{W}_1, \cdots, \boldsymbol{W}_n \leftarrow_R \mathbb{Z}_p^{(k+1)\times(k+1)}$;
  - 定义 $\mu : G_2^{k+1} \to G_T^k, \mu([\boldsymbol{k}]_2) = [\boldsymbol{A}^{\mathrm{T}}\boldsymbol{k}]_T$;
  - 令 $h^* = [\boldsymbol{a}^\perp]_2$.

  输出

$$\mathsf{pp} = \left((p, \mathbb{G}, \mathbb{H}, \mathbb{G}_T, e); \begin{matrix} [\boldsymbol{A}]_1, [\boldsymbol{W}_1^{\mathrm{T}}\boldsymbol{A}]_1, \cdots, [\boldsymbol{W}_n^{\mathrm{T}}\boldsymbol{A}]_1 \\ [\boldsymbol{B}]_2, [\boldsymbol{W}_1\boldsymbol{B}]_2, \cdots, [\boldsymbol{W}_n\boldsymbol{B}]_2 \end{matrix} \right),$$

$$\mathsf{sp} = (\boldsymbol{a}^\perp, \boldsymbol{b}^\perp, \boldsymbol{W}_1, \cdots, \boldsymbol{W}_n).$$

  注意, 这里定义对于任意矩阵 $\boldsymbol{A} = (a_{i,j}) \in \mathbb{Z}_p^{m\times n}$ 和 $s \in \{1, 2, T\}$, 有 $[\boldsymbol{A}]_s = (g_s^{a_{i,j}}) \in G_s^{m\times n}$.

- $\mathsf{SampGT}([p]_T)$: 选取 $\boldsymbol{s} \leftarrow_R \mathbb{Z}_p^k$, 输出 $[\boldsymbol{s}^{\mathrm{T}}\boldsymbol{p}]_T \in G_T$.
- $\mathsf{SampG}(\mathsf{pp})$: 选取 $\boldsymbol{s} \leftarrow_R \mathbb{Z}_p^k$, 输出

$$\left([\boldsymbol{A}\boldsymbol{s}]_1, [\boldsymbol{W}_1^{\mathrm{T}}\boldsymbol{A}\boldsymbol{s}]_1, \cdots, [\boldsymbol{W}_n^{\mathrm{T}}\boldsymbol{A}\boldsymbol{s}]_1\right) \in (G_1^{k+1})^{n+1}.$$

- $\mathsf{SampH}(\mathsf{pp})$: 选取 $\boldsymbol{r} \leftarrow_R \mathbb{Z}_p^k$, 输出

$$([\boldsymbol{B}\boldsymbol{r}]_2, [\boldsymbol{W}_1\boldsymbol{B}\boldsymbol{r}]_2, \cdots, [\boldsymbol{W}_n\boldsymbol{B}\boldsymbol{r}]_2) \in (G_2^{k+1})^{n+1}.$$

- $\widehat{\mathsf{SampG}}(\mathsf{pp}, \mathsf{sp})$: 选取 $\hat{s} \leftarrow_R \mathbb{Z}_p^*$, 输出

$$\left([\boldsymbol{b}^\perp \hat{s}]_1, [\boldsymbol{W}_1^{\mathrm{T}}\boldsymbol{b}^\perp \hat{s}]_1, \cdots, [\boldsymbol{W}_n^{\mathrm{T}}\boldsymbol{b}^\perp \hat{s}]_1\right) \in (G_1^{k+1})^{n+1}.$$

- $\widehat{\mathsf{SampH}}(\mathsf{pp}, \mathsf{sp})$: 选取 $\hat{r} \leftarrow_R \mathbb{Z}_p^*$, 输出

$$\left([\boldsymbol{a}^\perp \hat{r}]_2, [\boldsymbol{W}_1\boldsymbol{a}^\perp \hat{r}]_2, \cdots, [\boldsymbol{W}_n\boldsymbol{a}^\perp \hat{r}]_2\right) \in (G_2^{k+1})^{n+1}.$$

我们将利用一个代数性质: 对于任一向量 $\boldsymbol{c} \in \mathbb{Z}_p^{k+1}$($\boldsymbol{c}$ 不在 $\boldsymbol{A}$ 的扩张空间内), 给定 $\boldsymbol{W}^{\mathrm{T}}\boldsymbol{A} \in \mathbb{Z}_p^{(k+1)\times k}$ 并假设 $\boldsymbol{W}\boldsymbol{B}$ 保持隐藏, 则向量 $\boldsymbol{W}^{\mathrm{T}}\boldsymbol{c} \in \mathbb{Z}_p^{k+1}$ 的分布是均匀随机的. 我们可以用 $\boldsymbol{W}^{\mathrm{T}}\boldsymbol{c}$ 来完全隐藏在挑战密文中的属性. 除此之外, 我们需要确保安全证明中的半功能密钥没有泄露任何关于 $\boldsymbol{W}\boldsymbol{B}$ 的其他信息. 由此我们将这些总结为 $\mathbb{G}$-均匀性和 $\mathbb{H}$-隐藏性. 特别是, 谓词加密方案中的私钥满足如下性质:

- 正常私钥的分布完全由 $\boldsymbol{B}, \boldsymbol{W}_1\boldsymbol{B}, \cdots, \boldsymbol{W}_n\boldsymbol{B}$ 决定, 并且没有泄露任何关于 $\boldsymbol{W}_1, \cdots, \boldsymbol{W}_n$ 的其他信息;
- 半功能私钥的分布完全由 $\boldsymbol{A}, \boldsymbol{W}_1^{\mathrm{T}}\boldsymbol{A}, \cdots, \boldsymbol{W}_n^{\mathrm{T}}\boldsymbol{A}$ 决定, 并且没有泄露任何关于 $\boldsymbol{W}_1, \cdots, \boldsymbol{W}_n$ 的信息.

额外性质. 接下来我们具体引入一些额外的性质到双系统群中以实现属性隐藏安全. 我们假设从双系统群中的 pp 中选取某些元素组成 $\mathsf{pp}_{\mathbb{G}}$, 这些元素都是运行 SampG 算法所需要的. 然后我们要求双系统群满足如下额外的性质:

- ($\mathbb{H}$-隐藏性) 存在一个 (非高效的) 随机化算法 SampH*, 使得给定 $\mathsf{pp}_{\mathbb{G}}$ 和 h^*, 其输出的分布与如下分布相同

$$\boldsymbol{h} \cdot (h^*)^{(0,\boldsymbol{v})},$$

其中 $\boldsymbol{h} \leftarrow \mathsf{SampH}(\mathsf{pp}), \boldsymbol{v} \leftarrow_R \mathbb{Z}_p^n$.

- ($\mathbb{G}$-均匀性) 以下两个分布是相同的

$$(\mathsf{pp}_{\mathbb{G}}, h^*, \boxed{\boldsymbol{g} \cdot \hat{\boldsymbol{g}}}) \quad 和 \quad (\mathsf{pp}_{\mathbb{G}}, h^*, \boxed{\boldsymbol{g}'}),$$

其中 $(\mathsf{pp}, \mathsf{sp}) \leftarrow \mathsf{SampP}(1^\lambda, 1^n), \boldsymbol{g} = (g_0, \cdots) \leftarrow \mathsf{SampG}(\mathsf{pp}), \hat{\boldsymbol{g}} = (\hat{g}_0, \cdots) \leftarrow \widehat{\mathsf{SampG}}(\mathsf{pp}, \mathsf{sp}), \boldsymbol{g}' \leftarrow_R \{g_0\hat{g}_0\} \times G^n$.

文献 [30] 证明了素数阶上的双系统群恰好满足上述两个性质, 因此可以被用来构造属性隐藏谓词加密方案. 同时 $\mathsf{pp}_{\mathbb{G}}$ 被定义为

$$\mathsf{pp}_{\mathbb{G}} = \left((p, \mathbb{G}, \mathbb{H}, \mathbb{G}_T, e); [\boldsymbol{A}]_1, [\boldsymbol{W}_1^{\mathrm{T}}\boldsymbol{A}]_1, \cdots, [\boldsymbol{W}_n^{\mathrm{T}}\boldsymbol{A}]_1, [\boldsymbol{B}]_2\right).$$

10.1.4 弱属性隐藏谓词加密

最后, 根据前面介绍的属性隐藏谓词编码和双系统群, 我们给出一个满足弱属性隐藏的谓词加通用构造.

方案 10.2 方案构造如下:

- $\mathsf{Setup}(1^\lambda, 1^n)$: 输入 $(1^\lambda, 1^n)$, 首先选取

$$(\mathsf{pp}, \mathsf{sp}) \leftarrow \mathsf{SampP}(1^\lambda, 1^n),$$

选择 $\mathsf{msk} \leftarrow_R \mathbb{H}$ 并输出主公钥和主私钥

$$\mathsf{mpk} = (\mathsf{pp}_{\mathbb{G}}, \mu(\mathsf{msk})), \quad \mathsf{msk}.$$

- $\mathsf{Enc}(\mathsf{mpk}, x, m)$: 输入 $x \in \mathcal{X}$ 以及 $m \in \boldsymbol{G}_T$, 选取

$$(g_0, g_1, \cdots, g_n) \leftarrow \mathsf{SampG}(\mathsf{pp}; s), \quad g_T' \leftarrow \mathsf{SampGT}(\mu(\mathsf{msk}); s),$$

并输出

$$\mathsf{ct}_x = (C_0 = g_0, \boldsymbol{C}_1 = \mathsf{sE}(x, (g_1, \cdots, g_n)), C' = g'_T \cdot m).$$

- $\mathsf{KeyGen}(\mathsf{mpk}, \mathsf{msk}, y)$: 输入 $y \in \mathcal{Y}$, 选取

$$(h_0, h_1, \cdots, h_n) \leftarrow \mathsf{SampH}(\mathsf{pp}),$$

并输出

$$\mathsf{sk}_y = (K_0 = h_0, \boldsymbol{K}_1 = \mathsf{kE}(y, \mathsf{msk}) \cdot \mathsf{rE}(y, (h_1, \cdots, h_n))).$$

- $\mathsf{Dec}(\mathsf{mpk}, \mathsf{sk}_y, \mathsf{ct}_x)$: 计算

$$e(g_0, \mathsf{msk}) \leftarrow e(C_0, \mathsf{rD}(x, y, \boldsymbol{K}_1))/e(\mathsf{sD}(x, y, \boldsymbol{C}_1), K_0),$$

并恢复消息

$$m \leftarrow c' \cdot e(g_0, \mathsf{msk})^{-1} \in \mathbb{G}_T.$$

正确性. 该方案的正确性分析过程与 6.5.3 节中的构造相同.

安全性. 我们将给出相关定理证明上述构造的安全性.

定理 10.1 *在双系统群的左子群与右子群的不可区分性下, 上述谓词加密方案满足适应性安全和弱属性隐藏.*

证明 证明流程如表 10.1 所示, 具体证明细节不再赘述, 有兴趣的读者可以参考文献 [30].

表 10.1 弱属性隐藏谓词加密的“半功能”空间中的一系列游戏

游戏	密文 $(C_0, \boldsymbol{C}_1, C')$	密钥 $(K_0, \boldsymbol{K}_1)$	依据
0	$(1,\boldsymbol{1},1)$	$(1, (h^*)^{\mathsf{kE}(y,0)} \cdot \boldsymbol{1})$	$\boldsymbol{1} = (h^*)^{\mathsf{kE}(y,0)}$
1	$\boxed{(\hat{g}_0, \mathsf{sE}(x, \hat{\boldsymbol{g}}), e(\hat{g}_0, \mathsf{msk}))}$	$(1, (h^*)^{\mathsf{kE}(y,0)} \cdot \boldsymbol{1})$	左子群不可区分性
2.i.1	$(\hat{g}_0, \mathsf{sE}(x, \hat{\boldsymbol{g}}), e(\hat{g}_0, \mathsf{msk}))$	$(\boxed{\hat{h}_0}, (h^*)^{\mathsf{kE}(y,0)} \cdot \boxed{\mathsf{rE}(y, \hat{\boldsymbol{h}})})$	右子群不可区分性
2.i.2	$(\hat{g}_0, \mathsf{sE}(x, \hat{\boldsymbol{g}}), e(\hat{g}_0, \mathsf{msk}))$	$(\hat{h}_0, \boxed{(h^*)^{\mathsf{kE}(y,\alpha)+\mathsf{rE}(y,\hat{\boldsymbol{v}}^i)}} \cdot \mathsf{rE}(y, \hat{\boldsymbol{h}}))$	属性隐藏编码
2.i.3	$(\hat{g}_0, \mathsf{sE}(x, \hat{\boldsymbol{g}}), e(\hat{g}_0, \mathsf{msk}))$	$(\boxed{1}, (h^*)^{\mathsf{kE}(y,\alpha)+\mathsf{rE}(y,\hat{\boldsymbol{v}}^i)} \cdot \boxed{\boldsymbol{1}})$	右子群不可区分性
3	$(\hat{g}_0, \mathsf{sE}(x, \hat{\boldsymbol{g}}), \boxed{\text{random}})$	$(1, (h^*)^{\mathsf{kE}(y,\alpha)+\mathsf{rE}(y,\hat{\boldsymbol{v}}^i)} \cdot \boldsymbol{1})$	
4	$(\hat{g}_0, \boxed{\text{random}}, \text{random})$	$(1, (h^*)^{\mathsf{kE}(y,\alpha)+\mathsf{rE}(y,\hat{\boldsymbol{v}}^i)} \cdot \boldsymbol{1})$	$\mathbb{G}$-均匀性、$\mathbb{H}$-隐藏性, 属性隐藏编码

10.2 函数隐藏的身份基加密

属性隐藏的目标是密文不能轻易泄露明文信息以及与之对应的身份/属性信息, 主旨是对敏感隐私信息的保护, 后来人们自然地将这一想法拓展到密钥上的隐私信息保护, 从而提出了函数隐藏的概念. 本节中, 我们将具体介绍函数隐藏的相关定义, 并给出若干满足函数隐藏的属性基加密方案.

10.2.1 模型定义

函数隐藏的基础思想是除了给定关于身份 id 的私钥 $\mathsf{sk}_{\mathrm{id}}$ 这个必要的信息之外, 任何其他的信息都不能被泄露. 具体来说, 已知方案主公钥, 敌手可以与一个"现实-或者-随机"的函数隐藏预言机 $\mathsf{RoR}^{\mathsf{FP}}$ 交互. 该预言机以某个敌手选择的身份向量分布为输入, 然后输出以下两种私钥之一: ①"现实"模式. 从敌手所给分布中选取身份并计算其对应的私钥; ②"随机模式". 独立均匀地选取身份并计算其对应的私钥. 只要输入分布具有一定量的最小熵, 我们允许敌手可以与该预言机适应性地交互并发起多项式次的查询. 在交互完成后, 我们要求敌手只能以可忽略的概率区分出此预言机的"现实"和"随机"模式. 下面我们将具体介绍函数隐藏的概念.

首先我们定义一个随机变量 X 的最小熵 (Min-Entropy) 为 $\boldsymbol{H}_\infty(X) = -\log(\max_x \Pr[X=x])$. 一个 k-源是指一个最小熵不小于 k 的随机变量. 一个 $(k_1, \cdots, k_T)$-源是指 T 个随机变量的联合分布 $\boldsymbol{X}=(X_1,\cdots,X_T)$, 其中每个变量 X_i 都是一个 k_i-源. 一个 (T,k)-块-源也是指 T 个随机变量的联合分布 $\boldsymbol{X}=(X_1,\cdots,X_T)$, 其中对于每个 $i\in[T]$ 和 $x_1,\cdots,x_{i-1}$, $X_i|_{X_1=x_1,\cdots,X_{i-1}=x_{i-1}}$ 是 k-源.

定义 10.5 (现实-或者-随机的函数隐藏预言机) 现实-或者-随机函数隐藏预言机 $\mathsf{RoR}^{\mathsf{FP}}$ 输入 $(\mathsf{mode}, \mathsf{msk}, \mathbf{ID})$, 其中 $\mathsf{mode}\in\{0,1\}$, msk 是一个主私钥, $\mathbf{ID} = (\mathsf{ID}_1,\cdots,\mathsf{ID}_T)\in\mathcal{ID}^T$ 是一个由敌手提供的电路, 表示 $\mathcal{ID}^T$ 上的联合分布. 如果 $\mathsf{mode}=0$, 那么预言机选取 $(\mathrm{id}_1,\cdots,\mathrm{id}_T)\leftarrow\mathbf{ID}$; 否则, 预言机均匀选取 $(\mathrm{id}_1,\cdots,\mathrm{id}_T)\leftarrow\mathcal{ID}^T$. 然后预言机对每个 $\mathrm{id}_i\in\{\mathrm{id}_1,\cdots,\mathrm{id}_T\}$ 运行 $\mathsf{KeyGen}(\mathsf{msk},\mathrm{id}_i)$ 算法, 输出私钥向量 $(\mathsf{sk}_{\mathrm{id}_1},\cdots,\mathsf{sk}_{\mathrm{id}_T})$.

定义 10.6 (函数隐藏敌手) 令 $X\in\{(T,k)\text{-组}, (k_1,\cdots,k_T)\}$. 一个 X-源函数隐藏敌手 $\mathcal{A}$ 可以被定义为一个算法, 其输入为 $(1^\lambda,\mathsf{mpk})$, 并且可以查询预言机 $\mathsf{RoR}^{\mathsf{FP}}(\mathsf{mode},\mathsf{msk},\cdot)(\mathsf{mode}\in\{0,1\})$ 和 $\mathsf{KeyGen}(\mathsf{msk},\cdot)$. 此外, 敌手对 $\mathsf{RoR}^{\mathsf{FP}}$ 发起的每次查询都是一个 X-源.

接下来我们将定义一些本章将要用到的函数隐藏安全模型.

定义 10.7 (函数隐藏) 令 $X\in\{(T,k)\text{-块}, (k_1,\cdots,k_T)\}$. 给定一个身份基加密方案 $\Pi=(\mathsf{Setup},\mathsf{KeyGen},\mathsf{Enc},\mathsf{Dec})$, 对于任意 PPT 的 X-源函数隐藏敌手 $\mathcal{A}$, 定义如下优势函数:

$$\mathsf{Adv}_{\Pi,\mathcal{A}}^{\mathsf{FP}}(\lambda) = \Pr\left[b'=b: \begin{array}{l}(\mathsf{mpk},\mathsf{msk})\leftarrow\mathsf{Setup}(1^\lambda); b\leftarrow_R\{0,1\};\\ b'\leftarrow\mathcal{A}^{\mathsf{RoR}^{\mathsf{FP}}(b,\mathsf{msk},\cdot),\mathsf{KeyGen}(\mathsf{msk},\cdot)}(1^\lambda,\mathsf{mpk})\end{array}\right] - \frac{1}{2}.$$

一个身份基加密方案 $\Pi=(\mathsf{Setup},\mathsf{KeyGen},\mathsf{Enc},\mathsf{Dec})$ 是 X-源函数隐藏的, 如果对于任意 PPT 的 X-源函数隐藏敌手 $\mathcal{A}$, 优势 $\mathsf{Adv}_{\Pi,\mathcal{A}}^{\mathsf{FP}}(\lambda)$ 是一个关于 λ 的可忽略函数.

接下来我们考虑一个更强的安全概念, 即强函数隐藏, 并给出其形式化定义. 具体来说, 敌手不仅可以与密钥生成预言机和现实-或者-随机函数隐藏预言机交互, 还可以与函数隐藏加密预言机交互. 其中, 函数隐藏加密预言机表示为 $\mathsf{Enc}^{\mathsf{FP}}$, 与现实-或者-随机函数隐藏预言机 $\mathsf{RoR}^{\mathsf{FP}}$ 共享同一个状态, 并以形如 (i,j,m) 的查询为输入, 其中 i 和 j 是整数, m 是一个消息. 当输入这样一个查询时, 令 $(\mathrm{id}_{i,1},\cdots,\mathrm{id}_{i,T})$ 表示预言机 $\mathsf{RoR}^{\mathsf{FP}}$ 为回答敌手的第 i 次查询而选取的身份向量, 函数隐藏加密预言机 $\mathsf{Enc}^{\mathsf{FP}}$, 则返回 $c \leftarrow \mathsf{Enc}(\mathsf{mpk},\mathrm{id}_{i,j},m)$.

定义 10.8 (强函数隐藏) 令 $X \in \{(T,k)\text{-块},(k_1,\cdots,k_T)\}$. 给定一个身份基加密方案 $\Pi = (\mathsf{Setup},\mathsf{KeyGen},\mathsf{Enc},\mathsf{Dec})$, 对于任意 PPT 的 X-源函数隐藏敌手 $\mathcal{A}$, 定义如下优势函数:

$$\mathsf{Adv}_{\Pi,\mathcal{A}}^{\mathsf{EFP}}(\lambda)=\Pr\left[b'=b: \begin{array}{l}(\mathsf{mpk},\mathsf{msk}) \leftarrow \mathsf{Setup}(1^\lambda); b \leftarrow_R \{0,1\};\\ b' \leftarrow \mathcal{A}^{\mathsf{RoR}^{\mathsf{FP}}(b,\mathsf{msk},\cdot),\mathsf{Enc}^{\mathsf{FP}}(\mathsf{mpk},\cdot,\cdot),\mathsf{KeyGen}(\mathsf{msk},\cdot)}(1^\lambda,\mathsf{mpk})\end{array}\right]-\frac{1}{2}.$$

一个身份基加密方案 $\Pi = (\mathsf{Setup},\mathsf{KeyGen},\mathsf{Enc},\mathsf{Dec})$ 是 X-源强函数隐藏的, 如果对于任意 PPT 的 X-源函数隐藏敌手 $\mathcal{A}$, 优势 $\mathsf{Adv}_{\Pi,\mathcal{A}}^{\mathsf{EFP}}(\lambda)$ 是一个关于 λ 的可忽略函数.

上述函数隐藏模型均考虑了适应性安全, 下面我们将介绍非适应性函数隐藏的概念. 非适应性函数隐藏要求在给定私钥 $\mathsf{sk}_{\mathrm{id}}$ 的情况下, 只要 id 与 IBE 方案的主公钥无关, 任何不必要的关于身份 id 的信息均未泄露. 非适应性函数隐藏比函数隐藏和强函数隐藏要弱, 但是它仍然有很多的应用, 并且可以由任一匿名 IBE 方案和任一抗碰撞哈希函数族获得. 事实上, 这一通用构造恰好满足非适应性强函数隐藏的弱化版本. 方便起见, 下面我们将给出非适应性强函数隐藏的定义. 注意通过取消敌手访问函数隐藏加密预言机 $\mathsf{Enc}^{\mathsf{FP}}$ 的权限, 强函数隐藏中的强化概念也会被取消.

定义 10.9 (非适应性强函数隐藏) 令 $X \in \{(T,k)\text{-组},(k_1,\cdots,k_T)\}$. 给定一个身份基加密方案 $\Pi = (\mathsf{Setup},\mathsf{KeyGen},\mathsf{Enc},\mathsf{Dec})$, 对于任意 PPT 的 X-源函数隐藏敌手 $\mathcal{A}$, 定义如下优势函数:

$$\begin{aligned}&\mathsf{Adv}_{\Pi,\mathcal{A}}^{\mathsf{NA\text{-}EFP}}(\lambda)\\ =\ &\Pr\left[b'=b: \begin{array}{l}(\mathbf{ID},\mathsf{state}) \leftarrow \mathcal{A}(1^\lambda)\\ (\mathsf{mpk},\mathsf{msk}) \leftarrow \mathsf{Setup}(1^\lambda); b \leftarrow_R \{0,1\}\\ (\mathsf{sk}_{\mathrm{id}_1},\cdots,\mathsf{sk}_{\mathrm{id}_T}) \leftarrow \mathsf{RoR}^{\mathsf{FP}}(b,\mathsf{msk},\mathbf{ID})\\ b' \leftarrow \mathcal{A}^{\mathsf{Enc}^{\mathsf{FP}}(\mathsf{mpk},\cdot,\cdot),\mathsf{KeyGen}(\mathsf{msk},\cdot)}(\mathsf{state},(\mathsf{sk}_{\mathrm{id}_1},\cdots,\mathsf{sk}_{\mathrm{id}_T}))\end{array}\right]-\frac{1}{2}.\end{aligned}$$

一个身份基加密方案 $\Pi = (\mathsf{Setup},\mathsf{KeyGen},\mathsf{Enc},\mathsf{Dec})$ 是 X-源非适应性强函数隐藏

的, 如果对于任意 PPT 的 X-源函数隐藏敌手 $\mathcal{A}$, 优势 $\mathsf{Adv}_{\Pi,\mathcal{A}}^{\mathsf{NA\text{-}EFP}}(\lambda)$ 是一个关于 λ 的可忽略函数.

10.2.2 随机预言机模型下的函数隐藏方案

下面我们分别给出两个随机预言机模型下的函数隐藏方案, 它们的安全性分别基于 DBDH 假设和 LWE 假设.

基于 DBDH 假设的方案. 首先, 我们将给出一个在随机预言机模型下基于 DBDH 假设的身份基加密方案. 方案的构造是基于文献 [8] 中的方案, 并应用 "提炼-增强-组合" 方法.

方案 10.3 令 $\mathcal{G}$ 表示一个素数阶对称双线性群生成算法. 对于任意安全参数 $\lambda \in \mathbb{N}$, 我们用 $\mathcal{ID}_\lambda, \mathcal{M}_\lambda$ 分别表示身份空间与消息空间. 方案 $\mathbf{IBE}_{\mathrm{DBDH}} = (\mathsf{Setup}, \mathsf{KeyGen}, \mathsf{Enc}, \mathsf{Dec})$ 的构造如下:

- $\mathsf{Setup}(1^\lambda)$: 输入 1^λ, 运行 $(G, G_T, p, g, e) \leftarrow \mathcal{G}(1^\lambda)$. 选取 $\alpha \leftarrow \mathbb{Z}_p^*$, 令 $h = g^\alpha$. 输出主公钥 $\mathsf{mpk} = (H, g, h)$ 和主私钥 $\mathsf{msk} = \alpha$, 其中 $H : \mathcal{ID}_\lambda \to G^l$ 是一个哈希函数 (在安全证明中被视为随机预言机), $l \geqslant \dfrac{2\log|\mathcal{ID}_\lambda| + \omega(\log\lambda)}{\log p}$.
- $\mathsf{KeyGen}(\mathsf{msk}, \mathrm{id})$: 输入主私钥 $\mathsf{msk} = \alpha$ 和身份 $\mathrm{id} \in \mathcal{ID}_\lambda$, 计算 $H(\mathrm{id}) = (h_1, \cdots, h_l)$ 并选取 $s_1, \cdots, s_l \leftarrow \mathbb{Z}_p$. 算法输出私钥 $\mathsf{sk}_{\mathrm{id}} = \Big(s_1, \cdots, s_l, \Big(\prod_{j=1}^{l} h_j^{s_j}\Big)^\alpha\Big)$.
- $\mathsf{Enc}(\mathsf{mpk}, \mathrm{id}, m)$: 输入主公钥 $\mathsf{mpk} = (H, g, h)$, 身份 $\mathrm{id} \in \mathcal{ID}_\lambda$, 以及消息 $m \in G_T$, 计算 $H(\mathrm{id}) = (h_1, \cdots, h_l)$, 并选取 $r \leftarrow \mathbb{Z}_p$. 算法输出密文 $\mathsf{ct} = (c_0, \cdots, c_l)$, 其中 $c_0 = g^r, c_i = e(h, h_i)^r \cdot m, i \in [l]$.
- $\mathsf{Dec}(\mathsf{mpk}, \mathsf{ct}, \mathsf{sk}_{\mathrm{id}})$: 输入主公钥 $\mathsf{mpk} = (H, g, h)$, 密文 $\mathsf{ct} = (c_0, \cdots, c_l)$ 以及私钥 $\mathsf{sk}_{\mathrm{id}} = (s_1, \cdots, s_l, z)$, 计算 $d = (\prod_{i\in[l]} c_i^{s_i})/e(c_0, z)$, 输出 $m = d^{(s_1+\cdots+s_l)^{-1}}$.

正确性. 观察解密算法, 如果密文 ct 和私钥对应的身份相同, 那么我们有

$$
\begin{aligned}
d &= \frac{\prod_{i\in[l]} c_i^{s_i}}{e(c_0, z)} \\
&= \frac{\prod_{i\in[l]} e(h, h_i)^{r\cdot s_i} \cdot m^{s_i}}{e(c_0, \prod_{i\in[l]} h_i^{\alpha\cdot s_i})} \\
&= \frac{\prod_{i\in[l]} e(g^\alpha, h_i)^{r\cdot s_i}}{e(g^r, \prod_{i\in[l]} h_i^{\alpha\cdot s_i})} \cdot m^{s_1+\cdots+s_l}
\end{aligned}
$$

$$= \frac{\prod_{i\in[l]} e(g,h_i)^{r\alpha\cdot s_i}}{\prod_{i\in[l]} e(g^r,h_i)^{\alpha\cdot s_i}} \cdot m^{s_1+\cdots+s_l}$$
$$= m^{s_1+\cdots+s_l}.$$

因此, 只要 $s_1+\cdots+s_l \neq 0 \bmod p$, 消息 m 可以由 $d^{(s_1+\cdots+s_l)^{-1}}$ 正确恢复.

安全性. 下面我们将论证上述方案的安全性, 具体证明细节可参考文献 [66].

定理 10.2 在 DBDH 假设下, 方案 $\mathbf{IBE}_{\mathrm{DBDH}}$ 对于以下情况是满足随机预言机模型下的 IND-CPA 安全和匿名性的, 并且是统计意义上函数隐藏的:

(1) 对于任意 $T=\mathsf{poly}(\lambda)$ 以及 $k \geqslant \lambda+\omega(\log\lambda)$ 的 (T,k)-块-源.

(2) 对于任意 $T=\mathsf{poly}(\lambda)$ 以及 $(k_1,\cdots,k_T)$(满足 $k_i \geqslant i\cdot\lambda+\omega(\log\lambda), i\in[T]$) 的 $(k_1,\cdots,k_T)$-源.

基于 LWE 假设的方案. 接下来, 我们将给出一个在随机预言机模型下基于 LWE 假设的身份基加密方案. 具体构造是基于文献 [46] 中的方案 (称为 GPV 方案), 并应用 “提炼-增强-组合” 方法. 在描述具体方案之前, 我们先简述应用 “提炼-增强-组合” 方法到 GPV 方案中的困难之处.

在 GPV 方案中, 主公钥包括一个矩阵 $\boldsymbol{A} \leftarrow \mathbb{Z}_q^{n\times m}$, 主私钥是格 $\Lambda_q^{\perp}(\boldsymbol{A})$ 的一组短向量基. 一个对应于身份 id 的私钥是一个短向量 $\boldsymbol{e}\in\mathbb{Z}^m$, 满足 $\boldsymbol{Ae}=H(\mathrm{id})\in\mathbb{Z}_q^n$. 因此, 为了生成对应于身份 id 的私钥, 我们的 “提炼” 步骤自然是将 $H(\mathrm{id})$ 视为一个在 $\mathbb{Z}_q^{n\times l}$ 上的矩阵, 均匀选取一个向量 $\boldsymbol{s}\in\mathbb{Z}_q^l$, 并输出一个短向量基 $\boldsymbol{e}$ 使得 $\boldsymbol{Ae}=H(\mathrm{id})\cdot\boldsymbol{s}\in\mathbb{Z}_q^n$. 只要矩阵 $H(\mathrm{id})-H(\mathrm{id}')$ 是对于所有身份 id 和 id′ 满秩的, 那么映射 $H(\mathrm{id})\mapsto H(\mathrm{id})\cdot\boldsymbol{s}$ 是一个以服从 $\mathbb{Z}_q^l$ 上均匀分布的变量 $\boldsymbol{s}$ 为随机变量的通用函数集合. 因此, 只要 id 是足够不可预测的, 那么短向量基 $\boldsymbol{e}$ 无法泄露任何关于 id 的关键信息.

然而, 主要的困难点在于如何保证在 “增强” 和 “组合” 步骤中解密算法的正确性. 在 GPV 方案中, 密文解密是通过与向量 $\boldsymbol{e}$ 作内积来完成的, 同时也需要 (在加密阶段) 确保加入的噪声项 (以保证数据隐私) 没有覆盖掉剩余的密文. 如果在我们的构造中使用类似的方法将会遇到不小的问题, 因为向量 $\boldsymbol{s}$ 中的元素不够小, 所以噪声项会过大.

为了克服该困难, 我们使用矩阵 $\boldsymbol{B}_1,\cdots,\boldsymbol{B}_d$ (其中 d 是素数 q 的比特长度) 扩充主公钥, 这样就可以用 $\mathbb{Z}_q^l$ 上的低范数向量 (对应一个均匀向量 $\boldsymbol{s}$ 的比特表达式) 来计算内积. 这样的低范数向量能够确保噪声项不会覆盖掉消息, 并且 “组合” 步骤可以生成 $m\cdot(\sum_{i\in[d]}\|\boldsymbol{s}_i\|_1)$ 对应的密文. 通过选择适当的参数, 我们可以保证解密正确性. 下面我们给出具体方案构造, 其中定义 $\bar{\Psi}_\alpha$ 为离散高斯分布, 均值为 0, 方差为 $\alpha^2/2\pi$.

方案 10.4 对于任意安全参数 $\lambda\in\mathbb{N}$, 令 $\mathcal{ID}_\lambda$ 表示身份空间. 方案 $\mathbf{IBE}_{\mathrm{LWE1}}$

= (Setup, KeyGen, Enc, Dec), 还包括格参数 m, n, q, 与随机性提炼有关的参数 $l \in \mathbb{N}$ 以及 $d \in \mathbb{N}$ (令 q 是一个有 d 比特的素数).

- Setup(1^λ): 输入 1^λ, 选择参数 m, n, q 以及 LWE 假设中的噪声分布 $\mathcal{X} = \bar{\Psi}_\alpha$. 运行算法 TrapGen 生成关于格 $\Lambda_q^\perp(\boldsymbol{A})$ 的基矩阵和陷门矩阵 $(\boldsymbol{A}, \boldsymbol{T_A}) \in \mathbb{Z}_q^{n\times m} \times \mathbb{Z}_q^{m\times m}$(如 7.1 节所述). 此外, 算法选取 $\boldsymbol{B}_1, \cdots, \boldsymbol{B}_d \leftarrow \mathbb{Z}_q^{n\times l}$ 以及一个哈希函数 $H: \mathcal{ID}_\lambda \to \mathbb{Z}_q^{n\times l}$ (可看作随机预言机). 输出主公钥 mpk $= (\boldsymbol{A}, \boldsymbol{B}_1, \cdots, \boldsymbol{B}_d)$ 和主私钥 msk $= \boldsymbol{T_A}$.
- KeyGen(msk, id): 输入主私钥 msk 和身份 $\mathrm{id} \in \mathcal{ID}_\lambda$, 选取 $s \leftarrow \mathbb{Z}_q^l$, 并设 $H(\mathrm{id})$ 为一个矩阵 $\boldsymbol{H} \in \mathbb{Z}_q^{n\times l}$. 令 $\boldsymbol{s} = \sum_{i\in[d]} 2^{i-1} \cdot \boldsymbol{s}_i \bmod q$, 其中 $\boldsymbol{s}_i$ 是 $\{0,1\}^l$ 上的向量. 输入格陷门 $\boldsymbol{T_A}$, 运行算法 SamplePre, 选取 $\boldsymbol{e} \in \mathbb{Z}^m$ 使得 $\boldsymbol{Ae} = (\boldsymbol{Hs} + \sum_{i\in[d]} \boldsymbol{B}_i \boldsymbol{s}_i) \bmod q$. 输出 $\mathsf{sk}_{\mathrm{id}} = (\boldsymbol{s}, \boldsymbol{e}) \in \mathbb{Z}_q^l \times \mathbb{Z}^m$.
- Enc(mpk, id, m): 输入主公钥 mpk, 身份 $\mathrm{id} \in \mathcal{ID}_\lambda$ 以及消息 $m \in \{0,1\}$, 选取 $\boldsymbol{r} \leftarrow \mathbb{Z}_q^n$, 并计算 $H(\mathrm{id}) = \boldsymbol{H} \in \mathbb{Z}_q^{n\times l}$. 然后, 选择 (低范数) 噪声向量 $\chi_0 \leftarrow \bar{\Psi}_\alpha^m$ 以及 $\chi_1, \cdots, \chi_d \leftarrow \bar{\Psi}_\alpha^l$. 令 $\mathbf{1}$ 表示 $\mathbb{Z}_q^l$ 上元素全为 1 的向量. 输出明文
$$\mathsf{ct} = \left(\boldsymbol{A}^{\mathrm{T}}\boldsymbol{r} + \chi_0, \left\{(2^{i-1} \cdot \boldsymbol{H} + \boldsymbol{B}_i)^{\mathrm{T}}\boldsymbol{r} + \chi_i + m \cdot \frac{q}{2ld} \cdot \mathbf{1}\right\}_{i\in[d]}\right) \in \mathbb{Z}_q^m \times (\mathbb{Z}_q^l)^d.$$
- Dec(mpk, ct, $\mathsf{sk}_{\mathrm{id}}$): 输入主公钥 mpk, 密文 ct $= (\boldsymbol{c}_0, \boldsymbol{c}_1, \cdots, \boldsymbol{c}_d)$, 以及私钥 $\mathsf{sk}_{\mathrm{id}} = (\boldsymbol{s}, \boldsymbol{e})$, 令 $\boldsymbol{s} = \sum_{i\in[d]} 2^{i-1} \cdot \boldsymbol{s}_i \bmod q$, 如果 $|(\boldsymbol{c}_0^{\mathrm{T}}\boldsymbol{e} - \sum_{i\in[d]} \boldsymbol{c}_i^{\mathrm{T}}\boldsymbol{s}_i) \bmod q| < \dfrac{q}{10}$, 则输出 0; 否则, 输出 1.

参数选择. 对于上述方案, 我们令 $n = \mathsf{poly}(\lambda), m = n \cdot \omega(\log n), q = m^{2.5} \cdot \omega(\sqrt{\log n}), \alpha = \dfrac{1}{m^2 \cdot \omega(\sqrt{\log n})}$ 以及 $l \geqslant n + \dfrac{2\log|\mathcal{ID}_\lambda| + \log n + \omega(\log\lambda)}{\log q}$.

正确性. 假设解密算法中的密文 $(\boldsymbol{c}_0, \cdots, \boldsymbol{c}_d)$ 与私钥 $(\boldsymbol{s}, \boldsymbol{e})$ 对应同一个身份. 观察到 $\sum_{i\in[d]} \boldsymbol{c}^{\mathrm{T}}\boldsymbol{s}_i = \sum_{i\in[d]} \boldsymbol{r}^{\mathrm{T}}(2^{i-1}\cdot\boldsymbol{H} + \boldsymbol{B}_i + \boldsymbol{\chi}_i^{\mathrm{T}})\boldsymbol{s}_i + \sum_{i\in[d]} m \cdot \dfrac{q}{2n\log q} \cdot \mathbf{1}^{\mathrm{T}} s_i$, 等于 $\boldsymbol{r}^{\mathrm{T}}(\boldsymbol{Hs} + \sum_{i\in[d]} \boldsymbol{B}_i\boldsymbol{s}_i)$ 加上噪声项 $\sum_{i\in[d]} \boldsymbol{\chi}_i^{\mathrm{T}}\boldsymbol{s}_i$ 和消息项 $m \cdot \dfrac{q}{2ld} \cdot (\sum_{i\in[d]} \mathbf{1}^{\mathrm{T}}\boldsymbol{s}_i)$. 注意到 $\boldsymbol{e}$ 满足 $\boldsymbol{c}_0^{\mathrm{T}}\boldsymbol{e} = \boldsymbol{r}^{\mathrm{T}}\boldsymbol{Ae} + \boldsymbol{\chi}_0^{\mathrm{T}}\boldsymbol{e}$ 并且 $\boldsymbol{r}^{\mathrm{T}}\boldsymbol{Ae}$ 在之前消去了与 $\boldsymbol{r}^{\mathrm{T}}$ 相关的项. 为了约束噪声项, 下列表达式将以极高概率成立

$$\begin{aligned}\left|\boldsymbol{\chi}_0^{\mathrm{T}}\boldsymbol{e} - \sum_{i\in[d]} \chi_i^{\mathrm{T}}\boldsymbol{s}_i\right| &\leqslant (\sqrt{m}/2 + q\alpha\omega(\sqrt{\log m}))\left(\|\boldsymbol{e}\|_2 + \sum_{i\in[d]} \|\boldsymbol{s}_i\|_2\right) \\ &\leqslant (\sqrt{m}/2 + q\alpha\omega(\sqrt{\log m}))(\sqrt{m} \cdot d\sqrt{m} \\ &\quad + \sqrt{m} \cdot \|\widetilde{\boldsymbol{T_A}}\| \cdot \omega(\sqrt{\log m}))\end{aligned}$$

$$\leqslant \sqrt{m}(1/2+1)\cdot(md+m^{1.5})\omega(\log m)$$
$$\leqslant \tilde{O}(m^2) < q^{4/5}.$$

接下来分析以下两种情况:

(1) 如果 $m=0$, 则消息项是 0, 并且 Dec 成功地解密消息.

(2) 如果 $m=1$, 则消息项为 $\frac{q}{2ld}\cdot(\sum_{i\in[d]}\|\boldsymbol{s}_i\|_1)$, 其中 $\|\cdot\|_1$ 表示向量的 l_1 范数. 观察到对于 $\boldsymbol{s}\leftarrow\mathbb{Z}_q^l$ 中大多数的低阶比特, 向量 $\boldsymbol{s}_i$ 是从 $\{0,1\}^l$ 中均匀选取的. 应用标准的 Chernoff 界, 得到对于任意的 $\Gamma\geqslant\omega(\log n)\sqrt{l}$, 概率 $\Pr[\|\boldsymbol{s}_i\|_1<l/2-\Gamma]$ 是关于 n 可忽略的. 因此, 设 $\Gamma=3l/10$ 并观察到这一界限对于至少 $d/2$ 个 $\boldsymbol{s}_i$ 是成立的, 则可以推出 $\frac{q}{2ld}(\sum_{i\in[d]}\|\boldsymbol{s}_i\|_1)$ 会以极高概率小于 $q/5$. 因此, Dec 可以以极高概率成功地解密消息.

安全性. 下面我们将论证上述方案的安全性, 具体证明细节可参考文献 [66].

定理 10.3 在 LWE 假设下, 方案 $\mathbf{IBE}_{\mathrm{LWE1}}$ 对于以下情况是满足随机预言机模型下的 IND-CPA 安全和匿名性的, 并且在统计学上是函数隐藏的:

(1) 对于任意 $T=\mathsf{poly}(\lambda)$ 以及 $k\geqslant n\log q+\omega(\log\lambda)$ 的 (T,k)-块-源.

(2) 对于任意 $T=\mathsf{poly}(\lambda)$ 以及 $(k_1,\cdots,k_T)$(满足 $k_i\geqslant i\cdot n\log q+\omega(\log\lambda), i\in[T]$) 的 $(k_1,\cdots,k_T)$-源.

10.2.3 标准模型下的函数隐藏方案

本节我们将分别给出两个标准模型下的函数隐藏方案, 它们的安全性分别基于 DLIN 假设和 LWE 假设.

基于 DLIN 假设的方案. 首先我们将给出一个在标准模型下基于 DLIN 假设的 IBE 方案.

方案 10.5 令 $\mathcal{G}$ 表示一个素数阶对称双线性群生成算法. 对于任意安全参数 $\lambda\in\mathbb{N}$, 方案 $\mathbf{IBE}_{\mathrm{DLIN1}}=(\mathsf{Setup},\mathsf{KeyGen},\mathsf{Enc},\mathsf{Dec})$, 设置参数 $m\geqslant 3, l\geqslant 2$, 身份空间 $\mathcal{ID}_\lambda=\mathbb{Z}_p^l$ 以及消息空间 $\mathcal{M}_\lambda=G_T$. 具体构造如下:

- $\mathsf{Setup}(1^\lambda)$: 输入 1^λ, 运行 $(G,G_T,p,g,e)\leftarrow\mathcal{G}(1^\lambda)$, 选取 $\boldsymbol{A}_0,\boldsymbol{A}_1,\cdots,\boldsymbol{A}_l,\boldsymbol{B}\leftarrow\mathbb{Z}_p^{2\times m}$ 和 $\boldsymbol{u}\leftarrow\mathbb{Z}_p^2$. 输出主公钥 $\mathsf{mpk}=(g,g^{\boldsymbol{A}_0},g^{\boldsymbol{A}_1},\cdots,g^{\boldsymbol{A}_l},\boldsymbol{B},g^{\boldsymbol{u}})$ 和主私钥 $\mathsf{msk}=(\boldsymbol{A}_0,\boldsymbol{A}_1,\cdots,\boldsymbol{A}_l,\boldsymbol{u})$.
- $\mathsf{KeyGen}(\mathsf{msk},\mathbf{id})$: 输入主私钥 msk 和身份 $\mathbf{id}=(\mathrm{id}_1,\cdots,\mathrm{id}_l)\in\mathbb{Z}_p^l$, 选取 $s_1,\cdots,s_l\leftarrow\mathbb{Z}_p$, 计算

$$\boldsymbol{F}_{\mathbf{id},(s_1,\cdots,s_l)}=\left[\boldsymbol{A}_0\middle|\left(\sum_{i\in[l]}s_i\boldsymbol{A}_i\right)+\left(\sum_{i\in[l]}s_i\cdot\mathrm{id}_i\right)\boldsymbol{B}\right]\in\mathbb{Z}_p^{2\times 2m}.$$

然后选取 $\boldsymbol{v} \leftarrow \mathbb{Z}_p^{2m}$ 使得 $\boldsymbol{F}_{\mathbf{id},(s_1,\cdots,s_l)} \cdot \boldsymbol{v} = \boldsymbol{u} \bmod p$, 并令 $\boldsymbol{z} = g^{\boldsymbol{v}} \in G^{2m}$. 输出 $\mathsf{sk}_{\mathbf{id}} = (s_1, \cdots, s_l, \boldsymbol{z})$.

- $\mathsf{Enc}(\mathsf{mpk}, \mathbf{id}, m)$: 输入主公钥 mpk, 身份 $\mathbf{id} = (\mathrm{id}_1, \cdots, \mathrm{id}_l) \in \mathbb{Z}_p^l$ 和消息 $m \in G_T$, 选取 $\boldsymbol{r} \leftarrow \mathbb{Z}_p^2$. 对所有的 $i \in [l]$, 令 $\boldsymbol{c}_0^{\mathrm{T}} = g^{\boldsymbol{r}^{\mathrm{T}}\boldsymbol{A}_0} \in G^{1\times m}$, $\boldsymbol{c}_i^{\mathrm{T}} = g^{\boldsymbol{r}^{\mathrm{T}}[\boldsymbol{A}_i + \mathrm{id}_i \boldsymbol{B}]} \in G^{1\times m}$, $c_{l+1} = e(g,g)^{\boldsymbol{r}^{\mathrm{T}}\boldsymbol{u}} \cdot m \in G_T$, 输出密文 $\mathsf{ct} = (\boldsymbol{c}_0, \boldsymbol{c}_1, \cdots, \boldsymbol{c}_l, c_{l+1}) \in G^{(l+1)m} \times G_T$.
- $\mathsf{Dec}(\mathsf{ct}, \mathsf{sk}_{\mathbf{id}})$: 输入密文 $\mathsf{ct} = (\boldsymbol{c}_0, \boldsymbol{c}_1, \cdots, \boldsymbol{c}_l, c_{l+1})$ 和私钥 $\mathsf{sk}_{\mathbf{id}} = (s_1, \cdots, s_l, \boldsymbol{z})$, 输出

$$m = c_{l+1} \cdot e\left(\begin{bmatrix} \boldsymbol{c}_0 \\ \prod_{i\in[l]} \boldsymbol{c}_i^{s_i} \end{bmatrix}, \boldsymbol{z}\right)^{-1}.$$

正确性. 注意到

$$\boldsymbol{d}^{\mathrm{T}} = \left[\boldsymbol{c}_0^{\mathrm{T}} \middle| \prod_{i\in[l]} (\boldsymbol{c}_i^{\mathrm{T}})^{s_i}\right] = g^{\boldsymbol{r}^{\mathrm{T}}[\boldsymbol{A}_0 | \sum_{i\in[l]} s_i \boldsymbol{A}_i + (\sum_{i\in[l]} s_i \cdot \mathrm{id}_i)\boldsymbol{B}]} = g^{\boldsymbol{r}^{\mathrm{T}}\boldsymbol{F}_{\mathbf{id},(s_1,\cdots,s_l)}},$$

其中 $e(\boldsymbol{d}, \boldsymbol{z}) = e(g,g)^{\boldsymbol{r}^{\mathrm{T}}\boldsymbol{F}_{\mathbf{id},(s_1,\cdots,s_l)}\cdot\boldsymbol{v}} = e(g,g)^{\boldsymbol{r}^{\mathrm{T}}\boldsymbol{u}}$, 因此可以用 c_{l+1} 除以 $e(\boldsymbol{d}, \boldsymbol{z})$ 来消去 $e(g,g)^{\boldsymbol{r}^{\mathrm{T}}\boldsymbol{u}}$ 项, 从而正确恢复出消息 m.

安全性. 下面我们将论证上述方案的安全性.

定理 10.4 在 DLIN 假设下, 方案 $\mathbf{IBE}_{\mathrm{DLIN1}}$ 对于以下情况是满足标准模型下的 SEL-IND-CPA 安全和匿名性的, 并且是函数隐藏的:

(1) 对于任意 $T = \mathsf{poly}(\lambda)$ 和 $k \geqslant \lambda + \omega(\log\lambda)$ 的 (T,k)-块-源.

(2) 对于任意 $T = \mathsf{poly}(\lambda)$ 和 $(k_1, \cdots, k_T)$(满足 $k_i \geqslant \lambda + \omega(\log\lambda), i \in [T]$) 的 $(k_1, \cdots, k_T)$-源.

证明 该方案的函数隐藏性可以直接由 “提炼” 阶段得到. 为了证明在 DLIN 假设下的选择数据安全性, 我们给定一个挑战身份 id^*, 然后通过初始化算法生成主公钥 $\mathsf{mpk} = (g^{\boldsymbol{A}_0}, g^{\boldsymbol{A}_1}, \cdots, g^{\boldsymbol{A}_l}, \boldsymbol{B}, g^{\boldsymbol{u}})$, 使得矩阵 $\boldsymbol{G}_{\mathbf{id},\boldsymbol{s}} = \left(\sum_{i\in[l]} s_i \boldsymbol{A}_i\right) + \left(\sum_{i\in[l]} s_i \cdot \mathrm{id}_i\right)\boldsymbol{B}$, 其中包含了一个 “突破” 陷门. 这个陷门将允许我们选取一个向量, 使得无论矩阵 $\boldsymbol{G}_{\mathbf{id},\boldsymbol{s}}$ 是否包含 $w \cdot \boldsymbol{B}$ (其中 w 是任意非零整数), 均有 $\boldsymbol{F}_{\mathbf{id},\boldsymbol{s}} \cdot \boldsymbol{v} = \boldsymbol{u}$ 成立. 因此我们可以在可忽略概率下, 通过上述选择的矩阵来模拟敌手的密钥生成查询.

为了嵌入 DLIN 实例, DLIN 实例的前两行被用来构造参数 $g^{\boldsymbol{A}_0}$, 而第三行实例可能与前两行之间存在线性关系, 也可能是随机选取的. 我们可以将第三行实例嵌入到挑战密文中, 这样挑战密文或许是与原有的密文结构相同的, 或许是均匀选取且独立于敌手的视角的. 这个操作可以通过选择秘密矩阵 $\boldsymbol{R}_i^*$, 并令 $\boldsymbol{A}_i = \boldsymbol{A}_0\boldsymbol{R}_i^* - \mathrm{id}_i^*\boldsymbol{B}$ 来完成. 方案的具体证明细节可参考文献 [66].

基于 LWE 假设的方案. 接下来我们将给出一个在标准模型下的基于 LWE 假设的 IBE 方案.

方案 10.6 方案 $\mathbf{IBE}_{\mathrm{LWE2}}$ = (Setup, KeyGen, Enc, Dec) 中需要设置安全参数 $\lambda \in \mathbb{N}$, 格参数 m, n, q, 用于随机性提取的参数 $l \in \mathbb{N}$ 以及参数 $\mu \in \mathbb{N}$, 使得 q^{μ} 是一个以 λ 为自变量的超多项式. 定义 $\mathcal{ID} = \mathbb{Z}_q^l$ 为身份空间, $d \in \mathbb{N}$ 为一个整数 (令 q 是一个 d-比特的素数).

- Setup(1^λ): 输入 1^λ, 选取 $\boldsymbol{A}_0, \{\boldsymbol{A}_{i,j,k}\}_{(i,j,k)\in[l]\times[\mu]\times[d]}, \boldsymbol{B} \leftarrow \mathbb{Z}_q^{n\times m}$ 和 $\boldsymbol{u} \leftarrow \mathbb{Z}_q^n$, 运行算法 TrapGen 生成关于格 $\Lambda_q^{\perp}(\boldsymbol{A}_0)$ 的陷门 $\boldsymbol{T_A} \in \mathbb{Z}^{m\times m}$. 输出主公钥 mpk $= (\boldsymbol{A}_0, \{\boldsymbol{A}_{i,j,k}\}_{(i,j,k)\in[l]\times[\mu]\times[d]}, \boldsymbol{B}, \boldsymbol{u})$ 和主私钥 msk $= \boldsymbol{T_A}$.
- KeyGen(msk, **id**): 输入主私钥 msk 和身份 $\mathbf{id} = (\mathrm{id}_1, \cdots, \mathrm{id}_l) \in \mathbb{Z}_q^l$, 选择一个向量 $\boldsymbol{s} \in \mathbb{Z}_q^{l\mu}$, 其中包含 $l\mu$ 个元素 $s_{1,1}, \cdots, s_{l,\mu} \leftarrow \mathbb{Z}_q$, 比特值 $s_{i,j,k}$ 表示 $s_{i,j} = \sum_{k\in[d]} s_{i,j,k}2^{k-1}$(对于所有的 $i \in [l], j \in [\mu]$), 然后计算

$$\boldsymbol{F}_{\mathbf{id},\boldsymbol{s}} = \left[\boldsymbol{A}_0 \middle| \sum_{i\in[l],k\in[d]} s_{i,1,k}\boldsymbol{A}_{i,1,k} + \left(\sum_{i\in[l]} s_{i,1}\mathrm{id}_i\right)\boldsymbol{B} \middle| \right.$$
$$\left. \cdots \middle| \sum_{i\in[l],k\in[d]} s_{i,\mu,k}\boldsymbol{A}_{i,\mu,k} + \left(\sum_{i\in[l]} s_{i,\mu}\mathrm{id}_i\right)\boldsymbol{B}\right] \in \mathbb{Z}_q^{n\times m(\mu+1)}.$$

  利用算法 ExtendBasis 和陷门 $\boldsymbol{T_A}$, 可以构造一个格 $\Lambda_q^{\perp}(\boldsymbol{F}_{\mathbf{id},\boldsymbol{s}})$ 的基 $\boldsymbol{T_F}$. 之后在算法 SamplePre 中使用陷门 $\boldsymbol{T_F}$ 采样一个向量 $\boldsymbol{e} \in \mathbb{Z}^{m(\mu+1)}$, 使得 $\boldsymbol{F}_{\mathbf{id},\boldsymbol{s}} \cdot \boldsymbol{e} = \boldsymbol{u} \bmod q$. 最后输出 $\mathsf{sk}_{\mathbf{id}} = (\boldsymbol{s}, \boldsymbol{e})$.
- Enc(mpk, **id**, m): 输入主公钥 mpk, 身份 $\mathbf{id} = (\mathrm{id}_1, \cdots, \mathrm{id}_l) \in \mathbb{Z}_q^l$ 和消息 $m \in \{0,1\}$, 选取 $\boldsymbol{r} \leftarrow \mathbb{Z}_p^n$, $\chi_0 \leftarrow \bar{\Psi}_\alpha^m$ 和 $\{\boldsymbol{R}_{i,j,k}\}_{(i,j,k)\in[l]\times[\mu]\times[d]} \in \{-1,1\}^{m\times m}$, 计算 $\chi_{i,j,k} = \boldsymbol{R}_{i,j,k}^{\mathrm{T}}\chi_0 \in \mathbb{Z}_q^m$. 最后算法选取 $\xi \leftarrow \bar{\Psi}_\alpha$, 输出密文

$$\begin{aligned}\mathsf{ct} &= (\boldsymbol{c}_0, \{\boldsymbol{c}_{i,j,k}\}_{i\in[l],j\in[\mu],k\in[d]}, c_{l\mu d+1}) \\ &= \Big(\boldsymbol{A}_0^{\mathrm{T}} + \chi_0, \{[\boldsymbol{A}_{i,j,k} + 2^{k-1}\mathrm{id}_i\boldsymbol{B}]^{\mathrm{T}}\boldsymbol{r} + \chi_{i,j,k}\}_{i\in[l],j\in[\mu],k\in[d]}, \\ &\qquad \boldsymbol{u}^{\mathrm{T}}\boldsymbol{r} + \xi + m\cdot\frac{q}{2}\Big) \in (\mathbb{Z}_q^m)^{(l\mu d+1)} \times \mathbb{Z}_q.\end{aligned}$$

- Dec(mpk, ct, $\mathsf{sk}_{\mathbf{id}}$): 输入主公钥 mpk, 密文 ct $= (\boldsymbol{c}_0, \boldsymbol{c}_{1,1,1}, \cdots, \boldsymbol{c}_{l,\mu,d}, \boldsymbol{c}_{l,\mu,d+1}) \in (\mathbb{Z}_q^m)^{(l\mu d+1)} \times \mathbb{Z}_q$ 和私钥 $\mathsf{sk}_{\mathbf{id}} = (\boldsymbol{s}, \boldsymbol{e})$, 将 $\boldsymbol{s} = (s_{1,1}, \cdots, s_{l,\mu})$ 分解成比特位, 使得 $s_{i,j} = \sum_{k\in[d]} s_{i,j,k} \cdot 2^{k-1}$(对于所有的 $(i,j) \in [l]\times[\mu]$). 如果满足以下条件, 则输出 0; 否则输出 1.

$$\left|\boldsymbol{e}^{\mathrm{T}}\cdot\left[\boldsymbol{c}_0\left|\sum_{i\in[l],k\in[d]}s_{i,1,k}\boldsymbol{c}_{i,1,k}\right|\cdots\left|\sum s_{i,\mu,k}\boldsymbol{c}_{i,\mu,k}\right.\right]-c_{l\mu d+1}(\mathrm{mod}\ q)\right|<\frac{q}{4}.$$

参数选择. 对于上述方案, 我们令 $n=\mathsf{poly}(\lambda), m=n\cdot\Omega(\log n), q=m^{2.5}\cdot\omega(\sqrt{\log n}), \rho=\omega(\log n), \alpha=1/(m^2\cdot\omega(\sqrt{\log n})), \mu=\omega(1), l=\omega(\mu)$.

正确性. 我们接下来将证明, 如果 $\boldsymbol{e}$ 是正确表达形式, 那么结合密文元素 $\boldsymbol{c}_{i,j,k}$ 和 $s_{i,j,k}$ 就可以恢复出带有噪声项的 $c_{l\mu d+1}$ 和明文消息. 在正确性证明的后半部分, 我们通过运用一个简单的引理使得噪声项远小于 $q/4$, 从而成功证明方案的正确性.

$$\begin{aligned}
&\boldsymbol{e}^{\mathrm{T}}\cdot\left[\boldsymbol{c}_0\left|\sum_{i\in[l]}\sum_{k\in[d]}s_{i,1,k}\boldsymbol{c}_{i,1,k}\right|\cdots\left|\sum_{i\in[l]}\sum_{k\in[d]}s_{i,\mu,k}\boldsymbol{c}_{i,\mu,k}\right.\right]\\
&=\boldsymbol{e}^{\mathrm{T}}\cdot\left[\boldsymbol{A}_0^{\mathrm{T}}\boldsymbol{r}+\chi_0\left|\sum_{i\in[l]}\sum_{k\in[d]}s_{i,1,k}[\boldsymbol{A}_{i,1,k}+2^{k-1}\mathrm{id}_i\boldsymbol{B}]^{\mathrm{T}}\boldsymbol{r}+s_{i,1,k}\chi_{i,1,k}\right.\right.\\
&\qquad\left.\left|\cdots\right|\sum_{i\in[l]}\sum_{k\in[d]}s_{i,d,k}[\boldsymbol{A}_{i,d,k}+2^{k-1}\mathrm{id}_i\boldsymbol{B}]^{\mathrm{T}}\boldsymbol{r}+s_{i,d,k}\chi_{i,d,k}\right]\\
&=\boldsymbol{e}^{\mathrm{T}}\cdot\left[\boldsymbol{A}_0^{\mathrm{T}}\boldsymbol{r}\left|\sum_{i\in[l]}\sum_{k\in[d]}s_{i,1,k}\boldsymbol{A}_{i,1,k}^{\mathrm{T}}\boldsymbol{r}+\sum_{i\in[l]}s_{i,1}\mathrm{id}_i\boldsymbol{B}^{\mathrm{T}}\boldsymbol{r}\right.\right.\\
&\qquad\left.\left|\cdots\right|\sum_{i\in[l]}\sum_{k\in[d]}s_{i,d,k}\boldsymbol{A}_{i,d,k}^{\mathrm{T}}\boldsymbol{r}+\sum_{i\in[l]}s_{i,d}\mathrm{id}_i\boldsymbol{B}^{\mathrm{T}}\boldsymbol{r}\right]\\
&\qquad+\boldsymbol{e}^{\mathrm{T}}\left[\chi_0\left|\left\{\sum_{i\in[l],k\in[d]}s_{i,j,k}\chi_{i,j,k}\right\}_{j\in[\mu]}\right.\right]\\
&=\boldsymbol{e}^{\mathrm{T}}\cdot\boldsymbol{F}_{\mathbf{id},\boldsymbol{s}}^{\mathrm{T}}\boldsymbol{r}+\boldsymbol{e}^{\mathrm{T}}\boldsymbol{\chi}\\
&=\boldsymbol{u}^{\mathrm{T}}\boldsymbol{r}+\boldsymbol{e}^{\mathrm{T}}\boldsymbol{\chi},
\end{aligned}$$

其中 $\chi=\left[\chi_0|\{\sum_{i\in[l],k\in[d]}s_{i,j,k}\chi_{i,j,k}\}_{j\in[\mu]}\right]$. 观察到除去 $\dfrac{q}{2}m$ 之后, 密文中的 $c_{l\mu d+1}$ 恰好为 $\boldsymbol{u}^{\mathrm{T}}\boldsymbol{r}+\xi$. 如此一来 $\boldsymbol{u}^{\mathrm{T}}\boldsymbol{r}$ 这项就消掉了. 为了证明正确性, 我们需要说明噪声项 $\boldsymbol{e}^{\mathrm{T}}\boldsymbol{\chi}-\xi$ 是低范数的. 注意到 $\chi_{i,j,k}=\boldsymbol{R}_{i,j,k}^{\mathrm{T}}\chi_0$, 令 $\boldsymbol{e}=[\boldsymbol{e}_0|\boldsymbol{e}_1|\cdots|\boldsymbol{e}_\mu]$, 则我们可以将噪声项进一步写作

$$\left(\boldsymbol{e}_0+\sum_{o\in[l],j\in[\mu],k\in[d]}s_{i,j,k}\boldsymbol{R}_{i,j,k}\boldsymbol{e}_j\right)^{\mathrm{T}}\chi_0-\xi.$$

因为 $\|\boldsymbol{e}\|_2\leqslant\boldsymbol{m}\cdot\omega(\sqrt{\log\boldsymbol{m}})$, 我们可以用下述引理[37] 来约束噪声项的大小.

引理 10.1 对于参数 $m,n\in\mathbb{N}$, 令 $\boldsymbol{R}$ 为一个从 $\{-1,1\}^{k\times m}$ 中均匀随机选取的矩阵, 则对于所有的 $\boldsymbol{v}\in\mathbb{Z}^m$, $\Pr\left[\|\boldsymbol{R}\boldsymbol{v}\|_2>12\sqrt{k+m}\cdot\|\boldsymbol{v}\|_2\right]<e^{-(k+m)}$.

之后因为 $s_{i,j,k}$ 是二元域上的, 所以我们有

$$\left\|\boldsymbol{e}_0+\sum_{i\in[l]}\sum_{j\in[\mu]}\sum_{k\in[d]}s_{i,j,k}\boldsymbol{R}_{i,j,k}\boldsymbol{e}_j\right\|_2\leqslant(1+12l\mu d\sqrt{2m})\cdot m=\tilde{O}(l\mu dm^{3/2}).$$

因此, 噪声项的上界为

$$(\sqrt{m}/2+q\alpha\omega(\sqrt{\log m}))\cdot\tilde{O}(l\mu dm^{3/2})<q/10.$$

安全性. 下面我们将论证上述方案的安全性, 详细证明可参考文献 [66].

定理 10.5 在 LWE 假设下, 方案 $\mathbf{IBE}_{\mathrm{LWE2}}$ 对于以下情况是满足标准模型下的 SEL-IND-CPA 安全性和匿名性的, 并且是统计意义上函数隐藏的:

(1) 任意 $T=\mathsf{poly}(\lambda)$ 和 $k\geqslant\mu\cdot\Omega(\log\lambda)+\omega(\log\lambda)$ 的 (T,k)-块-源.

(2) 任意 $T=\mathsf{poly}(\lambda)$ 和 $(k_1,\cdots,k_T)$(满足 $k_i\geqslant i\mu\cdot\Omega(\log\lambda)+\omega(\log\lambda),i\in[T]$) 的 $(k_1,\cdots,k_T)$-源.

基于 DLIN 假设的方案-变体. 最后我们再次给出一个在标准模型下基于 DLIN 假设的 IBE 方案. 这一方案是 10.2.3 节中方案的变体, 达到了更强的适应性安全. 下面我们给出该方案的具体描述.

方案 10.7 令 $\mathcal{G}$ 表示一个素数阶对称双线性群生成算法. 方案 $\mathbf{IBE}_{\mathrm{DLIN2}}=$ (Setup, KeyGen, Enc, Dec) 需要设置安全参数 $\lambda\in\mathbb{N}$, $m>3,n=\omega(\log\lambda)$. 令身份空间为 $\mathcal{ID}_\lambda=\{0,1\}^n$, 消息空间为 $\mathcal{M}=G_T$.

- $\mathsf{Setup}(1^\lambda)$: 输入 1^λ, 运行 $(G,G_T,p,g,e)\leftarrow\mathcal{G}(1^\lambda)$. 之后选取 $\boldsymbol{A}_0,\boldsymbol{A}_1,\boldsymbol{B}$, $\{\boldsymbol{A}_j\}_{j\in[n]}\leftarrow\mathbb{Z}_p^{2\times m}$ 和 $\boldsymbol{u}\leftarrow\mathbb{Z}_p^2$. 输出主公钥 $\mathsf{mpk}=(g^{\boldsymbol{A}_0},\boldsymbol{B},\{g^{\boldsymbol{A}_j}\}_{j\in[n]},g^{\boldsymbol{u}})$ 和主私钥 $\mathsf{msk}=(\boldsymbol{A}_0,\boldsymbol{B},\{\boldsymbol{A}_j\}_{j\in[n]},\boldsymbol{u})$.
- $\mathsf{KeyGen}(\mathsf{msk},\mathbf{id})$: 输入主私钥 msk 和身份 $\mathbf{id}=(\mathrm{id}_1,\cdots,\mathrm{id}_n)\in\{0,1\}^n$, 选取 $\boldsymbol{S}\leftarrow\mathbb{Z}_p^{m\times 2}$, 计算

$$\boldsymbol{F}_{\mathbf{id},\boldsymbol{S}}=\left[\boldsymbol{A}_0|\boldsymbol{B}\boldsymbol{S}+\left(\sum_{j\in[n]}\mathrm{id}_j\boldsymbol{A}_j\right)\boldsymbol{S}\right]\in\mathbb{Z}_p^{2\times(m+2)}.$$

  然后均匀随机选取一个向量 $\boldsymbol{v}\in\mathbb{Z}_p^{m+2}$, 使得 $\boldsymbol{F}_{\mathbf{id},\boldsymbol{S}}\cdot\boldsymbol{v}=\boldsymbol{u}\bmod p$. 令 $\boldsymbol{z}=g^{\boldsymbol{v}}\in G^{m+2}$, 输出 $\mathsf{sk}_{\mathrm{id}}=(\boldsymbol{S},\boldsymbol{z})$.
- $\mathsf{Enc}(\mathsf{mpk},\mathbf{id},m)$: 输入主公钥 mpk, 身份 $\mathbf{id}=(\mathrm{id}_1,\cdots,\mathrm{id}_n)\in\{0,1\}^n$ 和消息 $m\in G_T$, 采样 $\boldsymbol{r}\leftarrow\mathbb{Z}_p^2$, 计算 $\boldsymbol{D}(\mathbf{id})\stackrel{\mathrm{def}}{=}\sum_{j\in[n]}\mathrm{id}_j\boldsymbol{A}_j$. 然后令 $\boldsymbol{c}_0^{\mathrm{T}}=g^{\boldsymbol{r}^{\mathrm{T}}\boldsymbol{A}_0}\in G^{1\times m}$, $\boldsymbol{c}_1^{\mathrm{T}}=g^{\boldsymbol{r}^{\mathrm{T}}[\boldsymbol{B}+\boldsymbol{D}(\mathbf{id})]}\in G^{1\times m}$, $\boldsymbol{c}_2=e(g,g)^{\boldsymbol{r}^{\mathrm{T}}\boldsymbol{u}}\cdot m\in G_T$, 输出密文 $\mathsf{ct}=(\boldsymbol{c}_0,\boldsymbol{c}_1,\boldsymbol{c}_2)\in G^{2m}\times G_T$.

- $\mathsf{Dec}(\mathsf{ct}, \mathsf{sk}_{\mathbf{id}})$: 输入密文 $c = (\boldsymbol{c}_0, \boldsymbol{c}_1, \boldsymbol{c}_2) \in G^{2m} \times G_T$ 和私钥 $\mathsf{sk}_{\mathbf{id}} = (\boldsymbol{S}, \boldsymbol{z}) \in \mathbb{Z}_p^{m+2} \times G^{m+2}$, 解密算法输出

$$\boldsymbol{m} = c_2 \cdot e\left(\begin{bmatrix} \boldsymbol{c}_0 \\ \boldsymbol{c}_1^{\boldsymbol{S}} \end{bmatrix}, \boldsymbol{z}\right)^{-1}.$$

正确性. 考虑如下向量

$$\boldsymbol{d}^{\mathrm{T}} = [\boldsymbol{c}_0^{\mathrm{T}} | (\boldsymbol{c}_i^{\mathrm{T}})^{\boldsymbol{S}_i}] = g^{\boldsymbol{r}^{\mathrm{T}}[\boldsymbol{A}_0 | \boldsymbol{B}\boldsymbol{S} + (\sum_{j \in [n]} \mathrm{id}_j \boldsymbol{A}_j)\boldsymbol{S}]} = g^{\boldsymbol{r}^{\mathrm{T}} \boldsymbol{F}_{\mathrm{id}, \boldsymbol{S}}}.$$

我们有 $e(\boldsymbol{d}, \boldsymbol{z}) = e(g, g)^{\boldsymbol{r}^{\mathrm{T}} \boldsymbol{F}_{\mathrm{id}, \boldsymbol{S}} \cdot \boldsymbol{v}} = e(g, g)^{\boldsymbol{r}^{\mathrm{T}} \boldsymbol{u}}$. 因此, 用 c_2 除以 $e(\boldsymbol{d}, \boldsymbol{z})$ 可以消去 $e(g, g)^{\boldsymbol{r}^{\mathrm{T}} \boldsymbol{u}}$ 项, 从而正确恢复明文 m.

安全性. 该方案的安全性如下所述, 具体证明参考文献 [66].

定理 10.6 在 DLIN 假设下, 方案 $\mathbf{IBE}_{\mathrm{DLIN2}}$ 是数据隐藏的, 并且是统计意义上函数隐藏的:

- 对于任意 $T = \mathsf{poly}(\lambda)$ 和 $k \geqslant 4 \log p + \omega(\log \lambda)$ 的 (T, k)-块-源.
- 对于任意 $T = \mathsf{poly}(\lambda)$ 和 $(k_1, \cdots, k_T)$(满足 $k_i \geqslant 4i \log p + \omega(\log \lambda), i \in [T]$) 的 $(k_1, \cdots, k_T)$-源.

10.3 函数隐藏的内积加密

子空间成员加密 (Subspace-Membership Encryption, SME) 是支持子空间成员谓词的谓词加密, 即消息的加密是与属性 $\boldsymbol{x} \in \mathbb{S}^l$ 相关联的, 私钥是与由 $\mathbb{S}^l$ 中所有与矩阵 $\boldsymbol{W} \in \mathbb{S}^{m \times l} (m, l \in \mathbb{N}, \mathbb{S}$ 是一个加法群) 正交的向量所组成的子空间关联的. 解密算法恢复消息当且仅当 $\boldsymbol{W} \cdot \boldsymbol{x} = \boldsymbol{0}$. 子空间成员加密可以看作是内积加密的一般化形式.

10.3.1 模型定义

子空间成员加密是在属性空间 $\Sigma = \mathbb{S}^l$ 上, 支持谓词类 $\mathcal{F}$ 的谓词加密, 其定义如下:

$$\mathcal{F} = \{f_{\boldsymbol{W}} : \boldsymbol{W} \in \mathbb{S}^{m \times l}\}, \quad f_{\boldsymbol{W}}(\boldsymbol{x}) = \begin{cases} 1, & \text{如果 } \boldsymbol{W} \cdot \boldsymbol{x} = \boldsymbol{0} \in \mathbb{S}^m, \\ 0, & \text{否则}, \end{cases}$$

其中, 整数 $m, l \in \mathbb{N}$, $\mathbb{S}$ 是一个加法群.

接下来我们考虑子空间成员加密的函数隐藏安全概念: 敌手在给定方案主公钥的情况下, 能够与 “现实-或者-随机” 函数隐藏预言机 $\mathsf{RoR}^{\mathsf{FP}}$ 和密钥生成预言机进行交互.

定义 10.10 (现实-或者-随机函数隐藏预言机) 现实-或者-随机函数隐藏预言机 $\mathsf{RoR}^{\mathsf{FP}}$ 输入 $(\mathsf{mode}, \mathsf{msk}, V)$, 其中 $\mathsf{mode} \in \{0,1\}$, msk 是一个主私钥, $V = (V_1, \cdots, V_l) \in \mathbb{S}^{m\times l}$ 是表示 $\mathbb{S}^{m\times l}$ 上的一个联合分布 (即每个 V_i 是 $\mathbb{S}^m$ 上的一个分布). 如果 mode = 0, 那么预言机选取 $\boldsymbol{W} \leftarrow V$; 否则, 预言机均匀选取 $\boldsymbol{W} \leftarrow \mathbb{S}^{m\times l}$. 最后预言机在 $\boldsymbol{W}$ 上运行 $\mathsf{KeyGen}(\mathsf{msk}, \cdot)$ 算法, 输出私钥 $\mathsf{sk}_{\boldsymbol{W}}$.

定义 10.11 (函数隐藏敌手) 一个 (l,k)-块-源函数隐藏敌手 $\mathcal{A}$ 可以被定义为一个算法, 其输入为 $(1^\lambda, \mathsf{mpk})$, 并且可以查询预言机 $\mathsf{RoR}^{\mathsf{FP}}(\mathsf{mode}, \mathsf{msk}, \cdot)$ $(\mathsf{mode} \in \{0,1\})$ 以及预言机 $\mathsf{KeyGen}(\mathsf{msk}, \cdot)$. 此外, 敌手对 $\mathsf{RoR}^{\mathsf{FP}}$ 发起的每次查询都是一个 (l,k)-块-源.

定义 10.12 (函数隐藏的子空间成员加密) 给定一个子空间成员加密方案 $\Pi = (\mathsf{Setup}, \mathsf{KeyGen}, \mathsf{Enc}, \mathsf{Dec})$, 对于任意 PPT 的 (l,k)-块-源函数隐藏敌手 $\mathcal{A}$, 定义如下优势函数:

$$\mathsf{Adv}^{\mathsf{FP}}_{\Pi,\mathcal{A}}(\lambda) = \Pr\left[b' = b : \begin{array}{l} (\mathsf{mpk}, \mathsf{msk}) \leftarrow \mathsf{Setup}(1^\lambda); b \leftarrow_R \{0,1\}; \\ b' \leftarrow \mathcal{A}^{\mathsf{RoR}^{\mathsf{FP}}(b,\mathsf{msk},\cdot),\mathsf{KeyGen}(\mathsf{msk},\cdot)}(1^\lambda, \mathsf{mpk}) \end{array}\right] - \frac{1}{2}.$$

一个子空间成员加密方案 $\Pi = (\mathsf{Setup}, \mathsf{KeyGen}, \mathsf{Enc}, \mathsf{Dec})$ 是 (l,k)-块-源函数隐藏的, 如果对于任意 PPT 的 (l,k)-块-源函数隐藏敌手 $\mathcal{A}$, 优势 $\mathsf{Adv}^{\mathsf{FP}}_{\Pi,\mathcal{A}}(\lambda)$ 是一个关于 λ 的可忽略函数.

另外, 上述方案是统计意义上 (l,k)-块-源函数隐藏的, 如果上述条件对于任意计算不受限的 (l,k)-块-源函数隐藏敌手 (可以向 $\mathsf{RoR}^{\mathsf{FP}}$ 发起多项式次查询) 仍然成立.

10.3.2 函数隐藏的子空间成员加密通用构造

我们将给出一个函数隐藏的子空间成员加密方案的通用构造, 方案构造的思想来源于内积加密. 该技术要求底层内积加密拥有一个较大的属性空间 $\mathbb{S}$ (即大小为以安全参数 λ 为自变量的超多项式).

方案 10.8 令 $\mathbf{IPE} = (\mathsf{IP.Setup}, \mathsf{IP.KeyGen}, \mathsf{IP.Enc}, \mathsf{IP.Dec})$ 为一个内积加密方案, 其属性集合为 $\Sigma = \mathbb{S}^l$. 子空间成员加密方案 $\mathbf{SME} = (\mathsf{Setup}, \mathsf{KeyGen}, \mathsf{Enc}, \mathsf{Dec})$ 的构造如下:

- $\mathsf{Setup}(1^\lambda)$: 该算法与 IP.Setup 相同. 运行 IP.Setup, 输入安全参数 1^λ, 输出主公钥 mpk 和主私钥 msk.
- $\mathsf{KeyGen}(\mathsf{msk}, f_{\boldsymbol{W}})$: 输入主私钥 msk 和函数 $f_{\boldsymbol{W}}$, 其中 $\boldsymbol{W} \in \mathbb{S}^{m\times l}$, 然后均匀选取 $\boldsymbol{s} \leftarrow \mathbb{S}^m$, 计算 $\boldsymbol{v} = \boldsymbol{W}^{\mathrm{T}}\boldsymbol{s} \in \mathbb{S}^l$. 最后计算 $\mathsf{sk}_{\boldsymbol{v}} \leftarrow \mathsf{IP.KeyGen}(\mathsf{msk}, \boldsymbol{v})$ 并输出私钥 $\mathsf{sk}_{\boldsymbol{W}} = \mathsf{sk}_{\boldsymbol{v}}$.

- $\mathsf{Enc}(\mathsf{mpk}, \boldsymbol{x}, m)$: 该算法与 IP.Enc 相同. 输入主公钥 mpk、属性 $\boldsymbol{x} \in \mathbb{S}^l$ 和消息 m, 输出密文 $\mathsf{ct} \leftarrow \mathsf{IP.Enc}(\mathsf{mpk}, \boldsymbol{x}, m)$.
- $\mathsf{Dec}(\mathsf{mpk}, \mathsf{ct}, \mathsf{sk}_{\boldsymbol{W}})$: 该算法与 IP.Dec 相同. 输入主公钥 mpk、私钥 $\mathsf{sk}_{\boldsymbol{W}}$ 和密文 ct, 输出消息 $m \leftarrow \mathsf{IP.Dec}(\mathsf{mpk}, \mathsf{sk}_{\boldsymbol{W}}, \mathsf{ct})$.

正确性. 方案的正确性可由底层内积加密方案的正确性得到. 对于每个 $\boldsymbol{W} \in \mathbb{S}^{m\times l}$ 以及每个 $\boldsymbol{x} \in \mathbb{S}^l$, 有下述条件满足:

- 如果 $f(I) = 1$, 则有 $\boldsymbol{W} \cdot \boldsymbol{x} = \boldsymbol{0}$. 进而可以推出 $\boldsymbol{x}^{\mathrm{T}}\boldsymbol{v} = \boldsymbol{x}^{\mathrm{T}}(\boldsymbol{W}^{\mathrm{T}}\boldsymbol{s}) = 0$, 因此解密算法能够正确地输出 m.
- 如果 $f(I) = 0$, 则有 $\boldsymbol{e} = \boldsymbol{W} \cdot \boldsymbol{x} \neq \boldsymbol{0} \in \mathbb{S}^m$. 因为 $\boldsymbol{x}^{\mathrm{T}}\boldsymbol{v} = \boldsymbol{x}^{\mathrm{T}}(\boldsymbol{W}^{\mathrm{T}}\boldsymbol{s}) = \boldsymbol{e}^{\mathrm{T}}\boldsymbol{s}$, 所以对于任意的 $\boldsymbol{e} \neq \boldsymbol{0}$, $\boldsymbol{x}^{\mathrm{T}}\boldsymbol{v}$ 等于 0 的概率为 $1/|\mathbb{S}|$ (随机变量为 $\boldsymbol{s}$). 因为 $1/|\mathbb{S}|$ 是关于 λ 可忽略的 ($|\mathbb{S}|$ 是以 λ 为自变量的超多项式), 所以正确性得证.

安全性. 我们通过以下定理来证明安全性.

定理 10.7 如果 **IPE** 是一个属性隐藏 (同理, 弱属性隐藏) 的内积加密方案, 其属性集合 $\mathbb{S}$ 的大小是关于 λ 的超多项式, 则下述成立:

(1) 在与底层内积加密方案相同的安全性假设下, 方案 **SME** 也是一个属性隐藏 (同理, 弱属性隐藏) 的子空间成员加密方案.

(2) 当 $m \geqslant 2$ 时, 对于任意 $l = \mathsf{poly}(\lambda)$ 和 $k \geqslant \log|\mathbb{S}| + \omega(\log\lambda)$, 方案 **SME** 是统计意义上 (l, k)-块-源函数隐藏的.

证明 我们首先证明此方案是属性隐藏的, 然后证明此方案是函数隐藏的.

属性隐藏. **SME** 的属性隐藏性质可以由 **IPE** 的属性隐藏性质直接得到. 给定一个针对 **IPE** 的属性隐藏性质的挑战者, 一个 **SME** 的敌手 $\mathcal{A}$ 可以被算法 $\mathcal{B}$ 进行如下模拟: $\mathcal{A}$ 的挑战属性被转发给 **IPE** 的挑战者, 所得到的主公钥将被公开. 私钥查询的模拟可以首先均匀选取一个 $\boldsymbol{s} \leftarrow \mathbb{S}^m$, 然后计算 $\boldsymbol{v} = \boldsymbol{W}^{\mathrm{T}}\boldsymbol{s}$ 并转发 $\boldsymbol{v}$ 给 **IPE** 的密钥生成预言机. 类似地, 敌手 $\mathcal{A}$ 的挑战消息是通过将其转发给挑战者来得到回答的. 最终算法 $\mathcal{B}$ 可以利用敌手 $\mathcal{A}$ 来攻击 **SME** 方案, 这样就完成了对 **SME** 的属性隐藏性的证明, 具体细节参考文献 [67].

函数隐藏. 令 $\mathcal{A}$ 为一个计算不受限的 (l, k)-块-源函数隐藏敌手, 它可以对 $\mathsf{RoR}^{\mathsf{FP}}$ 预言机进行多项式 $Q = Q(\lambda)$ 次查询. 我们将证明 $\mathcal{A}$ 在 $b = 0$ 时试验中的分布与在 $b = 1$ 时试验中的分布是统计意义上接近的. 我们用 View_0 和 View_1 分别表示这两个视角下的分布.

因为敌手 $\mathcal{A}$ 是计算不受限的, 所以我们不失一般性地假设 $\mathcal{A}$ 没有查询 $\mathsf{KeyGen}(\mathsf{msk}, \cdot)$ 预言机——这样的查询可以由 $\mathcal{A}$ 自行模拟. 除此之外, 我们仅需关注恰好只查询一次 $\mathsf{RoR}^{\mathsf{FP}}$ 的敌手 $\mathcal{A}$ 即可. 从这一点出发, 我们将固定由 Setup 算法生成的主公钥 mpk, 并证明对于任意这样的 mpk, 两个分布 View_0 和 View_1

是统计意义上接近的.

用 $V = (V_1, \cdots, V_l)$ 表示 $\mathcal{A}$ 查询 $\mathsf{RoR}^{\mathsf{FP}}$ 预言机时对应 (l,k)-源的随机变量. 对于每个 $i \in [l]$, 令 $(w_{i,1}, \cdots, w_{i,m})$ 表示一个在 V_i 中的随机抽样. 同样, 令 $s = (s_1, \cdots, s_m) \in \mathbb{S}^m$. 因为 $\mathcal{A}$ 是计算不受限的, 并且已经固定了主公钥, 所以我们实际上可以假设

$$\mathsf{View_b} = \left(\left(\sum_{i=1}^{m} s_i \cdot w_{i,1}\right), \cdots, \left(\sum_{i=1}^{m} s_i \cdot w_{i,l}\right)\right), \quad b \in \{0,1\},$$

其中, 当 $b = 0$ 时, $\boldsymbol{W} = \{w_{i,j}\}_{i\in[m],j\in[l]}$ 是从 V 中采样得到的; 当 $b = 1$ 且 $s_i \leftarrow \mathbb{S}(i \in [l])$ 时, $\boldsymbol{W}$ 服从 $\mathbb{S}^{m\times l}$ 上的均匀分布. 对于 $b \in \{0,1\}$, 我们证明分布 $\mathsf{View_b}$ 是统计意义上接近于 $\mathbb{S}^m$ 上均匀分布的.

注意到由 $g_{s_1,\cdots,s_m}(w_1, \cdots, w_m) = \sum_{j=1}^{m}(s_j \cdot w_j)$ 定义的函数集合 $\{g_{s_1,\cdots,s_m} : \mathbb{S}^m \to \mathbb{S}\}_{s_1,\cdots,s_m\in\mathbb{S}}$ 是通用的. 这使得我们可以直接对块-源应用剩余哈希引理, 从而得到对于所选择的参数 m, l 以及 k, $\mathsf{View_0}$ 与均匀分布之间的统计距离是以 λ 为自变量的可忽略函数. 对于 $\mathsf{View_1}$ 同理, 因为 $\mathbb{S}^{m\times l}$ 上的均匀分布也相当于一个 (l,k)-块-源. 这就完成了函数隐藏性的证明.

10.3.3 函数隐藏子空间成员加密的应用

应用一: 多项式方程的根. 我们可以构造一个支持多项式计算的谓词加密方案. 令 $\Phi_{<d}^{\mathsf{poly}} = \{f_p : p \in \mathbb{S}[X], \deg(p) < d\}$, 其中

$$f_p(x) = \begin{cases} 1, & \text{如果 } p(x) = 0 \in \mathbb{S}, \\ 0, & \text{否则}, \end{cases} \quad \text{对于 } x \in \mathbb{S}.$$

支持谓词类 $\Phi_{<d}^{\mathsf{poly}}$ 的谓词加密方案的正确性和属性隐藏性可以根据通用的谓词加密方案来定义.

定义 10.13 (现实-或者-随机函数隐藏预言机) 对于 $\Phi_{<d}^{\mathsf{poly}}$, 考虑一个现实-或者-随机函数隐藏预言机 $\mathsf{RoR}^{\mathsf{FP}\text{-}\Phi}$, 其输入三元组 $(\mathsf{mode}, \mathsf{msk}, \boldsymbol{P})$, 其中 $\mathsf{mode} \in \{0,1\}$, msk 是一个主私钥, $\boldsymbol{P} = (P_0, \cdots, P_{d-1}) \in \mathbb{S}^d$ 是一个电路, 表示多项式 $p(\deg(p) < d)$ 的系数上的联合分布. 如果 $\mathsf{mode} = 0$, 则预言机选取 $p \leftarrow \boldsymbol{P}$; 否则, 预言机均匀选取 $p \leftarrow \mathbb{S}^d$. 然后预言机以 p 为输入, 运行算法 $\mathsf{KeyGen}(\mathsf{msk}, \cdot)$ 并输出私钥 sk_p.

我们将考虑一个 k-源 $\Phi_{<d}^{\mathsf{poly}}$ 函数隐藏敌手 $\mathcal{A}$. 给定输入 $(1^\lambda, \mathsf{pp})$, 并且允许敌手访问预言机 $\mathsf{RoR}^{\mathsf{FP}\text{-}\Phi}$, 假设对此预言机的每个查询都是 k-源的 (多项式系数上).

定义 10.14 ($\Phi_{<d}^{\mathsf{poly}}$ 函数隐藏) 给定一个支持谓词类 $\Phi_{<d}^{\mathsf{poly}}$ 的谓词加密方案 $\Pi = (\mathsf{Setup}, \mathsf{KeyGen}, \mathsf{Enc}, \mathsf{Dec})$, 对于任意 PPT 的 k-源 $\Phi_{<d}^{\mathsf{poly}}$ 函数隐藏敌手 $\mathcal{A}$, 定

义如下优势函数:

$$\mathsf{Adv}_{\Pi,\mathcal{A}}^{\mathsf{FP}\text{-}\Phi}(\lambda)=\Pr\left[b'=b:\begin{array}{l}(\mathsf{mpk},\mathsf{msk})\leftarrow\mathsf{Setup}(1^\lambda);b\leftarrow_R\{0,1\};\\ b'\leftarrow\mathcal{A}^{\mathsf{RoR}^{\mathsf{FP}\text{-}\Phi}(b,\mathsf{msk},\cdot),\mathsf{KeyGen}(\mathsf{msk},\cdot)}(1^\lambda,\mathsf{mpk})\end{array}\right]-\frac{1}{2}.$$

一个支持谓词类 $\Phi_{<d}^{\mathsf{poly}}$ 的谓词加密方案 $\Pi=(\mathsf{Setup},\mathsf{KeyGen},\mathsf{Enc},\mathsf{Dec})$ 是 k-源函数隐藏的, 如果对于任意 PPT 的 k-源 $\Phi_{<d}^{\mathsf{poly}}$ 函数隐藏敌手 $\mathcal{A}$, 优势 $\mathsf{Adv}_{\Pi,\mathcal{A}}^{\mathsf{FP}\text{-}\Phi}(\lambda)$ 是一个关于 λ 的可忽略函数.

另外, 上述方案是统计意义上 k-源函数隐藏的, 如果上述条件对于任意计算不受限的 k-源 $\Phi_{<d}^{\mathsf{poly}}$ 函数隐藏敌手 (可以向预言机 $\mathsf{RoR}^{\mathsf{FP}\text{-}\Phi}$ 发起多项式次查询) 仍然成立. 下面我们将利用子空间成员加密来构造一个支持多项式计算的函数隐藏谓词加密方案.

方案10.9 给定一个子空间成员加密方案 $\mathbf{SME}=(\mathsf{SME.Setup},\mathsf{SME.KeyGen},\mathsf{SME.Enc},\mathsf{SME.Dec})$, 以及参数 $m=d$ 和 $l=2d-1$, 我们可以构造一个支持 $\Phi_{<d}^{\mathsf{poly}}$ 的谓词加密方案 (为简单起见, 我们考虑 $d=3$ 的情况并随后解释如何对此技术进行推广):

- $\mathsf{Setup}(1^\lambda)$: 该算法与 SME.Setup 相同, 最终输出主公钥 mpk 和主私钥 msk.
- $\mathsf{KeyGen}(\mathsf{msk},p)$: 为了生成一个关于多项式 $p=p_2\cdot x^2+p_1\cdot x+p_0$ 的私钥, 算法首先构造一个向量 $\boldsymbol{p}=(p_2,p_1,p_0)^{\mathrm{T}}\in\mathbb{S}^3$. 接着, 算法用两个线性多项式 $r(x)=r_1\cdot x+r_0$ 和 $s(x)=s_1\cdot x+s_0$ "盲化" 多项式 $p(x)$, 并计算多项式 $p(x)\cdot r(x)\cdot s(x)$ 的系数. 系数 r_1,r_0,s_1,s_0 是从 $\mathbb{S}$ 中独立均匀随机选取的. 之后算法又使用两个多项式集合 $r'(x),s'(x)$ 和 $r''(x),s''(x)$(称其为 "随机化" 多项式) 重复这一步骤, 其系数也是均匀随机选取的. 然后建立如下矩阵

$$\boldsymbol{W}=\left[\begin{array}{c}p(x)\cdot r(x)\cdot s(x)\ \text{的系数}\\ p(x)\cdot r'(x)\cdot s'(x)\ \text{的系数}\\ p(x)\cdot r''(x)\cdot s''(x)\ \text{的系数}\end{array}\right]\in\mathbb{S}^{3\times5}.$$

  最后输出 $\mathsf{sk}_p\leftarrow\mathsf{SME.KeyGen}(\mathsf{msk},\boldsymbol{W})$.
- $\mathsf{Enc}(\mathsf{mpk},x,m)$: 输入主公钥 mpk、属性 $x\in\mathbb{S}$ 和消息 m, 令 $\boldsymbol{x}=(x^4,x^3,x^2,x,1)^{\mathrm{T}}$, 并输出密文 $\mathsf{ct}\leftarrow\mathsf{SME.Enc}(\mathsf{mpk},\boldsymbol{x},\mathsf{m})$.
- $\mathsf{Dec}(\mathsf{mpk},\mathsf{ct},\mathsf{sk}_p)$: 该算法与 SME.Dec 相同.

正确性和属性隐藏. 给定一个对应属性 x 的密文 c 以及一个对应多项式 p 的私钥, 如果 $p(x)=0$, 则有 $\boldsymbol{W}\cdot\boldsymbol{x}=0$. 如果 $\boldsymbol{W}\cdot\boldsymbol{x}=0$, 则 x 是多项式 $p\cdot r\cdot s,p\cdot r'\cdot s'$

以及 $p \cdot r'' \cdot s''$ 的一个根, 因此根据对多项式 $r, r', r'', s, s', s'' \in \mathbb{S}[X]$ 的选择, x 是 $p(x)$ 的一个根会以极高概率发生. 方案的属性隐藏性质可以由子空间成员加密方案的属性隐藏性质得到.

函数隐藏. 接下来我们将证明, 在选择随机化多项式时以下事件会以极高概率发生:

(a) 如果 p 的系数, 即 (p_2, p_1, p_0) 是从一个 k-源中随机选取的, 那么 $\boldsymbol{W}$ 将服从一个 $(5, k)$-块-源分布.

(b) 如果 p 的系数是从 $\mathbb{S}^3$ 中均匀随机选取的, 那么 $\boldsymbol{W}$ 服从 $\mathbb{S}^{3\times5}$ 上的均匀分布.

由上述两个论断可以得到一个直接归约 (多项式谓词加密方案和底层子空间加密方案之间): 通过访问子空间成员加密方案 (参数为 $m = 3, l = 5$) 的 RoR 预言机, 我们可以模拟出上述支持多项式计算的谓词加密方案的 $\mathsf{RoR}^{\mathsf{FP}\text{-}\Phi}$ 预言机. 因此, 我们可以得到以下定理.

定理 10.8　*如果 SME 是一个参数为 $m = 3, l = 5$ 的子空间成员加密方案, 并且对于 $(5, k)$-块-源敌手满足函数隐藏, 那么上述支持谓词类 $\Phi^{\mathsf{poly}}_{<3}$ 的谓词加密方案对于 k-源敌手在统计意义上是满足函数隐藏的.*

将定理 10.7 应用到可以对 $\mathsf{RoR}^{\mathsf{FP}}$ 预言机发起 T 次相关查询的敌手上, 可以直接得到以下推论.

推论 10.1　*给定任意属性空间足够大的内积加密方案, 其参数 $l = 3$, 则对于任意 $T = \mathsf{poly}(\lambda)$ 和 $k \geqslant \log|\mathbb{S}| + \omega(\log\lambda)$, 存在一个支持谓词类 $\Phi^{\mathsf{poly}}_{<3}$ 的谓词加密方案, 对于 (T, k) 在统计意义上是函数隐藏的.*

证明 (论断 (a) 与论断 (b))　考虑矩阵 $\boldsymbol{W}$ 的第一列 $\boldsymbol{w}_1 = (p_2r_1s_1, p_2r_1's_1', p_2r_1''s_1'')^{\mathrm{T}}$. 观察到当选择 s_1, s_1', s_1'' 时, 列 $\boldsymbol{w}_1$ 服从 $\mathbb{S}^3$ 上的均匀分布. 第二列 $\boldsymbol{w}_2$ 同样是均匀随机分布的, 因为 r_1, r_1', r_1'' 是均匀随机的, 所以使得 $p_2r_1s_0, p_2r_1's_0'$ 以及 $p_2r_1''s_0''$ 服从 $\mathbb{S}^3$ 上的均匀分布. 同样, 因为 r_0, r_0', r_0'' 和 s_0, s_0', s_0'' 是均匀随机的, 第四列 $\boldsymbol{w}_4$ 与第五列 $\boldsymbol{w}_5$ 也是在 $\mathbb{S}^3$ 上均匀分布的. 类似分析对于其他列也是一样适用的. 这样足以证明, 在以 $\boldsymbol{w}_1, \boldsymbol{w}_2, \boldsymbol{w}_4, \boldsymbol{w}_5$ 为条件的情况下, 第三列 $\boldsymbol{w}_3$ 至少有 $\log|\mathbb{S}| + \omega(\log\lambda)$ 的熵.

我们将 $\boldsymbol{w}_3$ 写作 $\boldsymbol{R} \cdot \boldsymbol{p}$, 其中

$$\boldsymbol{R} = \begin{bmatrix} r_0s_0 & r_1s_0 + r_0s_1 & r_1s_1 \\ r_0's_0' & r_1's_0' + r_0's_1' & r_1's_1' \\ r_0''s_0'' & r_1''s_0'' + r_0''s_1'' & r_1''s_1'' \end{bmatrix} \in \mathbb{S}^{3\times3}.$$

根据随机选择多项式中的所有系数 r, s, r', s', r'', s'' 的选择, 矩阵 $\boldsymbol{R}$ 是在 $\mathbb{S}$ 上满秩的将以极高概率发生. 因此, $\boldsymbol{w}_3$ 的分布与 $\boldsymbol{p}$ 的分布之间存在一一对应的关

系. 所以, 即使给定 $\boldsymbol{R}$, 如果 $\boldsymbol{p}$ 是从一个 k-源中选取的 (同理, $\boldsymbol{p}$ 是从 $\mathbb{S}^3$ 中均匀选取的), $\boldsymbol{w}_3$ 也有至少 k 的熵 (同理, $\boldsymbol{w}_3$ 是在 $\mathbb{S}^3$ 上均匀分布的). 由此完成了两个论断的证明.

谓词类 $\Phi^{\mathsf{poly}}_{<d}$ 的推广技术. 正如之前所述, 我们可以从一个参数为 $m=d, l=2d-1$ 的子空间成员加密方案出发, 构造支持谓词类 $\Phi^{\mathsf{poly}}_{<d}$ 的谓词加密方案. 上述构造仅考虑 $d=3$ 的情况, 如果想要推广到其他情况下, 主要思路便是构造多项式 $p(x)$ 的 d 个随机 "盲化". 具体来说, 对于 $i\in[d]$, 现在 $\boldsymbol{W}$ 的第 i 行包括多项式 $p(x)\cdot r_{i,1}(x)\cdots r_{i,d-1}(x)$ 的系数, 其中 $r_{i,j}(x)$ 为随机线性多项式 (如当 $d=3$ 时选取 $r(x)$ 和 $s(x)$).

比较熵的要求. 在定义 10.14 和推论 10.1 中, 考虑到了对 "现实-或者-随机" 预言机进行多项式次查询 (多项式系数从一个 k-源中选取) 的函数隐藏敌手. 与子空间成员函数隐藏相反, 我们并不要求这些源有条件最小熵. $\Phi^{\mathsf{poly}}_{<d}$ 函数隐藏敌手能满足这一较弱的限制, 而子空间成员函数隐藏敌手不能满足这一较弱的限制的原因是, 相较于子空间成员, 谓词类 $\Phi^{\mathsf{poly}}_{<d}$ 提供了一个更弱的函数功能. 特别是, 如果敌手用对应 "形式不正确" 的非范德蒙德向量 (即不是形如 $(1,x,x^2,\cdots)$ 的向量) 的属性来计算密文的话, 那么解密算法的正确性就不能被保证并且 10.3.1 节中提到的特定攻击会失败. 从上述具体构造中也可以看出——只有当子空间成员谓词是在范德蒙德向量上计算时, 随机化多项式才能够确保正确性.

应用二: 最小不可预测性的函数隐藏身份基加密. Boneh 等提出的身份基加密方案[66] 只对于至少有 $\lambda+\omega(\log\lambda)$ 最小熵的身份分布是函数隐藏的. 然而, 有意义的安全概念所需的唯一固有限制是身份分布具有最小熵 $\omega(\log\lambda)$. 在这一节中, 我们从 10.2 节中构造地用于多项式计算的谓词加密方案出发, 构造一个只有超对数最小熵身份分布限制的函数隐藏身份基加密方案.

方案 10.10　考虑一个支持线性谓词类 $\Phi^{\mathsf{poly}}_{<2}$ 的谓词加密方案 $\mathbf{polyPE}=(\mathsf{PE.Setup},\mathsf{PE.KeyGen},\mathsf{PE.Enc},\mathsf{PE.Dec})$. 在 10.2 节中, 这样一个谓词加密方案可以基于一个底层子空间成员方案 (参数为 $m=2, l=3$) 得到. 根据方案 $\mathbf{polyPE}$, 我们构造一个身份空间为 $\mathbb{S}$ 的身份基加密方案 $\mathbf{IBE}^{\mathsf{OPT}}$:

- $\mathsf{Setup}(1^\lambda)$: 输入安全参数 1^λ, 运行 $\mathsf{PE.Setup}(1^\lambda)$ 得到主公钥 mpk 和主私钥 msk.
- $\mathsf{KeyGen}(\mathsf{msk},\mathrm{id})$: 输入 msk 和身份 $\mathrm{id}\in\mathbb{S}$, 算法构造一个 (随机化) 多项式 $p_{\mathrm{id}}(x)$, 使得 $p_{\mathrm{id}}(x)=0$ 当且仅当 $x=\mathrm{id}$. 具体来说, 算法均匀选取 $r\leftarrow\mathbb{S}$, 并计算 $p_{\mathrm{id}}(x)=r(x-\mathrm{id})$. 最后输出私钥 $\mathsf{sk}_{\mathrm{id}}\leftarrow\mathsf{PE.KeyGen}(\mathsf{msk},p_{\mathrm{id}})$.
- $\mathsf{Enc}(\mathsf{mpk},\mathrm{id},\mathsf{m})$: 输入主公钥 mpk、身份 id 以及消息 m, 输出密文 $\mathsf{ct}\leftarrow\mathsf{PE.Enc}(\mathsf{mpk},\mathrm{id},\mathsf{m})$.
- $\mathsf{Dec}(\mathsf{mpk},\mathsf{ct},\mathsf{sk}_{\mathrm{id}})$: 输入 mpk、密文 ct 以及私钥 $\mathsf{sk}_{\mathrm{id}}$, 输出消息 $m\leftarrow$

$\mathsf{PE.Dec}(\mathsf{mpk}, \mathsf{ct}, \mathsf{sk}_{\mathrm{id}})$.

正确性和安全性. 上述身份基加密方案的正确性可由底层 $\Phi^{\mathsf{poly}}_{<d}$-谓词加密方案的正确性得到. 身份基加密方案的数据隐私以及匿名性由底层 $\Phi^{\mathsf{poly}}_{<d}$-谓词加密方案的属性隐藏性质直接得到. 在下述定理中, 我们将证明 $\mathbf{IBE}^{\mathsf{OPT}}$ 对于最小不可预测源是函数隐藏的.

定理 10.9 *给定任意属性空间足够大的内积加密方案, 其参数为 $l = 3$, 则对于任意 $T = \mathsf{poly}(\lambda)$ 和 $k \geqslant \omega(\log \lambda)$, 存在一个身份基加密方案对于 (T, k)-块-源是函数隐藏的.*

证明 为简单起见, 考虑能对 k-源 (即 $T = 1$) 现实-或者-随机预言机$\mathsf{RoR}^{\mathsf{FP\text{-}IBE}}$进行查询的敌手. 与 10.2 节一样, 我们首先构造一个 $\Phi^{\mathsf{poly}}_{<2}$-谓词加密方案, 其对于 k'-源是函数隐藏的 $(k' \geqslant \log|\mathbb{S}| + \omega(\log \lambda))$. 我们用这一谓词加密方案初始化上述 $\mathbf{IBE}^{\mathsf{OPT}}$ 方案.

因为 $\mathsf{RoR}^{\mathsf{FP\text{-}IBE}}$ 的查询身份 id 可以被写成线性多项式 $\boldsymbol{P} = (P_1, P_0)$ 的系数分布, 使得如果 $\boldsymbol{H}_\infty(\mathrm{id}) = k$, 那么 $\boldsymbol{H}_\infty(\boldsymbol{P}) = k + \log|\mathbb{S}|$. 所以, 给定支持线性多项式计算的谓词加密方案的预言机 $\mathsf{RoR}^{\mathsf{FP}\text{-}\Phi}$, 我们便可以模拟 $\mathsf{RoR}^{\mathsf{FP\text{-}IBE}}$ 预言机. 由此可以证明, 如果支持 $\Phi^{\mathsf{poly}}_{<2}$ 的谓词加密方案对于 k'-源是函数隐藏的, 那么 $\mathbf{IBE}^{\mathsf{OPT}}$ 对于 k-源是函数隐藏的. 具体的证明细节可以参考文献 [67].

完全安全的函数隐藏身份基加密. 上述从内积加密方案到有最小预测性的函数隐藏身份基加密方案的转化技术并不只局限于选择性安全. 从满足适应性安全的属性隐藏内积加密方案出发, 我们可以构造完全安全的身份基加密方案. 注意到, 标准的复杂度利用方法[68] 给出了一个从选择性安全身份基加密到完全安全身份基加密方案的通用转化. 这一方法因为没有修改密钥生成算法, 所以也保证了函数隐藏性.

第 11 章　功能性扩展: 函数加密

近年来, 函数加密[69] 逐渐成为公钥密码学领域的一个热门话题. 函数加密的机制类似于属性基加密, 区别在于前者令用户密钥关联某一函数 f, 密钥持有者对明文 x 关联的密文解密后只能获得取值结果 $f(x)$, 而后者的解密结果只能是明文 x. 容易看出, 属性基加密本质上是函数加密的一个子类.

目前学术界已经探索出了不少函数加密方案, 大致可以分为两种类型. ① 基于不可靠假设的通用函数构造[70,71]. 这种构造强调用户在密文上可以执行各种函数运算, 但为此付出的代价便是运行效率普遍较差且安全性依赖于一些未经检验的困难假设, 比如不可区分混淆、多线性映射等. ② 基于可靠假设的特定函数构造[72-74]. 这种构造虽然仅针对某一特定函数运算 (比如内积函数、二次多项式), 但方案性能往往优于第一种构造且在标准可靠假设下是可证明安全的, 极具实用性. 本章我们将在介绍函数加密基础概念的同时给出一些支持特定函数计算的函数加密方案, 并证明这些方案的安全性.

11.1　函数加密相关定义

本节我们将先介绍函数加密的相关定义, 理解其基本工作原理.

11.1.1　函数加密方案的通用语法

功能性 F 描述了一种关于明文的函数, 它可以由密文得到. 更具体地说, 一个功能性定义如下[69].

定义 11.1　一个定义在 (X, Y) 上的功能性 F 是一个函数 $F: X \times Y \to \{0,1\}^*$, 表示为一个 (确定性的) 图灵机. 集合 Y 称为密钥空间, 集合 X 称为明文空间. 我们要求密钥空间 Y 包含一个特殊的密钥, 称为空密钥, 写作 ϵ.

一个关于功能性 F 的函数加密 (Functional Encryption, FE) 方案使得在给定 x 的密文以及 y 的私钥 sk_y 的情况下能够计算出 $F(x, y)$. 使用 sk_y 计算 $F(x, y)$ 的算法正是解密算法 Dec. 更具体地说, 一个函数加密方案的形式化定义如下.

定义 11.2 (函数加密: 算法)　一个定义在 (X, Y) 上对于功能性 F 的函数能加密方案由四个 PPT 算法 (Setup, KeyGen, Enc, Dec) 组成:

- $\mathsf{Setup}(1^\lambda) \to (\mathsf{mpk}, \mathsf{msk})$: 初始化算法输入安全参数 λ, 输出主公钥 mpk 和主私钥 msk.

- $\mathsf{KeyGen}(\mathsf{msk}, y) \to \mathsf{sk}_y$: 密钥生成算法输入 msk 和 $y \in Y$, 输出私钥 sk_y.
- $\mathsf{Enc}(\mathsf{mpk}, x) \to \mathsf{ct}_x$: 加密算法输入 mpk、明文 $x \in X$, 输出密文 ct_x.
- $\mathsf{Dec}(\mathsf{sk}_y, \mathsf{ct}_x) \to F(x, y)$: 解密算法输入私钥 sk_y 和密文 ct_x, 输出计算结果 $F(x, y)$.

定义 11.3 (函数加密: 正确性) 对于任意的 $y \in Y$ 以及 $x \in X$, 要求

$$\Pr[\mathsf{Dec}(\mathsf{sk}_y, \mathsf{Enc}(\mathsf{mpk}, x)) = F(x, y)] = 1,$$

其中 $(\mathsf{mpk}, \mathsf{msk}) \leftarrow \mathsf{Setup}(1^\lambda), \mathsf{sk}_y \leftarrow \mathsf{KeyGen}(\mathsf{msk}, y)$.

11.1.2 函数加密的子类

到目前为止, 我们定义了函数加密方案最通用的语法. 为了更好地应用, 可以定义两个函数加密的子类, 其中明文空间 X 有附加的结构.

谓词加密. 在许多应用中, 明文 $x \in X$ 本身是一对 $(\mathrm{ind}, m) \in I \times M$, 其中 ind 是索引, m 是有效负载消息. 比如, 在一个电子邮件系统中, 索引可能是发送方的名字, 有效负载消息是邮件内容.

在这种情况下, 一个函数加密方案是由谓词 $P: Y \times I \to \{0, 1\}$ 定义的, 其中 K 是密钥空间. 确切地说, 在 $((I \times M), Y \cup \{\epsilon\})$ 上的函数加密功能性定义为

$$F((\mathrm{ind}, m) \in X, y \in Y) = \begin{cases} m, & \text{如果 } P(y, \mathrm{ind}) = 1, \\ \perp, & \text{如果 } P(y, \mathrm{ind}) = 0. \end{cases}$$

所以, 令 ct 表示 (ind, m) 的密文, 并令 sk_y 表示关于 $y \in Y$ 的私钥. 则当 $P(k, \mathrm{ind}) = 1$ 时, $\mathsf{Dec}(\mathsf{sk}_y, \mathsf{ct})$ 会揭露 ct 中的有效负载消息; 否则, 任何有关 m 的新信息都没有泄露.

带有公共索引的谓词加密. 这是谓词加密的一个子类, 使得密文可以轻松泄露出明文索引. 在这种类型的函数加密中, 空密钥 ϵ 可以明显揭露索引 ind, 即

$$F(\varepsilon, (\mathrm{ind}, m)) = (\mathrm{ind}, \mathrm{len}(m)).$$

因此, $\mathsf{Dec}(\varepsilon, c)$ 会向所有人揭露明文索引以及 m 的比特长度.

11.2 函数加密的安全性

定义 11.4 (函数加密: 不可区分安全性) 对于一个 PPT 敌手 $\mathcal{A}$, 我们定义优势函数如下:

$$\mathsf{Adv}_{\mathcal{A}}^{\mathsf{FE}}(\lambda) = \Pr\left[b' = b : \begin{array}{l} (\mathsf{mpk}, \mathsf{msk}) \leftarrow \mathsf{Setup}(1^\lambda); \\ (m_0, m_1) \leftarrow \mathcal{A}^{\mathsf{KeyGen}(\mathsf{msk}, \cdot)}(\mathsf{mpk}); \\ b \leftarrow \{0, 1\}; \mathsf{ct} \leftarrow \mathsf{Enc}(\mathsf{mpk}, m_b); \\ b' \leftarrow \mathcal{A}^{\mathsf{KeyGen}(\mathsf{msk}, \cdot)}(\mathsf{ct}) \end{array} \right] - \frac{1}{2},$$

其中, 我们要求 $\mathcal{A}$ 对 KeyGen(msk, ·) 发起的所有 y 的询问, 满足 $F(m_0, y) = F(m_1, y)$. 一个函数加密方案是安全的, 如果对于所有的 PPT 敌手 $\mathcal{A}$, 优势 $\mathsf{Adv}_{\mathcal{A}}^{\mathsf{FE}}(\lambda)$ 是一个关于 λ 的可忽略函数.

下面我们将说明, 对于某些复杂功能性, 定义 11.4 中的安全性过于弱. 对于这些功能性, 我们构造了在定义 11.4 下安全的系统, 但是这些系统实际上并不能被认为是安全的. 然而, 对于一些功能性, 比如带有公共索引的谓词加密, 定义 11.4 中的安全性已经足够.

我们将给出一个简单的功能性例子来说明基于游戏的定义 11.4 的安全性是不够强的. 令 π 为一个单向置换, 并考虑只承认密钥 ϵ 的功能性 F, 其定义如下:

$$F(x, \epsilon) = \pi(x).$$

很显然 "正确" 实现这个功能性的方法便是令函数加密算法直接输出 $\pi(x)$, 即 $\mathsf{Enc}(\mathsf{mpk}, x) = \pi(x)$. 这一方案将会实现之后将要介绍的基于模拟的安全性.

然而, 下面我们考虑一个针对这一功能性的 "错误" 实现方法: 令函数加密算法输出 x, 即 $\mathsf{Enc}(\mathsf{mpk}, x) = x$. 显然, 如此一来方案便会过度泄露所需明文信息. 但讽刺的是, 我们能够轻易证明这一构造满足上述基于游戏的安全性定义. 这是因为对于任意两个值 x 和 y, 会存在 $F(x, \epsilon) = F(y, \epsilon)$, 当且仅当 $x = y$ 的情况, 所以攻击者只需发送挑战消息 m_0, m_1, 并令 $m_0 = m_1$ 即可.

不过, 对于 11.2.1 节的基于模拟的安全性, 这个存在问题的加密系统显然无法达到, 因为如果 x 是随机选取的, 那么现实世界的敌手将总是能够恢复 x, 而模拟者却无法恢复 x, 除非打破置换 π 的单向性.

尽管上述的这一简单的例子似乎 "滥用" 了平凡密钥 ϵ 的功能, 但是很容易调整这一功能性 F 使得恰有一个非平凡的密钥 $y \in Y$ 能够输出 $\pi(x)$. 这与上述构造的唯一区别是函数加密算法将会要么输出 $\pi(x)$ 的密文 (在 "正确" 的执行中), 要么输出 x 的密文 (在 "错误" 的执行中), 并且关于 y 的私钥会变成公钥加密方案的私钥. 同时也很容易证明错误的执行满足基于游戏的安全性定义.

11.2.1 基于模拟的安全性定义

接下来我们将探讨新的函数加密安全性定义 (由过去的一些模拟范例总结而来), 这一安全性定义将发挥很大用处, 尤其是在安全计算协议的相关领域.

我们首先考虑这样一个直观上的基于模拟的函数加密安全性定义: 当得到关于 $y \in Y$ 的私钥 sk_y 时, 在给定 x 的密文的情况下, 所能得到的信息应该只有 $F(x, y)$.

这就很自然地想到可以通过随机预言机模型来实现针对一般功能性的模拟安全性, 其中在理想模型中随机预言机也能被模拟. 我们认为, 事实上, 这个 (非常强) 的随机预言机似乎对于一个有意义的函数加密的模拟安全性是很有必要的: 即使在不可编程的随机预言机模型中 (模拟者和区分器也只能访问相同的随机预言机), 连针对 IBE 功能性的模拟安全函数加密也不可能实现. 总体上来讲, 这是因为基于模拟的安全定义在允许敌手看见挑战密文后进行私钥查询的同时, 必须满足一些类似于非交互、非承诺加密的性质, 而这恰恰就是已知的不可能性和可能性结果.

定义 11.5 (函数加密: 模拟安全性) 一个函数加密方案 Π 是模拟安全的, 如果存在一个 (预言机) PPT 算法 $\mathsf{Sim} = (\mathsf{Sim}_1, \mathsf{Sim}_O, \mathsf{Sim}_2)$ 使得对于任意 (预言机) PPT 算法 Message 以及 Adv, 以下两个分布群 (给定安全参数 λ) 是计算不可区分的.

- **真实分布**.

(1) $(\mathsf{mpk}, \mathsf{msk}) \leftarrow \mathsf{Setup}(1^\lambda)$;

(2) $(\boldsymbol{X}, \tau) \leftarrow \mathsf{Message}^{\mathsf{KeyGen}(\mathsf{msk},\cdot)}(\mathsf{mpk})$;

(3) $\mathsf{ct} \leftarrow \mathsf{Enc}(\mathsf{mpk}, \boldsymbol{X})$;

(4) $\alpha \leftarrow \mathsf{Adv}^{\mathsf{KeyGen}(\mathsf{msk},\cdot)}(\mathsf{mpk}, \boldsymbol{c}, \tau)$;

(5) 令 $y_1, \cdots, y_\ell$ 为在之前步骤中 Message 和 Adv 对 KeyGen 发起过的查询;

(6) 输出 $(\mathsf{mpk}, \boldsymbol{X}, \tau, \alpha, y_1, \cdots, y_\ell)$.

- **理想分布**:

(1) $(\mathsf{mpk}, \sigma) \leftarrow \mathsf{Sim}_1(1^\lambda)$;

(2) $(\boldsymbol{X}, \tau) \leftarrow \mathsf{Message}^{\mathsf{Sim}_O(\cdot)[[\sigma]]}(\mathsf{mpk})$;

(3) $\alpha \leftarrow \mathsf{Sim}_2^{F(\cdot,\boldsymbol{X}),\ \mathsf{Adv}^\circ(\mathsf{mpk},\cdot,\tau)}(\sigma, F(\epsilon, \boldsymbol{X}))$;

(4) 令 $y_1, \cdots, y_\ell$ 为在之前步骤中由 Sim 向 F 发起过的查询;

(5) 输出 $(\mathsf{mpk}, \boldsymbol{X}, \tau, \alpha, y_1, \cdots, y_\ell)$.

11.2.2 模拟安全函数加密的不可能性

下面, 我们简单说明一下模拟安全函数加密的不可能性结果, 即使是在不可编程的随机预言机中实现一个很简单的功能性 (与 IBE 有关的功能性), 该结果也是成立的.

事实上, 这一不可能性结果对于大部分不严格的模拟安全函数加密都成立. 具体来说, 我们先考虑下面这个弱化的模拟安全定义.

定义 11.6 一个函数加密方案 Π 是弱模拟安全的, 如果对于任意 (预言机) PPT 算法 Message 和 Adv, 存在一个 (预言机) PPT 算法 Sim, 使得以下两个分布群 (在安全参数 λ 上) 是计算不可区分的.

- **真实分布**:

(1) $(\mathsf{mpk}, \mathsf{msk}) \leftarrow \mathsf{Setup}(1^\lambda)$;

(2) $(\boldsymbol{X},\tau) \leftarrow \mathsf{Message}(1^\lambda)$;

(3) $\mathsf{ct} \leftarrow \mathsf{Enc}(\mathsf{mpk},\boldsymbol{X})$;

(4) $\alpha \leftarrow \mathsf{Adv}^{\mathsf{KeyGen}(\mathsf{msk},\cdot)}(\mathsf{mpk},\boldsymbol{c},\tau)$;

(5) 令 $y_1,\cdots,y_\ell$ 为在之前步骤中由 Adv 对 KeyGen 发起过的查询;

(6) 输出 $(\boldsymbol{X},\tau,\alpha,y_1,\cdots,y_\ell)$.

- **理想分布**:

(1) $(\boldsymbol{x},\tau) \leftarrow \mathsf{Message}(1^\lambda)$;

(2) $\alpha \leftarrow \mathsf{Sim}^{F(\cdot,\boldsymbol{x})}(1^\lambda,\tau,F(\epsilon,\boldsymbol{X}))$;

(3) 令 $y_1,\cdots,y_\ell$ 为在之前步骤中由 Sim 对 F 发起过的查询;

(4) 输出 $(\boldsymbol{X},\tau,\alpha,y_1,\cdots,y_\ell)$.

除了上面这个弱化定义之外, 主定义的另一个弱化版本是令分布以无序集形式输出查询 $y_1,\cdots,y_\ell$, 而不是有序集. 不可能性的证明也可以延伸到这一弱化定义版本上. 下面我们将简单证明以下定理.

定理 11.1　令 F 为一个 IBE 的功能性. 在不可编程随机预言机模型中不存在任何针对功能性 F 的弱模拟安全函数加密.

证明　令 H 表示一个随机预言机. 考虑以下敌手算法:

$\mathsf{Message}(1^\lambda)$: 令 $\mathrm{len}_{\mathsf{sk}}$ 为由密钥生成算法 (对于 $y=0$ 和安全参数 λ) 生成的最大比特长度. 向量 $\boldsymbol{X}$ 包含元素 $(r_i,0)$, 其中 $i=1,\cdots,\mathrm{len}_{\mathsf{sk}}+\lambda$, 且对于每个 i, r_i 是随机且独立选择的比特. τ 的值为空.

$\mathsf{Adv}^{\mathsf{KeyGen}(\mathsf{msk},\cdot)}(\mathsf{mpk},\mathsf{ct},\tau)$: 以 $(\mathsf{mpk},\mathsf{ct})$ 为输入, 随机预言机 H 输出一个长度为 λ 的字符串 w. 现在首先请求关于身份 (w) 的私钥, 然后再查询关于身份 0 的私钥. 使用关于身份 0 的私钥来解密整个密文. 输出一个由 Adv 计算的完整副本, 包括所有相同随机预言机发起的查询以及与密钥生成预言机之间的交互.

现在考虑为了输出一个与现实交互不可区分的分布 Sim 所需要进行的操作. 因为 Adv 只以 (w) 的形式进行了一次密钥查询, 所以 Sim 也必须只对 F 以这种形式进行一次查询. 而且, 区分器可以检查 w 是否为 H (对于某一形如 $(\mathsf{mpk},\mathsf{ct})$) 的输出. 因此, 模拟者必须在查询 F 之前对 H 进行查询. 此时, 模拟者不知道任何关于明文 r_i 的信息 (r_i 只有当模拟者向 F 查询身份 0 的时候才会被揭露). 因此, 这一固定字符串 $s=(\mathsf{mpk},\mathsf{ct})$ 具有 (不可能的) 性质: 在只接收了 $\mathrm{len}_{\mathsf{sk}}$ 比特的信息之后, 可以确定性地将 s "解码" 为任一长为 $\mathrm{len}_{\mathsf{sk}}+\lambda$ 比特的字符串.

11.3　函数加密方案

在理解了函数加密的概念之后, 本节我们将给出一些具体的函数加密方案, 这些方案支持线性内积/二次函数功能性, 且都达到了比定义 11.5 稍弱的半适应性模拟安全.

11.3.1 基本工具

11.2 节中我们介绍了函数加密的模拟安全概念, 定义 11.4 描述的其实是适应性模拟安全. 由于该安全性的实现难度较大且容易得到不可能性结果, 所以我们在构造方案时通常使用它的一个弱化版本, 即半适应性模拟安全.

定义 11.7 (半适应性模拟安全) *对于 PPT 的敌手 $\mathcal{A}$ 和支持功能性 $F: X \times Y \to Z$ 的 FE 方案 $\Pi = (\mathsf{Setup}, \mathsf{KeyGen}, \mathsf{Enc}, \mathsf{Dec})$, 存在模拟算法 $(\widetilde{\mathsf{Setup}}, \widetilde{\mathsf{Enc}}, \widetilde{\mathsf{KeyGen}})$ 使得*

$$\begin{bmatrix} (\mathsf{mpk}, \mathsf{msk}) \leftarrow \mathsf{Setup}(1^\lambda, F); \\ x^* \leftarrow \mathcal{A}(\mathsf{mpk}); \\ \mathsf{ct}^* \leftarrow \mathsf{Enc}(\mathsf{mpk}, x^*); \\ \text{输出 } \mathcal{A}^{\mathsf{KeyGen}(\mathsf{msk}, \cdot)}(\mathsf{mpk}, \mathsf{ct}^*) \end{bmatrix} \overset{c}{\approx} \begin{bmatrix} (\widetilde{\mathsf{mpk}}, \widetilde{\mathsf{msk}}) \leftarrow \widetilde{\mathsf{Setup}}(1^\lambda, F); \\ x^* \leftarrow \mathcal{A}(\widetilde{\mathsf{mpk}}); \\ \widetilde{\mathsf{ct}}^* \leftarrow \widetilde{\mathsf{Enc}}(\widetilde{\mathsf{msk}}); \\ \text{输出 } \mathcal{A}^{\widetilde{\mathsf{KeyGen}}(\widetilde{\mathsf{msk}}, \cdot, \cdot)}(\widetilde{\mathsf{mpk}}, \widetilde{\mathsf{ct}}^*) \end{bmatrix},$$

其中当 $\mathcal{A}$ 向 $\mathsf{KeyGen}(\mathsf{msk}, \cdot)$ 发起查询 $y \in \boldsymbol{Y}$ 时, $\widetilde{\mathsf{KeyGen}}(\widetilde{\mathsf{msk}}, \cdot, \cdot)$ 会接收到 y 和 $F(x^*, y)$. 同时定义优势函数为 $\mathsf{Adv}_{\Pi, \mathcal{A}}^{\mathsf{SA\text{-}SIM}}(\lambda)$.

除了上述的半适应性模拟安全, 我们经常用到的模拟安全概念还包括选择性模拟安全, 其具体定义与前面介绍的选择性安全一样, 即在运行 Setup 算法之前敌手 $\mathcal{A}$ 就提交了 x^*, 这里不再详细列出.

底层模块: 双线性群上的 (双槽)IPFE. 令 $k, d \in \mathbb{N}$ 为两个独立的参数. 首先考虑一个群 G_1 上的内积函数加密 (Inner Product Functional Encryption, IPFE) 方案, 其本质上是一个实现内积功能性的 FE, 其中内积功能性由 $X = G_1^{k \times k}, Y = G_2^{k \times k}, Z = G_T$ 定义, 并且有

$$F : [\boldsymbol{X}]_1 \times [\boldsymbol{Y}]_2 \longmapsto [\langle \boldsymbol{X}, \boldsymbol{Y} \rangle]_T,$$

其中 $\boldsymbol{X} = (x_{i,j}) \in \mathbb{Z}_p^{k \times k}, \boldsymbol{Y} = (y_{i,j}) \in \mathbb{Z}_p^{k \times k}, \langle \boldsymbol{X}, \boldsymbol{Y} \rangle = \mathsf{tr}(\boldsymbol{X}^{\mathrm{T}} \boldsymbol{Y}) = \sum_{i,j} x_{i,j} y_{i,j} \in \mathbb{Z}_p$. 这里我们令 IPFE 方案的 Setup 算法以 1^k 作为输入. 类似地, 我们也可以通过互换 G_1 和 G_2 在密文和密钥中的位置来定义一个群 G_2 上的 IPFE 方案. 我们用 $\mathbf{IPFE}_1$ 和 $\mathbf{IPFE}_2$ 来分别表示这两个方案.

之后我们将群 G_1 上的 IPFE 拓展为群 G_1 上的双槽 IPFE, 此时拓展功能性由 $X = G_1^{k \times k} \times \boxed{G_1^d}, Y = G_2^{k \times k} \times \boxed{G_2^d}, Z = G_T$ 定义, 并且有

$$F : ([\boldsymbol{X}]_1, \boxed{[\boldsymbol{X}]_1}) \times ([\boldsymbol{Y}]_2, \boxed{[\boldsymbol{Y}]_2}) \longmapsto [\langle \boldsymbol{X}, \boldsymbol{Y} \rangle + \boxed{\langle \boldsymbol{x}, \boldsymbol{y} \rangle}]_T,$$

$\widetilde{\mathsf{KeyGen}}$ 的最后一个输入是 G_2 的一个元素而不是 $Z = G_T$ 的一个元素. 这里方案的 Setup 算法以 1^d 作为额外的输入. 同理, 我们也可以定义一个群 G_2 上的双

槽 IPFE 方案. 这两个方案同样使用 $\mathbf{IPFE}_1$ 和 $\mathbf{IPFE}_2$ 来表示 (当 Setup 的输入额外包括 1^d 时表示双槽 IPFE 方案, 否则表示普通 IPFE 方案).

QFE. 除了介绍内积函数加密, 本章还会研究二次函数加密 (Quadratic Functional Encryption, QFE) 方案, 这种函数加密的功能性由 $X = \mathbb{Z}_p^n \times \mathbb{Z}_p^m, Y = \mathbb{Z}_p^{n\times m}$ 和 $Z = \mathbb{Z}_p$ 定义, 并且有

$$F : (\boldsymbol{x}, \boldsymbol{y}) \times \boldsymbol{F} \longmapsto \boldsymbol{x}^{\mathrm{T}}\boldsymbol{F}\boldsymbol{y},$$

其中 $(\boldsymbol{x}, \boldsymbol{y}) \in X, \boldsymbol{F} \in Y$, 注意 $\boldsymbol{x}^{\mathrm{T}}\boldsymbol{F}\boldsymbol{y} = \langle \boldsymbol{F}, \boldsymbol{x}\boldsymbol{y}^{\mathrm{T}}\rangle$. 同时, 我们定义对于矩阵 $\boldsymbol{M} \in \mathbb{Z}_p^{n\times m}$, $\mathsf{vec}(\boldsymbol{M})$ 表示由 $\boldsymbol{M}$ 所有列向量堆叠而成的长为 nm 的向量, 所以我们有 $\langle \boldsymbol{X}, \boldsymbol{Y}\rangle = \langle \mathsf{vec}(\boldsymbol{X}), \mathsf{vec}(\boldsymbol{Y})\rangle$.

下面我们将介绍 Wee 提出的半适应性模拟安全 IPFE 方案[73] (上述的 $\mathbf{IPFE}_1$ 和 $\mathbf{IPFE}_2$ 均可以由 Wee 的 IPFE 方案得到), 以及后来基于双槽 IPFE 构造的 QFE[75], 这些函数加密方案均在标准假设下实现了半适应性模拟安全.

11.3.2 基于 MDDH 假设的 IPFE

下面我们介绍文献 [73] 中的 IPFE 方案. 方案中的密文与向量 $\boldsymbol{x} \in \mathbb{Z}_q^n$ 相关联, 私钥与向量 $\boldsymbol{y} \in \mathbb{Z}_q^n$ 相关联, 最后解密得到 $\langle \boldsymbol{x}, \boldsymbol{y}\rangle$(内积值需要落在多项式值域中). 这一方案达到了模拟安全, 当敌手向 KeyGen 询问 $\boldsymbol{y}$ 时, 模拟密钥生成算法 $\widetilde{\mathsf{KeyGen}}$ 会接收到 $(\boldsymbol{y}, \langle \boldsymbol{x}^*, \boldsymbol{y}\rangle)$, 其中 $\boldsymbol{x}^*$ 为敌手选择的挑战向量.

方案 11.1 方案构造如下:

- $\mathsf{Setup}(1^\lambda, 1^n)$: 选择 $\boldsymbol{A} \leftarrow \mathcal{D}_k$ (分布 D_k 取决于 MDDH 假设), $\boldsymbol{W} \leftarrow_R \mathbb{Z}_q^{(k+1)\times n}$, 输出

$$\mathsf{mpk} = ([\boldsymbol{A}]_1, [\boldsymbol{A}^{\mathrm{T}}\boldsymbol{W}]_1), \quad \mathsf{msk} = \boldsymbol{W}.$$

- $\mathsf{KeyGen}(\mathsf{msk}, \boldsymbol{y})$: 输出私钥

$$\mathsf{sk}_{\boldsymbol{y}} = \boldsymbol{W}\boldsymbol{y}.$$

- $\mathsf{Enc}(\mathsf{mpk}, \boldsymbol{x})$: 选择 $\boldsymbol{s} \leftarrow_R \mathbb{Z}_q^k$, 并输出密文

$$\mathsf{ct} = (\overbrace{[\boldsymbol{s}^{\mathrm{T}}\boldsymbol{A}^{\mathrm{T}}]_1}^{\boldsymbol{C}_0}, \overbrace{[\boldsymbol{s}^{\mathrm{T}}\boldsymbol{A}^{\mathrm{T}}\boldsymbol{W} + \boldsymbol{x}^{\mathrm{T}}]_1}^{\boldsymbol{C}_1}).$$

- $\mathsf{Dec}((\mathsf{sk}_{\boldsymbol{y}}, \boldsymbol{y}), \mathsf{ct})$: 输出 $[\boldsymbol{C}_1 \cdot \boldsymbol{y}]_1 \cdot [\boldsymbol{C}_0 \cdot \mathsf{sk}_{\boldsymbol{y}}]_1^{-1}$ 的离散对数.

正确性. 正确性由 $(\boldsymbol{s}^{\mathrm{T}}\boldsymbol{A}^{\mathrm{T}}\boldsymbol{W} + \boldsymbol{x}^{\mathrm{T}}) \cdot \boldsymbol{y} - \boldsymbol{s}^{\mathrm{T}}\boldsymbol{A}^{\mathrm{T}} \cdot \boldsymbol{W}\boldsymbol{y} = \langle \boldsymbol{x}, \boldsymbol{y}\rangle$ 得到.

安全性. 下面我们来分析该方案的安全性.

定理 11.2 在 MDDH 假设下, 上述 IPFE 方案是满足半适应性模拟安全的.

证明 首先构造如下模拟算法:

- $\widetilde{\mathsf{Setup}}(1^\lambda, 1^{n'+n})$: 选择 $\boldsymbol{A} \leftarrow \mathcal{D}_k, \widetilde{\boldsymbol{W}} \leftarrow_R \mathbb{Z}_q^{(k+1)\times n}, \boldsymbol{c} \leftarrow_R \mathbb{Z}_q^{k+1}$, 并输出

$$\widetilde{\mathsf{mpk}} = ([\boldsymbol{A}]_1, [\boldsymbol{A}^{\mathrm{T}}\widetilde{\boldsymbol{W}}]_1), \quad \widetilde{\mathsf{msk}} = (\boldsymbol{A}, \widetilde{\boldsymbol{W}}, \boldsymbol{c}, \boldsymbol{a}^{\perp}),$$

  其中 $\boldsymbol{a}^{\perp} \in \mathbb{Z}_q^{k+1}$ 满足 $\boldsymbol{A}^{\mathrm{T}}\boldsymbol{a}^{\perp} = \boldsymbol{0}, \boldsymbol{c}^{\mathrm{T}}\boldsymbol{a}^{\perp} = 1$.

- $\widetilde{\mathsf{Enc}}(\widetilde{\mathsf{msk}})$: 输出

$$\widetilde{\mathsf{ct}} = ([\boldsymbol{c}^{\mathrm{T}}]_1, [\boldsymbol{c}^{\mathrm{T}}\widetilde{\boldsymbol{W}}]_1).$$

- $\widetilde{\mathsf{KeyGen}}(\widetilde{\mathsf{msk}}, \boldsymbol{y}, a = \langle \boldsymbol{x}^*, \boldsymbol{y}\rangle)$: 输出

$$\mathsf{sk}_{\boldsymbol{y}} = \widetilde{\boldsymbol{W}}\boldsymbol{y} - a \cdot \boldsymbol{a}^{\perp}.$$

我们通过如下游戏序列证明安全性:

- Game_0: 该游戏与真实游戏相同.
- Game_1: 该游戏与 Game_0 相同, 除了用 $[\boldsymbol{c}]_1$ 替换 $\mathsf{Enc}(\mathsf{mpk}, \boldsymbol{x}^*)$ 中的 $[\boldsymbol{A}\boldsymbol{s}]_1$, 其中 $\boldsymbol{c} \leftarrow_R \mathbb{Z}_q^{k+1}$. 也就是说挑战密文现在变成

$$\mathsf{ct} = ([\boldsymbol{c}^{\mathrm{T}}]_1, [\boldsymbol{c}^{\mathrm{T}}\boldsymbol{W} + (\boldsymbol{x}^*)^{\mathrm{T}}]_1).$$

  因为矩阵 $\boldsymbol{A}$ 选自 MDDH 假设中的分布, 所以可以通过嵌入 MDDH 实例实现从 Game_0 到 Game_1 的转变, 由此可得 $\mathsf{Game}_0 \overset{c}{\approx} \mathsf{Game}_1$.
- Game_2: 该游戏与模拟游戏相同. 从 Game_1 到 Game_2 的改变是将挑战向量 $\boldsymbol{x}^*$ 嵌入到 $\boldsymbol{W}$ 中:

$$\widetilde{\boldsymbol{W}} = \boldsymbol{W} + \boldsymbol{a}^{\perp}(\boldsymbol{x}^*)^{\mathrm{T}}.$$

  由此能够得出

$$\boldsymbol{A}^{\mathrm{T}}\boldsymbol{W} = \boldsymbol{A}^{\mathrm{T}}\widetilde{\boldsymbol{W}},$$

$$\boldsymbol{c}^{\mathrm{T}}\boldsymbol{W} + (\boldsymbol{x}^*)^{\mathrm{T}} = \boldsymbol{c}^{\mathrm{T}}\widetilde{\boldsymbol{W}},$$

$$\boldsymbol{W}\boldsymbol{y} = \widetilde{\boldsymbol{W}}\boldsymbol{y} - \boldsymbol{a}^{\perp} \cdot \langle \boldsymbol{x}^*, \boldsymbol{y}\rangle.$$

  形式化地说, 为了判别变量的变化, 观察到对于所有的 $\boldsymbol{A}, \boldsymbol{x}^*$, 有

$$(\boldsymbol{A}^{\mathrm{T}}\boldsymbol{W}, \boldsymbol{W} + \boldsymbol{a}^{\perp}(\boldsymbol{x}^*)^{\mathrm{T}}) \equiv (\boldsymbol{A}^{\mathrm{T}}\widetilde{\boldsymbol{W}}, \widetilde{\boldsymbol{W}}),$$

  其中, 具体分布取决于随机变量 $\boldsymbol{W}, \widetilde{\boldsymbol{W}}$. 基于复杂度理论, 我们可以得出即使 $\boldsymbol{x}^*$ 是在敌手看见分布中的第一项后自由选择的 (这对应于半适应性安全), 这两个分布仍然是相同的. 因此, 我们有 $\mathsf{Game}_1 \overset{s}{\approx} \mathsf{Game}_2$.

11.3.3 基于 Bi-MDDH 假设的 QFE

这一节我们将提出一个 QFE 方案[75], 该方案在 Bi-MDDH 假设下达到了半适应性模拟安全. 该方案是以一个群 G_1 上的 IPFE 方案和一个私钥 QFE 方案 π_1 (具体构造可参考文献 [75]) 作为底层构建块的.

方案 11.2 令 $\mathbf{IPFE}_1 = (\mathsf{Setup}_1, \mathsf{Enc}_1, \mathsf{KeyGen}_1, \mathsf{Dec}_1)$ 为一个群 G_1 上的 IPFE 方案. 素数阶双线性群上的 QFE 方案 Π_1 描述如下:

- $\mathsf{Setup}(1^\lambda, 1^n, 1^m)$: 输入安全参数 λ 和参数 m, n, 运行 $(\mathsf{mpk}_1, \mathsf{msk}_1) \leftarrow \mathsf{Setup}_1(1^\lambda, 1^k)$. 选取 $\boldsymbol{A} \leftarrow \mathbb{Z}_p^{n\times k}, \boldsymbol{B} \leftarrow \mathbb{Z}_p^{m\times k}$ 并输出

$$\mathsf{mpk} = (\mathsf{mpk}_1, [\boldsymbol{A}]_1, [\boldsymbol{B}]_2), \quad \mathsf{msk} = (\mathsf{msk}_1, \boldsymbol{A}, \boldsymbol{B}).$$

- $\mathsf{Enc}(\mathsf{mpk}, (\boldsymbol{x}, \boldsymbol{y}))$: 输入主公钥 mpk 和向量 $\boldsymbol{x} \in \mathbb{Z}_p^n, \boldsymbol{y} \in \mathbb{Z}_p^m$, 选取 $\boldsymbol{M}, \boldsymbol{M}^* \leftarrow \mathbb{Z}_p^{(k+1)\times(k+1)}$ 使得 $\boldsymbol{M}^*\boldsymbol{M}^{\mathrm{T}} = \boldsymbol{I}$ ($\boldsymbol{I}$ 为单位矩阵). 之后选取 $\boldsymbol{S}, \boldsymbol{T} \leftarrow \mathbb{Z}_p^{k\times k}$ 并输出密文

$$\mathsf{ct}_{\boldsymbol{x},\boldsymbol{y}} = \left([(\boldsymbol{x} \parallel \boldsymbol{AS})\, \boldsymbol{M}^*]_1,\ [(\boldsymbol{y} \parallel \boldsymbol{BT})\, \boldsymbol{M}]_2, \mathsf{Enc}_1\left(\mathsf{mpk}_1, \left[\boldsymbol{ST}^{\mathrm{T}}\right]_1\right)\right).$$

- $\mathsf{KeyGen}(\mathsf{msk}, \boldsymbol{F})$: 输入主私钥 msk 和 $\boldsymbol{F} \in \mathbb{Z}_p^{m\times n}$, 输出私钥

$$\mathsf{sk}_{\boldsymbol{F}} = \mathsf{KeyGen}_1(\mathsf{msk}_1, [\boldsymbol{A}^{\mathrm{T}}\boldsymbol{F}\boldsymbol{B}]_2).$$

- $\mathsf{Dec}(\mathsf{ct}_{\boldsymbol{x},\boldsymbol{y}}, (\mathsf{sk}_{\boldsymbol{F}}, \boldsymbol{F}))$: 令 $\mathsf{ct}_{\boldsymbol{x},\boldsymbol{y}} = ([\boldsymbol{C}_1]_1, [\boldsymbol{C}_2]_2, \mathsf{ct}_1)$, $\mathsf{sk}_{\boldsymbol{F}} = \mathsf{sk}_1$, 首先恢复

$$[L]_T \leftarrow \mathsf{Dec}_1(\mathsf{ct}_1, \mathsf{sk}_1),$$

  并计算得到

$$[\boldsymbol{P}]_T = e([\boldsymbol{C}_1]_1, [\boldsymbol{C}_2^{\mathrm{T}}]_2), \quad [D]_T = \langle \boldsymbol{F}, [\boldsymbol{P}]_T \rangle, \quad [Z]_T = [D - L]_T.$$

  最后从 $[Z]_T$ 中恢复指数 Z (可通过暴力枚举) 并输出 Z.

正确性. 对于所有的 $\boldsymbol{x} \in \mathbb{Z}_p^n, \boldsymbol{y} \in \mathbb{Z}_p^m$ 以及 $\boldsymbol{F} \in \mathbb{Z}_p^{n\times m}$, 我们有

$$L = \langle \boldsymbol{F}, \boldsymbol{AST}^{\mathrm{T}}\boldsymbol{B}^{\mathrm{T}} \rangle, \tag{11.1}$$

$$\boldsymbol{P} = \boldsymbol{xy}^{\mathrm{T}} + \boldsymbol{AST}^{\mathrm{T}}\boldsymbol{B}^{\mathrm{T}}, \tag{11.2}$$

$$D = \langle \boldsymbol{F}, \boldsymbol{xy}^{\mathrm{T}} \rangle + \langle \boldsymbol{F}, \boldsymbol{AST}^{\mathrm{T}}\boldsymbol{B}^{\mathrm{T}} \rangle, \tag{11.3}$$

$$Z = \langle \boldsymbol{F}, \boldsymbol{xy}^{\mathrm{T}} \rangle. \tag{11.4}$$

这里等式 (11.1) 是根据 **IPFE**$_1$ 的正确性以及下式得到的.

$$\begin{aligned}\langle \boldsymbol{A}^{\mathrm{T}}\boldsymbol{F}\boldsymbol{B}, \boldsymbol{S}\boldsymbol{T}^{\mathrm{T}}\rangle &= \mathsf{tr}\left(\left(\boldsymbol{B}^{\mathrm{T}}\boldsymbol{F}^{\mathrm{T}}\boldsymbol{A}\right)\left(\boldsymbol{S}\boldsymbol{T}^{\mathrm{T}}\right)\right)\\ &= \mathsf{tr}\left(\boldsymbol{F}^{\mathrm{T}}\left(\boldsymbol{A}\boldsymbol{S}\boldsymbol{T}^{\mathrm{T}}\boldsymbol{B}^{\mathrm{T}}\right)\right)\\ &= \langle \boldsymbol{F}, \boldsymbol{A}\boldsymbol{S}\boldsymbol{T}^{\mathrm{T}}\boldsymbol{B}^{\mathrm{T}}\rangle.\end{aligned}$$

上面的第一步和第三步是由内积的定义得到的; 第二步是由矩阵迹的性质得到的: 对于同样大小的矩阵 $\boldsymbol{A}, \boldsymbol{B}$, 我们有 $\mathsf{tr}(\boldsymbol{A}^{\mathrm{T}}\boldsymbol{B}) = \mathsf{tr}(\boldsymbol{B}\boldsymbol{A}^{\mathrm{T}})$.

安全性. 下面我们分析该方案的安全性.

定理 11.3 假设方案 **IPFE**$_1$ 和私钥 QFE 方案 π_1 都是选择性模拟安全的, 则在 Bi-MDDH 和 MDDH 假设下, 方案 Π_1 是满足半适应性模拟安全的.

证明 首先定义模拟算法, 令 $(\widetilde{\mathsf{Setup}}_1, \widetilde{\mathsf{Enc}}_1, \widetilde{\mathsf{KeyGen}}_1)$ 为 **IPFE**$_1$ 的模拟算法, 则方案 Π_1 的模拟算法如下:

- $\widetilde{\mathsf{Setup}}(1^\lambda, 1^n, 1^m)$: 运行 $(\widetilde{\mathsf{mpk}}_1, \widetilde{\mathsf{msk}}_1) \leftarrow \widetilde{\mathsf{Setup}}_1(1^\lambda, 1^k)$. 选取 $\boldsymbol{A} \leftarrow \mathbb{Z}_p^{n\times k}$, $\boldsymbol{B} \leftarrow \mathbb{Z}_p^{m\times k}, \widetilde{\boldsymbol{U}} \leftarrow \mathbb{Z}_p^{n\times(k+1)}, \widetilde{\boldsymbol{V}} \leftarrow \mathbb{Z}_p^{m\times(k+1)}$, 并输出

$$\widetilde{\mathsf{mpk}} = (\widetilde{\mathsf{mpk}}_1, [\boldsymbol{A}]_1, [\boldsymbol{B}]_2), \quad \widetilde{\mathsf{msk}} = (\widetilde{\mathsf{msk}}_1, \boldsymbol{A}, \boldsymbol{B}, \widetilde{\boldsymbol{U}}, \widetilde{\boldsymbol{V}}).$$

- $\widetilde{\mathsf{Enc}}(\widetilde{\mathsf{msk}})$: 输出

$$\widetilde{\mathsf{ct}} = \left([\widetilde{\boldsymbol{U}}]_1, [\widetilde{\boldsymbol{V}}]_2, \widetilde{\mathsf{Enc}}_1(\widetilde{\mathsf{msk}}_1)\right).$$

- $\widetilde{\mathsf{KeyGen}}(\widetilde{\mathsf{msk}}, \boldsymbol{F}, \mu)$: 输出

$$\widetilde{\mathsf{sk}}_{\boldsymbol{F}} = \widetilde{\mathsf{KeyGen}}_1(\widetilde{\mathsf{msk}}_1, [\boldsymbol{A}^{\mathrm{T}}\boldsymbol{F}\boldsymbol{B}]_2, [\langle \boldsymbol{F}, \widetilde{\boldsymbol{U}}\widetilde{\boldsymbol{V}}^{\mathrm{T}}\rangle - \mu]_2).$$

游戏次序. 令 $(\boldsymbol{x}, \boldsymbol{y}) \in \mathbb{Z}_p^n \times \mathbb{Z}_p^m$ 为敌手选择的半适应性挑战. 我们通过下列游戏来证明定理 11.3.

- Game_0: 该游戏与真实游戏相同.
- Game_1: 该游戏与 Game_0 相同, 除了可以运行

$$(\widetilde{\mathsf{mpk}}_1, \widetilde{\mathsf{msk}}_1) \leftarrow \widetilde{\mathsf{Setup}}_1(1^\lambda, 1^k),$$

并在游戏的开始时返回 $\widetilde{\mathsf{mpk}} = (\widetilde{\mathsf{mpk}}_1, [\boldsymbol{A}]_1, [\boldsymbol{B}]_2)$; 挑战密文和 $\boldsymbol{F}$ 的私钥为

$$\mathsf{ct}^* = ([(\boldsymbol{X} \parallel \boldsymbol{A}\boldsymbol{S})\boldsymbol{M}^*]_1, [(\boldsymbol{Y} \parallel \boldsymbol{B}\boldsymbol{T})\boldsymbol{M}]_2, \boxed{\widetilde{\mathsf{Enc}}_1(\widetilde{\mathsf{msk}}_1)}),$$

$$\mathsf{sk}_{\boldsymbol{F}} = \boxed{\widetilde{\mathsf{KeyGen}}_1}(\widetilde{\mathsf{msk}}_1, [\boldsymbol{A}^{\mathrm{T}}\boldsymbol{F}\boldsymbol{B}]_2, [\langle \boldsymbol{F}, \boldsymbol{A}\boldsymbol{S}\boldsymbol{T}^{\mathrm{T}}\boldsymbol{B}^{\mathrm{T}}\rangle]_2),$$

其中 $\boldsymbol{S},\boldsymbol{T} \leftarrow \mathbb{Z}_p^{k\times k}$. 此时可以根据 $\mathbf{IPFE}_1$ 的选择性模拟安全来证明 $\mathsf{Game}_0 \overset{c}{\approx} \mathsf{Game}_1$. 具体证明细节可以参考引理 11.1.

- Game_2: 该游戏与 Game_1 相同, 除了挑战密文和 $\boldsymbol{F}$ 的私钥为

$$\mathsf{ct}^* = ([(\boldsymbol{X} \parallel \boxed{\boldsymbol{U}})\boldsymbol{M}^*]_1, [(\boldsymbol{Y} \parallel \boldsymbol{BT})\boldsymbol{M}]_2, \widetilde{\mathsf{Enc}}_1(\widetilde{\mathsf{msk}}_1)),$$

$$\mathsf{sk}_{\boldsymbol{F}} = \widetilde{\mathsf{KeyGen}}_1(\widetilde{\mathsf{msk}}_1, [\boldsymbol{A}^{\mathrm{T}}\boldsymbol{F}\boldsymbol{B}]_2, [\langle \boldsymbol{F}, \boxed{\boldsymbol{U}}\boldsymbol{T}^{\mathrm{T}}\boldsymbol{B}^{\mathrm{T}}\rangle]_2),$$

其中 $\boldsymbol{U} \leftarrow \mathbb{Z}_p^{n\times k}$. 我们可以证明 $\mathsf{Game}_1 \overset{c}{\approx} \mathsf{Game}_2$. 这一点可以由 Bi-$\mathrm{MDDH}_{k,n}^k$ 假设得到如下计算不可区分:

$$[\boldsymbol{A}]_1, [\boldsymbol{A}]_2, [\boldsymbol{AS}]_1, [\boldsymbol{AS}]_2 \overset{c}{\approx} [\boldsymbol{A}]_1, [\boldsymbol{A}]_2, [\boldsymbol{U}]_1, [\boldsymbol{U}]_2,$$

其中 $\boldsymbol{A} \leftarrow \mathbb{Z}_p^{n\times k}, \boldsymbol{S} \leftarrow \mathbb{Z}_p^{k\times k}$ 以及 $\boldsymbol{U} \leftarrow \mathbb{Z}_p^{n\times k}$. 在归约中, 我们使用 $[\boldsymbol{A}]_1$ 和 $[\boldsymbol{AS}]_1$(或者 $[\boldsymbol{U}]_1$) 来模拟 mpk 和 $\widetilde{\mathsf{ct}}^*$; 使用 $[\boldsymbol{A}]_2$ 和 $[\boldsymbol{AS}]_2$(或者 $[\boldsymbol{U}]_2$) 来模拟所有的 $\mathsf{sk}_{\boldsymbol{F}}$. 具体证明细节可以参考引理 11.2.

- Game_3: 该游戏与 Game_2 相同, 除了挑战密文和对于 $\boldsymbol{F}$ 的私钥为

$$\mathsf{ct}^* = ([(\boldsymbol{X} \parallel \boldsymbol{U})\boldsymbol{M}^*]_1, [(\boldsymbol{Y} \parallel \boxed{\boldsymbol{V}})\boldsymbol{M}]_2, \widetilde{\mathsf{Enc}}_1(\widetilde{\mathsf{msk}}_1)),$$

$$\mathsf{sk}_{\boldsymbol{F}} = \widetilde{\mathsf{KeyGen}}_1(\widetilde{\mathsf{msk}}_1, [\boldsymbol{A}^{\mathrm{T}}\boldsymbol{F}\boldsymbol{B}]_2, [\langle \boldsymbol{F}, \boldsymbol{U}\boxed{\boldsymbol{V}^{\mathrm{T}}}\rangle]_2),$$

其中 $\boldsymbol{U} \leftarrow \mathbb{Z}_p^{n\times k}, \boldsymbol{V} \leftarrow \mathbb{Z}_p^{m\times k}$. 我们可以证明 $\mathsf{Game}_2 \overset{c}{\approx} \mathsf{Game}_3$. 这一点可以由 $\mathrm{MDDH}_{k,m}^k$ 假设得到如下计算不可区分:

$$[\boldsymbol{B}]_2, [\boldsymbol{BT}]_2 \overset{c}{\approx} [\boldsymbol{B}]_2, [\boldsymbol{V}]_2,$$

其中 $\boldsymbol{B} \leftarrow \mathbb{Z}_p^{m\times k}, \boldsymbol{T} \leftarrow \mathbb{Z}_p^{k\times k}, \boldsymbol{V} \leftarrow \mathbb{Z}_p^{m\times k}$. 具体证明细节可以参考引理 11.3.

- Game_4: 该游戏与 Game_3 一样, 除了挑战密文和对于 $\boldsymbol{F}$ 的私钥为

$$\widetilde{\mathsf{ct}}^* = (\boxed{[\widetilde{\boldsymbol{U}}]_1, [\widetilde{\boldsymbol{V}}]_2}, \widetilde{\mathsf{Enc}}_1(\widetilde{\mathsf{msk}}_1)),$$

$$\widetilde{\mathsf{sk}}_{\boldsymbol{F}} = \widetilde{\mathsf{KeyGen}}_1(\widetilde{\mathsf{msk}}_1, [\boldsymbol{A}^{\mathrm{T}}\boldsymbol{F}\boldsymbol{B}]_2, \boxed{[\langle \boldsymbol{F}, \widetilde{\boldsymbol{U}}\widetilde{\boldsymbol{V}}^{\mathrm{T}}\rangle - \langle \boldsymbol{F}, \boldsymbol{x}\boldsymbol{y}^{\mathrm{T}}\rangle]_2}),$$

其中 $\widetilde{\boldsymbol{U}} \leftarrow \mathbb{Z}_p^{n\times(k+1)}, \widetilde{\boldsymbol{V}} \leftarrow \mathbb{Z}_p^{m\times(k+1)}$. 我们可以证明 $\mathsf{Game}_3 \overset{c}{\approx} \mathsf{Game}_4$. 这一点可以由私钥方案 π_1 的选择性模拟安全得到. 具体证明细节可以参考引理 11.4.

注意, Game_4 已经与方案 Π_1 的半适应性模拟游戏相同 (令模拟密钥生成算法中的 $\mu = \langle \boldsymbol{F}, \boldsymbol{x}\boldsymbol{y}^{\mathrm{T}}\rangle$).

接下来我们将通过一些引理来证明这些游戏之间的不可区分性.

引理 11.1 ($\mathsf{Game}_0 \overset{c}{\approx} \mathsf{Game}_1$) *在底层方案* $\mathbf{IPFE}_1$ *的选择性模拟安全之下,* Game_0 *和* Game_1 *是计算不可区分的.*

证明 这一引理是由 $\mathbf{IPFE}_1$ 的选择性安全得到的. 模拟者 $\mathcal{B}$ 的构造如下:

- **准备阶段**. 选取 $\boldsymbol{S}, \boldsymbol{T} \leftarrow \mathbb{Z}_p^{k\times k}$. 向方案 $\mathbf{IPFE}_1$ 的挑战者发送 $[\mathbf{ST}^{\mathrm{T}}]_1$ 作为挑战信息并得到 $\mathbf{IPFE}_1$ 返回的主公钥 $\widehat{\mathsf{mpk}_1}$ 和挑战密文 $\widehat{\mathsf{ct}}_1^*$. 之后选取 $\boldsymbol{A} \leftarrow \mathbb{Z}_p^{n\times k}, \boldsymbol{B} \leftarrow \mathbb{Z}_p^{m\times k}$, 并公开 $\widehat{\mathsf{mpk}} = (\widehat{\mathsf{mpk}_1}, [\boldsymbol{A}]_1, [\boldsymbol{B}]_2)$.
- **挑战阶段**. 一旦接收到半适应性挑战向量 $(\boldsymbol{x}, \boldsymbol{y})$ 便选取 $\boldsymbol{M}^*, \boldsymbol{M}$(如原方案), 并返回

$$\widehat{\mathsf{ct}}^* = ([(\boldsymbol{x} \parallel \boldsymbol{AS})\boldsymbol{M}^*]_1, [(\boldsymbol{y} \parallel \boldsymbol{BT})\boldsymbol{M}]_2, \widehat{\mathsf{ct}}_1^*),$$

其中 $\boldsymbol{A}, \boldsymbol{B}, \boldsymbol{S}, \boldsymbol{T}$ 以及 $\widehat{\mathsf{ct}}_1^*$ 都是在准备阶段选取/接收的.
- **问询阶段**. 收到输入 $\boldsymbol{F}$ 后, 向方案 $\mathbf{IPFE}_1$ 的挑战者发起密钥查询 $[\boldsymbol{A}^{\mathrm{T}}\boldsymbol{F}\boldsymbol{B}]_2$ 并得到私钥 $\widehat{\mathsf{sk}}_{\boldsymbol{F}}$.
- **猜测阶段**. 令 $\widehat{\mathsf{msk}_1}$ 为方案 $\mathbf{IPFE}_1$ 中与 $\widehat{\mathsf{mpk}_1}$ 对应的主私钥. 观察到

  - 当 $(\widehat{\mathsf{mpk}_1}, \widehat{\mathsf{msk}_1}) = (\mathsf{mpk}_1, \mathsf{msk}_1) \leftarrow \mathsf{Setup}_1(1^\lambda, 1^k)$ 并且

$$\widehat{\mathsf{ct}}_1^* \leftarrow \mathsf{Enc}_1(\mathsf{mpk}_1, [\boldsymbol{ST}^{\mathrm{T}}]_1),\ \widehat{\mathsf{sk}}_{\boldsymbol{F}} \leftarrow \mathsf{KeyGen}_1(\mathsf{msk}_1, [\boldsymbol{A}^{\mathrm{T}}\boldsymbol{F}\boldsymbol{B}]_2)$$

时, 这一模拟过程是与 Game_0 相同的.

  - 当 $(\widehat{\mathsf{mpk}_1}, \widehat{\mathsf{msk}_1}) = (\widetilde{\mathsf{mpk}_1}, \widetilde{\mathsf{msk}_1}) \leftarrow \widetilde{\mathsf{Setup}_1}(1^\lambda, 1^k)$ 且

$$\widehat{\mathsf{ct}}_1^* \leftarrow \widetilde{\mathsf{Enc}_1}(\widetilde{\mathsf{msk}_1}),\ \widehat{\mathsf{sk}_{\boldsymbol{F}}} \leftarrow \widetilde{\mathsf{KeyGen}_1}(\widetilde{\mathsf{msk}_1}, [\boldsymbol{A}^{\mathrm{T}}\boldsymbol{F}\boldsymbol{B}]_2, [\langle \boldsymbol{F}, \boldsymbol{AST}^{\mathrm{T}}\boldsymbol{B}^{\mathrm{T}}\rangle]_2)$$

时, 这一模拟过程是与 Game_1 相同的. 这样就完成了对引理 11.1 的证明.

引理 11.2 ($\mathsf{Game}_1 \overset{c}{\approx} \mathsf{Game}_2$) *在* Bi-MDDH$_{k,n}^k$ *假设之下,* Game_1 *和* Game_2 *是计算不可区分的.*

证明 这一引理可以由 Bi-MDDH$_{k,n}^k$ 假设得到

$$[\boldsymbol{A}]_1, [\boldsymbol{A}]_2, [\boldsymbol{AS}]_1, [\boldsymbol{AS}]_1 \overset{c}{\approx} [\boldsymbol{A}]_1, [\boldsymbol{A}]_2, [\boldsymbol{U}]_1, [\boldsymbol{U}]_2,$$

其中 $\boldsymbol{A} \leftarrow \mathbb{Z}_p^{n\times k}, \boldsymbol{S} \leftarrow \mathbb{Z}_p^{k\times k}, \boldsymbol{U} \leftarrow \mathbb{Z}_p^{n\times k}$. 接收到该假设的一个实例 $([\boldsymbol{A}]_1, [\boldsymbol{A}]_2, [\boldsymbol{Z}]_1, [\boldsymbol{Z}]_2)$ (其中 $\boldsymbol{Z} = \boldsymbol{AS}$ 或者 $\boldsymbol{Z} = \boldsymbol{U}$) 之后, 模拟者 $\mathcal{B}$ 的构造如下:

- **准备阶段**. 运行 $(\widetilde{\mathsf{mpk}_1}, \widetilde{\mathsf{msk}_1}) \leftarrow \widetilde{\mathsf{Setup}_1}(1^\lambda, 1^k)$, 选取 $\boldsymbol{B} \leftarrow \mathbb{Z}_p^{m\times k}$ 并输出

$$\widetilde{\mathsf{mpk}} = \left(\widetilde{\mathsf{mpk}_1}, [\boldsymbol{A}]_1, [\boldsymbol{B}]_2\right).$$

- **挑战阶段**. 一旦接收到半适应性挑战向量 $(\boldsymbol{x}, \boldsymbol{y})$, 选取 $\boldsymbol{T} \leftarrow \mathbb{Z}_p^{k\times k}$ 并且 $\boldsymbol{M}^*, \boldsymbol{M} \leftarrow \mathbb{Z}_p^{(k+1)\times(k+1)}$, 其中 $\boldsymbol{M}^*\boldsymbol{M}^{\mathrm{T}} = \boldsymbol{I}$. 通过使用 $[\boldsymbol{Z}]_1$, 输出

$$\widehat{\mathsf{ct}}^* = ([(\boldsymbol{x} \parallel \boldsymbol{Z})\boldsymbol{M}^*]_1, [(\boldsymbol{y} \parallel \boldsymbol{BT})\boldsymbol{M}]_2, \widetilde{\mathsf{Enc}}_1(\widetilde{\mathsf{msk}}_1)).$$

- **问询阶段**. 接收到密钥查询 $\boldsymbol{F}$ 后, 返回

$$\widehat{\mathsf{sk}}_{\boldsymbol{F}} = \widetilde{\mathsf{KeyGen}}_1(\widetilde{\mathsf{msk}}_1, [\boldsymbol{A}^{\mathrm{T}}\boldsymbol{F}\boldsymbol{B}]_2, [\langle \boldsymbol{F}, \boldsymbol{Z}\boldsymbol{T}^{\mathrm{T}}\boldsymbol{B}^{\mathrm{T}}\rangle]_2),$$

其中 $[\boldsymbol{A}^{\mathrm{T}}\boldsymbol{F}\boldsymbol{B}]_2, [\langle \boldsymbol{F}, \boldsymbol{Z}\boldsymbol{T}^{\mathrm{T}}\boldsymbol{B}^{\mathrm{T}}\rangle]_2$ 是分别由假设实例的 $[\boldsymbol{A}]_2$ 和 $[\boldsymbol{Z}]_2$ 模拟生成的. 注意, $\boldsymbol{B}, \boldsymbol{T}$ 是已知的.

- **猜测阶段**. 观察到当 $\boldsymbol{Z} = \boldsymbol{AS}$ 时, 这一模拟过程与 Game_1 相同; 当 $\boldsymbol{Z} = \boldsymbol{U}$ 时, 这一模拟过程与 Game_2 相同. 这样就完成了对引理 11.2 的证明.

引理 11.3 ($\mathsf{Game}_2 \overset{c}{\approx} \mathsf{Game}_3$) *在 $\mathrm{MDDH}_{k,m}^k$ 假设之下, Game_2 和 Game_3 是计算不可区分的.*

证明 这一引理可以由 $\mathrm{MDDH}_{k,m}^k$ 假设得到

$$[\boldsymbol{B}]_2, [\boldsymbol{BT}]_2 \overset{c}{\approx} [\boldsymbol{B}]_2, [\boldsymbol{V}]_2,$$

其中 $\boldsymbol{B} \leftarrow \mathbb{Z}_p^{m\times k}, \boldsymbol{T} \leftarrow \mathbb{Z}_p^{k\times k}$ 以及 $\boldsymbol{V} \leftarrow \mathbb{Z}_p^{m\times k}$. 接收到该假设的一个实例 $([\boldsymbol{B}]_2, [\boldsymbol{Z}]_2)$(其中 $\boldsymbol{Z} = \boldsymbol{BT}$ 或者 $\boldsymbol{Z} = \boldsymbol{V}$) 之后, 模拟者 $\mathcal{B}$ 的构造如下:

- **准备阶段**. 运行 $(\widetilde{\mathsf{mpk}}_1, \widetilde{\mathsf{msk}}_1) \leftarrow \widetilde{\mathsf{Setup}}_1(1^\lambda, 1^k)$, 选取 $\boldsymbol{A} \leftarrow \mathbb{Z}_p^{n\times k}, \boldsymbol{U} \leftarrow \mathbb{Z}_p^{n\times k}$, 并输出

$$\widetilde{\mathsf{mpk}} = (\widetilde{\mathsf{mpk}}_1, [\boldsymbol{A}]_1, [\boldsymbol{B}]_2).$$

- **挑战阶段**. 一旦接收到半适应性挑战向量 $(\boldsymbol{x}, \boldsymbol{y})$, 选取 $\boldsymbol{M}^*, \boldsymbol{M} \leftarrow \mathbb{Z}_p^{(k+1)\times(k+1)}$, 使得 $\boldsymbol{M}^*\boldsymbol{M}^{\mathrm{T}} = \boldsymbol{I}$. 输出

$$\widehat{\mathsf{ct}}^* = ([(\boldsymbol{x} \parallel \boldsymbol{U})\boldsymbol{M}^*]_1, [(\boldsymbol{y} \parallel \boldsymbol{Z})\boldsymbol{M}]_2, \widetilde{\mathsf{Enc}}_1(\widetilde{\mathsf{msk}}_1)),$$

其中 $[\boldsymbol{Z}]_2$ 由假设实例得到.

- **问询阶段**. 接收到密钥查询 $\boldsymbol{F}$ 后, 返回

$$\widehat{\mathsf{sk}}_{\boldsymbol{F}} = \widetilde{\mathsf{KeyGen}}_1(\widetilde{\mathsf{msk}}_1, [\boldsymbol{A}^{\mathrm{T}}\boldsymbol{F}\boldsymbol{B}]_2, [\langle \boldsymbol{F}, \boldsymbol{U}\boldsymbol{Z}^{\mathrm{T}}\rangle]_2),$$

其中 $[\boldsymbol{A}^{\mathrm{T}}\boldsymbol{F}\boldsymbol{B}]_2$ 并且 $[\langle \boldsymbol{F}\boldsymbol{U}\boldsymbol{Z}^{\mathrm{T}}\rangle]_2$ 是分别由假设实例的 $[\boldsymbol{B}]_2$ 和 $[\boldsymbol{Z}]_2$ 模拟生成的. 注意, $\boldsymbol{A}, \boldsymbol{U}$ 是已知的.

- **猜测阶段**. 观察到当 $\boldsymbol{Z} = \boldsymbol{BT}$ 时, 这一模拟过程是与 Game_2 相同的; 当 $\boldsymbol{Z} = \boldsymbol{V}$ 时, 这一模拟过程是与 Game_3 相同的. 这就完成了对引理 11.3 的证明.

引理 11.4 ($\mathsf{Game}_3 \overset{c}{\approx} \mathsf{Game}_4$) 在底层私钥 QFE 方案 π_1 是选择性模拟安全之下的, Game_3 和 Game_4 是计算不可区分的.

证明 这一引理由 π_1 的选择性模拟安全得到. 模拟者 $\mathcal{B}$ 的构造如下:

- **准备阶段**. 运行 $(\widetilde{\mathsf{mpk}}_1, \widetilde{\mathsf{msk}}_1) \leftarrow \widetilde{\mathsf{Setup}}_1(1^\lambda, 1^k)$. 选取 $\boldsymbol{A} \leftarrow \mathbb{Z}_p^{n\times k}, \boldsymbol{B} \leftarrow \mathbb{Z}_p^{m\times k}$ 并输出
$$\widetilde{\mathsf{mpk}} = \left(\widetilde{\mathsf{mpk}}_1, [\boldsymbol{A}]_1, [\boldsymbol{B}]_2\right).$$
- **挑战阶段**. 一旦接收到半适应性挑战向量 $(\boldsymbol{x}, \boldsymbol{y})$, 提交其作为方案 π_1 的选择性挑战, 并得到回复 $\widehat{\mathsf{ct}}^*_{\pi_1}$. 返回
$$\widehat{\mathsf{ct}}^* = (\widehat{\mathsf{ct}}^*_{\pi_1}, \widetilde{\mathsf{Enc}}_1(\widetilde{\mathsf{msk}}_1)).$$
- **问询阶段**. 接收到密钥查询 $\boldsymbol{F}$ 之后, 提交其作为方案 π_1 的一个密钥查询并得到回复 $\widehat{\mathsf{sk}}_{\boldsymbol{F},\pi_1} \in G_2$. 输出
$$\widehat{\mathsf{sk}}_{\boldsymbol{F}} = \widetilde{\mathsf{KeyGen}}_1(\widetilde{\mathsf{msk}}_1, [\boldsymbol{A}^{\mathrm{T}}\boldsymbol{F}\boldsymbol{B}]_2, \widehat{\mathsf{sk}}_{\boldsymbol{F},\pi_1}),$$
其中 $\boldsymbol{A}, \boldsymbol{B}$ 是在准备阶段选取的.
- **猜测阶段**. 观察到
  - 当 $\widehat{\mathsf{ct}}^*_{\pi_1} = ([(\boldsymbol{x} \parallel \boldsymbol{U})\boldsymbol{M}^*]_1, [(\boldsymbol{y} \parallel \boldsymbol{V})\boldsymbol{M}]_2)$ 及 $\widehat{\mathsf{sk}}_{\boldsymbol{F},\pi_1} = [\langle \boldsymbol{F}, \boldsymbol{U}\boldsymbol{V}^{\mathrm{T}}\rangle]_2$ 时, 这一模拟过程与 Game_3 相同.
  - 当 $\widehat{\mathsf{ct}}^*_{\pi_1} = ([\widetilde{\boldsymbol{U}}]_1, [\widetilde{\boldsymbol{V}}]_2)$ 且 $\widehat{\mathsf{sk}}_{\boldsymbol{F},\pi_1} = [\langle \boldsymbol{F}, \widetilde{\boldsymbol{U}}\widetilde{\boldsymbol{V}}^{\mathrm{T}}\rangle - \langle \boldsymbol{F}, \boldsymbol{x}\boldsymbol{y}^{\mathrm{T}}\rangle]_2$ 时, 这一模拟过程与 Game_4 相同.

这就完成了对引理 11.4的证明.

11.3.4 基于 MDDH 和 Bi-MDDH 假设的 QFE

下面我们将介绍第二个 QFE 方案 Π_2, 它是基于 Π_1 构造而来的. 该方案在 MDDK_k 和 Bi-MDDH_d 假设下达到半适应性模拟安全. 这里 k 和 d 是相互独立的. 该方案是以两个双槽 IPFE 方案和一个私钥 QFE 方案 Π_2 (具体构造可参考文献 [75]) 作为底层构建块的.

方案 11.3 令 $\mathbf{IPFE}_1 = (\mathsf{Setup}_1, \mathsf{Enc}_1, \mathsf{KeyGen}_1, \mathsf{Dec}_1)$ 为 G_1 上的双槽 IPFE; $\mathbf{IPFE}_2 = (\mathsf{Setup}_2, \mathsf{Enc}_2, \mathsf{KeyGen}_2, \mathsf{Dec}_2)$ 为 G_2 上的双槽 IPFE. 素数阶双线性群上的 QFE 方案 Π_2 如下:

- $\mathsf{Setup}(1^\lambda, 1^n, 1^m)$: 输入安全参数 λ 和参数 n, m, 运行 $(\mathsf{mpk}_1, \mathsf{msk}_1) \leftarrow \mathsf{Setup}_1(1^\lambda, 1^k, 1^d)$ 和 $(\mathsf{mpk}_2, \mathsf{msk}_2) \leftarrow \mathsf{Setup}_2(1^\lambda, 1^k, 1^d)$. 选取 $\boldsymbol{A} \leftarrow \mathbb{Z}_p^{n\times m}$, $\boldsymbol{B} \leftarrow {\mathbb{Z}_p}^{m\times k}$, 并输出
$$\mathsf{mpk} = (\mathsf{mpk}_1, \mathsf{mpk}_2, [\boldsymbol{A}]_1, [\boldsymbol{B}]_2), \quad \mathsf{msk} = (\mathsf{msk}_1, \mathsf{msk}_2, \boldsymbol{A}, \boldsymbol{B}).$$

- $\mathsf{Enc}(\mathsf{mpk},(\boldsymbol{x},\boldsymbol{y}))$: 输入主公钥 mpk 和向量 $(\boldsymbol{x},\boldsymbol{y})$, 选取 $\boldsymbol{M},\boldsymbol{M}^* \leftarrow \mathbb{Z}_p^{(k+1)\times(k+1)}$, 使得 $\boldsymbol{M}^*\boldsymbol{M}^{\mathrm{T}} = \boldsymbol{I}$. 之后选取 $\boldsymbol{S},\boldsymbol{T} \leftarrow \mathbb{Z}_p^{k\times k}, \boldsymbol{s} \leftarrow \mathbb{Z}_p^d$. 输出

$$\mathsf{ct}_{\boldsymbol{x},\boldsymbol{y}} = \begin{bmatrix} [(\boldsymbol{x} \parallel \boldsymbol{AS})\boldsymbol{M}^*]_1 & [(\boldsymbol{y} \parallel \boldsymbol{BT})\boldsymbol{M}]_2 \\ \mathsf{Enc}_1(\mathsf{mpk}_1,([\boldsymbol{ST}^{\mathrm{T}}]_1,[\boldsymbol{s}]_1)) & \mathsf{Enc}_2(\mathsf{mpk}_2,([\boldsymbol{ST}^{\mathrm{T}}]_2,[\boldsymbol{s}]_2)) \end{bmatrix}.$$

- $\mathsf{KeyGen}(\mathsf{msk},\boldsymbol{F})$: 输入主私钥 msk 和矩阵 $\boldsymbol{F}$, 选取 $\boldsymbol{R} \leftarrow \mathbb{Z}_p^{k\times k}, \boldsymbol{r} \leftarrow \mathbb{Z}_p^d$, 并输出

$$\mathsf{sk}_{\boldsymbol{F}} = (\mathsf{KeyGen}_1(\mathsf{msk}_1,([\boldsymbol{A}^{\mathrm{T}}\boldsymbol{FB}-\boldsymbol{R}]_2,[-\boldsymbol{r}]_2)),$$
$$\mathsf{KeyGen}_2(\mathsf{msk}_2,([\boldsymbol{R}]_1,[\boldsymbol{r}]_1))).$$

- $\mathsf{Dec}(\mathsf{ct}_{\boldsymbol{x},\boldsymbol{y}},\mathsf{sk}_{\boldsymbol{F}})$: 输入密文 $\mathsf{ct}_{\boldsymbol{x},\boldsymbol{y}}$ 和私钥 $\mathsf{sk}_{\boldsymbol{F}}$, 令 $\mathsf{ct}_{\boldsymbol{x},\boldsymbol{y}} = ([\boldsymbol{C}_1]_1,[\boldsymbol{C}_2^{\mathrm{T}}]_2)$, $\mathsf{sk}_{\boldsymbol{F}} = (\mathsf{sk}_1,\mathsf{sk}_2)$, 恢复

$$[L_1]_T \leftarrow \mathsf{Dec}_1(\mathsf{ct}_1,\mathsf{sk}_1), \quad [L_2]_T \leftarrow \mathsf{Dec}_2(\mathsf{ct}_2,\mathsf{sk}_2),$$

并计算

$$[\boldsymbol{P}]_T = e\left([\boldsymbol{C}_1]_1,[\boldsymbol{C}_2^{\mathrm{T}}]_2\right), \quad [D]_T = \langle \boldsymbol{F},[\boldsymbol{P}]_T\rangle, \quad [Z]_T = [D-L_1-L_2]_T.$$

从 $[Z]_T$ 中恢复指数 Z 并输出 Z.

正确性. 对于任意的 $\boldsymbol{X} \in \mathbb{Z}_p^n, \boldsymbol{Y} \in \mathbb{Z}_p^m$ 以及 $\boldsymbol{F} \in \mathbb{Z}_p^{n\times m}$, 有

$$L_1 = \langle \boldsymbol{F},\boldsymbol{AST}^{\mathrm{T}}\boldsymbol{B}^{\mathrm{T}}\rangle - \langle \boldsymbol{R},\boldsymbol{ST}^{\mathrm{T}}\rangle - \langle \boldsymbol{r},\boldsymbol{s}\rangle, \tag{11.5}$$

$$L_2 = \langle \boldsymbol{R},\boldsymbol{ST}^{\mathrm{T}}\rangle + \langle \boldsymbol{r},\boldsymbol{s}\rangle, \tag{11.6}$$

$$\boldsymbol{P} = \boldsymbol{xy}^{\mathrm{T}} + \boldsymbol{AST}^{\mathrm{T}}\boldsymbol{B}^{\mathrm{T}}, \tag{11.7}$$

$$D = \langle \boldsymbol{F},\boldsymbol{xy}^{\mathrm{T}}\rangle + \langle \boldsymbol{FAST}^{\mathrm{T}}\boldsymbol{B}^{\mathrm{T}}\rangle, \tag{11.8}$$

$$Z = \langle \boldsymbol{F},\boldsymbol{xy}^{\mathrm{T}}\rangle. \tag{11.9}$$

式 (11.5) 与式 (11.6) 是由 IPFE_1 与 IPFE_2 的正确性得到的; 剩余等式可以像 11.2 节那样验证. 事实上, 这里根据

$$L_1 + L_2 = \langle \boldsymbol{F},\boldsymbol{AST}^{\mathrm{T}}\boldsymbol{B}^{\mathrm{T}}\rangle = L,$$

可以看出 Π_2 和 Π_1 计算的是相同的 $\boldsymbol{P},D,Z$.

定理 11.4 假设方案 $\mathbf{IPFE}_1$, $\mathbf{IPFE}_2$ 以及 π_2 都是选择性模拟安全的, 则在 MDDH 和 Bi-MDDH 假设之下, 方案 Π_2 是满足半适应性模拟安全的.

证明 令 $(\widetilde{\mathsf{Setup}}_1, \widetilde{\mathsf{Enc}}_1, \widetilde{\mathsf{KeyGen}}_1)$ 和 $(\widetilde{\mathsf{Setup}}_2, \widetilde{\mathsf{Enc}}_2, \widetilde{\mathsf{KeyGen}}_2)$ 分别为 $\mathbf{IPFE}_1$ 和 $\mathbf{IPFE}_2$ 的模拟算法, Π_2 的模拟算法如下:

- $\widetilde{\mathsf{Setup}}(1^\lambda, 1^n, 1^m)$: 运行 $(\widetilde{\mathsf{mpk}}_1, \widetilde{\mathsf{msk}}_1) \leftarrow \widetilde{\mathsf{Setup}}_1(1^\lambda, 1^k, 1^d)$ 和 $(\widetilde{\mathsf{mpk}}_2, \widetilde{\mathsf{msk}}_2) \leftarrow \widetilde{\mathsf{Setup}}_2(1^\lambda, 1^k, 1^d)$. 选取 $\boldsymbol{A} \leftarrow \mathbb{Z}_p^{n\times k}, \boldsymbol{B} \leftarrow \mathbb{Z}_p^{m\times k}, \widetilde{\boldsymbol{U}} \leftarrow \mathbb{Z}_p^{n\times(k+1)}, \widetilde{\boldsymbol{V}} \leftarrow \mathbb{Z}_p^{m\times(k+1)}$, 并输出

$$\widetilde{\mathsf{mpk}} = (\widetilde{\mathsf{mpk}}_1, \widetilde{\mathsf{mpk}}_2, [\boldsymbol{A}]_1, [\boldsymbol{B}]_2), \quad \widetilde{\mathsf{msk}} = (\widetilde{\mathsf{msk}}_1, \widetilde{\mathsf{msk}}_2, \boldsymbol{A}, \boldsymbol{B}, \widetilde{\boldsymbol{U}}, \widetilde{\boldsymbol{V}}).$$

- $\widetilde{\mathsf{Enc}}(\widetilde{\mathsf{msk}})$: 输出

$$\widetilde{\mathsf{ct}} = ([\widetilde{\boldsymbol{U}}]_1, [\widetilde{\boldsymbol{V}}]_2, \widetilde{\mathsf{Enc}}_1(\widetilde{\mathsf{msk}}_1), \widetilde{\mathsf{Enc}}_2(\widetilde{\mathsf{msk}}_2)).$$

- $\widetilde{\mathsf{KeyGen}}(\widetilde{\mathsf{msk}}, \boldsymbol{F}, \mu)$: 选取 $\boldsymbol{R} \leftarrow \mathbb{Z}_p^{k\times k}, \boldsymbol{r} \leftarrow \mathbb{Z}_p^d, \tau \leftarrow \mathbb{Z}_p$, 并输出

$$\widetilde{\mathsf{sk}}_{\boldsymbol{F}} = \begin{pmatrix} \widetilde{\mathsf{KeyGen}}_1(\widetilde{\mathsf{msk}}_1, ([\boldsymbol{A}^{\mathrm{T}}\boldsymbol{F}\boldsymbol{B} - \boldsymbol{R}]_2, [-\boldsymbol{r}]_2), [\langle \boldsymbol{F}, \widetilde{\boldsymbol{U}}\widetilde{\boldsymbol{V}}^{\mathrm{T}}\rangle - \tau - \mu]_2) \\ \widetilde{\mathsf{KeyGen}}_2(\widetilde{\mathsf{msk}}_2, ([\boldsymbol{R}]_1, [\boldsymbol{r}]_1), [\tau]_1) \end{pmatrix}.$$

后面的证明与定理 11.3 相似, 详见文献 [75].

11.3.5 具体方案

接下来我们给出两个具体的 QFE 方案, 分别对应 Π_1 和 Π_2 的实例. 对于这两个方案, 我们选择系统参数使得效率最优. 回顾一下, 我们可以用 Wee 的基于 SXDH 假设的选择性模拟安全 IPFE 方案来构造 (双槽) IPFE_1 和 IPFE_2 方案.

方案 11.4 我们选择参数 $k = 2$ (此时方案依赖 Bi-DLIN 假设) 来实例化 Π_1. 方案构造如下:

- $\mathsf{Setup}(1^\lambda, 1^n, 1^m)$: 选取 $\boldsymbol{A} \leftarrow \mathbb{Z}_p^{n\times 2}, \boldsymbol{B} \leftarrow \mathbb{Z}_p^{m\times 2}, \boldsymbol{d} \leftarrow \mathbb{Z}_p^2, \boldsymbol{W} \leftarrow \mathbb{Z}_p^{4\times 2}$, 并输出

$$\mathsf{mpk} = ([\boldsymbol{A}]_1, [\boldsymbol{B}]_2, [\boldsymbol{d}, \boldsymbol{W}\boldsymbol{d}]_1), \quad \mathsf{msk} = (\boldsymbol{A}, \boldsymbol{B}, \boldsymbol{d}, \boldsymbol{W}).$$

- $\mathsf{KeyGen}(\mathsf{msk}, \boldsymbol{F})$: 令 $\boldsymbol{F} \in \mathbb{Z}_p^{n\times m}$, 输出

$$\mathsf{sk}_{\boldsymbol{F}} = \big([\mathsf{vec}(\boldsymbol{A}^{\mathrm{T}}\boldsymbol{F}\boldsymbol{B})]_2, [\boldsymbol{W}^{\mathrm{T}}\mathsf{vec}(\boldsymbol{A}^{\mathrm{T}}\boldsymbol{F}\boldsymbol{B})]_2\big) \in G_2^4 \times G_2^2.$$

- $\mathsf{Enc}(\mathsf{mpk}, (\boldsymbol{x}, \boldsymbol{y}))$: 选取 $(\boldsymbol{M}, \boldsymbol{M}^*) \leftarrow \mathbb{Z}_p^{3\times 3} \times \mathbb{Z}_p^{3\times 3}$, 使得 $(\boldsymbol{M}^*)\boldsymbol{M}^{\mathrm{T}} = \boldsymbol{I}$. 选取 $\boldsymbol{S}, \boldsymbol{T} \leftarrow \mathbb{Z}_p^{2\times 2}, s \leftarrow \mathbb{Z}_p$. 输出

$$\mathsf{ct}_{\boldsymbol{x},\boldsymbol{y}} = \big([(\boldsymbol{x}\|\boldsymbol{A}\boldsymbol{S})\boldsymbol{M}^*]_1, [(\boldsymbol{y}\|\boldsymbol{B}\boldsymbol{T})\boldsymbol{M}]_2, [\mathsf{vec}(\boldsymbol{S}\boldsymbol{T}^{\mathrm{T}}) + \boldsymbol{W}\boldsymbol{d}s]_1, [\boldsymbol{d}s]_1\big)$$

$$\in G_1^{3n} \times G_2^{3m} \times G_1^4 \times G_1^2.$$

- $\mathsf{Dec}(\mathsf{ct}_{\boldsymbol{x},\boldsymbol{y}}, \mathsf{sk}_{\boldsymbol{F}})$: 令 $\mathsf{ct}_{\boldsymbol{x},\boldsymbol{y}} = ([\boldsymbol{C}_1]_1, [\boldsymbol{C}_2]_2, [\boldsymbol{c}_3]_1, [\boldsymbol{c}_4]_1), \mathsf{sk}_{\boldsymbol{F}} = ([\boldsymbol{k}_1]_2, [\boldsymbol{k}_2]_2)$, 计算

$$[L]_T \leftarrow e([\boldsymbol{c}_3^{\mathrm{T}}]_1, [\boldsymbol{k}_1]_2) \cdot e([\boldsymbol{c}_4^{\mathrm{T}}]_1, [\boldsymbol{k}_2]_2)^{-1},$$

$$[\boldsymbol{P}]_T = e([\boldsymbol{C}_1]_1, [\boldsymbol{C}_2^{\mathrm{T}}]_2), \quad [D]_T = \langle \boldsymbol{F}, [\boldsymbol{P}]_T \rangle, \quad [Z]_T = [D - L]_T,$$

并从 $[Z]_T$ 中恢复指数 Z 并输出 Z.

方案 11.5 我们选择参数 $k = 1, d = 2$ (此时方案依赖 SXDH 和 Bi-DLIN 假设) 来实例化 Π_2. 方案构造如下:

- $\mathsf{Setup}(1^\lambda, 1^n, 1^m)$: 选取 $\boldsymbol{a} \leftarrow \mathbb{Z}_p^n, \boldsymbol{b} \leftarrow \mathbb{Z}_p^m, \boldsymbol{d}_1, \boldsymbol{d}_2 \leftarrow \mathbb{Z}_p^2, \boldsymbol{W}_1, \boldsymbol{W}_2 \leftarrow \mathbb{Z}_p^{3\times 2}$, 并输出

$$\mathsf{mpk} = ([\boldsymbol{a}]_1, [\boldsymbol{b}]_2, [\boldsymbol{d}_1, \boldsymbol{W}_1\boldsymbol{d}_1]_1, [\boldsymbol{d}_2, \boldsymbol{W}_2\boldsymbol{d}_2]_2), \quad \mathsf{msk} = (\boldsymbol{a}, \boldsymbol{b}, \boldsymbol{d}_1, \boldsymbol{d}_2, \boldsymbol{W}_1, \boldsymbol{W}_2).$$

- $\mathsf{Enc}(\mathsf{mpk}, (\boldsymbol{x}, \boldsymbol{y}))$: 令 $(\boldsymbol{x}, \boldsymbol{y}) \in \mathbb{Z}_p^m \times \mathbb{Z}_p^n$, 选取 $(\boldsymbol{M}, \boldsymbol{M}^*) \leftarrow \mathbb{Z}_p^{2\times 2} \times \mathbb{Z}_p^{2\times 2}$, 使得 $\boldsymbol{M}^*\boldsymbol{M}^{\mathrm{T}} = \boldsymbol{I}$. 选取 $s, t, s_1, s_2 \leftarrow \mathbb{Z}_p, \boldsymbol{s} \leftarrow \mathbb{Z}_p^2$. 输出

$$\mathsf{ct}_{\boldsymbol{x},\boldsymbol{y}} = \begin{pmatrix} [(\boldsymbol{x}\|\boldsymbol{a}s)\boldsymbol{M}^*]_1 & [(\boldsymbol{y}\|\boldsymbol{b}t)\boldsymbol{M}]_2 \\ \left[\begin{pmatrix} st \\ \boldsymbol{s} \end{pmatrix} + \boldsymbol{W}_1\boldsymbol{d}_1 s_1\right]_1 & [\boldsymbol{d}_1 s_1]_1 \\ \left[\begin{pmatrix} st \\ \boldsymbol{s} \end{pmatrix} + \boldsymbol{W}_2\boldsymbol{d}_2 s_2\right]_2 & [\boldsymbol{d}_2 s_2]_2 \end{pmatrix}$$

$$\in G_1^{2n} \times G_2^{2m} \times G_1^3 \times G_1^2 \times G_2^3 \times G_2^2.$$

- $\mathsf{KeyGen}(\mathsf{msk}, \boldsymbol{F})$: 选取 $\delta \leftarrow \mathbb{Z}_p, \boldsymbol{r} \leftarrow \mathbb{Z}_p^2$, 并输出

$$\mathsf{sk}_{\boldsymbol{F}} = \left(\left[\begin{pmatrix} \boldsymbol{a}^{\mathrm{T}}\boldsymbol{F}\boldsymbol{b} - \delta \\ -\boldsymbol{r} \end{pmatrix}\right]_2, \left[\boldsymbol{W}_1^{\mathrm{T}} \cdot \begin{pmatrix} \boldsymbol{a}^{\mathrm{T}}\boldsymbol{F}\boldsymbol{b} - \delta \\ -\boldsymbol{r} \end{pmatrix}\right]_2, \right.$$

$$\left. \left[\begin{pmatrix} \delta \\ \boldsymbol{r} \end{pmatrix}\right]_1, \left[\boldsymbol{W}_2^{\mathrm{T}} \begin{pmatrix} \delta \\ \boldsymbol{r} \end{pmatrix}\right]_1 \right) \in G_2^3 \times G_2^2 \times G_1^3 \times G_1^2.$$

- $\mathsf{Dec}(\mathsf{ct}_{\boldsymbol{x},\boldsymbol{y}}, \mathsf{sk}_{\boldsymbol{F}})$: 令 $\mathsf{ct}_{\boldsymbol{x},\boldsymbol{y}} = ([\boldsymbol{C}_1]_1, [\boldsymbol{C}_2]_2, [\boldsymbol{c}_3]_1, [\boldsymbol{c}_4]_1, [\boldsymbol{c}_5]_2, [\boldsymbol{c}_6]_2), \mathsf{sk}_{\boldsymbol{F}} = ([\boldsymbol{k}_1]_2, [\boldsymbol{k}_2]_2, [\boldsymbol{k}_3]_1, [\boldsymbol{k}_4]_1)$, 计算

$$[L_1]_T \leftarrow e([\boldsymbol{c}_3^{\mathrm{T}}]_1, [\boldsymbol{k}_1]_2) \cdot e([\boldsymbol{c}_4^{\mathrm{T}}]_1, [\boldsymbol{k}_2]_2)^{-1},$$

$$[L_2]_T \leftarrow e([\boldsymbol{k}_3^{\mathrm{T}}]_1, [\boldsymbol{c}_5]_2) \cdot e([\boldsymbol{k}_4^{\mathrm{T}}]_1, [\boldsymbol{c}_6]_2)^{-1},$$

$$[\boldsymbol{P}]_T = e([\boldsymbol{C}_1]_1, [\boldsymbol{C}_2^{\mathrm{T}}]_2), \quad [D]_T = \langle \boldsymbol{F}, [\boldsymbol{P}]_T \rangle, \quad [Z]_T = [D - L_1 - L_2]_T,$$

并从 $[z]_T$ 中恢复指数 Z 并输出 Z.

除上述具体构造外, 读者还可以阅读文献 [74, 76] 作为参考学习. 陈洁等[77]总结了 IBE 的紧归约构造方法, 讨论了目前紧归约安全的复杂函数加密的主要问题, 介绍了函数加密领域的紧归约技术对其他密码学问题的影响.

第 12 章 应用性扩展: 审计、追踪、撤销及其他

前面我们介绍了各种属性基加密相关构造, 并从理论角度证明了它们的安全性, 然而这些构造仅着眼于如何构造一个实现属性基加密基本功能的安全构造, 并未从应用的角度来考虑如何设计一个切合现实需求的密码系统.

为了解决现实场景中存在的各种功能需求和安全隐患, 我们将在本章介绍属性基加密的一些应用性扩展, 这些扩展方案各具特色, 可以根据不同的应用场景选择合适的扩展方案以满足相关需求, 包括可审计扩展、可追踪扩展、可撤销扩展、外包服务以及去中心化等.

12.1 可审计扩展

云计算[78] 作为一种新兴的商业范式, 受到了学术界和工业界的广泛关注. 由于云计算的快速发展, 许多企业和个人可以将大量数据外包到云端, 但云计算产生的数据安全和隐私问题可能会阻碍其广泛的应用. 属性基加密旨在保护敏感数据的机密性, 并为用户进一步提供细粒度的访问控制. 特别是, 密文策略的属性基加密提供了一种可扩展的数据加密方式, 以便企业和个人可以针对潜在数据用户拥有的属性指定他们的访问策略. 如果用户的属性集满足指定的访问策略集, 则用户有权解密相应的外包加密数据.

对于资源受限的设备来说, 密文策略的属性基加密系统其高昂的解密成本会是一个沉重的负担, 并且可能会在本质上阻碍密文策略的属性基加密系统在资源受限设备中的广泛部署. 大多数现有的基于配对的 CP-ABE 系统都存在着线性的解密成本. 配对成本往往随着接入策略的增加而增加, 这对资源受限的设备来说是一个重大挑战. 减轻计算成本的一种可能解决方案是将配对操作从设备中卸载并放置到云端. 然而这将额外产生以下两个问题: ① 如何安全地将 “很大一部分” 解密操作放置到云端? ② 如何高效校验云端返回的 “部分” 解密结果的有效性?

可审计扩展实际上旨在解决第二个问题, 是指部分解密结果的可审计性. 为了检查云端是否诚实地执行外包数据的解密, 需要使用一种可审计机制, 使审计人员能够检查返回的结果是否有效. 并且可审计方法不需要在底层 CP-ABE 系统的密文中添加任何额外的参数, 也即保持密文的大小, 同时不会给用户的加密和解密过程带来任何额外的计算成本. 审计人员只需进行一次配对操作, 即可检

查云端部分解密内容的正确性, 这便于在资源受限的设备上构造高效且实用的外包 CP-ABE 系统.

定义 12.1 一个可审计 σ 次的外包密文策略属性基的密钥封装机制 (ATOCP-AB-KEM) [79] 由以下算法组成:

- $\mathsf{Setup}(\lambda,\mathcal{U}) \to (\mathsf{pp},\mathsf{msk})$: 输入安全参数 λ 和属性域 $\mathcal{U}$. 由权威中心 (也是审计者) 运行该算法会输出系统公开参数 pp 和系统主私钥 msk.
- $\mathsf{Setup}_C(\mathsf{pp}) \to (\mathsf{pk}_c,\mathsf{sk}_c)$: 输入系统公开参数 pp, 由云服务器运行该算法输出云服务器的公钥 pk_c 和云服务器的私钥 sk_c.
- $\mathsf{Setup}_U(\mathsf{pp}) \to (\mathsf{pk}_u,\mathsf{sk}_u)$: 输入系统公开参数 pp. 由数据使用者运行该算法输出用户的公钥 pk_u 和私钥 sk_u.
- $\mathsf{KeyGen}(\mathsf{pp},\mathsf{msk},\mathsf{pk}_c,\mathsf{pk}_u,S) \to \mathsf{sk}_S$: 输入系统公开参数 pp、系统主私钥 msk、云服务器的公钥 pk_c、一个用户的公钥 pk_u 和一个与该用户有关的属性集合 S. 由权威中心运行该算法输出解密密钥 dk_S.
- $\mathsf{KeyGen}_{\mathrm{out}}(\mathsf{pp},\mathsf{dk}_S,\mathsf{sk}_u,\mathrm{csi}) \to \mathsf{tk}_S$: 输入系统公开参数 pp、解密密钥 dk_S、一个用户的主私钥 sk_u 和一个当下的状态信息 csi (可能包含当前时间、IP 地址等信息). 由数据使用者运行该算法输出转换密钥 tk_S.
- $\mathsf{Enc}(\mathsf{pp},\mathbb{A}) \to (\mathsf{ct},\mathsf{key})$: 输入系统公开参数 pp 和一个访问结构 $\mathbb{A}$. 由数据使用者运行该算法输出密文 ct 和封装密钥 key (也可以看作明文消息).
- $\mathsf{Dec}_{\mathrm{out}}(\mathsf{pp},\mathsf{ct},\mathsf{tk}_S) \to \mathsf{ct}'$ 或 $\perp$: 假设这是第 j 次外包解密请求. 在输入系统公开参数 pp, 与一个访问结构 $\mathbb{A}$ 相关的密文 ct 和一个对应于属性集合 S 的转换密钥 tk_S 后, 由云服务器运行该算法输出转移密文 ct′, 如果满足条件: ① S 满足访问结构 $\mathbb{A}$; ② $j \leqslant \sigma$, 这个由访问结构 $\mathbb{A}$ 或者转移密钥的角色所决定的 σ 是指在一段时间内允许解密请求的最大数量. 否则不能满足条件的话, 输出 $\perp$.
- $\mathsf{Dec}_U(\mathsf{ct}',\mathsf{sk}_u) \to \mathsf{key}$ 或 $\perp$: 输入一个转移密文 ct′ 和一个用户私钥 sk_u. 如果满足 $\mathsf{Audit}\ (\mathsf{pk}_u,\mathsf{ct},\mathsf{ct}',\mathsf{msk}) \to 1$, 由数据使用者运行该算法输出封装密钥 key, 否则会输出 $\perp$.
- $\mathsf{Audit}(\mathsf{pk}_u,\mathsf{ct},\mathsf{ct}',\mathsf{msk}) \to 1$ 或 0. 输入一个用户公钥 pk_u、一个密文 ct、一个转移密文 ct′ 和系统主私钥 msk. 由权威中心运行该算法, 如果云服务器正确执行外包解密, 则输出 1. 否则输出 0 表示服务器返回了一个错误的结果.

安全性. 基于上述系统, 安全性中我们考虑以下两种类型的敌手.

(1) 我们将恶意数据用户称为类型-1 敌手. 对于类型-1 敌手, 任何未经授权的用户都不能解密存储在云服务器中的加密数据. 特别是, 一组未授权的恶意用户串通, 仍然无法获得未授予的解密权限. 此外, 任何授权用户只能在指定的时间段内且在允许的次数内访问云服务器提供的外包解密服务.

(2) 我们将 "诚实但好奇" 的云服务器称为类型-2 敌手. 具体来说, 这个敌手将遵循协议的规定诚实执行相关操作, 但试图收集尽可能多的秘密隐私信息. 要求不能让类型-2 敌手获得比它已经拥有的更多的秘密信息. 另外, 它无法识别出 "谁访问了加密数据" 以及 "谁请求了外包解密服务". 它也不能将一个已经允许的外包解密请求与前一个请求联系起来.

为了定义满足要求的 ATOCP-AB-KEM 安全概念, 需要设计如下安全游戏:

(1) 可重放选择密文攻击安全性 (Replayable CCA, 简称 RCCA): 我们定义 RCCA 安全, 这是选择密文攻击的一个弱化版本, 允许对密文进行 "无害" 修改. 根据不同类型的敌手定义系统的 RCCA 安全性如下.

(a) 针对类型-1 敌手的 RCCA 安全: 它由挑战者 $\mathcal{C}$ 和敌手 $\mathcal{A}$ 之间的安全游戏定义, 运行如下:

- **准备阶段**: $\mathcal{C}$ 运行 Setup 和 $\mathsf{Setup}_{\mathcal{C}}$, 并把 $(\mathsf{pp}, \mathsf{pk}_c, \mathsf{sk}_c)$ 发送给 $\mathcal{A}$.
- **问询阶段 1**: $\mathcal{C}$ 初始化一个空表格 T、一个整数计数器 $j = 0$ 和一个空集合 D. $\mathcal{A}$ 可以发起以下询问:
  - $\mathsf{Creat}(S)$: $\mathcal{C}$ 设置 $j = j + 1$. 运行 Setup_U 获得一个用户公钥 pp_u 和用户私钥 sk_u; 以 S 为输入, 运行 KeyGen 获得解密密钥 dk_S; 以 $\mathsf{sk}_S, \mathsf{sk}_u$ 为输入, 运行 $\mathsf{KeyGen}_{\mathrm{out}}$ 获得转移密钥 tk_S, 然后把这个条目 $(j, S, \mathsf{dk}_S, \mathsf{tk}_S, \mathsf{pk}_u, \mathsf{sk}_u)$ 存储在表格 T 中.
  - $\mathsf{Corrupt.SK}(i)$: $\mathcal{C}$ 在表格 T 中检查是否存在第 i 个条目 $(i, S, \mathsf{dk}_S, \mathsf{tk}_S, \mathsf{pk}_u, \mathsf{sk}_u)$, 如果没有则返回 $\perp$. 否则它设置集合 $D = D \cup \{S\}$ 并且返回 $(\mathsf{sk}_S, \mathsf{pp}_u, \mathsf{sk}_u)$.
  - $\mathsf{Corrupt.TK}(i)$: $\mathcal{C}$ 在表格 T 中检查是否存在第 i 个条目 (i, S, tk_S), 如果没有则返回 $\perp$. 否则返回 tk_S.
  - $\mathsf{Dec}(i, \mathsf{ct})$: $\mathcal{C}$ 在表格 T 中检查是否存在第 i 个条目 (i, S, dk_S), 如果没有则返回 $\perp$. 否则它返回密文 ct 的解密输出.
- **挑战阶段**: $\mathcal{A}$ 提交一个挑战策略 $\mathbb{A}^*$, 使得所有的属性集合 $S \in D$ 都不满足 $\mathcal{A}^*$. $\mathcal{C}$ 运行 Enc 生成 $(\mathsf{ct}^*, \mathsf{key}^*)$. 然后它随机选择一个比特值 $b \in \{0, 1\}$. 如果 $b = 0$, 它返回 $(\mathsf{ct}^*, \mathsf{key}^*)$ 给 $\mathcal{A}$. 如果 $b = 1$, 它将在封装密钥空间中随机选择一个密钥 R^* 并返回 (ct^*, R^*).
- **问询阶段 2**: 与问询阶段 1 相同, 但是有以下两个限制: ① $\mathcal{A}$ 不能轻易获得挑战密文的解密密钥和对应的用户私钥 sk_u. ② $\mathcal{A}$ 不能对挑战密文发起解密询问.
- **猜测阶段**: $\mathcal{A}$ 输出对 b 的一个猜测 $b' \in \{0, 1\}$.

敌手 $\mathcal{A}$ 在这个游戏中的优势被定义为 $\mathsf{Adv} = \left|\Pr[b' = b] - \frac{1}{2}\right|$.

定义 12.2 上述 ATOCP-AB-KEM 系统对于类型-1 的敌手是 RCCA 安全的, 如果所有类型-1 的 PPT 敌手在上述游戏中的优势最多是可忽略的.

(b) 针对类型-2 敌手的 RCCA 安全: 该安全游戏和上述试验中相同, 除了准备阶段修改为

- **准备阶段**: $\mathcal{C}$ 运行 Setup 并且把 pp 发给 $\mathcal{A}$, 同时 $\mathcal{A}$ 运行 Setup_C 并把云服务器公钥 pk_c 发送给 $\mathcal{C}$.

请注意, 上述安全游戏在某种意义上保持了强大的对抗能力, 也就是说只要不涉及挑战密文, $\mathcal{A}$ 就可以获得解密密钥和相应的用户私钥.

定义 12.3 上述 ATOCP-AB-KEM 系统对类型-2 的敌手是 RCCA 安全的, 如果所有类型-2 的 PPT 敌手在上述游戏中的优势最多是可忽略的.

(c) CPA 安全: 我们称 ATOCP-AB-KEM 系统是 CPA 安全的 (或者选择明文攻击下安全的), 如果敌手 $\mathcal{A}$ 没有进行解密询问.

(d) 选择性安全: 我们称 ATOCP-AB-KEM 系统是选择性安全, 如果在准备阶段之前增加一个初始化阶段, 让敌手 $\mathcal{A}$ 输出挑战策略 $\mathbb{A}^*$.

(2) 可审计性: 其保证权威中心可以检查云服务器所做的转换是否正确. 具体来说, 给定一个密文, 恶意云服务器不能生成两个不同但 "有效" 的转换密文, 转换后的密文如果能通过审计则为有效. 该模型由挑战者 $\mathcal{C}$ 和敌手 $\mathcal{A}$ 之间的安全游戏定义. 安全游戏的工作原理如下:

- **准备阶段**: $\mathcal{C}$ 运行 Setup 来得到系统的公开参数 pp 和系统主私钥 msk, 并把 pp 发送给 $\mathcal{A}$. $\mathcal{A}$ 运行 Setup_C 并把 pk_c 发送给 $\mathcal{C}$.
- **问询阶段 1**: $\mathcal{A}$ 可以自行发起在 RCCA 安全游戏中针对类型-2 敌手描述的所有种类的询问.
- **挑战阶段**: $\mathcal{A}$ 提交一个挑战策略 $\mathbb{A}^*$ 给 $\mathcal{C}$. $\mathcal{C}$ 以 $\mathbb{A}^*$ 为输入, 运行 Enc 得到 $(\mathsf{ct}^*, \mathsf{key}^*)$ 并返回 ct^*.
- **问询阶段 2**: 和问询阶段 1 相同.
- **输出阶段**: $\mathcal{A}$ 输出一个属性集合 S^* 和一个元组 $(\mathsf{ct}'^*_1, \mathsf{ct}'^*_2)$, 这个元组是 ct^* 的两个转移密文. 我们假设这个条目 $(S^*, \mathsf{dk}_{S^*}, \mathsf{tk}_{S^*}, \mathsf{pk}_u, \mathsf{sk}_u)$ 在表格 T 中存在 (如果不存在, 则 $\mathcal{C}$ 会生成这个条目). 如果满足条件 $\mathsf{Audit}(\mathsf{pk}_u, \mathsf{ct}^*, \mathsf{ct}'^*_1, \mathsf{msk}) \to 1 \wedge \mathsf{Audit}(\mathsf{pk}_u, \mathsf{ct}^*, \mathsf{ct}'^*_2, \mathsf{msk}) \to 1 \wedge \mathsf{Dec}_U(\mathsf{ct}'^*_1, \mathsf{sk}_u) \neq \mathsf{Dec}_U(\mathsf{ct}'^*_2, \mathsf{sk}_u)$, $\mathcal{A}$ 赢得这个游戏.

定义 12.4 我们称一个 ATOCP-AB-KEM 系统是可审计的, 如果所有 PPT 敌手在上述游戏中的优势最多是可忽略的.

(3) σ 次限制: 其确保了一个数据使用者如果被授予了最多 σ 次访问外包解

密服务的权限, 则他不能在不被发现的情况下运行 $\sigma+1$ 次 $\mathsf{Dec}_{\text{out}}$ 算法. 这个安全性由挑战者 $\mathcal{C}$ 和敌手 $\mathcal{A}$ 之间的安全游戏定义, 这个安全游戏按照以下步骤运行:

- **准备阶段**: $\mathcal{C}$ 运行 Setup 和 Setup_C, 并且把 $(\mathsf{pp}, \mathsf{pk}_c, \mathsf{sk}_c)$ 发送给 $\mathcal{A}$.
- **问询阶段**: $\mathcal{A}$ 可以自行发起在 RCCA 安全游戏中对于类型-1 敌手描述的所有类型的询问.
- **挑战阶段**: 假设这是外包解密的第 j 次请求. $\mathcal{A}$ 提交了一个挑战策略 $\mathbb{A}^*$ 给 $\mathcal{C}$, $\mathcal{C}$ 以 $\mathbb{A}^*$ 为输入, 运行 Enc 并得到 $(\mathsf{ct}^*, \mathsf{key}^*)$, 同时返回 ct^* 给 $\mathcal{A}$. 然后 $\mathcal{A}$ 运行 $\mathsf{Dec}_{\text{out}}(\mathsf{pp}, \mathsf{ct}^*, \mathsf{tk}_S)$ 算法.
- **输出阶段**: $\mathcal{A}$ 输出一个由 $\mathsf{Dec}_{\text{out}}(\mathsf{pp}, \mathsf{ct}^*, \mathsf{tk}_S)$ 生成的转移密文 ct'^*, 满足条件 $\mathsf{Audit}(\mathsf{pk}_u, \mathsf{ct}^*, \mathsf{ct}'^*, \mathsf{msk}) \to 1$. 如果 $j=\sigma+1$, 则 $\mathcal{A}$ 赢得游戏.

定理 12.1 我们称 ATOCP-AB-KEM 系统是 σ 次限制的, 如果所有 PPT 敌手在上述游戏中的优势是可忽略的.

(4) 外包隐私: 其保证所有已经允许的来自数据用户的外包解密请求都是互不相干且匿名的. 具体来说, 云服务器不能将一个已经允许的外包解密请求与前一个联系起来. 而且, 即使存在两个共享相同属性集的数据用户, 云服务器也无法识别出是谁发送了外包解密请求. 该模型由挑战者 $\mathcal{C}$ 和敌手 $\mathcal{A}$ 之间的安全游戏定义. 这个安全游戏的工作原理如下:

- **准备阶段**: $\mathcal{C}$ 运行 Setup 算法得到系统公开参数 pp 和系统的主私钥 msk, 并且发送 $(\mathsf{pp}, \mathsf{msk})$ 给敌手 $\mathcal{A}$, $\mathcal{A}$ 运行 Setup_C 算法之后将云服务器的公钥 pk_c 发送给 $\mathcal{C}$.
- **问询阶段 1**: $\mathcal{A}$ 可以自行发起在 RCCA 安全游戏中对于类型-2 敌手描述的所有类型的询问.
- **挑战阶段**: $\mathcal{A}$ 公开两个用户公钥 $\mathsf{pp}_{u,0}$ 和 $\mathsf{pp}_{u,1}$, 其对应的属性集合 S_0, S_1, 一个访问策略 $\mathbb{A}^*$ 和外包服务请求的最大数量 σ, 并把它们都发送给挑战者 $\mathcal{C}$, 其中限制 $\mathcal{A}$ 不能在问询阶段 1 发起对 S_0, S_1 的 $\mathsf{Corrupt.SK}(i)$ 和 $\mathsf{Corrupt.TK}(i)$ 询问, S_0, S_1 都要满足 $\mathbb{A}^*$, σ 由 $\mathbb{A}^*$ 或者转移密钥的角色所决定. $\mathcal{C}$ 以 $\mathbb{A}^*$ 为输入, 运行 Enc 得到 $\mathsf{ct}_{\mathbb{A}^*}$, 然后随机选择一个比特值 $b \in \{0,1\}$, 分别运行 KeyGen(输入 $(\mathsf{pk}_{u,b}, S_b)$) 得到 dk_{S_b} 和 $\mathsf{KeyGen}_{\text{out}}$(输入 $(\mathsf{dk}_{S_b}, \mathsf{sk}_{u,b})$) 得到 tk_{S_b}. $\mathcal{C}$ 把 $(\mathsf{tk}_{S_b}, \mathsf{ct}_{\mathbb{A}^*})$ 发送给 $\mathcal{A}$, 然后 $\mathcal{A}$ 以 $(\mathsf{tk}_{S_b}, \mathsf{ct}_{\mathbb{A}^*})$ 为输入, 运行第 j 次 $\mathsf{Dec}_{\text{out}}$ 算法, 这里 j 小于 σ.
- **问询阶段 2**: 和问询阶段 1 相同, 但是限制 $\mathcal{A}$ 不能发起对 S_0, S_1 的 $\mathsf{Corrupt.SK}(i)$ 和 $\mathsf{Corrupt.TK}(i)$ 询问.
- **猜测阶段**: $\mathcal{A}$ 输出猜测的比特值 b'.

注意到上述安全游戏在某种意义上是一个比较强的概念, 因为 $\mathcal{A}$ 可能获得系统主私钥 msk.

定理 12.2 我们称 ATOCP-AB-KEM 系统是外包隐私的, 如果所有 PPT 敌手在上述游戏中的优势最多是可忽略的.

方案12.1 首先给出一个基本的外包密文策略的属性基密钥封装机制 (OCP-AB-KEM), 该系统由以下算法组成:

- Setup(λ): 输入安全参数 λ 并生成对称双线性群描述 $\mathbb{G}=(G,G_T,p,e)\leftarrow\mathcal{G}$, 其中 p 是群的素数阶. 令属性域 $\mathcal{U}=\mathbb{Z}_p$. 随机选取 $g,h,u,v,w\in G$ 和 $\alpha\in\mathbb{Z}_p$, 并设置系统公开参数 $\mathsf{pp}=(\mathbb{G},g,h,u,v,w,e(g,g)^{\alpha})$ 和系统主私钥 $\mathsf{msk}=\alpha$.
- $\mathsf{Setup}_C(\mathsf{pp})$: 选取 $y_c\leftarrow\mathbb{Z}_p$, 然后公开云服务器的公钥 $\mathsf{pk}_c=(Y_c=g^{y_c})$, 并设置其私钥为 $\mathsf{sk}_c=y_c$.
- $\mathsf{Setup}_U(\mathsf{pp})$: 选取 $z_u\leftarrow\mathbb{Z}_p$, 然后公开该用户的公钥 $\mathsf{pk}_u=(Z_u=g^{z_u})$, 并设置其私钥为 $\mathsf{sk}_u=z_u$.
- $\mathsf{KeyGen}(\mathsf{pp},\mathsf{msk},\mathsf{pk}_c,\mathsf{pk}_u,S=\{A_1,A_2,\cdots,A_k\}\subseteq\mathbb{Z}_p)$: 选取 $\beta,r,\{r_\tau\}_{\tau\in[k]}\leftarrow\mathbb{Z}_p$, 并作以下计算:

$$K_0=Z_u^{\alpha}Y_c^{\beta}w^{r},\quad K_1=g^{\beta},K_2=g^{r},$$

$$\{K_{\tau,3}=g^{r_\tau},K_{\tau,4}=(u^{A_\tau}h)^{r_\tau}v^{-r}\}_{\tau\in[k]}.$$

  最后输出私钥 $\mathsf{sk}_S=(S,K_0,K_1,K_2,\{K_{\tau,3},K_{\tau,4}\}_{\tau\in[k]})$.
- $\mathsf{KeyGen}_{\mathrm{out}}(\mathsf{sk}_S)$: 令 $\mathsf{tk}_S=\mathsf{sk}_S$ 并输出转换密钥 tk_S.
- $\mathsf{Enc}(\mathsf{pp},(\boldsymbol{M},\rho))$: 输入公开参数 pp 和一个 LSSS 访问结构 $(\boldsymbol{M},\rho)$, 其中 $\boldsymbol{M}$ 是一个 $l\times n$ 的矩阵, 该算法首先选取随机数 $s\leftarrow\mathbb{Z}_p$, 然后选取 $x_2,\cdots,x_n\leftarrow\mathbb{Z}_p$, 接着设置向量 $\boldsymbol{x}=(s,x_2,\cdots,x_n)^{\mathrm{T}}$, 同时计算 s 的一个共享向量为 $(\lambda_1,\cdots,\lambda_l)^{\mathrm{T}}=\boldsymbol{M}\boldsymbol{x}$. 然后选取 $\{t_\tau\}_{\tau\in[l]}\leftarrow\mathbb{Z}_p$, 并计算

$$C_0=g^{s},\quad\{C_{\tau,1}=w^{\lambda_\tau}v^{t_\tau},\ C^{\tau,2}=(u^{\rho(\tau)}h)^{-t_\tau},\ C_{\tau,3}=g^{t_\tau}\}_{\tau\in[l]}.$$

  封装密钥被设置为 $\mathsf{key}=e(g,g)^{\alpha s}$, 且密文为 $\mathsf{ct}=((\boldsymbol{M},\rho),C_0,\{C_{\tau,1},C_{\tau,2},C_{\tau,3}\}_{\tau\in[l]})$.
- $\mathsf{Dec}_{\mathrm{out}}(\mathsf{pp},\mathsf{ct},\mathsf{tk}_S)$: 输入密文 $\mathsf{ct}=((\boldsymbol{M},\rho),C_0,\{C_{\tau,1},C_{\tau,2},C_{\tau,3}\}_{\tau\in[l]})$ 和属性集 S 的转换密钥 $\mathsf{tk}_S=(S,K_0,K_1,K_2,\{K_{\tau,3},K_{\tau,4}\}_{\tau\in[k]})$. 如果属性集 S 不满足 $(\boldsymbol{M},\rho)$, 该算法输出 $\perp$. 否则令 $I=\{i:\rho(i)\in S\}$ 并计算满足 $\sum_{i\in I}w_i\boldsymbol{M}_i=(1,0,\cdots,0)$ 的常数 $\{w_i\in Z_p\}_{i\in I}$, 其中 $\boldsymbol{M}_i$ 是矩阵 $\boldsymbol{M}$ 的第 i 行. 接着计算出

$$P=\prod_{i\in I}(e(C_{\tau,1},K_2)e(C_{\tau,2},K_{\tau,3})e(C_{\tau,3},K_{\tau,4}))^{w_i},$$

$$C' = \frac{e(C_0, K_0)}{e(C_0, (K_1)^{sk_c}) \cdot P} = e(g, Z_u)^{\alpha s},$$

最后输出转换密文 $\mathsf{ct}' = ((\boldsymbol{M}, \rho), C')$.

- $\mathsf{Dec}_U(\mathsf{ct}', \mathsf{sk}_u)$: 输入转换密文 $\mathsf{ct}' = ((\boldsymbol{M}, \rho), C')$ 和用户私钥 $\mathsf{sk}_u = z_u$, 计算出

$$\mathsf{key} = (C')^{\mathsf{sk}_u^{-1}} = (e(g, Z_u)^{\alpha s})^{z_u^{-1}} = e(g, g)^{\alpha s}.$$

方案 12.2 基于上述 OCP-AB-KEM 系统, 现在介绍一个可审计 σ 次的外包密文策略的属性基密钥封装机制 (ATOCP-AB-KEM), 通过修改算法 $\mathsf{KeyGen}_{\mathrm{out}}$ 和 $\mathsf{Dec}_{\mathrm{out}}$ 实现了有限访问控制的机制, 其中算法 $\mathsf{Setup}_U, \mathsf{KeyGen}, \mathsf{Enc}$ 和 OCP-AB-KEM 系统中一样, 剩下的算法按照以下修改:

- $\mathsf{Setup}(\lambda)$: 该算法与 OCP-AB-KEM 系统相同, 除了选择一个抗碰撞哈希函数 $H : \{0,1\}^* \to \mathbb{Z}_p$, 并计算出 $E = e(g, g)$, 于是公开参数 pp 会包含两个额外元素: (H, E).
- $\mathsf{Setup}_C(\mathsf{pp})$: 该算法与 OCP-AB-KEM 系统相同, 除了初始化一个外包解密服务计数器 $\mathrm{ctr} = 0$ 和一个表示每个潜在转换密钥的空集 ST. 云服务器同样会使用一个列表 L 来为每个潜在转换密钥维护 ctr 和 ST.
- $\mathsf{KeyGen}_{\mathrm{out}}(\mathsf{pp}, \mathsf{sk}_S, \mathsf{sk}_u, \mathrm{csi})$: 输入系统公开参数 pp、一个私钥 sk_S、一个用户私钥 $\mathsf{sk}_u = z_u$ 和一个当前状态信息 csi, 计算 $K_c = E^{1/(z_u + H(\mathrm{csi}))}$, $K_p = g^{1/(z_u + H(\mathrm{csi}))}$, 然后返回 $\mathsf{tk}_S = (\mathsf{sk}_S, K_c, K_p, \mathrm{csi})$.
- $\mathsf{Dec}_{\mathrm{out}}(\mathsf{pp}, \mathsf{ct}, \mathsf{tk}_S)$: 输入密文 $\mathsf{ct} = ((\boldsymbol{M}, \rho), C_0, \{C_{\tau,1}, C_{\tau,2}, C_{\tau,3}\}_{\tau \in [l]})$ 和关于属性集合 S 的密钥 $\mathsf{tk}_S = (S, K_0, K_1, K_2, \{K_{\tau,3}, K_{\tau,4}\}_{\tau \in [k]}, K_c, K_p, \mathrm{csi})$, 如果 S 不满足访问控制 $(\boldsymbol{M}, \rho)$, 该算法会输出 $\perp$. 否则它会从 L 中得到关于密钥 tk_S 的元组 $(\mathrm{ctr}, \mathrm{ST})$, 并进行以下操作:

(1) 该算法会检查以下条件是否成立:

(a) $e(g^{H(\mathrm{csi})} \cdot Z_u, K_p) = E$ 和 $K_c = e(g, K_p)$;

(b) $\mathrm{ctr} + 1 \leqslant \sigma$, 这里 σ 是外包解密服务请求的最大数量 (这是由关于密文的访问控制结构 $(\boldsymbol{M}, \rho)$ 或转移密钥角色所决定的);

(c) $K_c \notin ST$.

如果不成立, 算法输出 $\perp$, 否则转向步骤 (2).

(2) 更新 crt 为 $\mathrm{crt} + 1$ 并将 K_c 存储于 ST 以供未来使用. 然后它和 OCP-AB-KEM 系统中一样计算转换密文 $\mathsf{ct}' = ((\boldsymbol{M}, \rho), C')$, 这里的 $C' = e(g, Z_u)^{\alpha s}$.

- $\mathsf{Dec}_U(ct', \mathsf{sk}_u)$: 输入转换密文 $\mathsf{ct}' = ((\boldsymbol{M}, \rho), C')$ 和一个用户私钥 $\mathsf{sk}_u = z_u$, 如果 $\mathsf{Audit}(\mathsf{pp}_u, \mathsf{ct}, \mathsf{ct}', \mathsf{msk}) \to 0$, 算法输出 $\perp$. 否则会计算出

$$\mathsf{key} = (C')^{\mathsf{sk}_u^{-1}} = (e(g, Z_u)^{\alpha s})^{z_u^{-1}} = e(g, g)^{\alpha s}.$$

- $\mathsf{Audit}(\mathsf{pp}_u, \mathsf{ct}, \mathsf{ct}', \mathsf{msk})$: 输入一个用户公钥 $\mathsf{pp}_u = Z_u$、一个转换密文 $\mathsf{ct}' = ((\boldsymbol{M}, \rho), C')$、一个密文 $\mathsf{ct} = ((\boldsymbol{M}, \rho), C_0, \{C_{\tau,1}, C_{\tau,2}, C_{\tau,3}\}_{\tau \in [l]})$ 和一个系统主私钥 $\mathsf{msk} = \alpha$, 算法会检验等式 $e(Z_u^\alpha, C_0) = C'$ 是否成立. 如果不成立, 它会输出 0, 表示云服务器执行外包解密不正确. 否则会输出 1, 表示外包解密正确.

根据前面定义的四个安全游戏: 可重放选择密文攻击安全性 (RCCA) 安全、可审计性、σ 次限制和外包隐私, 可以证明该方案满足选择性 CPA 安全、可审计、σ 次限制和外包隐私[79].

12.2 可追踪扩展

由 Chor 等[80] 推出的叛徒追踪系统可以帮助内容发布者识别盗版. 考虑一个向 N 个合法收件人广播加密内容的内容分发器, 接收方 i 拥有用于解密广播的密钥 K_i. 举一个具体的例子, 假设一个加密的卫星无线电广播只能在经过认证的无线电接收器上播放, 广播使用公共广播密钥 BK 进行加密, 任何经过认证的播放器都可以使用其嵌入的密钥 K_i 进行解密. 当然, 这些被认证过的播放器可以执行 "不复制" 或 "只玩一次" 等数字版权限制.

发行者面临的风险是, 盗版者会侵入认证播放器并提取其密钥, 然后盗版者可以构建一个盗版者解码器, 提取明文内容, 无视任何相关的数字版权限制. 更糟糕的是, 盗版者可以广泛使用其盗版者解码器, 这样任何人都可以提取明文内容供自己使用. 例如, DeCSS 是一个用于解密加密 DVD 内容的广泛分布的程序.

这就是叛徒追踪系统的作用所在——当发现盗版者解码器时, 分发者可以运行跟踪算法与盗版者解码器交互, 并输出至少一个盗版者用来创建盗版者解码器的密钥 K_i 的索引 i, 然后分发者可以尝试对该 K_i 的所有者采取法律行动.

文献 [81] 中给出了一些有助于解释该追踪系统的启发. 叛徒追踪系统由四种算法组成: Setup, Enc, Dec, Trace. Setup 算法生成广播密钥 BK、追踪密钥 TK 和 N 个接收者密钥 $K_1, \cdots, K_N$, Enc 算法使用 BK 对明文进行加密, Dec 算法使用 $\{K_i\}_{i \in [N]}$ 中的一个进行解密, Trace 算法是最有趣的——它以 TK 作为输入并与盗版解码器交互, 将其视作一个黑盒预言机, 它输出用于创建盗版者解码器的密钥 K_i 对应的索引 $i \in \{1, \cdots, N\}$.

叛徒追踪系统一般分为两类: 组合[80,82-90] 和代数[91-98]. 组合系统中广播密钥 BK 可以是私密的, 也可以是公开的. 代数叛徒追踪使用公开密钥技术, 通常比组合方案的公开密钥实例化更有效. 有些系统, 包括文献 [81], 只提供追踪功能. 其他系统[90,93,96,99,100] 能将追踪和广播加密结合起来, 以获得追踪和撤销特性——在追踪之后, 分发者可以撤销盗版的密钥, 而不影响其他合法解码器.

2009 年, Li 等首次提出了可问责 ABE 方案[101]. 2011 年, Li 等[102] 提出了一种可问责的多权威 CP-ABE 方案, 允许追踪将解密密钥泄露给他人的用户身份, 降低了对权威和用户的信任假设. 2013 年, Liu 等提出了黑盒和白盒追踪 ABE 方案[103,104], 但其在效率上还有一定的提升空间. Liu 等于 2015 年[105] 更进一步证明了 [103] 所提方案对特定策略的解密黑盒也具有选择性的可追踪性, 而且提出了如果 CP-ABE 方案对特定策略的解密黑盒是 (选择性地) 可追踪的, 那么它对类似密钥的解密黑盒也是 (选择性地) 可追踪的. Hahn 等在 2016 年提出了访问策略隐藏且可追溯安全的 ABE 方案[106]. 2018 年, Qiao 等在素数阶群上构造了黑盒追踪 ABE 方案[107]. Ning 等[108] 为了有效地抓到泄露云端外包数据访问凭证的人, 首次提出了两种非交互承诺来追踪叛徒, 然后以此提出了一个完全安全的白盒可追踪 CP-ABE 方案. 高嘉昕等[109] 提出了一个将密钥分配和解密过程外包的属性基加密方案, 并且能够验证外包计算的正确性, 该方案支持属性撤销, 并且可追踪泄露密钥的用户. 闫玺玺等[110] 提出了一种抗密钥委托滥用的可追踪属性基加密方案, 同时支持抗密钥委托滥用和可追踪, 增强了所提方案的安全性.

现在我们给出叛徒追踪系统的准确定义. 最初我们将盗版解密器 $\mathcal{D}$ 视为一个概率性电路, 它以一个密文 ct 作为输入, 输出消息 M 或者 $\perp$.

定义 12.5 (叛徒追踪系统: 算法) 一个叛徒追踪系统[81] 由以下四个算法组成:

- $\mathsf{Setup}(N,\lambda)$: 输入系统中的用户数 N 和安全参数 λ, 输出广播密钥 BK, 追踪密钥 TK 和私钥 $K_1,\cdots,K_N$, 其中 K_u 是分发给用户 u 的私钥.
- $\mathsf{Enc}(\mathsf{BK},M)$: 使用公钥 BK 加密消息 $M\in\mathcal{M}$ 并且输出密文 ct.
- $\mathsf{Dec}(\mathsf{BK},j,K_j,\mathsf{ct})$: 使用用户 j 的私钥 K_j 解密密文 ct, 输出消息 m 或者 $\perp$.
- $\mathsf{Trace}^{\mathcal{D}}(\mathsf{TK},\epsilon)$: 这个追踪算法是一个预言机算法, 它将追踪密钥 TK 和参数 ϵ 作为输入, 只有与 λ 多项式相关的 ϵ 值才被视为该算法的有效输入. 如上述定义, 追踪算法可以将盗版解码器 $\mathcal{D}$ 视为一个黑盒预言机进行询问. 输出一个集合 $\{1,2,\cdots,N\}$ 的子集 S.

定义 12.6 (叛徒追踪系统: 正确性) 对于所有的 $j\in\{1,\cdots,N\}$ 和任意消息 $M\in\mathcal{M}$, 要求

$$\Pr[\mathsf{Dec}(\mathsf{BK},j,K_j,\mathsf{ct})=M]\geqslant 1-\mathsf{negl}(\lambda),$$

其中 $(\mathsf{BK},\mathsf{TK},(K_1,\cdots,K_N))\leftarrow\mathsf{Setup}(N,\lambda),\mathsf{ct}\leftarrow\mathsf{Enc}(\mathsf{BK},M)$.

我们根据以下两个游戏来定义叛徒追踪方案的安全性.

定义 12.7 (叛徒追踪系统: 语义安全性) 对所有的 PPT 敌手 $\mathcal{A}$, 我们定义其对一个叛徒追踪系统 (Setup, Enc, Dec, Trace) 的优势函数为

$$\mathsf{Adv}_{\mathcal{A}}^{\mathsf{SS}}(\lambda) = \Pr\left[\beta' = \beta \,\middle|\, \begin{array}{l} \beta \leftarrow \{0,1\}; \\ (\mathsf{BK}, \mathsf{TK}, K_1, \cdots, K_N) \leftarrow \mathsf{Setup}(N, \lambda); \\ (M_0, M_1) \leftarrow \mathcal{A}(\mathsf{BK}); \\ \mathsf{ct}^* \leftarrow \mathsf{Enc}(\mathsf{BK}, M_\beta); \\ \beta' \leftarrow \mathcal{A}(\mathsf{ct}^*) \end{array}\right] - \frac{1}{2}.$$

定义 12.8 (叛徒追踪系统：抗任意合谋的可追踪性) 对所有的 PPT 敌手 $\mathcal{A}$，我们定义其对一个叛徒追踪系统 (Setup, Enc, Dec, Trace) 的优势函数为

$$\mathsf{Adv}_{\mathcal{A}}^{\mathsf{TR}}(\lambda)=\Pr\left[\mathcal{A}\text{ 胜利} \,\middle|\, \begin{array}{l} T \leftarrow \mathcal{A}(N, \lambda); \\ (\mathsf{BK}, \mathsf{TK}, K_1, \cdots, K_N) \leftarrow \mathsf{Setup}(N, \lambda); \\ \mathcal{D} \leftarrow \mathcal{A}(\mathsf{BK}, \{K_i\}_{i\in T}); \\ S \leftarrow \mathsf{Trace}^{\mathcal{D}}(\mathsf{TK}, \epsilon); \\ \mathcal{A}\text{ 当}M \leftarrow \mathcal{M}\text{时}: \\ \quad (\Pr[\mathcal{D}(\mathsf{Enc}(\mathsf{BK}, M)) = M] \geqslant \epsilon) \wedge (S{=}\perp \vee S \not\subseteq T) \end{array}\right]-\frac{1}{2}.$$

定理 12.3 我们称一个拥有 N 个用户的叛徒追踪系统是安全的，如果对于所有的 PPT 敌手 $\mathcal{A}$ 和任意大于零的常量 ϵ，$\mathsf{Adv}_{\mathcal{A}}^{\mathsf{SS}}(\lambda)$ 和 $\mathsf{Adv}_{\mathcal{A}}^{\mathsf{TR}}(\lambda)$ 是关于 λ 的可忽略函数.

私有线性广播加密. 下面为了构造一个叛徒追踪系统，首先介绍一个私有线性广播加密 (Private Linear Broadcast Encryption, PLBE) 的概念，我们可以将其作为底层方案来构造叛徒追踪系统.

定义 12.9 (私有线性广播加密：算法) 一个 PLBE 构造由以下四个算法组成:

- $\mathsf{Setup}_{\mathrm{LBE}}(N, \lambda)$: 输入系统中的用户数 N 和安全参数 λ，输出公钥 PK，密钥 TK 和私钥 $K_1, \cdots, K_N$，其中 K_u 是分发给用户 u 的私钥.
- $\mathsf{Enc}_{\mathrm{LBE}}(\mathsf{PK}, M)$: 输入公钥 PK 和消息 M 并且输出密文 ct. 该算法是面向所有 N 个用户来加密消息的.
- $\mathsf{TrEnc}_{\mathrm{LBE}}(\mathsf{TK}, i, M)$: 输入密钥 TK、整数 $i \in [N+1]$ 和消息 M，输出密文 ct. 该算法是针对一个集合 $\{i, \cdots, N\}$ 来加密消息的，并且主要被用于叛徒追踪. 我们要求 $\mathsf{TrEnc}_{\mathrm{LBE}}(\mathsf{TK}, 1, M)$ 输出密文的分布与 $\mathsf{Enc}_{\mathrm{LBE}}(\mathsf{PK}, M)$ 输出密文的分布是不可区分的.
- $\mathsf{Dec}_{\mathrm{LBE}}(\mathsf{PK}, j, K_j, \mathsf{ct})$: 输入用户 j 的私钥 K_j、密文 ct 和公钥 PK，输出消息 M 或者 $\perp$.

定义 12.10 (私有线性广播加密：正确性) 对于所有的 $i, j \in \{1, \cdots, N+1\}$

和任意消息 M, 要求

$$\Pr[\mathsf{Dec}_{\mathrm{LBE}}(\mathsf{PK}, j, K_j, \mathsf{ct}) = M | j \geqslant i] \geqslant 1 - \mathsf{negl}(\lambda),$$

其中 $j \leqslant N, (\mathsf{PK}, \mathsf{TK}, (K_1, \cdots, K_N)) \leftarrow \mathsf{Setup}_{\mathrm{LBE}}(N, \lambda), \mathsf{ct} \leftarrow \mathsf{TrEnc}_{\mathrm{LBE}}(\mathsf{TK}, i, M)$. 为了定义一个 PLBE 系统的安全性, 我们使用以下三个游戏: 第一个游戏仅捕获了一致性, 也就是说 $\mathsf{TrEnc}_{\mathrm{LBE}}(\mathsf{TK}, 1, M)$ 的输出分布与算法 $\mathsf{Enc}_{\mathrm{LBE}}(\mathsf{PK}, M)$ 的输出分布是不可区分的. 第二个游戏是消息隐藏游戏, 即由索引 $i = N+1$ 创建的密文无法被任何人识别. 第三个游戏是索引隐藏游戏, 本质上就是由索引 i 创建的广播密文不会披露任何关于 i 的信息. 给定用户数量 N, 我们定义这三个安全游戏如下.

定义 12.11 (Game$_1$: **不可区分性**) 对所有的 PPT 敌手 $\mathcal{A}$, 我们定义如下优势函数

$$\mathsf{Adv}_{\mathcal{A}}^{\mathsf{IND}}(\lambda) = \Pr\left[\beta' = \beta \;\middle|\; \begin{array}{l} \beta \leftarrow \{0,1\}; \\ (\mathsf{PK}, \mathsf{TK}, K_1, \cdots, K_N) \leftarrow \mathsf{Setup}_{\mathrm{LBE}}(N, \lambda); \\ M \leftarrow \mathcal{A}(\mathsf{PK}, K_1, \cdots, K_N); \\ \mathsf{ct}_0 \leftarrow \mathsf{TrEnc}_{\mathrm{LBE}}(\mathsf{TK}, 1, M); \mathsf{ct}_1 \leftarrow \mathsf{Enc}_{\mathrm{LBE}}(\mathsf{PK}, M); \\ \beta' \leftarrow \mathcal{A}(\mathsf{ct}_\beta) \end{array}\right] - \frac{1}{2}.$$

定义 12.12 (Game$_2$: **消息隐藏性**) 对所有的 PPT 敌手 $\mathcal{A}$, 我们定义如下优势函数

$$\mathsf{Adv}_{\mathcal{A}}^{\mathsf{MH}}(\lambda) = \Pr\left[\beta' = \beta \;\middle|\; \begin{array}{l} \beta \leftarrow \{0,1\}; \\ (\mathsf{PK}, \mathsf{TK}, K_1, \cdots, K_N) \leftarrow \mathsf{Setup}_{\mathrm{LBE}}(N, \lambda); \\ (M_0, M_1) \leftarrow \mathcal{A}(\mathsf{PK}, K_1, \cdots, K_N); \\ \mathsf{ct}^* \leftarrow \mathsf{TrEnc}_{\mathrm{LBE}}(\mathsf{TK}, N+1, M_\beta); \\ \beta' \leftarrow \mathcal{A}(\mathsf{ct}^*) \end{array}\right] - \frac{1}{2}.$$

定义 12.13 (Game$_3$: **索引隐藏性**) 对所有的 PPT 敌手 $\mathcal{A}$, 假设挑战者和敌手已知给定参数 $i \in [N]$, 我们定义如下优势函数

$$\mathsf{Adv}_{\mathcal{A}}^{\mathsf{IH}}(\lambda)[i] = \Pr\left[\beta' = \beta \;\middle|\; \begin{array}{l} \beta \leftarrow \{0,1\}; \\ (\mathsf{PK}, \mathsf{TK}, K_1, \cdots, K_N) \leftarrow \mathsf{Setup}_{\mathrm{LBE}}(N, \lambda); \\ M \leftarrow \mathcal{A}(\mathsf{PK}, \{K_j\}_{j \in [N], j \neq i}); \\ \mathsf{ct}^* \leftarrow \mathsf{TrEnc}_{\mathrm{LBE}}(\mathsf{TK}, i+\beta, M); \\ \beta' \leftarrow \mathcal{A}(\mathsf{ct}^*) \end{array}\right] - \frac{1}{2}.$$

注意到以上三款游戏是建立在我们已经定义了安全的 PLBE 方案基础之上进行的.

定理 12.4 我们称一个拥有 N 个用户的私有线性广播加密 (PLBE) 系统是安全的, 如果对于所有 PPT 敌手, $\mathsf{Adv}_{\mathcal{A}}^{\mathsf{IND}}(\lambda)$, $\mathsf{Adv}_{\mathcal{A}}^{\mathsf{MH}}(\lambda)$ 和 $\mathsf{Adv}_{\mathcal{A}}^{\mathsf{IH}}(\lambda)[i]$(对于 $i \in [N]$) 是关于 λ 的可忽略函数.

下面我们将利用该构造实现一个安全的叛徒追踪系统.

方案 12.3 令 $\Pi = (\mathsf{Setup}_{\mathrm{LBE}}, \mathsf{Enc}_{\mathrm{LBE}}, \mathsf{TrEnc}_{\mathrm{LBE}}, \mathsf{Dec}_{\mathrm{LBE}})$ 表示一个安全 PLBE 系统, 则叛徒追踪系统构造如下:

- $\mathsf{Setup}(N, \lambda)$: 该算法与 $\mathsf{Setup}_{\mathrm{LBE}}$ 相同, 其中前者输出的公钥 BK 与后者输出的 PK 一致.
- $\mathsf{Enc}(\mathsf{BK}, M)$: 该算法与 $\mathsf{Enc}_{\mathrm{LBE}}$ 相同.
- $\mathsf{Dec}(\mathsf{BK}, j, K_j, \mathsf{ct})$: 该算法与 $\mathsf{Dec}_{\mathrm{LBE}}$ 相同.
- $\mathsf{Trace}^{\mathcal{D}}(\mathsf{TK}, \epsilon)$: 当该算法查询预言机 $\mathcal{D}$ 并输入 TK, $\epsilon > 0$ 时, 进行如下步骤:

(1) 对于 $i = 1, \cdots, N+1$,

(a) 令 $\mathrm{cnt} \leftarrow 0$;

(b) 重复以下步骤 $W \leftarrow 8\lambda(N/\epsilon)^2$ 次:

  i. 随机选取消息 $M \leftarrow \mathcal{M}$;

  ii. 令 $\mathsf{ct} \leftarrow \mathsf{TrEnc}_{\mathrm{LBE}}(\mathsf{TK}, i, M)$;

  iii. 以 ct 为输入, 查询预言机 $\mathcal{D}$, 如果 $\mathcal{D}(\mathsf{ct}) = M$, 则令 $\mathrm{cnt} \leftarrow \mathrm{cnt} + 1$.

(c) 计算 $\hat{p}_i = (\mathrm{cnt}/W) \in [0, 1]$.

(2) 令 S 为所有满足 $\hat{p}_i - \hat{p}_{i+1} \geqslant \epsilon/(4N)$ 的索引 $i \in [N]$ 组成的集合.

(3) 输出集合 S.

安全性. 我们可以证明上述叛徒追踪系统的安全性正是基于底层 PLBE 方案而来的.

定理 12.5 如果上述 PLBE 方案 Π 是安全的, 那么上述叛徒追踪系统也是安全的.

证明 具体证明过程可参考文献 [81].

下面我们给出一个具体的 PLBE 构造, 可以利用该构造实现上述的叛徒追踪系统.

方案 12.4 现在可以描述组成 PLBE 系统的四种算法:

- $\mathsf{Setup}_{\mathrm{LBE}}(N = m^2, 1^\lambda)$: 在设置算法中输入用户的数量 N 和安全参数 λ. 它首先生成一个整数 $n = pq$, 其中随机素数 p, q 的大小是由安全参数决定的. 该算法构建一个对称双线性群 $\mathbb{G} = (G, G_T, n, e)$, 其中 n 为群的合数阶, 群 G 包含阶为 p 的子群 G_p 和阶为 q 的子群 G_q. 接着分别挑选群

的生成元 $g_p, h_p \in G_p$ 和 $g_q, h_q \in \mathbb{Z}_q$, 并令 $g = g_p g_q, h = h_p h_q \in G$, 然后选择随机指数 $r_1, \cdots, r_m, c_1, \cdots, c_m, \alpha_1, \cdots, \alpha_m \in \mathbb{Z}_n$ 和 $\beta \in \mathbb{Z}_q$. 公钥 PK 包含双线性群和以下元素:

$$\left[\begin{array}{l} g, h, E = g^{\beta}, E_1 = g_q^{\beta r_1}, \cdots, E_m = g_q^{\beta r_m}, F_1 = h_q^{\beta r_1}, \cdots, F_m = h_q^{\beta r_m} \\ G_1 = e(g_q, g_q)^{\beta\alpha_1}, \cdots, G_m = e(g_q, g_q)^{\beta\alpha_m}, H_1 = g^{c_1}, \cdots, H_m = g^{c_m} \end{array}\right].$$

该算法生成用户 (x, y) 的私钥为 $K_{x,y} = g^{\alpha_x} g^{r_x c_y}$, 最后权威中心的私钥 K 包含因子 p, q 和用于生成公钥的随机指数.

- $\mathsf{TrEnc}_{\mathrm{LBE}}(K, M, (i, j))$: 该算法是由追踪权威中心使用的秘密算法, 它将消息 M 加密到具有大于或等于 i 的行值和大于或等于 j 的列值的接收者子集. 加密算法输入一个私钥 K、消息 $M \in G_T$ 和一组索引 i, j, 它首先选择随机数 $t \in \mathbb{Z}_n$, $w_1, \cdots, w_m, s_1, \cdots, s_m \in \mathbb{Z}_n, z_{p,1}, \cdots, z_{p,j-1} \in \mathbb{Z}_p$ 和 $(v_{1,1}, v_{1,2}, v_{1,3}), \cdots, (v_{i-1,1}, v_{i-1,2}, v_{i-1,3}) \in \mathbb{Z}_n^3$.
对于每一行 x 均按照以下步骤构建 4 个密文组成部分 $(R_x, \widetilde{R}_x, A_x, B_x)$:

$$\begin{array}{llll} \text{当 } x>i \text{ 时}: R_x = g_q^{s_x r_x}, & \widetilde{R}_x = h_q^{s_x r_x}, & A_x = g_q^{s_x t}, & B_x = Me(g_q, g)^{\alpha_x s_x t}, \\ \text{当 } x=i \text{ 时}: R_x = g_q^{s_x r_x}, & \widetilde{R}_x = h^{s_x r_x}, & A_x = g^{s_x t}, & B_x = Me(g, g)^{\alpha_x s_x t}, \\ \text{当 } x<i \text{ 时}: R_x = g_q^{v_{x,1}}, & \widetilde{R}_x = h^{v_{x,1}}, & A_x = g^{v_{x,2}}, & B_x = e(g_q, g)^{v_{x,3}}. \end{array}$$

对于每一列 y, 该算法会按照以下步骤构建值 $C_y, \widetilde{C}_y$:
当 $y \geqslant j$ 时 : $C_y = g^{c_y t} h^{w_y}, \widetilde{C}_y = g^{w_y}$;
当 $y < j$ 时 : $C_y = g^{c_y t} g_p^{z_{p,y}} h^{w_y}, \widetilde{C}_y = g^{w_y}$.
注意到密文包含 $\mathbb{G}$ 中 $5\sqrt{N}$ 个数的元素和 $\mathbb{G}_T$ 中 $\sqrt{N}$ 个数的元素. 从上面的描述中可知存在三类行: 一个 $x > i$ 的行的所有元素都将在子群 G_q 中, 然而“目标” i 行的所有元素组成都在群 G 中. 一个 $x < i$ 的行本质上将随机选择其群元素, 一个 $y \geqslant j$ 的列会被很好构造, 然而一个 $y < j$ 的列将不会在子群 G_p 而是在子群 G_q 中构造.

- $\mathsf{Enc}_{\mathrm{LBE}}(\mathsf{PK}, M)$: 加密者使用该算法对消息进行加密, 以使得所有接收者都能接收到它. 该算法在正常 (非跟踪) 操作期间使用并将内容分发给所有接收者. 该算法产生的密文应该与 $\mathsf{TrEnc}_{\mathrm{LBE}}$ 算法在索引 $(1,1)$ 下对同一消息生成的密文不可区分. 首先选择随机数 $t \in \mathbb{Z}_n, w_1, \cdots, w_m, s_1, \cdots, s_m \in \mathbb{Z}_n$, 对于每一行 x 其按照以下步骤构建 4 个密文组成部分 $(R_x, \widetilde{R}_x, A_x, B_x)$:

$$R_x = E_x^{s_x}, \quad \widetilde{R}_x = F_x^{s_x}, \quad A_x = E^{s_x t}, \quad B_x = MG_x^{s_x t}.$$

对于每一列 y, 该算法会按照以下步骤构建值 $C_y, \widetilde{C}_y$:

$$C_y = H_y^t h^{w_y}, \quad \widetilde{C}_y = g^{w_y}.$$

- $\mathsf{Dec}_{\mathrm{LBE}}((x,y), K_{x,y}, C)$: 用户 (x,y) 使用密钥 $K_{x,y}$ 按以下进行解密:

$$B_x \cdot \left(e(K_{x,y}, A_x)e(\widetilde{R}_x, \widetilde{C}_y)/e(R_x, C_y)\right)^{-1}.$$

可以注意到如果密文是由跟踪算法 $\mathsf{TrEnc}_{\mathrm{LBE}}$ 用参数 (i,j) 生成的, 那么当 $x > i$ 或 $x = i$ 且 $y \geqslant j$ 时, 输出结果是 M. 另外很容易察觉到, 如果密文是由 $\mathsf{Enc}_{\mathrm{LBE}}(\mathrm{PK}, M)$ 生成的, 则所有参与方都可以进行解密并接收到消息 M.

在安全性方面, 我们可以证明该 PLBE 构造是安全的, 其中针对索引隐藏性我们必须要考虑两种情形. 第一种是当敌手尝试区分 (i,j) 的密文和 $(i,j+1)$ 的密文时, 我们将会把这个游戏的困难性归约到 3-party Diffie-Hellman 假设. 第二种是当敌手尝试区分 (i,m) 的密文和 $(i+1,1)$ 的密文时, 情况更复杂, 因为行密文的结构发生了变化, 所以需要通过构建一系列混合试验再归约到困难性假设上来证明.

12.3 可撤销扩展

ABE 是公钥加密的有效替代方案, 它消除了对公钥基础设施 (PKI) 的需要. 但在实际使用中, 无论基于 PKI 还是基于属性, 都必须提供一种从系统中撤销用户的手段, 因为用户的密钥一旦泄露便会对整个系统造成损害. 最初, 一些学者的想法是建议用户定期更新他们的私钥, 例如每周更新一次. 发送者将用户的身份和当前时间相连, 由于加密只需要权威中心的公钥和接收方的身份, 用户无法得知自己身份是否被撤销, 这意味着所有用户都必须定期和权威中心取得联系, 证明他们的身份并获得新的私钥. 这样一来, 权威中心必须保持在线来进行这些活动, 还需要在权威中心和每个用户之间建立安全信道来传输私钥, 考虑到实际使用中可能会存在大量的用户, 这些通信成本和安全信道会成为瓶颈.

在可撤销的 ABE 中, 为解密针对某个身份和时间段加密的密文, 用户必须拥有这两个属性的密钥. 用户自己持有基于身份属性的密钥, 而权威中心公开发布并定期更新当前时间属性的密钥. 尽管所有用户的时间属性都是相同的, 但由于 ABE 的抗共谋特性, 这并不会危及安全性. 这里为了将用户数量的关键更新的大小从线性级别减少到对数级别而使用了二叉树数据结构.

已有的撤销方案根据撤销执行方可以分为直接撤销和间接撤销两类. 在属性直接撤销方案的研究方面, 2007 年, Ostrovsky 等提出了属性直接撤销的 CPABE 方案, 但其效率较低[51]. 随后, Attrapadung 和 Imai 基于广播加密技术提出了可撤销 ABE 方案[111], 在 Ostrovsky 方案的基础上大大减少了密钥和密文的大小, 效率得到提升. 2013 年, Zhang 等实现了基于恒定密文长度的直接撤销方案, 但该方案的访问策略仅支持 "与" 门[112]. 2018 年, Liu 等实现了时效性直接撤销的 ABE 方案[113]. 与直接撤销相对应的, 还有间接撤销的 ABE 方案. 2006 年, Pirretti 等首次提出了间接撤销的概念, 在这种方案中, 所有的属性都有时效性标签, 权威需要随时做好更新密钥的准备.

王鹏翩等[114] 提出了在直接模式下支持完全细粒度属性撤销的 CP-ABE 方案, 该方案能够对用户所拥有的任意数量的属性进行撤销, 解决了已有方案中属性撤销颗粒度过粗的问题. 张维纬等[115] 提出了一种支持属性撤销的外包解密 CP-ABE 方案, 该方案在保护内容和用户隐私的同时, 支持灵活的访问控制机制和细粒度的用户属性撤销, 并且支持 CP-ABE 的解密外包计算. Cui 等[116] 提出了一个服务器辅助可撤销 ABE 的概念, 几乎所有由用户撤销引起的数据用户工作量都被委托给一个不受信任的服务器, 而每个数据用户只需要存储一个固定大小的密钥. 何倩等[117] 设计了一种可撤销动静态属性的互联网属性基加密方案, 引入解密代理将高复杂度的属性基解密过程的主要部分外包到服务端, 车辆终端通过中央和本地认证中心进行属性撤销和动态属性更新, 实现了车联网云存储的数据安全分享. 赵志远等[118] 提出了一种支持属性可撤销且密文长度恒定的属性基加密方案, 该方案每个用户的属性群密钥不能通用, 可以有效抵抗撤销用户与未撤销用户的合谋攻击. Xue 等[119] 提出了一种云数据的确保删除 KP-ABE 方案, 该方案利用了属性撤销加密原语和 Merkle 哈希树来实现细粒度的访问控制和可验证的数据删除, 具有不更新私钥、部分密文更新和保证数据删除等优良特性. 李学俊等[120] 提出了一种高效的支持用户和属性级别的即时撤销方案, 该方案基于经典的 LSSS 型访问结构的 CP-ABE, 借助半可信第三方, 在解密之前对用户进行属性认证. 孙磊等[121] 提出了一种支持属性撤销的属性基加密方案, 该方案将复杂的解密计算外包给具有强大计算能力的云服务商, 可以安全地实现属性级用户撤销, 并具有快速解密的能力. 汪玉江等[122] 提出一种基于 ABE 和区块链的个人隐私数据保护方案, 真正的隐私信息利用属性基加密后保存在分布式哈希表中, 用户可以随时撤销第三方应用的访问权限.

下面我们介绍可撤销身份基加密的相关定义.

定义 12.14 (可撤销身份基加密: 算法) 令 $\mathcal{M}, \mathcal{I}$ 和 $\mathcal{T}$ 分别表示明文空间、身份空间以及时间空间. 一个可撤销的身份基加密系统包含以下七个算法[123]:

- $\mathsf{Setup}(1^\lambda, n)$: 该算法由权威中心运行, 以安全参数 λ 和系统最大用户数量 n 为输入, 输出全局公钥 pk、主私钥 msk、撤销列表 rl (初始为空) 和至少有 n 个叶子节点的二叉树 st.
- $\mathsf{KeyGen}(\mathsf{pk}, \mathsf{msk}, \omega, \mathsf{st})$: 该算法由权威中心运行, 以公钥 pk、主私钥 msk、

身份 $\mathrm{id} \in \mathcal{I}$ 和二叉树 st 为输入, 输出私钥 $\mathsf{sk}_{\mathrm{id}}$ 和更新后的二叉树 st.

- KeyUpdate$(\mathsf{pk}, \mathsf{msk}, t, \mathrm{rl}, \mathsf{st}, \mathsf{ku}_t)$: 该算法由权威中心运行, 以公钥 pk、主私钥 msk、密钥更新时间 $t \in \mathcal{T}$、撤销列表 rl、二叉树 st 为输入, 输出密钥更新 ku_t.
- DecKeyGen$(\mathsf{sk}_\omega, \mathsf{ku}_t)$: 该算法由接收者运行, 以私钥 sk_ω、密钥更新 ku_t 为输入, 输出解密密钥 $\mathsf{dk}_{\omega,t}$ 或者 $\perp$(表示 ω 已经被撤销). 如果权威中心执行了撤销算法 Revoke$(\omega, t, \mathrm{rl}, \mathsf{st})$, 我们称身份 ω 在 t 时间被撤销.
- Enc$(\mathsf{pk}, \omega, t, m)$: 该算法由发送者运行, 以公钥 pk、身份 $\omega \in \mathcal{I}$、加密时间 $t \in \mathcal{T}$ 和消息 $m \in \mathcal{M}$ 为输入, 输出密文 ct. 为简单起见, 我们假设 ω, t 可以从 ct 中计算出来.
- Dec$(\mathsf{dk}_{\omega,t}, \mathsf{ct})$: 该算法由接收者运行, 以解密密钥 $\mathsf{dk}_{\omega,t}$、密文 ct 为输入, 输出消息 $m \in \mathcal{M}$, 或者 $\perp$ 表示密文无效.
- Revoke$(\omega, t, \mathrm{rl}, \mathsf{st})$: 该算法由权威中心运行, 以将要撤销的身份 $\omega \in \mathcal{I}$、撤销时间 $t \in \mathcal{T}$、撤销列表 rl、二叉树 st 为输入, 输出一个更新后的撤销列表 rl.

定义 12.15(可撤销身份基加密: 正确性) 要求对于所有的 $\lambda \in \mathbb{N}, n \in \mathsf{poly}(\lambda)$, pk, msk, $m \in \mathcal{M}, \omega \in \mathcal{I}, t \in \mathcal{T}$, 可能的有效状态 st 以及撤销列表 rl, 如果身份 ω 在之前或者时间 t 没有被撤销, 则

$$\Pr[\mathsf{Dec}(\mathsf{dk}_{\omega,t}, \mathsf{ct}) = m] \geqslant 1 - \mathsf{negl}(\lambda),$$

其中 $(\mathsf{sk}_\omega, \mathsf{st}) \leftarrow \mathsf{KeyGen}(\mathsf{pk}, \mathsf{msk}, \omega, \mathsf{st}), \mathsf{ku}_t \leftarrow \mathsf{KeyUpdate}(\mathsf{pk}, \mathsf{msk}, t, \mathrm{rl}, \mathsf{st}), \mathsf{dk}_{\omega,t} \leftarrow \mathsf{DecKeyGen}(\mathsf{sk}_\omega, \mathsf{ku}_t), \mathsf{ct} \leftarrow \mathsf{Enc}(\mathsf{pk}, \omega, t, m)$.

在安全性方面, 我们为可撤销 IBE 定义了选择性可撤销不可区分安全性, 该安全模型使用了选择性身份安全的标准概念, 但它也考虑了可能的撤销. 由于我们明确考虑了时间段, 因此在试验开始时, 除了挑战身份之外, 敌手还声明了挑战时间, 就像在标准的选择性身份安全定义中一样, 敌手可以请求查询用户的密钥. 此外, 我们让敌手随时撤销其选择的用户和挑战身份并且可以得知所有的密钥更新. 与标准安全模型不同, 我们允许敌手学习挑战身份的私钥, 但前提是它在挑战之前或期间已被撤销. 敌手得到的是其选择的两个消息之一的密文, 并对挑战身份和时间进行了加密, 敌手必须猜测出是哪条消息被加密了. 首先, 我们定义了针对选择明文攻击的 (选择性) 安全, 然后展示如何将该定义扩展到选择密文攻击.

定义 12.16 (可撤销身份基加密: 安全性) 令 $\mathbf{RIBE} = $ (Setup, KeyGen, KeyUpdate, DecKeyGen, Enc, Dec, Revoke) 是一个可撤销的 IBE 方案, 对于任何 PPT 敌手, 我们可以定义优势函数 $\mathsf{Adv}^{\text{srid-CPA}}_{\mathbf{RIBE},\mathcal{A}}(\lambda)$ 为

$$\Pr\left[b=b' \left| \begin{array}{l} b \leftarrow \{0,1\}; \\ (\omega^*, t^*, \text{state}) \leftarrow \mathcal{A}(1^\lambda); \\ (\mathsf{pk}, \mathsf{msk}, \text{rl}, \mathsf{st}) \leftarrow \mathsf{Setup}(1^\lambda, n); \\ (m_0, m_1, \text{state}) \leftarrow \mathcal{A}^{\mathsf{KeyGen}(\mathsf{pk},\mathsf{msk},\cdot,\mathsf{st}),\mathsf{KeyUpdate}(\mathsf{pk},\mathsf{msk},\cdot,\text{rl},\mathsf{st}),\mathsf{Revoke}(\cdot,\cdot,\text{rl},\mathsf{st})} \\ \quad (\mathsf{pk}, \text{state}); \\ c^* \leftarrow \mathsf{Enc}(\mathsf{pk}, \omega_w^*, t^*, m_b); \\ b' \leftarrow \mathcal{A}^{\mathsf{KeyGen}(\mathsf{pk},\mathsf{msk},\cdot,\mathsf{st}),\mathsf{KeyUpdate}(\mathsf{pk},\mathsf{msk},\cdot,\text{rl},\mathsf{st}),\mathsf{Revoke}(\cdot,\cdot,\text{rl},\mathsf{st})}(\mathsf{pk}, c^*, \text{state}) \end{array} \right. \right] - \frac{1}{2},$$

其中要求以下条件成立:

(1) $m_0, m_1 \in \mathcal{M}$ 并且 $|m_0| = |m_1|$.

(2) KeyUpdate 和 Revoke 可以在大于或等于所有已查询时间的时间上进行查询, 即允许对手仅按时间的非递减顺序进行查询. 此外, 如果在时间 t 查询了 KeyUpdate, 则不能在时间 t 查询 Revoke.

(3) 如果在 KeyGen 中查询身份 $w^\star$, 则对于任意时间 $t \leqslant t^\star$, 必须在 $(w^\star, t)$ 上查询 Revoke.

我们称方案 **RIBE** 是满足 sRID-CPA 安全的, 如果对于任何 PPT 敌手 $\mathcal{A}$ 和 $n = \mathsf{poly}(\lambda)$, 优势 $\mathsf{Adv}^{\mathsf{srid\text{-}CPA}}_{\mathbf{RIBE},\mathcal{A}}(\lambda)$ 是关于 λ 可忽略的.

选择密文攻击. 考虑选择密文攻击, 我们对上述安全定义进行拓展. 除了定义 12.16 中的预言机之外, 敌手会额外获得解密预言机的访问权限, 该预言机将密文 ct 作为输入, 并运行 $\mathsf{Dec}(\mathsf{dk}_{w^*,t}, c)$ 算法, 返回消息 m 或者 $\perp$. 这里需要限制敌手不能向解密预言机询问挑战密文 ct*. 在选择密文安全模型中, 敌手的优势函数定义为 $\mathsf{Adv}^{\mathsf{srid\text{-}CCA}}_{\mathbf{RIBE},\mathcal{A}}(\lambda)$.

方案 12.5 现在我们给出一个可撤销的 IBE 方案, 其中 $\mathcal{G}$ 是一个素数阶对称双线性群生成器, 令 J 表示集合 $\{1,2,3\}$, 具体方案由以下算法组成:

- $\mathsf{Setup}(1^\lambda, n)$: 运行 $(G, G_T, p, g, e) \leftarrow \mathcal{G}(1^\lambda)$, 选取 $\alpha \leftarrow \mathbb{Z}_p$, 令 $g_1 = g^\alpha$, 之后选取 $g_2, h_1, h_2, h_3 \leftarrow G$. 令 rl 为空集且 T 是一个至少有 n 个叶子节点的二叉树. 输出 $\mathsf{pk} = (g, g_1, g_2, h_1, h_2, h_3), \mathsf{msk} = \alpha, \text{rl} = \varnothing, \mathsf{st} = T$.
- $\mathsf{KeyGen}(\mathsf{pk}, \mathsf{msk}, \omega, \mathsf{st})$: 从 T 中选择一个未分配的叶子节点 v, 将 ω 存在这个节点中. 对于任意 $x \in \mathsf{Path}(v)$, 如果 a_x 未被定义, 则 $a_x \leftarrow \mathbb{Z}_p$, 并把 a_x 存在此节点 v 中, 之后选取 $r_x \leftarrow \mathbb{Z}_p$, 计算 $D_x = g_2^{a_x\omega+\alpha} H_{g_2,J,h_1,h_2,h_3}(\omega)^{r_x}$, $d_x = g^{r_x}$. 输出 $\mathsf{sk}_\omega = \{(x, D_x, d_x)\}_{x\in\mathsf{Path}(v)}$ 和 st.
- $\mathsf{KeyUpdate}(\mathsf{pk}, \mathsf{msk}, t, \text{rl}, \mathsf{st})$: 对于任意的 $x \in \mathsf{KUNodes}(T, \text{rl}, t)$, 选取 $r_x \leftarrow \mathbb{Z}_p$, 计算 $E_x = g_2^{a_x t+a} H_{g_2,J,h_1,h_2,h_3}(t)^{r_x}, e_x = g^{r_x}$. 输出 $\mathsf{ku}_t = \{(x, E_x, e_x)\}_{x\in\mathsf{KUNodes}(T,\text{rl},t)}$. 该算法首先找到包含所有未撤销节点的祖先节点 (或节点本身) 的最小节点集, 然后它使用该集合中所有节点的多项式计算解

密密钥的 t 分量.

- $\mathsf{DecKeyGen}(\mathsf{sk}_\omega, \mathsf{ku}_t)$: 对于任意的 $(i, D_i, d_i) \in \mathsf{sk}_\omega, (j, E_j, e_j) \in \mathsf{ku}_t$, 如果存在 (i, j) 满足 $i = j$, 则令 $\mathsf{dk}_{\omega,t} = (D_i, E_j, d_i, e_j)$; 如果 sk_ω 和 ku_t 没有任何共同节点, 则令 $\mathsf{dk}_{\omega,t} = \perp$. 最后输出 $\mathsf{dk}_{\omega,t}$. 该算法的目的是找到在同一多项式上计算的 sk_ω 和 ku_t 的分量.
- $\mathsf{Enc}(\mathsf{pk}, \omega, t, m)$: 选取 $z \leftarrow \mathbb{Z}_p$, 计算

$$c_1 = m \cdot e(g_1, g_2)^z, \quad c_2 = g^z, \quad c_\omega = H_{g_2,J,h_1,h_2,h_3}(\omega)^z,$$

$$c_t = H_{g_2,J,h_1,h_2,h_3}(t)^z.$$

  输出密文 $\mathsf{ct} = (\omega, t, c_\omega, c_t, c_1, c_2)$.
- $\mathsf{Dec}(\mathsf{dk}_{\omega,t}, c)$: 令 $\mathsf{dk}_{\omega,t} = (D, E, d, e)$, 则输出

$$m = c_1 \left(\frac{e(d, c_\omega)}{e(D, c_2)}\right)^{\frac{t}{t-\omega}} \left(\frac{e(e, c_t)}{e(E, c_2)}\right)^{\frac{\omega}{\omega-t}}.$$

- $\mathsf{Revoke}(\omega, t, \mathrm{rl}, \mathsf{st})$: 对于和身份 ω 相关的所有节点 v, 增加 (v, t) 到 rl 中, 最后输出 rl.

该可撤销 IBE 方案的安全性基于 DBDH 假设. 即使不同的用户在相同的多项式上计算他们的私钥, 与模糊 IBE 相比, 这也不会在可撤销 IBE 中引入不安全性. 在这个可撤销 IBE 方案中, 不同用户之间的合谋是可能的, 但是这种合谋是没有用的. 无论有多少被撤销的用户试图合谋, 他们仍然无法在新的时间段内解密密文, 因为他们无法获得必要的解密密钥组件. 可能有人会倾向于将可撤销 IBE 的安全性归约到模糊 IBE 的安全性上, 毕竟可撤销 IBE 使用模糊 IBE 作为其构造基础. 但是需要指出的是, 以黑盒方式直接进行安全归约似乎是不可能的. 其主要原因是在模糊 IBE 中, 每次运行密钥生成算法时它都会选择一个随机多项式, 然后使用该多项式计算密钥. 然而在可撤销 IBE 中, 必须在某些固定多项式上计算私钥和密钥更新.

12.4 外包服务

ABE 有着灵活的访问控制, 但其加密和解密的计算成本与访问策略的复杂度、属性集的大小呈线性关系, 且其计算效率很难通过改变方案的构造方法进行优化. 因此, 为了提高 ABE 系统的效率, 借助外部资源和设备进行脱机外包计算成为可行的方案之一.

所谓 ABE 的外包服务, 就是将 ABE 的计算大致分为两个阶段: 一是外包计算阶段, 即准备阶段, 在不知道明文信息和访问控制策略的情况下, 将绝大部分的

密钥生成计算和加密计算借助外部资源预先完成; 二是正式运算阶段, 在确定了原始信息、属性集和访问控制策略后, 可以更高效地计算出密文和密钥.

Lai 等[124] 给出了具有可验证外包解密的 ABE 的具体方案, 外包解密的 ABE 系统的安全性确保对手 (包括恶意云) 无法了解加密消息, 可验证性保证用户可以有效地检查云的转换是否正确完成. Li 等[125] 提出了一种安全外包 ABE 系统, 同时支持安全外包密钥的发放和解密, 还能提供外包计算结果的可检查性. Qin 等[126] 通过在加密算法的输出中引入验证密钥, 形式化了具有可验证外包解密的 ABE 安全模型, 提出了一种将任何具有外包解密的 ABE 方案转换为具有可验证外包解密的 ABE 方案的方法. Lin 等[127] 提出了一种更有效和通用的具有可验证外包解密的 ABE 构造, 该构造基于属性的密钥封装机制、对称密钥加密方案和承诺方案, 在标准模型中证明了方案的安全性和验证的稳健性. Mao 等[128] 提出了具有可验证的外包解密的 CPA 安全和 RCCA 安全 ABE 的通用构造, CPA 安全结构的密文更紧凑、计算成本更低, RCCA 安全构造中涉及的技术可以应用于构造 CCA 安全的 ABE. Ma 等[129] 提出了两种基于密文策略属性的密钥封装机制 (CP-AB-KEM) 方案, 还提出了一种适用于各种 CP-AB-KEM 方案的通用验证机制, 可以有效地检查外包的加密和解密的正确性. 张维纬等[130] 提出一种在标准模型下 CPA 安全、支持属性撤销、加密和解密安全外包计算的 CP-ABE 方案, 减少了终端的运算负担, 且可以实时、细粒度地撤销用户属性. 柳欣等[131] 基于直接匿名证明、集合成员身份证明和密文策略属性基加密技术构造了新的 k 次属性认证方案, 利用 Green 等的密钥绑定技术对解密过程进行外包, 优化了用户端运算效率. 赵志远等[132] 提出一种支持可验证的完全外包密文策略属性基加密方案, 该方案可以同时实现密钥生成、数据加密和解密阶段的外包计算功能, 并且能够验证外包计算结果的正确性.

ABE 外包服务为智能移动终端的加密计算提供了优化方案. 文献 [133] 中以移动设备为例, 在移动设备接入电源时, 可以执行 ABE 预计算, 而当设备使用电池时, 可以在预计算的基础上, 高效地执行剩余的 ABE 操作, 节省了加密时间和耗电量, 充分利用了其有限的计算和能源.

令 S 为属性集, $\mathbb{A}$ 为访问控制策略的结构, $(I_{\text{key}}, I_{\text{enc}})$ 为密钥生成算法和在线加密算法的一个输入对. 在 KP-ABE 方案中, $(I_{\text{key}}, I_{\text{enc}}) = (\mathbb{A}, S)$, 而在 CP-ABE 方案中, $(I_{\text{key}}, I_{\text{enc}}) = (S, \mathbb{A})$. 另定义函数 $f(I_{\text{key}}, I_{\text{enc}})$:

$$f(I_{\text{key}}, I_{\text{enc}}) = \begin{cases} 1, & \text{在 KP-ABE 系统下, 有 } I_{\text{enc}} \in I_{\text{key}}, \\ 1, & \text{在 CP-ABE 系统下, 有 } I_{\text{key}} \in I_{\text{enc}}, \\ 0, & \text{其余情况.} \end{cases}$$

定义 12.17 (可外包的属性基加密：算法) 一个可外包的属性基加密体制包含以下五个算法[134]:

- $\mathsf{Setup}(\lambda,\mathcal{U})$: 系统准备算法以安全参数 λ 和系统允许的属性域 $\mathcal{U}$ 为输入，输出公钥 pk 和系统主私钥 msk.
- $\mathsf{KeyGen}(\mathsf{msk}, I_{\text{key}})$: 密钥生成算法以系统主私钥 msk 和 I_{key} 为输入，输出包含 I_{key} 信息的私钥 sk.
- $\mathsf{Offline.Enc}(\mathsf{pk})$: 外包加密算法的输入为公钥 pk，输出中间密文 IT. 该算法可以在任何资源空闲的时间段进行脱机运行，以提高在线运算的速度.
- $\mathsf{Online.Enc}(\mathsf{pk}, \mathsf{IT}, I_{\text{enc}})$: 在执行了脱机预计算之后，在线执行属性基加密，只需输入公钥 pk、中间密文 IT 和 I_{enc}，即可在中间密文的基础上，生成真实密文 ct 和会话密钥 key.
- $\mathsf{Dec}(\mathsf{sk}, \mathsf{ct})$: 解密算法的输入为私钥 sk (对应 I_{key}) 和密文 ct (对应 I_{enc})，当 $f(I_{\text{key}}, I_{\text{enc}}) = 1$ 时，说明属性满足对应的访问结构，解密成功，可还原部分明文，输出还原的会话密钥 key. 若 $f(I_{\text{key}}, I_{\text{enc}}) = 0$，则表明解密失败，输出 $\perp$.

定义 12.18 (可外包的属性基加密：正确性) 对于一个固定的解密域 $\mathcal{U}$ 和 $\lambda \in \mathbb{N}$，可外包的属性基加密系统的正确性需要满足，对于所有的 $(\mathsf{pk}, \mathsf{msk}) \leftarrow \mathsf{Setup}(\lambda,\mathcal{U})$, I_{key} 和 I_{enc}，如果 $f(I_{\text{key}}, I_{\text{enc}}) = 1$，则有

$$\Pr[\mathsf{Dec}(\mathsf{sk}, \mathsf{ct}) = \mathsf{key}] \geqslant 1 - \mathsf{negl}(\lambda),$$

其中 $\mathsf{sk} \leftarrow \mathsf{KeyGen}(\mathsf{msk}, I_{\text{key}})$, $(\mathsf{key}, \mathsf{ct}) \leftarrow \mathsf{Online.Enc}(\mathsf{pk}, \mathsf{Offline.Enc}(\mathsf{pk}), I_{\text{enc}})$.

定义 12.19 (可外包的属性基加密：安全性) 令 $\Pi = (\mathsf{Setup}, \mathsf{KeyGen}, \mathsf{Offline.Enc}, \mathsf{Online.Enc}, \mathsf{Dec})$ 为一个可外包的属性基加密方案，给定安全参数 λ 和属性域 $\mathcal{U}$，考虑以下针对敌手 $\mathcal{A}$ 的试验:

- **准备阶段**: 挑战者运行 Setup 算法并将公钥 pk 提供给敌手.
- **问询阶段 1**: 挑战者初始化一个空表 T、一个空集 D 和一个整数计数器 $j = 0$. 自适应地进行，敌手可以重复进行以下任何查询:
  - $\mathsf{Create}(I_{\text{key}})$: 挑战者设置 $j = j + 1$，它使用 I_{key} 运行密钥生成算法以获得私钥 sk，并将条目 $(j, I_{\text{key}}, \mathsf{sk})$ 存储在表 T 中. 注意，敌手可以使用相同的输入重复查询创建.
  - $\mathsf{Corrupt}(i)$: 如果表格 T 中已经存在第 i 个条目，则挑战者获得这个条目 $(i, I_{\text{key}}, \mathsf{sk})$，并令集合 $D = D \cup I_{\text{key}}$. 然后挑战者返回私钥 sk 给敌手. 如果这个条目不存在，则返回 $\perp$.
  - $\mathsf{Dec}(i, \mathsf{CT})$: 如果表格 T 中已经存在第 i 个条目，则挑战者获得这个条目 $(j, I_{\text{key}}, \mathsf{SK})$，并以 $(\mathsf{sk}, \mathsf{ct})$ 作为输入运行解密算法，将输出结果返回

给敌手. 如果这个条目不存在, 则返回 $\perp$.

- **挑战阶段**: 敌手给出一个挑战值 I_{enc}^*, 满足对于所有 $I_{\text{key}} \in D$ 都有 $f(I_{\text{key}}, I_{\text{enc}}^*) \neq 1$. 挑战者运行算法 $\text{Online.Enc}(\text{PK}, \text{Offline.Enc}(\text{PK}), I_{\text{enc}}^*)$ 获得 $(\text{key}^*, \text{ct}^*)$. 然后随机选择一个比特值 $b \in \{0,1\}$. 如果 $b = 0$, 挑战者将 $(\text{key}^*, \text{ct}^*)$ 返回给敌手. 如果 $b = 1$, 挑战者在会话密钥空间中随机选择一个会话密钥 R, 并返回给敌手 (R, ct^*).
- **问询阶段 2**: 与问询阶段 1 相同, 除了以下对敌手的限制条件:
  - 敌手不能发起一个 Corrupt 查询 I_{key}, 使得 $f(I_{\text{key}}, I_{\text{enc}}^*) = 1$.
  - 敌手不能对挑战密文 ct^* 发起解密查询.
- **猜测阶段**: 敌手输出 b 的猜测值 b'. 我们定义该试验中敌手的优势为

$$\left|\Pr[b' = b] - \frac{1}{2}\right|.$$

定理 12.6 我们称一个可外包的属性基加密方案是 CCA 安全的, 如果对于所有的 PPT 敌手 $\mathcal{A}$, 上述定义 12.19 中敌手的优势是关于 λ 可忽略的.

CPA 安全. 如果敌手在问询阶段 1 和问询阶段 2 中无法解密预言机, 我们就称该方案是 CPA 安全的.

选择性安全. 如果在系统准备阶段之前添加一个初始化阶段, 要求敌手在该阶段就提交挑战值 $I_{\text{enc}}^{\star}$, 我们就称该方案是选择性安全的.

方案 12.6 现在我们给出这个可外包的属性基加密具体构造, 假设可用于加密生成密文的最大属性数量上限为 P, 构造如下:

- $\text{Setup}(\lambda, \mathcal{U})$: 生成一个素数阶对称双线性群 $\mathbb{G} = (G, G_T, p, g, e) \leftarrow \mathcal{G}(1^\lambda)$. 同时选择随机生成元 $h, u, w \in G$ 和一个随机数 $\alpha \in \mathbb{Z}_p$. 然后设置公钥和主私钥:

$$\text{pk} = (\mathbb{G}, h, u, w, e(g,g)^\alpha), \quad \text{msk} = (\text{pk}, \alpha).$$

  我们假设属性域可以被编码为 $\mathbb{Z}_p$ 中的元素.

- $\text{KeyGen}(\text{msk}, (\boldsymbol{M}, \rho))$: 密钥生成算法将主私钥 msk 和一个 LSSS 访问结构矩阵 $(\boldsymbol{M}, \rho)$ 作为输入, 其中 $\boldsymbol{M}$ 是 $l \times n$ 矩阵. 函数 ρ 将 $\boldsymbol{M}$ 的行与属性相关联. 首先选取一些随机值 $y_2, \cdots, y_n \in \mathbb{Z}_p$, 然后计算主私钥的 l 分量为 $(\lambda_1, \lambda_2, \cdots, \lambda_l) = \boldsymbol{M} \cdot (\alpha, y_2, \cdots, y_n)^{\mathrm{T}}$, 其中 T 代表矩阵转置. 随后选择 l 个随机数 $t_1, t_2, \cdots, t_l \in \mathbb{Z}_p$. 对于 $i = 1, 2, \cdots, l$, 计算

$$K_{i,0} = g^{\lambda_i} w^{t_i}, \quad K_{i,1} = (u^{\rho(i)} h)^{-t_i}, \quad K_{i,2} = g^{t_i}.$$

  最后输出私钥 $\text{sk} = ((\boldsymbol{M}, \rho), \{K_{i,0}, K_{i,1}, K_{i,2}\}_{i \in [1,l]})$.

- Offline.Enc(pk): 首先选择一个随机值 $s \in \mathbb{Z}_p$, 并且计算 $\mathsf{key} = e(g,g)^{\alpha s}$, $C_0 = g^s$. 接着, 对于 $i = 1, \cdots, P$, 选取随机值 $r_j, x_j \in \mathbb{Z}_p$ 并计算

$$C_{j,1} = g^{r_j}, \quad C_{j,2} = (u^{x_j} h)^{r_j} w^{-s}.$$

  可以将此视为对随机属性 x_j 的加密, 输出中间密文 $\mathsf{IT} = (\mathsf{key}, C_0, \{r_j, x_j, C_{j,1}, C_{j,2}\}_{j\in[1,P]})$.

- Online.Enc(pk, IT, S): 在线加密算法将公钥 pk、中间密文 IT 和一个属性集合 $S = (A_1, A_2, \cdots, A_{k\leqslant P})$ 作为输入. 对于 $j = 1, \cdots, k$, 计算 $C_{j,3} = (r_j \cdot (A_j - x_j)) \bmod p$. 直观上这可以将 A_j 更正为正确的属性, 同时设置密文为 $\mathsf{ct} = (S, C_0, \{C_{j,1}, C_{j,2}, C_{j,3}\}_{j\in[1,k]})$, 其中封装密钥是 key, 主要的计算成本是 S 中属性在 $\mathbb{Z}_p$ 中的乘法模运算.

- Dec(sk, ct): 解密算法将要恢复封装密钥 key, 它将关联属性集 S 的密文 ct 和关联访问控制结构 $(\boldsymbol{M}, \rho)$ 的私钥 sk 作为输入. 如果 S 不能满足访问结构, 算法会输出 $\perp$. 否则, 它会设置 $I = \{i : \rho(i) \in S\}$ 并计算一个常数 $w_i \in \mathbb{Z}_p$ 以使得 $\sum_{i\in I} w_i \cdot \boldsymbol{M}_i = (1, 0, \cdots, 0)$, 这里的 $\boldsymbol{M}_i$ 是矩阵 $\boldsymbol{M}$ 的第 i 行. 最后算法会通过以下计算恢复出封装密钥

$$\mathsf{Key} = \prod_{i\in I} (e(C_0, K_{i,0}) \cdot e(C_{j,1}, K_{i,1}) \cdot e(C_{j,2} \cdot u^{C_{j,3}}, K_{i,2}))^{w_i} = e(g,g)^{\alpha s},$$

  这里 j 是集合 S 中的属性 $\rho(i)$ 的下标, 并且这不会增加额外的双线性配对操作, 尽管增加了 $|I|$ 个指数.

正确性. 如果密文的属性集 S 满足访问结构, 可以得出 $\sum_{i\in I} w_i \lambda_i = \alpha$, 因此

$$\begin{aligned}
&\prod_{i\in I} (e(C_0, K_{i,0}) \cdot e(C_{j,1}, K_{i,1}) \cdot e(C_{j,2} \cdot u^{C_{j,3}}, K_{i,2}))^{w_i} \\
=&\prod_{i\in I} (e(g^s, g^{\lambda_i} w^{t_i}) \cdot e(g^{r_j}, (u^{\rho(i)} h)^{-t_i}) \cdot \\
&e((u^{x_j} h)^{r_j} w^{-s} \cdot u^{r_j(\rho(i) - x_j)}, g^{t_i}))^{w_i} \\
=&\prod_{i\in I} (e(g,g)^{s\lambda_i} \cdot e(g,w)^{st_i} \cdot e(g,u)^{-r_j t_i \rho(i)} \\
&\cdot e(g,h)^{-r_j t_i} \cdot e(g,u)^{\rho(i) r_j t_i} \cdot e(g,h)^{r_j t_i} \cdot e(g,w)^{-st_i})^{w_i} \\
=&\prod_{i\in I} e(g,g)^{s w_i \lambda_i} = e(g,g)^{s\alpha}.
\end{aligned}$$

上述外包服务属性基加密系统的安全性可以直接基于底层 Rouselakis-Waters [135] 系统的安全性, 在其基础上我们可以将选择性安全归约到素数阶群

的 “q 型” 假设上. 同时上述技术似乎同样适用于将 Lewko-Waters [136] 系统转换为脱机在线系统, 它们的系统已证明在合数阶群中静态假设下是选择性安全的. 如果进行了这样的转换同时归约到他们的方案, 新方案也将继承这些假设和安全性.

12.5 去中心化

在一般的 ABE 方案中[2,51,54,137,139-142], 私钥是由一个权威中心给出的, 这个权威中心被用于验证系统中用户所提交的所有属性或者凭据. 这些系统可以根据一个基于一个定义域上或者一个组织内所标识的属性策略来分享信息. 但是, 在许多应用中, 一个参与方需要根据一个基于不同可信定义域或者不同可信组织上标识的属性或者凭据的策略来分享数据.

多权威 (去中心化) 系统地提出有效地解决了这些问题. 2007 年, Chase[140] 通过引入多权威 ABE 方案, 解决了单一权威问题. 但这个方案提出的系统中存在一个权威中心掌握主密钥, 它有权力收集所有属性权威的密钥, 并解密系统中的所有密文, 所以数据的隐私无法保证. 2009 年, Chase 和 Chow[139] 提出了另一个多权威 ABE 方案, 提出的系统中无需权威中心, 保证了用户信息的隐私, 但该方案各个属性权威之间存在大量信息交互, 使得系统传输的负荷增加. 在 2015 年, Han 等针对这一点提出了改进方案[143], 在去除权威中心的同时, 避免了属性权威之间的交互. Lewko 和 Waters[144] 在 2011 年提出了一个新的多权威的 CP-ABE 方案, 在这个方案中, 没有权威中心的存在. 该方案的缺点是效率低, 用户可以通过跟踪其全局标识符来找到其属性. Liu 等[145] 在同年提出了一种新的多权威 CP-ABE 方案, 这个方案中具有众多权威中心和属性权威. 权威中心向用户颁发身份相关密钥, 属性权威向用户颁发属性相关密钥, 它们之间完全独立, 互不干扰, 值得一提的是, Liu 的方案在标准模型下证明了安全性. Han 等[146] 提出了一种保护隐私的去中心化 CP-ABE (PPDCP-ABE) 方案, 每个权威都可以独立工作, 无需合作来初始化系统, 同时用户可以从多个权威获得私钥. 在 2018 年, Zhong 等在 Lewko 和 Waters 的研究的基础上构建了权威 (去中心化) 的 ABE 方案, 但其方案的安全性较弱[147]. 2020 年, Li 等针对 Han 等 2014 年的方案进行了优化[148], 提出了带中介混淆的去中心化 ABE 方案, 每个属性权威之间互不干扰, 共享一个通用伪随机函数, 用于随机化用户的全局标识符, 从而抵抗了共谋攻击.

在多权威系统中, 不需要任何一个权威中心, 任何参与方都可以成为权威, 每个参与方可以生成一个公钥, 并为不同的用户颁发与其属性相关的私钥. 在此过程中, 其他权威的存在对该权威是透明的. 一个用户可以通过由所选权威集合所标识的属性来加密数据.

定义 12.20 (多权威密文策略属性基加密: 算法) 一个多权威的密文策略属性基加密系统包含以下五个算法[144]:

- Global Setup(λ): 全局准备算法以安全参数 λ 作为输入, 输出全局参数 GP.
- Authority Setup(GP): 一个对应属性 i 的权威输入 GP 运行准备算法, 生成自己的公私钥对 $(\mathsf{pk}_i, \mathsf{sk}_i)$.
- $\mathsf{Enc}(m, (\boldsymbol{M}, \rho), \mathsf{GP}, \{\mathsf{pk}_i\})$: 加密算法以一个消息 m、一个访问矩阵 $(\boldsymbol{M}, \rho)$、相关权威的公钥集合 $\{\mathsf{pk}\}$ 以及全局参数 GP 作为输入. 输出密文 ct.
- $\mathsf{KeyGen}(\mathrm{id}, \mathsf{GP}, i, \mathsf{sk}_i)$: 密钥生成算法以身份 id、全局参数 GP、一个属于某个权威的属性 i 以及这个权威的私钥 sk_i 作为输入, 为这一属性、身份对生成一个密钥 $\mathsf{tk}_{i,\mathsf{Gid}}$.
- $\mathsf{Dec}(\mathsf{ct}, \mathsf{GP}, \{\mathsf{tk}_{i,\mathrm{id}}\})$: 解密算法以全局参数 GP、密文 ct 以及有相同固定的身份 id 的密钥集合 $\{\mathsf{tk}_{i,\mathrm{id}}\}$ 为输入. 当属性 i 组成的集合满足密文对应的访问结构时, 输出消息 m; 否则, 输出 $\perp$.

定义 12.21 (多权威密文策略属性基加密: 正确性) 这个多权威的密文策略属性基加密系统的正确性要求, 对于任意全局参数 GP、所有权威的公私钥对集合 $\{\mathsf{pk}_i, \mathsf{sk}_i\}$、明文消息 m、身份 id、属性集合 S 和访问结构 $(\boldsymbol{M}, \rho)$, 如果 S 满足访问结构, 则有

$$\Pr[\mathsf{Dec}(\mathsf{ct}, \mathsf{GP}, \{\mathrm{tk}_{i,\mathrm{id}}\}) = m] \geqslant 1 - \mathsf{negl}(\lambda),$$

其中 $\mathsf{ct} \leftarrow \mathsf{Enc}(m, (\boldsymbol{M}, \rho), \mathsf{GP}, \{\mathrm{pk}_j\}), \mathsf{tk}_{i,\mathrm{id}} \leftarrow \mathsf{KeyGen}(\mathrm{id}, \mathsf{GP}, i, \mathsf{sk}_i), i \in S$.

我们通过以下挑战者和敌手之间的游戏来定义多权威的密文策略属性基加密系统的安全性. 我们假设敌手只能静态地腐化权威, 但密钥查询是自适应地进行的. Chase 和 Chow 的方案中也使用静态腐化模型, 但注意到下文模型还允许敌手为自己选择腐化权威的公钥, 而不是由挑战者初始化时生成这些公钥的.

定义 12.22 (多权威密文策略属性基加密: 安全性) 我们令 S 表示权威集合, $\mathcal{U}$ 表示属性域. 我们假设每个属性都被分配给一个权威, 尽管每个权威可能控制多个属性. 实际上, 我们可以将属性视为某个权威的公钥和一个字符串属性的串联, 这将确保如果多个权威选择相同的字符串属性, 这些属性仍将对应于系统中的不同属性.

- **准备阶段**: 运行全局设准备算法, 攻击者指定一个腐化的权威集合 $S' \subseteq S$. 对于在集合 $S - S'$ 中的未被腐化的权威, 挑战者通过运行权威准备算法得到公钥和私钥对, 并把公钥返回给攻击者. 令集合 D 为空集.
- **问询阶段 1**: 敌手向挑战者发起密钥询问 (i, id), 其中 i 是属于某个未被腐化的权威的属性, id 是一个身份. 挑战者将密钥 $\mathsf{tk}_{i,\mathrm{id}}$ 返回给敌手. 令 $D = D \cup \{(i, \mathrm{id})\}$.

- **挑战阶段**: 敌手输出两个消息 m_0, m_1 和一个访问矩阵 $(\boldsymbol{M}, \rho)$, 其中矩阵 $\boldsymbol{M}$ 的每一行对应一个属性, 我们令 $\boldsymbol{M}_i$ 表示该矩阵的第 i 行 $(i \in [l])$. 此外, 敌手还必须向挑战者提供其属性出现在标签 ρ 中的任何腐化权威的公钥. 挑战者随机选取 $\beta \in \{0,1\}$, 并且发送给敌手在访问矩阵 $(\boldsymbol{M}, \rho)$ 下 m_β 的挑战密文. 其中访问矩阵必须满足以下限制. 令 $V = \{i \in [l] : \rho(i) \in S\}$. 对于每个身份 id, 我们令 $V_{\mathrm{id}} = \{i \in [l] : (\rho(i), \mathrm{id}) \in D\}$. 对于每个 id, 要求被 $V \cup V_{\mathrm{id}}$ 的扩张子空间不包括 $(1, 0, \cdots, 0)$. 换句话说, 攻击者不能查询一组可以解密挑战密文的密钥集合, 与任何可以通过腐化权威获得的密钥相结合.
- **问询阶段 2**: 与问询阶段 1 相同, 除了不能违背挑战矩阵 $\boldsymbol{M}, \rho$ 的限制.
- **猜测阶段**: 敌手输出对 β 猜测结果 β', 如果 $\beta = \beta'$, 则敌手获胜. 在这个游戏中敌手的优势被定义为 $\Pr[\beta = \beta'] - \dfrac{1}{2}$.

定理 12.7 一个多权威的密文策略属性基加密系统是抗权威的静态腐化安全的, 如果所有 PPT 敌手在上述安全游戏中的优势最多是关于 λ 可忽略的.

现在我们给出一个多权威的密文策略属性基加密系统的具体构造, 系统中使用一个合数阶双线性群 G, 它的阶 N 是三个素数的乘积, 即 $N = p_1 p_2 p_3$. 除了将身份映射到随机群元素的随机预言机 H 之外, 整个系统都被限制在群 G 中的子群 G_{p_1} 上, 而在安全性证明中才使用子群 G_{p_2} 和 G_{p_3}, 这会用到双系统加密技术.

方案 12.7 该系统由以下 5 个算法组成:

- $\mathsf{Global\ Setup}(\lambda)$: 在全局准备算法中, 生成一个合数阶对称双线性群 $\mathbb{G} = (G, G_T, N = p_1 p_2 p_3, p, e) \leftarrow \mathcal{G}(\lambda)$. 令系统的全局参数为 $\mathsf{GP} = (N, g_1, H)$, 其中 g_1 是子群 G_{p_1} 的生成元, $H : \{0,1\} \to G$ 是一个哈希函数, 可以将身份 id 映射到群 G 中的元素. 在安全证明中, 哈希函数 H 可以被视作随机预言机.
- $\mathsf{Authority\ Setup}(\mathsf{GP})$: 对于一个属于权威的属性 i, 权威会选取 $\alpha_i, y_i \leftarrow \mathbb{Z}_N$ 并且输出公私钥对 $\mathsf{pk}_i = (e(g_1, g_1)^{\alpha_i}, g_1^{y_i})$, $\mathsf{sk}_i = (\alpha_i, y_i)$.
- $\mathsf{Enc}(m, (\boldsymbol{M}, \rho), \mathsf{GP}, \{\mathsf{pk}_i\})$: 矩阵 $\boldsymbol{M}$ 是一个 $l \times k$ 的矩阵. 选取一个随机值 $s \leftarrow \mathbb{Z}_N$ 和一个随机向量 $\boldsymbol{v} = (s, \cdots) \leftarrow \mathbb{Z}_N^k$. 令 λ_x 表示 $\boldsymbol{M}_x \cdot \boldsymbol{v}$, 其中 $\boldsymbol{M}_x$ 是矩阵 $\boldsymbol{M}$ 的第 x 行. 同样再选择一个随机向量 $\boldsymbol{w} = (0, \cdots) \in \mathbb{Z}_N^k$. 令 w_x 表示 $\boldsymbol{M}_x \cdot \boldsymbol{w}$. 对于 $\boldsymbol{M}$ 中的每一个行 $\boldsymbol{M}_x$, 选取 $r_x \leftarrow \mathbb{Z}_N$. 计算

$$C_0 = m \cdot e(g_1, g_1)^s, \quad C_{1,x} = e(g_1, g_1)^{\lambda_x} e(g_1, g_1)^{\alpha_{\rho(x)} r_x},$$

$$C_{2,x} = g_1^{r_x}, \quad C_{3,x} = g_1^{y_{\rho(x)} r_x} g_1^{w_x}, \quad \forall x.$$

最后输出密文 $\mathsf{ct} = (C_0, \{C_{1,x}, C_{2,x}, C_{3,x}\})$.

- $\mathsf{KeyGen}(\mathrm{id}, \mathsf{GP}, i, \mathsf{sk}_i)$: 拥有属性 i 的权威结构计算并输出密钥:

$$\mathsf{tk}_{i,\mathrm{id}} = g_1^{\alpha_i} H(\mathrm{id})^{y_i}.$$

- $\mathsf{Dec}(\mathsf{ct}, \mathsf{GP}, \{\mathsf{tk}_{i,\mathrm{id}}\})$: 假设密文是在访问控制矩阵 $\boldsymbol{M}, \rho$ 下加密生成的. 为了解密, 算法首先计算 $H(\mathrm{id})$, 如果存在某个 $\boldsymbol{M}$ 的行向量 $\boldsymbol{M}_x$ 的子集, 其对应的私钥 $\{K_{\rho(x),\mathrm{id}}\}$ 使得 $(1, 0, \cdots, 0)$ 在这些行的扩张空间中, 则算法进行如下操作. 对于每个这样的 x, 计算

$$C_{1,x} \cdot e(H(\mathrm{id}), C_{3,x})/e(K_{\rho(x),\mathrm{id}}, C_{2,x}) = e(g_1, g_2)^{\lambda_x} e(H(\mathrm{id}), g_1)^{w_x}.$$

之后选择常数 $c_x \in \mathbb{Z}_N$, 使得 $\Sigma_x c_x A_x = (1, 0, \cdots, 0)$, 并计算

$$\prod_x (e(g_1, g_1)^{\lambda_x} e(H(\mathrm{id}), g_1)^{w_x})^{c_x} = e(g_1, g_1)^s.$$

然后恢复明文消息 $m = C_0/e(g_1, g_1)^s$.

可以采用双系统加密技术的一种形式来证明这个方案的安全性, 以克服多权威环境中出现的新挑战. 在双系统中, 密钥和密文可以是正常的也可以是半功能的: 正常密钥可以解密半功能密文, 半功能密钥可以解密正常密文, 但是半功能密钥不能解密半功能密文. 证明是通过对一系列游戏的混合论证进行的, 也即首先将挑战密文更改为半功能密文, 然后将密钥一个一个更改为半功能密钥. 为了证明这些游戏是不可区分的, 必须要确保模拟器不能通过测试解密半功能密文来测试自己的密钥从正常变成半功能的形式. 因此采用的证明方法需要避免这个问题, 其中模拟器只能制作名义上是半功能的挑战密文和密钥对, 这意味着密钥和密文都具有半功能组件, 但这些在解密时可以抵消, 从而使得解密成功.

12.6 其　他

12.6.1 面向云服务的应用

由于网络和存储技术的飞速发展, 云计算已成为一种新兴的服务模式. 云计算通过将计算和存储职责从本地转移到云中, 为用户节省了大量成本, 因此得到了广泛的支持和应用. 但是云计算、云存储发展的同时也引起了用户对数据安全和隐私保护方面的担忧. 作为一种新型的公钥加密体制, 属性基加密被认为是身份基加密体制的扩展概念, 它能够保证数据发送方与数据接收方按照设定的访问策略共享数据, 使用户能够更加安全、高效地享受新型网络服务.

洪澄等[149] 针对云存储中敏感数据的机密性保护问题, 提出了一种密文访问控制方法 HCRE, 该方案显著降低了权限管理的时间复杂度, 而且保持了数据机

密性. 牛德华等[150] 为了保证云存储中用户数据和隐私的安全, 提出了一种基于属性的安全增强云存储访问控制方案, 该方案不仅能保证用户数据和隐私的机密性, 并且性能优于其他同类系统. 熊金波等[151] 研究了云服务环境中的组合文档过期后隐私保护问题, 提出了一种属性基加密的组合文档安全自毁方案, 该方案实现了组合文档生命周期内的细粒度访问控制以及过期后的安全自毁. 张敏情等[152] 提出了一个在标准模型下安全的密钥策略属性基加密方案, 满足了社交网络、云存储等新型应用的安全需求. 张星等[153] 提出了一个可问责并解决密钥托管问题的属性基加密方案, 该方案能够实现对于解密器的黑盒追踪, 推动了 ABE 在云计算上的应用. Ying 等[154] 考虑到云访问数据的政策更新限制, 提出了一种基于属性的加密访问控制系统的新方案, 该方案可以支持任何类型的策略更新, 且显著降低了更新密文的计算和通信成本. 李新等[155] 提出一个新的在素数阶群中隐藏树型访问结构的 CP-ABE 方案, 该方案不仅实现了细粒度的访问控制结构, 而且在密钥和密文减少的同时, 提高了运算效率, 大大增加了方案在云计算应用中的可行性. 张凯等[156] 构造了一个同时支持非单调访问结构、大属性空间的选择属性集合和选择明文安全快速解密 KP-ABE 方案, 使用户能够更加安全、高效地享受新型网络服务.

仲红等[157] 提出了一种高效的可验证的多授权属性基加密方案, 该方案不仅降低了加密解密的计算开销, 还可以验证外包解密的正确性并且保护用户隐私, 有效解决了移动云计算的安全问题. 刘建等[158] 针对移动云数据安全共享与访问控制问题, 提出了一种面向移动云的属性基密文访问控制优化方法, 该方案在安全性、计算和网络通信开销等方面均能够满足移动云中的访问控制需求. Li 等[159] 提出了一种适合云计算中资源有限的移动用户的基于属性的数据共享方案, 该方案将部分加密计算移到离线、添加系统公开参数来消除大部分的计算任务. 闫玺玺等[160] 提出了一种基于区块链且支持验证的属性基可搜索加密方案, 该方案能很好地保护用户的隐私以及数据的安全, 更加适用于智慧医疗等一对多搜索云环境场景. 牛淑芬等[161] 针对云存储的集中化对数据安全和隐私保护问题, 提出了区块链上基于云辅助的属性基可搜索加密方案, 该方案在密钥生成、陷门生成、关键字搜索方面具有较高的效率. Chen 等[162] 为了抵抗云文件共享服务中的量子攻击, 将基于属性的访问控制/可扩展访问控制标记语言模型和 CP-ABE 集成到云文件共享中, 设计了一种新的基于格的 CP-ABE 方案, 该方案参数短、计算效率高、存储过载合理. 杜瑞忠等[163] 提出了一种基于区块链且支持数据共享的密文策略隐藏访问控制方案, 解决了用户属性撤销问题和云存储模型中的单点故障问题, 该方案在实现策略隐藏的同时具有较高的效率. 周艺华等[164] 提出了一种云环境下基于属性策略隐藏的可搜索加密方案, 该方案具有数据存储的安全性、访问策略的隐私性、陷门的不可连接性等功能, 具有较高的密文检索效率.

Li 等[165] 提出了一种基于密文策略属性的加密方案, 可以对云上加密的物联网数据进行细粒度访问控制, 进一步构建了一个具有可追踪的白盒 CP-ABE 方案, 解决了用户密钥滥用和授权中心密钥滥用的问题. Hei 等[166] 为了解决未经授权的用户访问数字内容、破坏数字版权管理的问题, 设计了一种基于区块链的多授权 ABE 方案, 该方案确保相关用户只有在所有属性权威公开向区块链发布密钥后才能获得最终的解密属性密钥.

12.6.2 访问策略隐藏属性基加密

在 CP-ABE 中, 访问策略与密文密切相关, 它反映了用户、文件之间的关系, 公开该信息会导致敏感信息泄露、带来安全隐患. 2013 年, Katz 等首先引入了内积谓词加密 (Inner Product Predicate Encryption, IPE) 以进行访问策略全隐藏[167], 但该方案在生成访问结构时, 会产生 "超多项式爆裂" 问题. 在 2017 年, Khan 等又提出了基于隐藏向量加密 (Hidden Vector Encryption, HVE) 的访问策略全隐藏方案[168] , 但该方案在子集解密测试时常有群上的指数级运算, 大大限制了其运行效率. 同年, Yang 等提出了用属性布隆过滤器 (Attribute Bloom Filter, ABF) 以实现访问策略全隐藏[169], 并有若干方案基于 ABF 实现了属性全隐藏, 但其无法抵御离线字典攻击.

由于访问策略全隐藏方案始终存在诸多隐患, 因此, 基于平衡属性隐藏度和效率的考虑, 若干访问策略部分隐藏的方案被提出. 2008 年, Nishide 等[170] 提出了 2 种部分隐藏访问策略的 CP-ABE 方案, 使用包含无关值的多值属性的 "与" 门作为方案的访问结构. 2012 年, Lai 等在 LSSS 访问结构中实现了访问策略部分隐藏[171]. 2016 年, Cui 等基于 LSSS 访问结构和素数阶双线性群, 实现了访问策略部分隐藏[172], 但该方案的缺陷在于, 加密和解密阶段涉及较多指数运算和双线性映射运算, 使得其效率受限. 在 2019 年, Xiong 等提出的方案对 Cui 的方案进行了改进[173], 但在效率上没有显著的提高.

12.6.3 抗泄露的属性基加密

针对 ABE 机制中侧信道攻击下的密钥泄露问题, Lewko 等[174] 于 2011 年将双系统加密和有界泄露模型相结合, 提出一种自适应安全的抗连续内存泄露的 ABE 方案, 同时支持主密钥和用户属性私钥的泄露, 但仅允许密钥的有界泄露, 且要求在密钥更新时旧密钥必须从内存中安全删除. 马海英等[175] 提出了一种抗连续辅助输入泄露的 ABE 方案, 该方案实现了主密钥和用户私钥的连续无界泄露, 在密钥更新询问时无需假定旧密钥必须从内存中彻底清除, 且具有较好的合成性质. Li 等[176] 提出了一种具有连续抗泄露的密文策略分层 ABE 方案, 该方案采用密钥更新算法对密钥进行重随机化, 对主私钥泄露和私钥泄露具有一定的抗泄露能力. Li 等[177] 还考虑到 KP-ABE 方案存在的侧信道攻击问题, 提出了针对连续辅助输入泄露的 KP-ABE 方案, 该方案在静态假设条件下被证明是安全的.

12.6.4 属性基签名

属性基签名方案利用属性集标识用户, 只有当属性集满足访问策略时用户才能产生有效签名. 与传统数字签名方案相比, 属性基签名方案不仅利用属性集隐藏用户的真实身份从而获得匿名性, 而且通过制定访问策略实现了细粒度访问控制. 2011 年, Maji 等[178] 提出了属性基签名方案, 实现了细粒度访问控制并能够确保数据的完整性和认证性, 在一般群模型中证明了方案的安全性. 2011 年, Okamoto 等[179] 提出了支持非单调访问策略的高效属性基签名方案, 并在标准模型下给出了方案的安全性证明. 为了提高效率, Gagné 等[180] 设计了具有短配对运算的高效属性基签名方案, Anada 等[181] 提出了无配对运算的属性基签名方案.

韩益亮等[182] 提出了一个适用于大数据的属性基广义签密方案, 能根据用户属性的不同实现在签密、加密和签名间的自适应转换, 且提供更加灵活的访问控制并降低传输数据量. 魏江宏等[183] 提出了一个在标准模型下可证安全的双方属性基认证密钥交换协议, 该协议具有未知密钥共享安全性、已知会话密钥安全性、基本前向安全性等基本安全属性. 莫若等[184] 针对电子医疗档案系统中用户的健康数据更新问题, 提出了一个属性基的可净化签名方案, 该方案保护了用户的匿名性, 能在大规模属性集下提供灵活的细粒度访问控制. 同年, 莫若等[185] 考虑属性签名中单一属性权威的风险问题, 提出了一种支持树形访问结构的多权威属性签名方案, 可以支持任意形式的与、或和门限结构, 提供了更灵活的访问控制. 张应辉等[186] 针对服务器对部分签名伪造的安全隐患, 提出了服务器辅助且可验证的属性基签名, 该方案可以验证部分签名的有效性、防止服务器对部分签名的伪造. 李继国等[187] 提出了一种可追踪身份的属性基净化签名方案, 不仅实现了签名者隐私保护和细粒度访问控制, 同时也提供了敏感信息隐藏和签名者身份追踪功能.

第 13 章 总结与展望

在本书中, 我们介绍了属性基密码的学科领域, 包括了属性基加密、属性基签名和属性基密码协议等密码体制的基础理论与前沿知识. 值得关注的是, 属性基加密是属性基密码中普遍关注和广泛研究的典型代表, 关于属性基加密的相关研究将有助于推动属性密码学的发展.

本书内容主要涵盖绪论、属性基加密的基本构建技术、属性基加密的高级构建技术、属性基加密的扩展, 同时关注了身份基加密、模糊身份基加密、谓词加密、函数加密等新型公钥密码体制的相关内容. 本书所介绍的内容既描述了属性基加密的基础理论, 又介绍了属性基加密近年来的重要成果; 同时, 既介绍了属性基加密的可证明安全构建技术, 又关注了在可审计、可追踪和可撤销等衍生功能的扩展表达, 以及在云计算等外包服务中的应用.

在服务区块链等实际网络服务和信息基础设施建设方面, 属性基密码体制将会提供重要的解决方案并得到进一步的发展, 也将成为密码学学科领域的一个重要领域典范.

参 考 文 献

[1] Sahai A, Waters B. Fuzzy identity-based encryption// Cramer R, ed. EUROCRYPT 2005, volume 3494 of LNCS. Heidelberg: Springer, 2005: 457-473.

[2] Goyal V, Pandey O, Sahai A, et al. Attribute-based encryption for fine-grained access control of encrypted data// Juels A, Wright R N, De Capitani di Vimercati S, ed. ACM CCS 2006. New York: ACM Press, 2006: 89-98.

[3] 冯登国, 陈成. 属性密码学研究. 密码学报, 2014, 1(1): 1-12.

[4] Pirretti M, Traynor P, McDaniel P, et al. Secure attribute-based systems// Juels A, Wright R N, De Capitani di Vimercati S, ed. ACM CCS 2006. New York: ACM Press, 2006: 99-112.

[5] Katz J, Lindell Y. Introduction to Modern Cryptography. 2nd ed. Boca Raton: CRC Press, 2014.

[6] Goldreich O. Foundations of Cryptography: Volume 2, Basic Applications. Cambridge: Cambridge University Press, 2004.

[7] Chotard J, Dufour Sans E, Gay R, et al. Decentralized multi-client functional encryption for inner product// Peyrin T, Galbraith S, ed. ASIACRYPT 2018, Part II, volume 11273 of LNCS. Heidelberg: Springer, 2018: 703-732.

[8] Boneh D, Franklin M K. Identity-based encryption from the Weil pairing// Kilian J, ed. CRYPTO 2001, volume 2139 of LNCS. Heidelberg: Springer, 2001: 213-229.

[9] Fujisaki E, Okamoto T. Secure integration of asymmetric and symmetric encryption schemes//Advances in Cryptology-CRYPTO 1999. Berlin, Heidelberg: Springer, 1999: 537-554.

[10] Fujisaki E, Okamoto T. Secure integration of asymmetric and symmetric encryption schemes. Journal of Cryptology, 2013, 26(1): 80-101.

[11] Boneh D, Boyen X. Efficient selective-ID secure identity-based encryption without random oracles// Cachin C, Camenisch J, ed. Advances in Cryptology-EUROCRYPT 2004. Heidelberg: Springer, 2004: 223-238.

[12] Boneh D, Canetti R, Halevi S, et al. Chosen-ciphertext security from identity-based encryption. SIAM Journal on Computing, 2007, 36(5): 1301-1328.

[13] Sakai R, Kasahara M. Id based cryptosystems with pairing on elliptic curve. Cryptology ePrint Archive, Report 2003/054, 2003. https://ia.cr/2003/054.

[14] Canetti R, Halevi S, Katz J. A forward-secure public-key encryption scheme. Journal of Cryptology, 2007, 20(3): 265-294.

[15] Lindell Y. A simpler construction of CCA2-secure public-key encryption under general assumptions// Biham E, ed. Lecture Notes in Computer Science. EUROCRYPT 2003, volume 2656 of LNCS. Heidelberg: Springer, 2003: 241-254.

[16] Sahai A. Non-malleable non-interactive zero knowledge and adaptive chosen-ciphertext security//40th FOCS. New York, USA. IEEE, 1999: 543-553.

[17] Boneh D, Katz J. Improved efficiency for CCA-secure cryptosystems built using identity-based encryption//Menezes A, ed. CT-RSA 2005, volume 3376 of LNCS. Heidelberg: Springer, 2005: 87-103.

[18] Cramer R, Shoup V. A practical public key cryptosystem provably secure against adaptive chosen ciphertext attack. Cryptology ePrint Archive, Report 1998/006, 1998. https://eprint.iacr.org/1998/006.

[19] Cramer R, Shoup V. Universal hash proofs and a paradigm for adaptive chosen ciphertext secure public-key encryption. Cryptology ePrint Archive, Report 2001/085, 2001. https://eprint.iacr.org/2001/085.

[20] Boneh D, Boyen X, Shacham H. Short group signatures. Cryptology ePrint Archive, Report 2004/174, 2004. https://eprint.iacr.org/2004/174.

[21] Gentry C. Practical identity-based encryption without random oracles// Vaudenay S, ed. EUROCRYPT 2006, volume 4004 of LNCS. Heidelberg: Springer, 2006: 445-464.

[22] Attrapadung N, Libert B. Functional encryption for inner product: Achieving constant-size ciphertexts with adaptive security or support for negation// Nguyen P Q, Pointcheval D, ed. PKC 2010, volume 6056 of LNCS. Heidelberg: Springer, 2010: 384-402.

[23] Attrapadung N, Libert B, de Panafieu E. Expressive key-policy attribute-based encryption with constant-size ciphertexts// Catalano D, Fazio N, Gennaro R, et al., ed. PKC 2011, volume 6571 of LNCS. Heidelberg: Springer, 2011: 90-108.

[24] Attrapadung N, Libert B. Homomorphic network coding signatures in the standard model// Catalano D, Fazio N, Gennaro R, et al., ed. PKC 2011, volume 6571 of LNCS. Heidelberg: Springer, 2011: 17-34.

[25] Waters B. Functional encryption for regular languages// Safavi-Naini R, Canetti R, ed. CRYPTO 2012, volume 7417 of LNCS. Heidelberg: Springer, 2012: 218-235.

[26] Waters B. Dual system encryption: Realizing fully secure IBE and HIBE under simple assumptions. Cryptology ePrint Archive, Report 2009/385, 2009. https://eprint.iacr.org/2009/385.

[27] Lewko A B, Waters B. New techniques for dual system encryption and fully secure HIBE with short ciphertexts// Micciancio D, ed. TCC 2010, volume 5978 of LNCS. Heidelberg: Springer, 2010: 455-479.

[28] Wee H. Dual system encryption via predicate encodings// Lindell Y, ed. TCC 2014, volume 8349 of LNCS. Heidelberg: Springer, 2014: 616-637.

[29] Chen J, Wee H. Fully, (almost) tightly secure IBE and dual system groups// Canetti R, Garay J A, ed. CRYPTO 2013, Part II, volume 8043 of LNCS. Heidelberg: Springer, 2013: 435-460.

[30] Chen J, Gay R, Wee H. Improved dual system ABE in prime-order groups via predicate encodings// Oswald E, Fischlin M, ed. EUROCRYPT 2015, Part II, volume 9057 of LNCS. Heidelberg: Springer, 2015: 595-624.

[31] Attrapadung A. Dual system encryption via doubly selective security: Frame-work, fully secure functional encryption for regular languages, and more// Nguyen P Q, Oswald E, ed. EUROCRYPT 2014, volume 8441 of LNCS. Heidelberg: Springer, 2014: 557-577.

[32] Karchmer M, Wigderson A. On span programs. Proceedings of Structures in Complexity Theory, 1993: 102-111.

[33] Regev O. Lattice-based cryptography (invited talk)// Dwork C, ed. CRYPTO 2006, volume 4117 of LNCS. Heidelberg: Springer, 2006: 131-141.

[34] Xagawa K. Improved (hierarchical) inner-product encryption from lattices// Kurosawa K, Hanaoka G, ed. PKC 2013, volume 7778 of LNCS. Heidelberg: Springer, 2013: 235-252.

[35] Boneh D, Gentry C, Gorbunov S, et al. Fully key-homomorphic encryption, arithmetic circuit ABE, and compact garbled circuits. Cryptology ePrint Archive, Report 2014/356, 2014. https://eprint.iacr.org/2014/356.

[36] Cash D, Hofheinz D, Kiltz E, et al. Bonsai trees, or how to delegate a lattice basis. Journal of Cryptology, 2012, 25(4): 601-639.

[37] Agrawal S, Boneh D, Boyen X. Efficient lattice (H)IBE in the standard model// Gilbert H, ed. EUROCRYPT 2010, volume 6110 of LNCS. Heidelberg: Springer, 2010: 553-572.

[38] Peikert C. A decade of lattice cryptography. Cryptology ePrint Archive, Report 2015/939, 2015. https://eprint.iacr.org/2015/939.

[39] Brakerski Z, Vaikuntanathan V. Fully homomorphic encryption from ring-LWE and security for key dependent messages// Rogaway P, ed. CRYPTO 2011, volume 6841 of LNCS. Heidelberg: Springer, 2011: 505-524.

[40] Micciancio D, Peikert C. Trapdoors for lattices: Simpler, tighter, faster, smaller// Pointcheval D, Johansson T, ed. EUROCRYPT 2012, volume 7237 of LNCS. Heidelberg: Springer, 2012: 700-718.

[41] Gorbunov S, Vaikuntanathan V, Wee H. Predicate encryption for circuits from LWE// Gennaro R, Robshaw M J B, ed. CRYPTO 2015, Part II, volume 9216 of LNCS. Heidelberg: Springer, 2015: 503-523.

[42] Gentry C, Sahai A, Waters B. Homomorphic encryption from learning with errors: Conceptually-simpler, asymptotically-faster, attribute-based// Canetti R, Garay J A, ed. CRYPTO 2013, Part I, volume 8042 of LNCS. Heidelberg: Springer, 2013: 75-92.

[43] Brakerski Z, Vaikuntanathan V. Efficient fully homomorphic encryption from (standard) LWE// Ostrovsky R, ed. 52nd FOCS. Los Alamitos, CA: IEEE Computer Society Press, 2011: 97-106.

[44] Zhang J, Zhang Z F, Ge A J. Ciphertext policy attribute-based encryption from lattices// Youm H Y, Won Y, ed. 7th ACM Symposium on Information. Compuer and Communications Security, ASIACCS 2012. ACM, 2012: 16-17.

[45] Agrawal S, Freeman D M, Vaikuntanathan V. Functional encryption for inner product predicates from learning with errors// Lee D H, Wang X Y, ed. ASIACRYPT 2011, volume 7073 of LNCS. Heidelberg: Springer, 2011: 21-40.

[46] Gentry C, Peikert C, Vaikuntanathan V. Trapdoors for hard lattices and new cryptographic constructions// Ladner R E, Dwork C, ed. 40th ACM STOC. New York: New York: ACM Press, 2008: 197-206.

[47] Boneh D, Gentry C, Gorbunov S, et al. Fully key-homomorphic encryption, arithmetic circuit ABE and compact garbled circuits// Nguyen P Q, Oswald E, ed. EUROCRYPT 2014, volume 8441 of LNCS. Heidelberg: Springer, 2014: 533-556.

[48] Goyal V, Jain A, Pandey O, et al. Bounded ciphertext policy attribute based encryption// Aceto L, Damgård I, Goldberg L A, et al., ed. ICALP 2008, Part II, volume 5126 of LNCS. Heidelberg: Springer, 2008: 579-591.

[49] Attrapadung N, Yamada S. Duality in ABE: Converting attribute based encryption for dual predicate and dual policy via computational encodings// Nyberg K, ed. CT-RSA 2015, volume 9048 of LNCS. Heidelberg: Springer, 2015: 87-105.

[50] Attrapadung N, Imai H. Dual-policy attribute based encryption// Abdalla M, Pointcheval D, Fouque P, et al., ed. ACNS 2009, volume 5536 of LNCS. Heidelberg: Springer, 2009: 168-185.

[51] Ostrovsky R, Sahai A, Waters B. Attribute-based encryption with non-monotonic access structures//Ning P, di Vimercati S, Syverson P, ed. ACM CCS 2007. New York: ACM Press, 2007: 195-203.

[52] Lewko A, Sahai A, Waters B. Revocation systems with very small private keys//2010 IEEE Symposium on Security and Privacy. Los Alamitos, CA: IEEE Computer Society Press, 2010: 273-285.

[53] Bethencourt J, Sahai A, Waters B. Ciphertext-policy attribute-based encryption//2007 IEEE Symposium on Security and Privacy. Washington: Los Alamitos, CA: IEEE Computer Society Press, 2007: 321-334.

[54] Cheung L, Newport C. Provably secure ciphertext policy ABE//Ning P, di Vimercati S, Syverson P, ed. ACM CCS 2007. New York: ACM Press, 2007: 456-465.

[55] Emura K, Miyaji A, Omote A, et al. A ciphertext-policy attribute-based encryption scheme with constant ciphertext length. Int. J. Appl. Cryptogr., 2010, 2(1): 46-59.

[56] Waters B. Ciphertext-policy attribute-based encryption: An expressive, efficient, and provably secure realization// Catalano D, Fazio N, Gennaro R, et al., ed. PKC 2011, volume 6571 of LNCS. Heidelberg: Springer, 2011: 53-70.

[57] Lewko A, Waters B. Unbounded HIBE and attribute-based encryption//Paterson K, ed. Annual International Conference on the Theory and Applications of Cryptographic Techniques. Berlin, Heidelberg: Springer, 2011: 547-567.

[58] Lewko A, Okamoto T, Sahai A, et al. Fully secure functional encryption: Attribute-based encryption and (hierarchical) inner product encryption// Gilbert H, ed. EUROCRYPT 2010, volume 6110 of LNCS. Heidelberg: Springer, 2010: 62-91.

[59] Cocks C. An identity based encryption scheme based on quadratic residues// Honary B, ed. 8th IMA International Conference on Cryptography and Coding, volume 2260 of LNCS. Heidelberg: Springer, 2001: 360-363.

[60] Döttling N, Garg S. Identity-based encryption from the Diffie-Hellman assumption// Katz J, Shacham H, ed. CRYPTO 2017, Part I, volume 10401 of LNCS. Heidelberg: Springer, 2017: 537-569.

[61] Goldreich O, Goldwasser S, Micali S. How to construct random functions (extended abstract). 25th FOCS. Los Alamitos, CA: IEEE Computer Society Press, 1986: 464-479.

[62] Okamoto T, Takashima K. Fully secure functional encryption with general relations from the decisional linear assumption// Rabin T, ed. CRYPTO 2010, volume 6223 of LNCS. Heidelberg: Springer, 2010: 191-208.

[63] Katz J, Sahai A, Waters B. Predicate encryption supporting disjunctions, polynomial equations, and inner products// Smart N P, ed. EUROCRYPT 2008, volume 4965 of LNCS. Heidelberg: Springer, 2008: 146-162.

[64] Okamoto T, Takashima K. Adaptively attribute-hiding (hierarchical) inner product encryption// Pointcheval D, Johansson T, ed. EUROCRYPT 2012, volume 7237 of LNCS. Heidelberg: Springer, 2012: 591-608.

[65] Chen J, Gong J Q, Wee H. Improved inner-product encryption with adaptive security and full attribute-hiding// Peyrin T, Galbraith S, ed. ASIACRYPT 2018, Part II, volume 11273 of LNCS. Heidelberg: Springer, 2018: 673-702.

[66] Boneh D, Raghunathan A, Segev G. Function-private identity-based encryption: Hiding the function in functional encryption. Cryptology ePrint Archive, Report 2013/283, 2013. https://eprint.iacr.org/2013/283.

[67] Boneh D, Raghunathan A, Segev G. Function-private subspace-membership encryption and its applications// Sako K, Sarkar P, ed. ASIACRYPT 2013, Part I, volume 8269 of LNCS. Heidelberg: Springer, 2013: 255-275.

[68] Boneh D, Boyen X. Efficient selective identity-based encryption without random oracles. Journal of Cryptology, 2011, 24(4): 659-693.

[69] Boneh D, Sahai A, Waters B. Functional encryption: Definitions and challenges// Ishai Y, ed. TCC 2011, volume 6597 of LNCS. Heidelberg: Springer, 2011: 253-273.

[70] Garg S, Gentry C, Halevi S, et al. Candidate indistinguishability obfuscation and functional encryption for all circuits// 54th FOCS. Los Alamitos, CA: IEEE Computer Society Press, 2013: 40-49.

[71] Ananth P, Sahai A. Projective arithmetic functional encryption and indistinguishability obfuscation from degree-5 multilinear maps// Coron J S, Nielsen J B, ed. EUROCRYPT 2017, Part I, volume 10210 of LNCS. Heidelberg: Springer, 2017: 152-181.

[72] Abdalla M, Bourse F, De Caro A, et al. Simple functional encryption schemes for inner products// Katz J, ed. PKC 2015, volume 9020 of LNCS. Heidelberg: Springer, 2015: 733-751.

[73] Wee H. Attribute-hiding predicate encryption in bilinear groups, revisited//Kalai Y, Reyzin L, ed. TCC 2017, Part I, volume 10677 of LNCS. Heidelberg: Springer, 2017: 206-233.

[74] Baltico C E Z, Catalano D, Fiore D, et al. Prac- tical functional encryption for quadratic functions with applications to predicate encryption// Katz J, Shacham H, ed. CRYPTO 2017, Part I, volume 10401 of LNCS. Heidelberg: Springer, 2017: 67-98.

[75] Gong J Q, Qian H F. Simple and efficient FE for quadratic functions. Des. Codes Cryptogr., 2021, 89(8): 1757-1786.

[76] Agrawal S, Libert B, Stehlé D. Fully secure functional encryption for inner products, from standard assumptions// Robshaw M, Katz J, ed. CRYPTO 2016, Part III, volume 9816 of LNCS. Heidelberg: Springer, 2016: 333-362.

[77] 陈洁, 巩俊卿. 功能加密的紧归约安全. 密码学报, 2017, 4(4): 307-321.

[78] Goyal V. Reducing trust in the PKG in identity based cryptosystems// Menezes A, ed. CRYPTO 2007, volume 4622 of LNCS. Heidelberg: Springer, 2007: 430-447.

[79] Ning J T, Cao Z F, Dong X L, et al. Auditable σ-time outsourced attribute-based encryption for access control in cloud computing. IEEE Trans. Inf. Forensics Secur., 2018, 13(1): 94-105.

[80] Chor B, Fiat A, Naor M. Tracing traitors// Desmedt Y, ed. CRYPTO 1994, volume 839 of LNCS. Heidelberg: Springer, 1994: 257-270.

[81] Boneh D, Sahai A, Waters B. Fully collusion resistant traitor tracing with short ciphertexts and private keys// Vaudenay S, ed. EUROCRYPT 2006, volume 4004 of LNCS. Heidelberg: Springer, 2006: 573-592.

[82] Naor M, Pinkas B. Threshold traitor tracing//Krawczyk H, ed. CRYPTO 1998, volume 1462 of LNCS. Heidelberg: Springer, 1998: 502-517.

[83] Stinson D R, Wei R. Combinatorial properties and constructions of traceability schemes and frameproof codes. SIAM J. Discret. Math., 1998, 11(1): 41-53.

[84] Stinson D R, Wei R Z. Key preassigned traceability schemes for broadcast encryption// Tavares S E, Meijer H, ed. SAC 1998, volume 1556 of LNCS. Heidelberg: Springer, 1999: 144-156.

[85] Gafni E, Staddon J, Yin Y L. Efficient methods for integrating traceability and broadcast encryption// Wiener M J, ed. CRYPTO 1999, volume 1666 of LNCS. Heidelberg: Springer, 1999: 372-387.

[86] Safavi-Naini R, Wang Y. Sequential traitor tracing// Bellare M, ed. CRYPTO 2000, volume 1880 of LNCS. Heidelberg: Springer, 2000: 316-332.

[87] Berkman O, Parnas M, Sgall J. Efficient dynamic traitor tracing// Shmoys D B, ed. 11th SODA. Philadelphia, PA: ACM-SIAM, 2000: 586-595.

[88] Staddon J N, Stinson D R, Wei R. Combinatorial properties of frameproof and traceability codes. Cryptology ePrint Archive, Report 2000/004, 2000. https://eprint.iacr.org/2000/004.

[89] Silverberg A, Staddon J, Walker J. Efficient traitor tracing algorithms using list decoding. Cryptology ePrint Archive, Report 2001/016, 2001. https://eprint.iacr.org/2001/016.

[90] Gafni E, Staddon J, Yin Y L. Revocation and tracing schemes for stateless receivers// Kilian J, ed. CRYPTO 2001, volume 2139 of LNCS. Heidelberg: Springer, 2001: 41-62.

[91] Kurosawa K, Desmedt Y. Optimum traitor tracing and asymmetric schemes// Nyberg K, ed. EUROCRYPT 1998, volume 1403 of LNCS. Heidelberg: Springer, 1998: 145-157.

[92] Boneh D, Franklin M K. An efficient public key traitor tracing scheme// Wiener M J, ed. CRYPTO 1999, volume 1666 of LNCS. Heidelberg: Springer, 1999: 338-353.

[93] Naor M, Pinkas B. Efficient trace and revoke schemes// Frankel Y, ed. FC 2000, volume 1962 of LNCS. Heidelberg: Springer, 2001: 1-20.

[94] Kiayias A, Yung M. Traitor tracing with constant transmission rate// Knudsen L R, ed. EUROCRYPT 2002, volume 2332 of LNCS. Heidelberg: Springer, 2002: 450-465.

[95] Mitsunari S, Sakai R, Kasahara M. A new traitor tracing. IEICE Transactions, 2002, E85-A(2): 481-484.

[96] Dodis Y, Fazio N. Public key trace and revoke scheme secure against adaptive chosen ciphertext attack. Cryptology ePrint Archive, Report 2003/095, 2003. https://eprint.iacr.org/2003/095.

[97] Chabanne H, Phan D H, Pointcheval D. Public traceability in traitor tracing schemes// Cramer R, ed. EUROCRYPT 2005, volume 3494 of LNCS. Heidelberg: Springer, 2005: 542-558.

[98] Tô V D, Safavi-Naini R, Zhang F. New traitor tracing schemes using bilinear map// Yung M, ed. Proceedings of the 2003 ACM Workshop on Digital Rights Management. New York: ACM, 2003: 67-76.

[99] Halevy D, Shamir A. The LSD broadcast encryption scheme// Yung M, ed. CRYPTO 2002, volume 2442 of LNCS. Heidelberg: Springer, 2002: 47-60.

[100] Goodrich M T, Sun J Z, Tamassia R. Efficient tree-based revocation in groups of low-state devices// Franklin M, ed. CRYPTO 2004, volume 3152 of LNCS. Heidelberg: Springer, 2004: 511-527.

[101] Li J, Ren K, Zhu B, et al. Privacy-aware attribute-based encryption with user accountability// Samarati P, Yung M, Martinelli F, et al., ed. Information Security, 12th International Conference, ISC 2009. Proceedings, volume 5735 of Lecture Notes in Computer Science. PISA, Itoly: Springer, 2009: 347-362.

[102] Li J, Huang Q, Chen X F, et al. Multi-authority ciphertext-policy attribute-based encryption with accountability// Cheung B S N, Hui L C K, Sandhu R S, et al., ed. Proceedings of the 6th ACM Symposium on Information, Computer and Communications Security, ASIACCS 2011. New York: ACM, 2011: 386-390.

[103] Liu Z, Cao Z F, Wong D S. White-box traceable ciphertext-policy attribute-based encryption supporting any monotone access structures. IEEE Trans. Inf. Forensics Secur., 2013, 8(1): 76-88.

[104] Liu Z, Cao Z F, Wong D S. Blackbox traceable CP-ABE: How to catch people leaking their keys by selling decryption devices on eBay// Sadeghi A R, Gligor V D, Yung M, ed. ACM CCS 2013. New York: ACM Press, 2013: 475-486.

[105] Liu Z, Cao Z F, Wong D S. Traceable CP-ABE: How to trace decryption devices found in the wild. IEEE Trans. Inf. Forensics Secur., 2015, 10(1): 55-68.

[106] Hahn C, Kwon H, Hur J. Efficient attribute-based secure data sharing with hidden policies and traceability in mobile health networks. Mob. Inf. Syst., 2016, 2016: 6545873:1-6545873:13.

[107] Qiao H D, Ba H H, Zhou H Z, et al. Practical, provably secure, and black-box traceable CP-ABE for cryptographic cloud storage. Symmetry, 2018, 10(10): 482.

[108] Ning J T, Cao Z F, Dong X L, et al. White-box traceable CP-ABE for cloud storage service: How to catch people leaking their access credentials effectively. IEEE Trans. Dependable Secur. Comput., 2018, 15(5): 883-897.

[109] 高嘉昕, 孙加萌, 秦静. 支持属性撤销的可追踪外包属性加密方案. 计算机研究与发展, 2019, 56(10): 2160-2169.

[110] 闫玺玺, 何旭, 刘涛, 等. 抗密钥委托滥用的可追踪属性基加密方案. 通信学报, 2020, 41(4): 150-161.

[111] Attrapadung N, Imai H. Conjunctive broadcast and attribute-based encryption// Shacham H, Waters B, ed. PAIRING 2009, volume 5671 of LNCS. Heidelberg: Springer, 2009: 248-265.

[112] Zhang Y H, Chen X P, Li J, et al. FDR-ABE: Attribute-based encryption with flexible and direct revocation// 2013 5th International Conference on Intelligent Networking and Collaborative Systems. Piscataway, NJ: IEEE, 2013: 38-45.

[113] Liu J K, Yuen T H, Zhang P, et al. Time-based direct revocable ciphertext-policy attribute-based encryption with short revocation list//Preneel B, Vercauteren F, ed. ACNS 2018, volume 10892 of LNCS. Heidelberg: Springer, 2018: 516-534.

[114] 王鹏翩, 冯登国, 张立武. 一种支持完全细粒度属性撤销的 CP-ABE 方案. 软件学报, 2012, 23(10): 2805-2816.

[115] 张维纬, 冯桂, 刘建毅, 等. 云计算环境下支持属性撤销的外包解密 DRM 方案. 计算机研究与发展, 2015, 52(12): 2659-2668.

[116] Cui H, Deng R H, Li Y J, et al. Server-aided revocable attribute- based encryption// Askoxylakis I G, Ioannidis S, Katsikas S K, et al., ed. Computer Security-ESORICS 2016 21st European Symposium on Research in Computer Security, Proceedings, Part II, volume 9879 of Lecture Notes in Computer Science. New York: Springer, 2016: 570-587.

[117] 何倩, 刘鹏, 王勇. 可撤销动静态属性的车联网属性基加密方法. 计算机研究与发展, 2017, 54(11): 2456-2466.

[118] 赵志远, 朱智强, 王建华, 等. 属性可撤销且密文长度恒定的属性基加密方案. 电子学报, 2018, 46(10): 2391-2399.

[119] Xue L, Yu Y, Li Y, et al. Efficient attribute-based encryption with attribute revocation for assured data deletion. Inf. Sci., 2019, 479: 640-650.

[120] 李学俊, 张丹, 李晖. 可高效撤销的属性基加密方案. 通信学报, 2019, 40(6): 32-39.

[121] 孙磊, 赵志远, 王建华, 等. 云存储环境下支持属性撤销的属性基加密方案. 通信学报, 2019, 40(5): 47-56.

[122] 汪玉江, 曹成堂, 游林. 基于区块链和属性基加密的个人隐私数据保护方案. 密码学报, 2021, 8(1): 14-27.

[123] Boldyreva A, Goyal V, Kumar V. Identity-based encryption with efficient revocation// Ning P, Syverson P F, Jha S, ed. ACM CCS 2008. New York: ACM Press, 2008: 417-426.

[124] Lai J Z, Deng R H, Guan C W, et al. Attribute-based encryption with verifiable outsourced decryption. IEEE Trans. Inf. Forensics Secur., 2013, 8(8): 1343-1354.

[125] Li J, Huang X Y, Li J W, et al. Securely outsourcing attribute-based encryption with checkability. IEEE Trans. Parallel Distributed Syst., 2014, 25(8): 2201-2210.

[126] Qin B D, Deng R H, Liu S L, et al. Attribute-based encryption with efficient verifiable outsourced decryption. IEEE Trans. Inf. Forensics Secur., 2015, 10(7): 1384-1393.

[127] Lin S Q, Zhang R, Ma H, et al. Revisiting attribute-based encryption with verifiable outsourced decryption. IEEE Trans. Inf. Forensics Secur., 2015, 10(10): 2119-2130.

[128] Mao X P, Lai J Z, Mei Q X, et al. Generic and efficient constructions of attribute-based encryption with verifiable outsourced decryption. IEEE Trans. Dependable Secur. Comput., 2016, 13(5): 533-546.

[129] Ma H, Zhang R, Wan Z G, et al. Verifiable and exculpable outsourced attribute-based encryption for access control in cloud computing. IEEE Trans. Dependable Secur. Comput., 2017, 14(6): 679-692.

[130] 张维纬, 张育钊, 黄焯, 等. 支持安全外包计算的无线体域网数据共享方案. 通信学报, 2017, 38(4): 64-75.

[131] 柳欣, 徐秋亮, 张斌, 等. 基于直接匿名证明的 k 次属性认证方案. 通信学报, 2018, 39(12): 113-133.

[132] 赵志远, 王建华, 徐开勇, 等. 面向云存储的支持完全外包属性基加密方案. 计算机研究与发展, 2019, 56(2): 442-452.

[133] Cui J, Zhou H, Xu Y, et al. Ooabks: Online/offline attribute-based encryption for keyword search in mobile cloud. Information Sciences, 2019, 489: 63-77.

[134] Hohenberger S, Waters B. Online/offline attribute-based encryption// Krawczyk H, ed. PKC 2014, volume 8383 of LNCS. Heidelberg: Springer, 2014: 293-310.

[135] Rouselakis Y, Waters B. Practical constructions and new proof methods for large universe attribute-based encryption// Sadeghi A R, Gligor V D, Yung M, ed. ACM CCS 2013. New York: ACM Press, 2013: 463-474.

[136] Lewko A, Waters B. New proof methods for attribute-based encryption: Achieving full security through selective techniques// Safavi-Naini R, Canetti R, ed. CRYPTO 2012, volume 7417 of LNCS. Heidelberg: Springer, 2012: 180-198.

[137] Shamir A. Identity-based cryptosystems and signature schemes// Blakley G R, Chaum D, ed. CRYPTO 1984, volume 196 of LNCS. Heidelberg: Springer, 1984: 47-53.

[138] Jiang Y H, Susilo W, Mu Y, et al. Ciphertext-policy attribute-based encryption with key-delegation abuse resistance// Liu J K, Steinfeld R, ed. ACISP 2016, Part I, volume 9722 of LNCS. Heidelberg: Springer, 2016: 477-494.

[139] Chase M, Chow S S M. Improving privacy and security in multi-authority attribute-based encryption// Al-Shaer E, Jha S, Keromytis A D, ed. ACM CCS 2009. New York: ACM Press, 2009: 121-130.

[140] Chase M. Multi-authority attribute based encryption// Vadhan S P, ed. TCC 2007, volume 4392 of LNCS. Heidelberg: Springer, 2007: 515-534.

[141] Lewko A, Okamoto T, Sahai A, et al. Fully secure functional encryption: Attribute-based encryption and (hierarchical) inner product encryption. Cryptology ePrint Archive, Report 2010/110, 2010. https://eprint.iacr.org/2010/110.

[142] Waters B. Ciphertext-policy attribute-based encryption: An expressive, efficient, and provably secure realization. Cryptology ePrint Archive, Report 2008/290, 2008. https://eprint.iacr.org/2008/290.

[143] Han J G, Susilo W, Mu Y, et al. Improving privacy and security in decentralized ciphertext-policy attribute-based encryption. IEEE Trans. Inf. Forensics Secur., 2015, 10(3): 665-678.

[144] Lewko A B, Waters B. Decentralizing attribute-based encryption// Paterson K G, ed. EUROCRYPT 2011, volume 6632 of LNCS. Heidelberg: Springer, 2011: 568-588.

[145] Liu Z, Cao Z F, Huang Q, et al. Fully secure multi-authority ciphertext-policy attribute-based encryption without random oracles// Atluri V, Díaz C, ed. ESORICS 2011, volume 6879 of LNCS. Heidelberg: Springer, 2011: 278-297.

[146] Han J Q, Susilo W, Mu Y, et al. PPDCP-ABE: Privacy-preserving decentralized ciphertext-policy attribute-based encryption// Kutylowski M, Vaidya J, ed. Computer Security-ESORICS 2014-19th European Symposium on Research in Computer Security. Proceedings, Part II, volume 8713 of Lecture Notes in Computer Science. Heidelberg: Springer, 2014: 73-90.

[147] Zhong H, Zhu W L, Xu Y, et al. Multi-authority attribute-based encryption access control scheme with policy hidden for cloud storage. Soft Comput., 2018, 22(1): 243-251.

[148] Li J G, Hu S Z, Zhang Y C, et al. A decentralized multi-authority ciphertext-policy attribute-based encryption with mediated obfuscation. Soft Comput., 2020, 24(3): 1869-1882.

[149] 洪澄, 张敏, 冯登国. 面向云存储的高效动态密文访问控制方法. 通信学报, 2011, 32(7): 125-132.

[150] 牛德华, 马建峰, 马卓, 等. 基于属性的安全增强云存储访问控制方案. 通信学报, 2013, 34(Z1): 276-284.

[151] 熊金波, 姚志强, 马建峰, 等. 基于属性加密的组合文档安全自毁方案. 电子学报, 2014, 42(2): 366-376.

[152] 张敏情, 杜卫东, 杨晓元, 等. 标准模型下全安全的密钥策略属性基加密方案. 计算机研究与发展, 2015, 52(8): 1893-1901.

[153] 张星, 文子龙, 沈晴霓, 等. 可追责并解决密钥托管问题的属性基加密方案. 计算机研究与发展, 2015, 52(10): 2293-2303.

[154] Ying Z B, Li H, Ma J F, et al. Adaptively secure ciphertext-policy attribute-based encryption with dynamic policy updating. Sci. China Inf. Sci., 2016, 59(4): 042701:1-042701:16.

[155] 李新, 彭长根, 牛翠翠. 隐藏树型访问结构的属性加密方案. 密码学报, 2016, 3(5): 471-479.

[156] 张凯, 魏立斐, 李祥学, 等. 具备强表达能力的选择密文安全高效属性基加密方案. 计算机研究与发展, 2016, 53(10): 2239-2247.

[157] 仲红, 崔杰, 朱文龙, 等. 高效且可验证的多授权机构属性基加密方案. 软件学报, 2017, 29(7): 2006-2017.

[158] 刘建, 鲜明, 王会梅, 等. 面向移动云的属性基密文访问控制优化方法. 通信学报, 2018, 39(7): 39-49.

[159] Li J, Zhang Y H, Chen X F, et al. Secure attribute-based data sharing for resource-limited users in cloud computing. Comput. Secur., 2018, 72: 1-12.

[160] 闫玺玺, 原笑含, 汤永利, 等. 基于区块链且支持验证的属性基搜索加密方案. 通信学报, 2020, 41(2): 187-198.

[161] 牛淑芬, 谢亚亚, 杨平平, 等. 区块链上基于云辅助的属性基可搜索加密方案. 计算机研究与发展, 2021, 58(4): 811-821.

[162] Chen E, Zhu Y, Zhu G Z, et al. How to implement secure cloud file sharing using optimized attribute-based access control with small policy matrix and minimized cumulative errors. Comput. Secur., 2021, 107: 102318.

[163] 杜瑞忠, 张添赫, 石朋亮. 基于区块链且支持数据共享的密文策略隐藏访问控制方案. 通信学报, 2022, 43(6): 168-178.

[164] 周艺华, 扈新宇, 李美奇, 等. 云环境下基于属性策略隐藏的可搜索加密方案. 网络与信息安全学报, 2022, 8(2): 112-121.

[165] Li J G, Zhang Y C, Ning J T, et al. Attribute based encryption with privacy protection and accountability for cloudlo T. IEEE Trans. Cloud Comput., 2022, 10(2): 762-773.

[166] Hei Y M, Liu J W, Feng H W, et al. Making MA-ABE fully accountable: A blockchain-based approach for secure digital right management. Comput. Networks, 2021, 191: 108029.

[167] Katz J, Sahai A, Waters B. Predicate encryption supporting disjunctions, polynomial equations, and inner products. Journal of Cryptology, 2013, 26(2): 191-224.

[168] Khan F, Li H, Zhang L X, et al. An expressive hidden access policy CP-ABE// Second IEEE International Conference on Data Science in Cyberspace, DSC 2017. Los Alamitos, CA: IEEE Computer Society, 2017: 178-186.

[169] Yang K, Han Q, Li H, et al. An efficient and fine-grained big data access control scheme with privacy-preserving policy. IEEE Internet Things J., 2017, 4(2): 563-571.

[170] Nishide T, Yoneyama K, Ohta K. Attribute-based encryption with partially hidden encryptor-specified access structures// Bellovin S M, Gennaro R, Keromytis A D, et al., ed. Applied Cryptography and Network Security, 6th International Conference, ACNS 2008. Proceedings, volume 5037 of Lecture Notes in Computer Science, 2008: 111-129.

[171] Lai J Z, Deng R H, Li Y J. Expressive CP-ABE with partially hidden access structures// Youm Y H, Won Y, ed. ASIACCS 12. New York: ACM Press, 2012: 18-19.

[172] Cui H, Deng R H, Wu G W, et al. An efficient and expressive ciphertext-policy attribute-based encryption scheme with partially hidden access structures// Chen L Q, Han J Q, ed. ProvSec 2016, volume 10005 of LNCS. Heidelberg: Springer, 2016: 19-38.

[173] Xiong H, Zhao Y N, Peng L, et al. Partially policy-hidden attribute-based broadcast encryption with secure delegation in edge computing. Future Gener. Comput. Syst., 2019, 97: 453-461.

[174] Lewko A, Rouselakis Y, Waters B. Achieving leakage resilience through dual system encryption// Theory of Cryptography: 8th Theory of Cryptography Conference, TCC

2011, Providence. Proceedings 8, volume 6597. Berin, Heidelberg: Springer, 2011: 70-88.

[175] 马海英, 曾国荪, 包志华, 等. 抗连续辅助输入泄漏的属性基加密方案. 计算机研究与发展, 2016, 53(8): 1867-1878.

[176] Li J G, Yu Q H, Zhang Y C. Hierarchical attribute based encryption with continuous leakage-resilience. Inf. Sci., 2019, 484: 113-134.

[177] Li J G, Yu Q H, Zhang Y C, et al. Key-policy attribute-based encryption against continual auxiliary input leakage. Inf. Sci., 2019, 470: 175-188.

[178] Maji H K, Prabhakaran M, Rosulek M. Attribute-based signatures// Kiayias A, ed. Topics in Cryptology-CT-RSA 2011-The Cryptographers' Track at the RSA Conference 2011. Proceedings, volume 6558 of Lecture Notes in Computer Science. Berin, Heidelberg: Springer, 2011: 376-392.

[179] Okamoto T, Takashima K. Efficient attribute-based signatures for non-monotone predicates in the standard model// Catalano D, Fazio N, Gennaro R, et al., ed. Public Key Cryptography-PKC 2011 14th International Conference on Practice and Theory in Public Key Cryptography. Proceedings, volume 6571 of Lecture Notes in Computer Science. Berin, Heidelberg: Springer, 2011: 35-52.

[180] Gagné M, Narayan S, Safavi-Naini R. Short pairing-efficient threshold-attribute-based signature// Abdalla M, Lange T, ed. Pairing-Based Cryptography-Pairing 2012 5th International Conference, Cologne, Germany, 16-18, 2012, Revised Selected Papers, volume 7708 of Lecture Notes in Computer Science. Berin, Heidelberg: Springer, 2012: 295-313.

[181] Anada H, Arita S, Sakurai K. Attribute-based signatures without pairings via the fiat-shamir paradigm// Emura K, Hanaoka G, Zhao Y, ed. ASIAPKC 2014. Proceedings of the 2nd ACM Workshop on ASIA Public-Key Cryptography. ACM, 2014: 49-58.

[182] 韩益亮, 卢万谊, 武光明, 等. 适用于网络大数据的属性基广义签密方案. 计算机研究与发展, 2013, 50(Suppl II): 23-29.

[183] 魏江宏, 刘文芬, 胡学先. 标准模型下可证安全的属性基认证密钥交换协议. 软件学报, 2014, 25(10): 2397-2408.

[184] 莫若, 马建峰, 刘西蒙, 等. 一种支持树形访问结构的属性基可净化签名方案. 电子学报, 2017, 45(11): 2715-2720.

[185] 莫若, 马建峰, 刘西蒙, 等. 支持树形访问结构的多权威基于属性的签名方案. 通信学报, 2017, 38(7): 96-104.

[186] 张应辉, 贺江勇, 郭瑞, 等. 工业物联网中服务器辅助且可验证的属性基签名方案. 计算机研究与发展, 2020, 57(10): 2177-2187.

[187] 李继国, 朱留富, 刘成东, 等. 标准模型下证明安全的可追踪属性基净化签名方案. 计算机研究与发展, 2021, 58(10): 2253-2264.

[188] Shamir A. How to share a secret. Commun. ACM, 1979, 22(11): 612-613.

索　　引

“密码理论与技术丛书”已出版书目

(按出版时间排序)

1. 安全认证协议——基础理论与方法　2023. 8　冯登国 等　著
2. 椭圆曲线离散对数问题　2023. 9　张方国　著
3. 云计算安全(第二版)　2023. 9　陈晓峰　马建峰　李　晖　李　进　著
4. 标识密码学　2023. 11　程朝辉　著
5. 非线性序列　2024. 1　戚文峰　田　甜　徐　洪　郑群雄　著
6. 安全多方计算　2024.3　徐秋亮　蒋　瀚　王　皓　赵　川　魏晓超　著
7. 区块链密码学基础　2024.6　伍前红　朱　焱　秦　波　张宗洋　编著
8. 密码函数　2024.10　张卫国　著
9. 属性基加密　2025.6　陈　洁　巩俊卿　张　凯　著